高等学校应用型人才培养公共基础课系列教材
高等学校省级质量工程一流教材建设项目

计算机导论

主　编　吕　腾
副主编　陈　燕　刁艳玉　汪红霞
王德成　吴炜炜

配套资源

西安电子科技大学出版社

内 容 简 介

本书根据应用型本科高校计算机及相关专业的教学需求编写，针对大学一年级学生的认知特点，按照计算机发展的主线，系统地介绍了计算机科学的主要理论和技术应用。全书共 10 章，主要内容包括：计算机发展史、计算机的组成与工作原理、数据的表示和存储、数据结构和算法、程序设计和软件工程、操作系统、计算机网络与因特网、数据库系统、大数据与人工智能以及实验等。本书旨在帮助学生对计算机学科进行整体认知，引发学生对计算机科学的兴趣，因此在内容选择上注重理论引导，兼顾动手实践，达到学以致用的目的。

本书可作为应用型本科高校计算机类专业的计算机导论或专业导论教材，也可作为非计算机专业的计算机基础教材，还可作为广大计算机爱好者了解计算机基础知识的参考书。

图书在版编目(CIP)数据

计算机导论 / 吕腾主编. —西安：西安电子科技大学出版社，2022.6(2024.9 重印)
ISBN 978-7-5606-6452-1

Ⅰ. ①计… Ⅱ. ①吕… Ⅲ. ①电子计算机－高等学校－教材 Ⅳ. ①TP3

中国版本图书馆 CIP 数据核字(2022)第 052259 号

策　　划　李惠萍
责任编辑　李惠萍
出版发行　西安电子科技大学出版社(西安市太白南路 2 号)
电　　话　(029)88202421　88201467　　邮　　编　710071
网　　址　www.xduph.com　　电子邮箱　xdupfxb001@163.com
经　　销　新华书店
印刷单位　陕西精工印务有限公司
版　　次　2022 年 6 月第 1 版　2024 年 9 月第 3 次印刷
开　　本　787 毫米×1092 毫米　1/16　印张 18
字　　数　426 千字
定　　价　42.00 元
ISBN　978-7-5606-6452-1
XDUP 6754001-3

前　言

“计算机导论”课程是计算机科学与技术以及相关专业(包括数据科学与大数据技术、智能科学与技术、人工智能、计算机网络、软件工程、信息管理与信息系统等)的一门通识基础课。课程的目的是引导学生对本专业的基础知识和前沿发展有一个整体的认识，为学生后续的专业学习建立良好的开端，打下扎实的基础。

本书针对应用型本科高校学生的特点，由浅入深地讲解计算机科学与技术的相关知识和发展动态，在内容的组织上紧紧把握3个主线：一是以计算机发展的历史为时间主线，贯穿计算机科学的各个主要知识模块；二是以计算机各种资源的虚拟化为空间主线，从具体到抽象、以模块化的方式介绍计算机科学的相关思想、理论和方法；三是以社会、道德与职业素养的培养为思政主线，将未来信息技术人才必备的道德、法律、文化、伦理等基本素质和能力融入相应知识点进行讲解，并开展开放性的专题讨论。

本书在内容的选择上，以计算思维的思想为指引，理论联系实际，讲解计算机的硬件、软件、应用等科学问题，兼顾知识性与趣味性。在知识点的选择上，本书深度适中，更侧重于广度。每一章首先通过一个案例的导入，引起学生的学习兴趣；然后通过本章导读，进一步启发学生进行思考；最后通过一个应用案例，将本章内容的理论学习应用于解决具体的实际问题，做到理论联系实际。

全书共10章，编写分工为：第一章和第十章由陈燕副教授编写，第二章和第三章由吴炜炜教授编写，第四章和第七章由汪红霞副教授编写，第五章和第六章由王德成教授编写，第八章由吕腾教授编写，第九章由刁艳玉老师编写。

全书由吕腾统稿，配套的幻灯片由姚静同学制作完成。

本书为安徽省高等学校省级质量工程一流教材建设项目(2021yljc063)。

由于编写者水平有限，加之计算机科学与技术的发展一日千里，书中难免存在一些不足之处，恳请读者批评指正。

编　者

2022 年 4 月

目　录

第一章　计算机发展史

案例——“上帝保佑，我真希望计算能利用蒸汽进行”

这是查尔斯·巴贝奇的梦想。巴贝奇声称，这种机器可将计算行为机械化，甚至将思维机械化。玛丽·雪莱在《弗兰肯斯坦》一书中讨论了人工生命和人工思维这一主题，引起了当时公众对新技术的恐惧。因此，当时的许多人就将巴贝奇当作真人版的弗兰肯斯坦。奥古斯塔·艾达·拜伦认为，巴贝奇设计的机器(即分析机)并没有独立思考的能力。她向人们保证，这台机器本身不会思考，只能根据人的指令行事。其实，巴贝奇的分析机与真正的现代意义上的计算机十分类似，而“根据人的指令行事”这个概念实际上就相当于我们今天所说的计算机编程。

本章导读

早在17世纪，莱布尼兹就有一个伟大的梦想，他希望可以将人类的思维像代数运算那样符号化、规则化，从而让人类通过掌握这样的规则变得聪明，更进一步地制造出可以进行思维运算的机器，将人类从思考中解放出来，这被称为莱布尼兹之梦。到了19世纪，又一位伟大的数学家布尔也意识到了符号的力量，并思考能否将逻辑推理也像代数那样用符号和几条基本规则就可以完全表达，因此诞生了逻辑代数。逻辑代数能够以简单的逻辑符号清晰地表达人类的思维，进而将逻辑代数引入电路控制中，比如，用高电位表示1，低电位表示0，利用二进制中的0和1就可以进行任何形式的运算，从而开启了解放人脑的进程。因此，计算机可以说是人类历史上最伟大的发明之一，计算机已经深刻地改变了人们的学习、生活和工作方式，计算机对人类的影响可能超过了大多数人的预期。

主要内容

- 计算工具和现代电子计算机的发展；
- 计算机的分类；
- 微型机的发展；
- 我国计算机的发展；
- 计算机的应用。

1.1　计算工具的发展

自古以来，人类就在不断地发明和改进计算工具，从古老的“结绳记事”到算盘、计算尺和差分机的发明，再到1946年第一台电子计算机诞生，计算工具经历了从简单到复杂、从低级到高级和从手动到自动的发展过程，而且还在不断发展中。

1.1.1　手动式计算工具

人类最初用手指进行计算。人有10个手指头，所以自然而然地使用手指计数并采用十进制计数法。用手指进行计算虽然很方便，但计算范围有限，计算结果也无法存储。于是人们用绳子、石子等作为工具来延伸手指的计算范围，如中国古书中记载的“上古结绳而治”，还有拉丁文中“Calculus”的本意就是用于计算的小石子。

最原始的人造计算工具是算筹。我国古代劳动人民最先创造和使用了这种简单的计算工具。算筹最早出现在何时，现在已无法考证，但在春秋战国时期，算筹的使用已经非常普遍了。据史书记载，算筹是一根根同样长短和粗细的小棍子，一般长为13～14 cm，径粗0.2～0.3 cm，多用竹子制成，也有用木头、兽骨、象牙、金属等材料制成的，如图1.1所示。算筹采用十进制计数法，有纵式和横式两种摆法，这两种摆法都可以表示1、2、3、4、5、6、7、8、9这9个数字，数字0用空位表示，如图1.2所示。算筹的计数方法为：个位用纵式，十位用横式，百位用纵式，千位用横式，等等，这样从右到左，纵横相间，就可以表示任意的自然数了。

图1.1　算筹

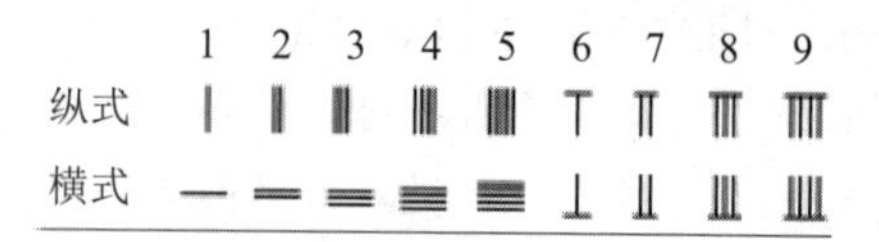

图1.2　算筹的摆法

计算工具发展史上的第一次重大改革是算盘(见图1.3)，它是我国古代劳动人民首先创造和使用的。算盘由算筹演变而来，并且和算筹并存竞争了一个时期，终于在元代后期取代了算筹。算盘轻巧灵活、携带方便，应用极为广泛，先后流传到日本、朝鲜和东南亚等国家，后来又传入西方。算盘采用十进制计数法并有一整套计算口诀，例如口诀“三下五去二”表示3 = 5 − 2，这是最早的体系化算法。算盘能够进行基本的算术运算，是世界上公认的最早使用的计算工具。

图 1.3 算盘

1.1.2 机械式计算工具

17 世纪，欧洲出现了利用齿轮技术的计算工具。1642 年，法国数学家帕斯卡(Blaise Pascal)发明了帕斯卡加法器，这是人类历史上第一台机械式计算工具，其原理对后来的计算工具产生了持久的影响。如图 1.4 所示，帕斯卡加法器是由齿轮组成，以发条为动力，通过转动齿轮来实现加减运算，用连杆实现进位的计算装置。帕斯卡从加法器的成功中得出结论：人类的某些思维过程与机械过程没有差别，因此可以设想用机械来模拟人类的思维活动。

图 1.4 帕斯卡加法器

德国数学家莱布尼兹(G. W. Leibnitz)阅读了帕斯卡一篇关于“帕斯卡加法器”的论文，激发了他强烈的发明欲望，决心把这种机器的功能由加法运算扩展到乘除运算。1673 年，莱布尼兹研制了一台能进行四则运算的机械式计算器，称为莱布尼兹四则运算器，如图 1.5 所示。这台机器在进行乘法运算时采用进位-加(Shift-add)的方法，后来演化为二进制，被现代计算机采用。

图 1.5 莱布尼兹四则运算器

19 世纪初，英国数学家查尔斯·巴贝奇(Charles Babbage)取得了突破性进展。巴贝奇在剑桥大学求学期间，正是英国工业革命兴起之时，为了解决航海、工业生产和科学研究中的复杂计算，许多数学函数表(如对数表、函数表)应运而生。这些数学函数表虽然为计算带来了一定的方便，但由于采用人工计算，其中的错误很多。巴贝奇决心研制新的计算工具，用机器取代人工来计算这些实用价值很高的数学函数表。

1822 年，巴贝奇开始研制差分机，专门用于航海和天文计算，在英国政府的支持下，历时 10 年研制成功，如图 1.6 所示。这是最早采用寄存器来存储数据的计算工具，体现了早期程序设计思想的萌芽，使计算工具从手动机械跃入自动机械的新时代。

图 1.6　巴贝奇差分机

1832 年，巴贝奇开始进行分析机的研究。在分析机的设计中，巴贝奇采用了 3 个具有现代意义的装置：

(1) 存储装置：采用齿轮式装置的寄存器被用来保存数据，既能存储运算数据，又能存储运算结果。

(2) 运算装置：从寄存器取出数据进行加、减、乘、除运算，并且乘法是以累次加法来实现的，还能根据运算结果的状态改变计算的进程，用现代术语来说，就是条件转移。

(3) 控制装置：使用指令自动控制操作顺序，选择所需处理的数据以及输出结果。

巴贝奇的分析机是可编程计算机的设计蓝图，实际上，我们今天使用的每一台计算机都遵循着巴贝奇的基本设计方案。

1.2　现代电子计算机的诞生和发展

实际上，在计算机家族中包括了机械计算机、机电计算机、电子计算机等。其中的电子计算机又可分为电子模拟计算机和电子数字计算机(Electronic Numerical Computer)。我们通常所说的计算机，是指电子数字计算机，它是一种能自动、高速、精确地进行信息处理的电子设备，俗称电脑(Computer)，是 20 世纪人类最伟大的发明之一，它的出现使人类迅速步入了信息社会。电子数字计算机是现代科学技术发展的结晶，是微电子、光电、通信等技术以及计算数学、控制理论等多学科交叉的产物。

1.2.1　世界上第一台计算机 ENIAC

1946 年 2 月，世界上第一台电子数字计算机 ENIAC(Electronic Numerical Integrator And Calculator，电子数字积分器和计算器)在美国宾夕法尼亚大学研制成功，如图 1.7 所示。ENIAC 的主要元件是电子管，共使用了 18 000 多只电子管、1500 多个继电器、70 000 多个电阻和 10 000 多个电容，耗电 150 kW，占地面积约为 170 m^2，重 30 t，每秒能完成 50 000 次加法运算或 300 多次乘法运算。

图 1.7　ENIAC

但是 ENIAC 的程序仍然是手动控制的，存储容量也小，并未完全具备现代计算机的主要特征。新的突破是由美籍匈牙利科学家冯·诺依曼(John von Neumann)领导的设计小组完成的电子离散变量自动计算机(Electronic Discrete Variable Automatic Computer，EDVAC)实现的。该计算机的主要设计理论是采用二进制和“存储程序”的方式，因此人们把这种计算机的体系结构称为冯·诺依曼体系结构，并沿用至今。EDVAC 被认为是现代计算机的原型，冯·诺依曼也被誉为“现代电子计算机之父”。

1.2.2　现代计算机的主要特征

冯·诺依曼体系结构奠定了我们现代所使用的计算机的基础。冯·诺依曼计算机的主要特点如下：

(1) 计算机由运算器、控制器、存储器、输入设备和输出设备五大部件组成；

(2) 指令和数据以同等地位存放于存储器内，并可以按地址访问；

(3) 指令和数据均采用二进制表示；

(4) 指令由操作码和地址码两大部分组成，操作码用来表示操作的性质，地址码用来表示操作数据在存储器中的位置；

(5) 指令在存储器中顺序存放，通常被自动顺序取出执行；

(6) 机器以运算器为中心。

1.2.3　电子计算机的发展

从 ENIAC 在美国诞生以来，现代计算机技术在半个多世纪的时间里获得了惊人的发展。从第一台计算机出现至今，计算机的发展经历了 4 个阶段(4 代)，如表 1-1 所示。

表 1-1　计算机发展的 4 个阶段

阶段	划分年代	采用的元器件	运算速度/(次/秒)	主要特点	应用领域
第一代计算机	1946—1957 年	电子管	几千	主存储器采用磁鼓，体积庞大、耗电量大、运行速度低、可靠性较差和内存容量小，输入/输出装置主要采用穿孔卡片；采用机器语言编程，即用“0”和“1”来表示指令和数据	国防及科学研究工作
第二代计算机	1958—1964 年	晶体管	几万至几十万	主存储器采用磁芯，外存储器采用磁盘、磁带，存储器容量有较大提高；开始使用高级程序及操作系统，运算速度提高、体积减小	工程设计、数据处理
第三代计算机	1965—1970 年	中小规模集成电路	几十万至几百万	主存储器采用半导体存储器，集成度提高、功能增强和价格下降；系统软件与应用软件迅速发展，出现了分时操作系统和会话式语言；在程序设计中采用了结构化、模块化的设计方法	工业控制、数据处理
第四代计算机	1971 年至今	大规模、超大规模集成电路	上千万至万亿	计算机走向微型化，性能大幅度提高，软件也越来越丰富，为网络化创造了条件。同时计算机逐渐走向智能化，并采用了多媒体技术，具有听、说、读、写等功能	工业、生活等各个方面

新一代计算机即未来计算机(Future Generation Computer Systems，FGCS)的目标是使其具有智能特性，具有知识表达和推理能力，能模拟人的分析、决策、计划和其他智能活动，具有人机自然通信能力，并称其为知识信息处理系统。现在已经开始了对神经网络计算机、生物计算机等的研究，并取得了可喜的进展。特别是生物计算机的研究表明，采用蛋白质分子为主要原材料的生物芯片的处理速度比现今最快的计算机的速度还要快 100 万倍，而能量消耗仅为现代计算机的十亿分之一。

1.3　计算机的分类

计算机的种类非常多，划分的方法也有很多种，通常按用途和性能来划分。

1.3.1　按用途分类

按计算机的用途可将其分为专用计算机和通用计算机两种。

专用计算机是指为适应某种特殊需要而设计的计算机，如计算导弹弹道的计算机等。因为这类计算机都增强了某些特定功能，忽略一些次要要求，所以有高速度、高效率、使用面窄和专机专用的特点。

通用计算机广泛适用于一般科学运算、学术研究、工程设计和数据处理等领域，具有功能多、配置全、用途广和通用性强等特点，目前市场上销售的计算机大多属于通用计算机。

1.3.2 按性能分类

按计算机的性能，可以将计算机分为巨型机、大型机、中型机、小型机和微型机 5 类，具体如下：

(1) 巨型机：也称超级计算机(Supercomputer)，是指采用了大规模并行处理的体系结构、由数以百计甚至千计的中央处理器组成的计算机，有极强的运算处理能力，主要应用于军事、科研、气象、石油勘探等领域。巨型机的性能指标是与日俱增的，比如，在 20 世纪 70 年代，国际上将运算速度在 1000 万次/秒以上、存储容量在 1000 万位以上的计算机称为巨型机；但到了 20 世纪 80 年代，巨型机的标准则提高到运算速度达 1 亿次/秒以上。比如，我国的银河 I 型巨型机(1983 年)的运算速度为 1 亿次/秒，银河III型巨型机(1997 年)的运算速度为 130 亿次/秒，“神威 I”超级计算机(1999 年)的运算速度为 3840 亿次/秒。在 2016 年的世界超算大会上，我国的“神威·太湖之光”超级计算机登顶榜单之首，峰值运算速度为 12.54 亿亿次/秒。

(2) 大型机(Mainframe)：最初特指以 IBM System/360 为代表的一系列 IBM 计算机，后来也指由其他厂商制造的兼容的大型计算机系统。大型机多为通用型计算机，多用于大型事务处理，所配备的软件也比中、小型机要丰富。20 世纪 80 年代大型机的标准是运算速度达 100 万～1000 万次/秒的计算机。当前，大型机在 MIPS(每秒百万数)性能上已经不及微型计算机(Microcomputer)了，但是它的 I/O(输入/输出)能力、非数值计算能力、稳定性和安全性却是微型计算机所望尘莫及的。大型机和超级计算机的一个主要区别是，大型机使用专用指令系统和操作系统，而超级计算机使用通用处理器及 UNIX 或类 UNIX 操作系统(如 Linux)。另外，大型机长于非数值计算(数据处理)，而超级计算机长于数值计算(科学计算)。

(3) 中型机(Midrange)：又叫中型计算机系统(Midrange System)，是介于大型机和小型机之间的一类计算机。中型计算机主要为高端网络服务器和其他类型的服务器，与大型机相比，其价格更低，从而满足了许多组织的应用需求。

(4) 小型机(Minicomputer)：是 20 世纪 60 年代中期发展起来的一类计算机，Minicomputer 一词是由 DEC 公司于 1965 年创造的。小型机有别于后来的服务器，小型机采用的是主机/哑终端(只有输入/输出字符的功能)模式，并且各家厂商均有各自的体系结构，彼此互不兼容。而我国业内习惯上说的小型机常指的是 UNIX 服务器，因为各厂家的 UNIX 服务器使用自家的 UNIX 版本的操作系统和专属的处理器，所以具有区别于 X86 服务器和大型主机特有的体系结构。比如 IBM 公司采用 Power 处理器架构和 AIX 操作系统，Sun、Fujitsu(富士通)公司采用 SPARC 处理器架构和 Solaris 操作系统，HP 公司采用安腾处理器架构和 HP-UX 操作系统，浪潮公司采用 EPIC 处理器架构和 K-UX 操作系统；过去的 Compaq 公司(已经被并入 HP)采用 Alpha 处理器架构和 Tru64 UNIX 操作系统。使用小型机的用户一般是看中 UNIX 操作系统和专用服务器的安全性、可靠性、纵向扩展性以及高并发访问下的出色处理能力。

(5) 微型机：也称个人电脑(Personal Computer，PC)，是一种体积小、功耗低、结构简单和价格便宜的计算机。较早上市的微型机字长是 4 位、8 位，后来陆续发展到 16 位、32 位以及 64 位。自 1981 年 IBM 推出第一代微型计算机 IBM-PC 以来，微型机迅速进入社会各个领域，且技术不断更新、产品快速换代，已广泛地应用在办公自动化、事务处理、过程控制、小型数值计算以及智能终端、工作台等领域。

1.4　微型机的发展

微型计算机简称微机，俗称电脑，其准确的称谓应该是微型计算机系统。它可以简单地定义为：在微型计算机硬件系统的基础上配置必要的外部设备和软件构成的实体。

1. 4 位和 8 位低档微处理器时代(1971—1973 年)

1971 年 1 月，Intel 公司的霍夫工程师研制成功世界上第一个字长为 4 位的微处理器芯片 Intel 4004，标志着第 1 代微处理器问世，微型计算机时代从此开始。

该阶段是 4 位和 8 位低档微处理器时代，通常被称为第 1 代，其典型产品是 Intel 4004 和 Intel 8008 微处理器以及分别由它们组成的 MCS-4 和 MCS-8 微机。该阶段产品的基本特点是采用 PMOS 工艺，集成度低，系统结构和指令系统都比较简单，主要采用机器语言或简单的汇编语言，指令数目较少，多用于家电和简单控制场合。

2. 8 位中高档微处理器时代(1974—1978 年)

这一阶段通常被称为第 2 代，典型产品有 Intel 公司的 Intel 8080/8085、Motorola 公司的 MC6800、Zilog 公司的 Z80 等，以及各种 8 位单片机，如 Intel 公司的 8048、Motorola 公司的 MC6801、Zilog 公司的 Z8 等。该阶段产品的基本特点是采用 NMOS 工艺，集成度比第 1 代提高约 4 倍，运算速度比第 1 代提高约 10～15 倍，指令系统比较完善，具有典型的计算机体系结构和中断、DMA 等控制功能。软件方面除了汇编语言外，还有 Basic、Fortran 等高级语言和相应的解释程序和编译程序，在后期还出现了操作系统，如 CP/M 就是当时流行的操作系统。

3. 16 位微处理器时代(1978—1984 年)

这一阶段通常被称为第 3 代。1978 年 6 月，Intel 公司推出主频为 4.77 MHz、字长为 16 位的微处理器芯片 Intel 8086，8086 微处理器的诞生标志着第 3 代微处理器问世。该阶段的典型产品包括 Intel 公司的 8086/8088、80286，Motorola 公司的 M68000，Zilog 公司的 Z8000 等。其特点是采用 HMOS 工艺，集成度和运算速度都比第 2 代提高了一个数量级；指令系统更加丰富、完善，采用多级中断、多种寻址方式、段式存储结构和硬件乘除部件，并配置了软件系统。

这一时期的著名微机产品有 IBM 公司的个人计算机(PC)。1981 年推出的 IBM-PC

采用 8088 CPU。紧接着 1982 年又推出了扩展型的个人计算机 IBM-PC/XT，它对内存进行了扩充，并增加了一个硬盘驱动器。1984 年 IBM 公司推出了以 80286 处理器为核心组成的 16 位增强型个人计算机 IBM-PC/AT。由于 IBM 公司在发展 PC 时采用了技术开放的策略，使 PC 风靡世界。

4. 32 位微处理器时代(1985—1992 年)

这一阶段通常被称为第 4 代。1985 年 10 月，Intel 公司推出了 80386DX 微处理器，标志着微型计算机进入了字长为 32 位的数据总线时代。该阶段的典型产品包括 Intel 公司的 80386/80486、Motorola 公司的 M68030/68040 等。其特点是采用 HMOS 或 CMOS 工艺，集成度高达 100 万晶体管/片，具有 32 位地址总线和 32 位数据总线，每秒可完成 600 万条指令。此阶段微机的功能已经达到甚至超过超级小型计算机，完全可以胜任多任务、多用户的作业。同期，其他一些微处理器生产厂商(如 AMD、TEXAS 等)也推出了 80386/80486 系列的芯片。

5. Pentium 系列微处理器时代(1993 年以后)

这一阶段通常被称为第 5 代，其典型产品是 Intel 公司的奔腾系列芯片及与之兼容的 AMD 公司的 K6 系列微处理器芯片。该阶段产品内部采用了超标量指令流水线结构，并具有相互独立的指令和数据高速缓存。随着 MMX(Multi Media eXtended)微处理器的出现，使微机的发展在网络化、多媒体化和智能化等方面跨上了更高的台阶。2000 年 3 月，AMD 与 Intel 公司分别推出了时钟频率达 1 GHz 的 Athlon 和 Pentium Ⅲ。2000 年 11 月，Intel 公司又推出了 Pentium Ⅳ微处理器，集成度高达每片 4200 万个晶体管，主频 1.5 GHz，400 MHz 的前端总线，使用全新 SSE2 指令集。2002 年 11 月，Intel 公司推出的 Pentium Ⅳ微处理器的时钟频率达到 3.06 GHz，而且微处理器还在不断地发展，性能也在不断提升。

2001 年 Intel 公司发布了第一款 64 位的产品 Itanium(安腾)微处理器。2003 年 4 月，AMD 公司推出了基于 64 位运算的 Opteron(皓龙)微处理器。2003 年 9 月，AMD 公司的 Athlon(速龙)微处理器问世，标志着 64 位微型计算机时代的到来。

1.5　我国计算机的发展

1.5.1　我国计算机的初创时期

我国计算技术的奠基人和最主要的开拓者之一是华罗庚教授。早在 1947—1948 年华罗庚在美国普林斯顿高级研究院任访问研究员时，就和冯·诺依曼、哥德斯坦(H. H. Goldstion)等人交往甚密。华罗庚在数学上的造诣和成就深受冯·诺依曼等人的赞赏。当时，冯·诺依曼正在设计世界上第一台存储程序的通用电子数字计算机。冯·诺依曼让华罗庚参观实验室，并常和他讨论有关学术问题。这时，华罗庚的心里就已经开始勾画中国电子计算机事业的蓝图。

华罗庚教授 1950 年回国，1952 年在全国大学院系调整时，他从清华大学电机系物色了闵乃大、夏培肃和王传英 3 位科研人员在他任所长的中国科学院数学所内建立了我国第一个电子计算机科研小组。1956年筹建中科院计算技术研究所时，华罗庚教授担任筹备委员会主任。

1956年3月，由闵乃大教授、胡世华教授、徐献瑜教授、张效祥教授、吴几康副研究员和北大的党政人员组成的代表团，参加了在莫斯科举办的“计算技术发展道路”国际会议。代表团的此次参会可以说是到苏联“取经”，是为我国制定12年规划的计算机部分做技术准备。随后在制定的12年规划中确定中国要研制计算机，并批准中国科学院成立计算技术、半导体、电子学及自动化4个研究所。当时的计算技术研究所筹备处由中国科学院、总参三部、国防五院(七机部)、二机部十局(四机部)4个单位联合成立，北京大学、清华大学也相应成立了计算数学专业和计算机专业。为了迅速培养计算机专业人才，这三个方面联合举办了第一届计算机和第一届计算数学训练班。计算数学训练班的学生有幸听到了刚刚归国的国际控制论权威钱学森教授以及在美国有编程经验的董铁宝教授(他当时是国内唯一真正直接接触过计算机多年的学者)的讲课。

在苏联专家的帮助下，中国科学院计算技术研究所，由七机部张梓昌高级工程师领衔研制的我国第一台数字电子计算机103机(定点32位二进制位，2500次/秒)在1958年交付使用，研制骨干有董占球、王行刚等。随后，由总参张效祥教授领衔研制的中国第一台大型数字电子计算机104机(浮点40位二进制位，1万次/秒)在1959年也交付使用，研制骨干有金怡濂、苏东庄、刘锡刚、姚锡珊、周锡令等。其中，磁芯存储器由计算所副研究员范新弼和七机部黄玉珩高级工程师领导完成。在104机上建立的，由钟萃豪、董蕴美领导的我国第一个自行设计的编译系统是于1961年试验成功的。

1.5.2　我国计算机的发展历程

1. 第一代电子管计算机的研制(1958—1964年)

我国从1957年在中科院计算所开始研制通用电子数字计算机，1958年8月1日该机可以表演短程序运行，标志着我国第一台电子数字计算机诞生。该机型在738厂开始少量生产，命名为103型计算机(即DJS-1型)。1958年5月我国开始了第一台大型通用电子数字计算机(104机)的研制。在研制104机的同时，夏培肃院士领导的科研小组首次自行设计并于1960年4月研制成功一台小型通用电子数字计算机107机。1964年我国第一台自行设计的大型通用数字电子管计算机119机研制成功。

2. 第二代晶体管计算机研制(1965—1972年)

1965年中科院计算所研制成功了我国第一台大型晶体管计算机109乙机。通过对109乙机加以改进，两年后又推出了109丙机，该机在我国两弹试制中发挥了重要作用，被用户誉为“功勋机”。华北计算所先后研制成功108机、108乙机(DJS-6)、121机(DJS-21)和320机(DJS-8)，并在738厂等5家工厂进行生产。1965—1975年，738厂共生产320机等第二代产品380余台。哈军工(国防科大前身)于1965年2月成功推出了441B晶体管计算机并小批量生产了40多台。

3. 第三代中小规模集成电路计算机的研制(1973年至20世纪80年代初)

1973年，北京大学与北京有线电厂等单位合作研制成功运算速度达100万次/秒的大型通用计算机。1974 年清华大学等单位联合设计，研制成功 DJS-130 小型计算机，之后他们又推出 DJS-140 小型机，形成了 100 系列产品。与此同时，以华北计算所为主要基地，组织全国 57 个单位联合进行 DJS-200 系列计算机设计，同时也设计开发了 DJS-180 系列超级小型机。20 世纪 70 年代后期，电子部 32 所和国防科技大学分别研制成功 655 机和 151 机，速度都在百万次级。进入 80 年代，我国高速计算机特别是向量计算机也有了新的发展。

4. 第四代超大规模集成电路计算机的研制(20 世纪 80 年代初至今)

和国外一样，我国第四代计算机研制也是从微机开始的。20 世纪 80 年代初我国不少单位也开始采用 Z80、X86 和 6502 芯片研制微机。1983 年 12 月电子部六所研制成功与 IBM PC 兼容的 DJS-0520 微机。回顾我国计算机的发展历程，我国微机产业走过了一段不平凡道路，当前，以联想微机为代表的国产微机已占领一大半国内市场。

1.5.3 我国计算机的主要成就

下面列举一些我国计算机发展过程中所取得的主要成就。

1958 年，中科院计算所研制成功我国第一台电子数字计算机 103 机(DJS-1 型)，标志着我国第一台电子计算机的诞生。

1965 年，中科院计算所研制成功我国第一台大型晶体管计算机 109 乙机，之后推出 109 丙机，该机在我国两弹试验中发挥了重要作用。

1974 年，清华大学等单位联合设计、研制成功采用集成电路的 DJS-130 小型计算机，运算速度达 100 万次/秒。

1983 年，国防科技大学研制成功运算速度达上亿次/秒的银河-Ⅰ巨型机，这是我国高速计算机研制的一个重要里程碑。

1985 年，电子工业部计算机管理局研制成功与 IBM PC 兼容的长城 0520CH 微机。

1992 年，国防科技大学研制出银河-Ⅱ通用并行巨型机，峰值速度达 4 亿次/秒浮点运算(相当于 10 亿次/秒基本运算操作)，为共享主存储器的四处理机向量机，其向量中央处理机是采用中小规模集成电路自行设计的，总体上达到 20 世纪 80 年代中后期国际先进水平。它主要用于中期天气预报。

1993 年，国家智能计算机研究开发中心(后成立北京市曙光计算机公司)研制成功曙光一号全对称共享存储多处理机，这是我国首次以基于超大规模集成电路的通用微处理器芯片和标准 UNIX 操作系统设计开发的并行计算机。

1995 年，曙光公司又推出了我国第一台具有大规模并行处理机(MPP)结构的并行机曙光 1000(含 36 个处理机)，峰值速度达 25 亿次/秒浮点运算，实际运算速度上了 10 亿次/秒浮点运算这一高性能台阶。曙光 1000 与美国 Intel 公司 1990 年推出的大规模并行机体系结构与实现技术相近，与国外的差距缩小到 5 年左右。

1997 年，国防科技大学研制成功银河-Ⅲ百亿次并行巨型计算机系统，采用可扩展分布共享存储并行处理体系结构，由 130 多个处理节点组成，峰值运算速度达 130 亿次/秒浮点运算，该系统的综合技术达到 20 世纪 90 年代中期国际先进水平。

1997 年至 1999 年，曙光公司先后在市场上推出具有集群结构(Cluster)的曙光 1000A、曙光2000-I、曙光2000-II超级服务器，峰值运算速度已突破1000亿次/秒浮点运算，机器规模已超过160个处理机。

1999年，国家并行计算机工程技术研究中心研制的神威I计算机通过了国家级验收，并在国家气象中心投入运行。该系统有384个运算处理单元，峰值运算速度达3840亿次/秒。

2000年，曙光公司推出3000亿次/秒浮点运算的曙光3000超级服务器。

2001年，中科院计算所研制成功我国第一款通用CPU——“龙芯”芯片。

2002年，曙光公司推出完全自主知识产权的“龙腾”服务器。该服务器采用了“龙芯-1”CPU、由曙光公司和中科院计算所联合研发的服务器专用主板以及曙光Linux操作系统，是国内第一台完全实现自有产权的产品，在国防、安全等部门发挥着重大作用。

2003年，百万亿次数据处理超级服务器曙光4000L通过国家验收，再一次刷新国产超级服务器的历史纪录，使得国产高性能产业再上新台阶。

2003年4月9日，由苏州国芯、南京熊猫、中芯国际、上海宏力、上海贝岭、杭州士兰、北京国家集成电路产业化基地、北京大学、清华大学等61家集成电路企业和机构组成的“C*Core(中国芯)产业联盟”在南京宣告成立，谋求合力打造中国集成电路完整产业链。

2003年12月9日，联想承担的国家网格主节点“深腾6800”超级计算机正式研制成功，其实际运算速度达到4.183万亿次/秒，全球排名第14位，运行效率为78.5%。

2003年12月28日，“中国芯工程”成果汇报会在人民大会堂举行，我国“星光中国芯”工程开发设计出5代数字多媒体芯片，在国际市场上以超过40%的市场份额占领了计算机图像输入芯片世界第一的位置。

2004年3月24日，在国务院常务会议上，《中华人民共和国电子签名法(草案)》获得原则通过，这标志着我国电子业务渐入法制轨道。

2004年6月21日，美国能源部劳伦斯伯克利国家实验室公布了最新的全球计算机500强名单，曙光计算机公司研制的超级计算机“曙光4000A”排名第十，运算速度达8.061万亿次/秒。

2005年4月1日，《中华人民共和国电子签名法》正式实施。电子签名自此与传统的手写签名和盖章具有同等的法律效力，将促进和规范中国电子交易的发展。

2005年4月18日，由中科院计算所研制的中国首个拥有自主知识产权的通用高性能CPU“龙芯二号”正式亮相。

2009年10月29日，第一台国产千兆次超级计算机“天河一号”在湖南长沙亮相，如图1.8所示。“天河一号”超级计算机由国防科学技术大学研制，部署在天津的国家超级计算机中心，其测试运算速度可以达到2570兆次/秒。2010年11月14日，国际TOP500组织在网站上公布了最新全球超级计算机前500强排行榜，中国首台千万亿次超级计算机系统“天河一号”雄居第一。随后国防科学技术大学研制的“天河二号”以峰值运算速度5.49京次/秒、持续运算速度3.39京次/秒双精度浮点运算的优异性能位居榜首，成为2013年全球最快的超级计算机。新一代百亿亿次超级计算机“天河三号”也于2020年10月26日对外展示，“天河三号”的运算能力是“天河一号”的200倍，存储规模是“天河一号”的100倍。

图 1.8　天河一号

2015 年 12 月 21 日，“神威·太湖之光”(见图 1.9)完成整机系统性能测试。2016 年 6 月 20 日，在法兰克福世界超算大会上，国际 TOP500 组织发布的榜单显示，“神威·太湖之光”超级计算机系统登顶榜单之首，不仅速度比第二名“天河二号”快出近两倍，其效率也提高 3 倍。“神威·太湖之光”连续四次占据全球超算排行榜的最高席位。2020 年 6 月，全球超级计算机 TOP500 榜单公布，“神威·太湖之光”排名第四。

图 1.9　神威·太湖之光

1.6　计算机的应用

在计算机诞生的初期，计算机主要应用于科研和军事等领域，主要是针对大型的高科技研发活动。近年来，随着社会的发展和科技的进步，计算机的性能不断提高，在社会的各个领域都得到了广泛的应用。计算机的应用可以概括为以下几个方面。

1. 科学计算

科学计算即数值计算，是计算机应用的一个重要领域。计算机的发明和发展首先是为了高速完成科学研究和工程设计中大量复杂的数学计算。由于计算机具有较高的运算速度，对于以往人工难以完成甚至无法完成的数值计算，计算机都可以完成，如气象资料分析和卫星轨道的测算等。目前，基于互联网的云计算，运算速度可达 10 万亿次/秒。

2. 数据处理

数据处理一般泛指非数值方面的计算，例如人事档案管理、学籍管理、人口普查、人力资源管理等，现在都采用计算机对其进行计算、分类、检索、统计等处理。

3. 实时过程控制

实时过程控制指利用计算机对生产过程和其他过程进行自动监测以及自动控制设备的工作状态，被广泛应用于各种工业环境中，并替代人在危险、有害的环境中作业。计算机不受疲劳等因素的影响，可完成人类所不能完成的有高精度和高速度要求的操作，从而节省了大量的人力物力，并大大提高了经济效益。例如，由雷达和导弹发射器组成的防空控制系统、地铁指挥控制系统、自动化生产线等，都需要在计算机控制下运行。

4. 计算机辅助工程

计算机辅助工程是近几年来迅速发展的应用领域，它包括计算机辅助设计(Computer Aided Design，CAD)、计算机辅助制造(Computer Aided Manufacture，CAM)、计算机辅助教学(Computer Aided Instruction，CAI)等多个方面。

5. 多媒体应用

多媒体计算机的出现提高了计算机的应用水平，扩大了计算机技术的应用领域，使得计算机除了能够处理文字信息外，还能处理声音、视频、图像等多媒体信息。

6. 网络通信

网络通信是计算机技术与现代通信技术相结合的产物。网络通信是指利用计算机网络实现信息的传递功能，随着 Internet 技术的快速发展，人们可以在不同地区和不同国家间进行数据的传递，并可通过计算机网络进行各种商务活动。

7. 人工智能

人工智能是利用计算机模拟人类大脑神经系统的逻辑思维、逻辑推理，使计算机通过“学习”积累知识，进行知识重构并自我完善的一种技术。目前，人工智能主要应用在智能机器人、机器翻译、医疗诊断、故障诊断、案件侦破和经营管理等方面。

本章小结

本章主要介绍了计算工具的发展和现代计算机的诞生与发展情况，特别讨论了与我们个人生活密切相关的微型机的发展；从用途和性能角度对计算机进行了分类介绍，对计算机的应用进行了概述；针对我国计算机的发展情况，还介绍了我国研制成功的主要计算机和我国计算机发展的主要事件。

习　　题

一、单选题

1. 计算机的发展经历了电子管计算机、晶体管计算机、(　　)、大规模和超大规模集成电路计算机等 4 个阶段。

A. 纳米计算机　　　　B. 生物计算机

C. 集成电路计算机　　D. 网络虚拟计算机

2. 笔记本电脑属于(　　)计算机。

A. 小型　　B. 微型　　C. 大型　　D. 中型

3. 计算机被分为大型机、中型机、小型机、微型机等类型，是根据计算机的(　　)来划分的。

A. 运算速度　　B. 体积大小　　C. 重量　　D. 耗电量

4. 被认为现代计算机雏形的是(　　)。

A. 分析机　　B. 差分机　　C. 算盘　　D. 帕斯卡加法器

5. ENIAC 是(　　)计算机。

A. 电子管　　B. 晶体管　　C. 机械式　　D. 集成电路

二、填空题

1. EDVAC 主要设计理论是采用________进制和“存储程序”的方式。

2. 我们现代所使用的计算机的体系结构称为________。

3. 计算机按用途可将其分为________和________两种。

4. 按计算机的性能，可以将计算机分为________、大型机、中型机、________和________5 类。

5. 冯·诺依曼计算机由________、控制器、________、输入设备和输出设备五大部件组成。

三、思考题

1. 冯·诺依曼型计算机硬件系统包含哪 5 个部分？

2. 计算机的发展经历了哪几个阶段？

3. 当代计算机的主要应用有哪些方面？

4. 结合当前计算机的发展和应用，你认为未来的计算机会是什么样的？

第二章 计算机的组成与工作原理

案例——计算机是如何工作的?

早在计算机出现的20世纪40年代，人脑就被描述为像计算机一样工作，物理硬件就像人脑，我们的思想则是软件。乔治·米勒(George Miller) 1951年出版的《语言和通讯》(Language & Communication)一书指出，人们可以使用信息论、计算学和语言学的概念对人的精神世界进行彻底的研究。关于计算机和人脑的深入对比，冯·诺依曼在1958年出版的《计算机与大脑》(The Computer and The Brain)一书中，将人脑的组成部分与计算机的部件不断地画等号。那么，计算机是由哪些部分组成的呢？它又是如何工件的呢？

本章导读

(1) 1946年6月，美国数学家冯·诺依曼提出了关于“电子计算装置逻辑结构设计”的研究报告，具体介绍了制造电子计算机和程序设计的新思想，给出了由存储器、控制器、运算器、输入设备、输出设备等5个基本部件组成的体系结构。至今为止，大多数计算机采用的仍然是冯·诺依曼型计算机的组织结构，只是做了一些改进而已。

(2) 目前在我们的生活、学习和工作中，能看到各种各样的计算机。一个完整的计算机系统由硬件子系统和软件子系统组成。其中，硬件子系统包括中央处理器、存储器、输入设备和输出设备等，软件子系统包括系统软件(如操作系统)和应用软件(如Office软件)等。

主要内容

- ◆ 冯·诺依曼体系结构；
- ◆ 计算机硬件系统；
- ◆ 计算机软件系统。

2.1　冯·诺依曼体系结构

第二次世界大战期间，美军要求实验室为其提供计算量庞大的计算结果，于是便有了研制电子计算机的设想。面对这种需求，美国立即组建研发团队，包括许多工程师与物理学家试图开发全球首台计算机，虽然采取了最先进的电子技术，但缺少原理上的指导，导致计算机存在以下问题：① 程序与数据是两种完全不同的实体，于是相应地将程序与数据分离存储；② 数据存放在存储器中，程序则作为控制器的一个组成部分。这样，每执行一个程序，都要对控制器进行设置(如在 ENIAC 中，编制一个解决小规模问题的程序，就要在 40 多块几英尺长的插接板上插上几千个带导线的插头)。显然，这样的机器不仅效率低下，且灵活性也很差。

ENIAC 是第一台使用电子线路来执行算术和逻辑运算以及信息存储的真正工作的计算机，它的成功研制显示了电子线路的巨大优越性。但是，ENIAC 的结构在很大程度上是依照机电系统设计的，还存在重大的线路结构等问题。1946 年 6 月，美国数学家冯·诺依曼及其同事完成了关于“电子计算装置逻辑结构设计”的研究报告，具体介绍了制造电子计算机和程序设计的新思想，给出了由存储器、控制器、运算器、输入设备、输出设备等 5 个基本部件组成的体系结构及其实现方法。现代计算机发展所遵循的基本结构形式始终是冯·诺依曼机结构，因此，冯·诺依曼被人们誉为“计算机之父”。

2.1.1　冯·诺依曼计算机的基本特征

冯·诺依曼提出了计算机设计中一个至关重要的方面，即计算机的逻辑结构。冯·诺依曼从逻辑入手对计算设备进行了改进。冯·诺依曼对计算机的逻辑设计具有以下特点：

(1) 计算机包括运算器、控制器、存储器、输入设备和输出设备 5 个基本部件。

(2) 计算机以运算器为中心，输入和输出设备与存储器间的数据传送都要经过运算器。

(3) 存储器是按地址访问的线性编址的唯一结构，每个单元的位数是固定的。

(4) 采用存储程序方式，程序和数据在同一个存储器中，两者没有区别，指令同数据一样可以送到运算器中进行运算。这个观念上的转变是计算机发展史上的一场革命，它反映的正是计算的本质，即符号串的变化。

(5) 指令由操作码和地址组成。操作码指明指令的操作类型和应完成的功能，地址指明操作数的存放地址。

(6) 通过执行指令直接发出控制信号控制计算机的操作。指令在存储器中按其执行顺序存放，由指令计数器指明要执行的指令所在的单元地址。

(7) 采用二进制数表示程序和数据。

图 2.1 所示为典型的冯·诺依曼计算机结构。原始的冯·诺依曼计算机结构以

运算器为核心，在运算器周围连接着其他各个部件，经由连接导线在各部件之间传送着各种信息。这些信息可分为两大类：数据信息和控制信息。数据信息包括数据、地址、指令等，数据信息可存放在存储器中；控制信息由控制器根据指令译码结果即时产生，并按一定的时间次序发送给各个部件，用以控制各部件的操作或接收各部件的反馈信号。为了节约设备成本和提高运算可靠性，计算机中的各种信息均采用了二进制数的表示形式。在二进制数中，每位只有“0”和“1”两个状态，计数规则是“逢二进一”。

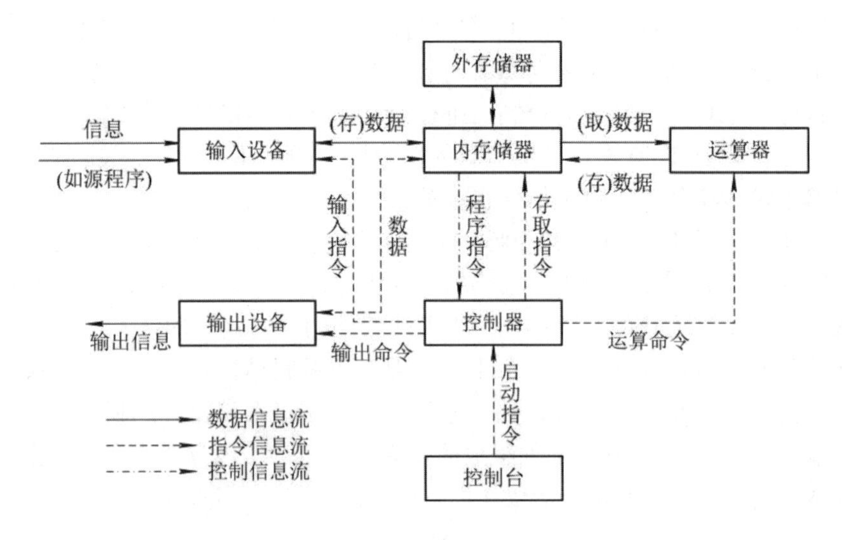

图 2.1　冯·诺依曼计算机体系结构

尽管计算机经历了多次的更新换代，但其基本结构形式仍然是“程序存储、共享数据、顺序执行”的冯·诺依曼体系，计算机在整体结构上仍属于冯·诺依曼计算机，还保持着冯·诺依曼计算机的基本特征。其执行程序过程为：预先要把指挥计算机如何进行操作的指令序列(通常称为程序)和原始数据通过输入设备输入到计算机的内部存储器中。每一条指令中明确规定了计算机从哪个地址取数，进行什么操作，然后送到什么地址等步骤。计算机在运行时，先从内存中取出第一条指令，通过控制器的译码，按指令的要求，从存储器中取出数据进行指定的运算和逻辑操作，然后再按地址把结果送到内存中。接下来，再取出第二条指令，在控制器的指挥下完成规定操作。如此进行下去，直至遇到停止指令。简而言之即将程序和数据一样存储，按程序编排的顺序，一步一步地取出指令，自动地完成指令规定的操作。

2.1.2　冯·诺依曼计算机的基本部件

冯·诺依曼计算机含有 5 个基本部件，即运算器、存储器、控制器、输入设备和输出设备。其工作原理为：首先由输入设备接受外界信息(程序和数据)，控制器发出指令将数据送入内存储器，然后向内存储器发出取指令命令。在取指令命令下，程序指令逐条送入控制器。控制器对指令进行译码，并根据指令的操作要求，向存储器和运算器发出存数、取数命令和运算命令，经过运算器计算并把计算结果存储在存储器内。最后在控制器发出的取数和输出命令的作用下，通过输出设备输出计算结果。图 2.2 所示为典型的冯·诺依曼计算机硬件组成，图中实线表示控制信息，虚线表示数据信息。

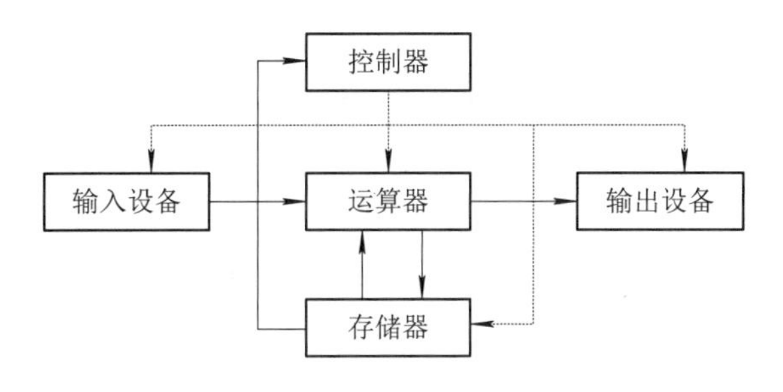

图 2.2 冯·诺依曼计算机基本组成

图 2.2 中各部件的主要功能如下：

(1) 运算器(Arithmetic Logic Unit，ALU)的主要功能是进行算术及逻辑运算，是计算机的核心部件，运算器每次能处理的最大的二进制数长度称为该计算机的字长(一般为 8 的整倍数)；

(2) 控制器(Controller)是计算机的“神经中枢”，用于分析指令，根据指令要求产生各种协调各部件工作的控制信号；

(3) 存储器(Memory)用来存放控制计算机工作过程的指令序列(程序)和数据(包括计算过程中的中间结果和最终结果)；

(4) 输入设备(Input Equipment)用来输入程序和数据；

(5) 输出设备(Output Equipment)用来输出计算结果，即将其显示或打印出来。

2.1.3 冯·诺依曼计算机的工作原理

计算机工作的过程实质上是执行程序的过程。程序是由若干条指令组成的，计算机逐条执行程序中的指令就可完成一个程序的执行，从而完成一项特定的工作。指令就是让计算机完成某个操作所发出的命令，是计算机完成该操作的依据。计算机执行指令一般分为两个阶段：第一个阶段称为取指令周期；第二个阶段称为执行周期。执行指令时，首先将要执行的指令从内存中取出送入 CPU，然后由 CPU 对指令进行分析译码，判断该指令要完成的操作，并向各部件发出完成该操作的控制信号，完成该指令的功能。一台计算机所有指令的集合称为该计算机的指令系统。计算机的程序是一系列指令的有序集合，计算机执行程序实际上就是执行这一系列指令。程序执行时，系统首先从内存中读出第一条指令到 CPU 执行，指令执行完毕后，再从内存中读出下一条指令到 CPU 内执行，直到所有指令执行完毕。因此，了解计算机工作原理的关键就是要了解指令和程序执行的基本过程(如图 2.3 所示)。综上所述，计算机的基本工作原理就是计算机取出指令、分析指令、执行指令，再取下一条指令，依次周而复始地执行指令序列的过程。自从 1946 年第一台电子计算机问世以来，几乎所有计算机的工作原理都相同。这一原理是美籍匈牙利数学家冯·诺依曼教授于1946年提出来的，故称为冯·诺依曼原理。

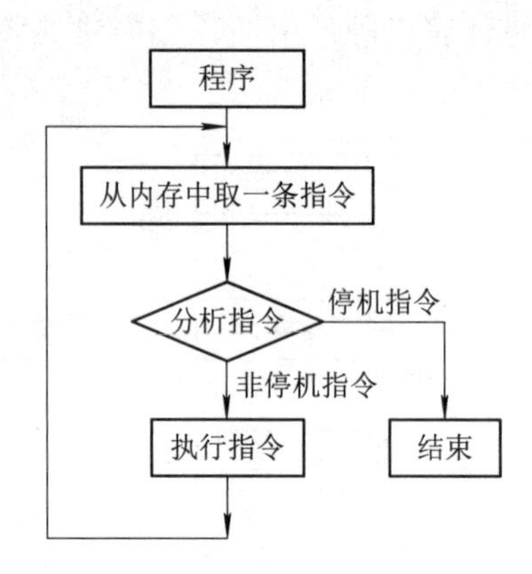

图2.3　冯·诺依曼计算机工作过程

2.2　计算机硬件系统

一个完整的现代计算机系统包括硬件系统和软件系统两大部分。其中，计算机的硬件系统包括计算机的基本部件和各种具有实体的计算机相关设备，而计算机的软件系统则包括用各种计算机语言编写的计算机程序、数据、应用说明文档等。下面介绍计算机硬件系统的主要部件。

2.2.1　CPU

CPU(Central Processing Unit，中央处理器)通常也称为微处理器，安装在主板上的专用插槽内，是整个计算机系统的核心，所以常被人们称作计算机的“心脏”。微处理器中除了包括运算器和控制器外，还集成有寄存器组和高速缓冲存储器，其基本结构简介如下：

(1) 运算器。运算器是计算机对数据进行加工处理的核心部件，其主要功能是对二进制编码进行算术运算(加、减、乘、除等)和逻辑运算(与、或、非、异或、比较等)，所以也称为算术逻辑运算单元(Arithmetic Logic Unit，ALU)。参加运算的数(称为操作数)由控制器控制，从存储器内取到运算器中。

(2) 控制器。控制器是整个计算机系统的控制指挥中心，其主要负责从存储器中取出指令，并对指令进行译码，再根据指令的要求，按时间的先后顺序，向其他各部件发出控制信号，保证各部件协调一致地工作，一步一步地完成各种操作。控制器主要由指令寄存器、译码器、程序计数器、操作控制器等组成。

(3) 寄存器。寄存器作为临时空间来存储CPU所操作的数据，保存算术逻辑单元的输入与输出数据。控制单元负责将主存中的数据移到寄存器中，然后通知算术逻辑单元这些数据所在的位置。一个CPU可有几个乃至几十个内部寄存器，包括用来暂存操作数或运算结果以提高运算速度的数据寄存器，支持控制器工作的地址寄存器、状态标志寄存器等。

(4) 高速缓冲存储器。在新型的微处理器中普遍集成了超高速缓冲存储器，其工作速度和运算器的工作速度一致，是提高 CPU 处理能力的重要技术措施之一。

微处理器产品的典型代表有 Intel 公司的 Pentium 系列、DEC 公司的 Alpha 系列、IBM 和 Apple 公司的 PowerPC 系列等。在中国，Intel 公司的产品占有较大的优势，其主要的产品已经从 80486、Pentium、Pentium Pro、Pentium 4、Intel Pentium D(即奔腾系列)、Intel Core 2 Duo 处理器发展到目前的 Intel Core i7/i5/i3 等处理器，CPU 也从单核、双核发展到目前常见的 4 核、6 核，图 2.4 所示为主流的 Intel 微处理器。由于 Intel 公司的技术优势，其他一些公司采用了和 Intel 公司的产品相兼容的策略，如 AMD 公司、Cyrix 公司、TI 公司等，它们都有和相应 Pentium 系列产品性能接近甚至超出的廉价产品。

图 2.4　Intel 微处理器

2.2.2　存储器

存储器是存放程序和数据的装置，存储器的容量越大越好，工作速度越快越好，但二者和价格是互相矛盾的。为了协调这种矛盾，目前的微机系统均采用了分层次的存储器结构(如图 2.5 所示)，一般将存储器分为内存和外存。现在一些微机系统又将内存中的高速缓冲存储器(高速缓存)设计为 CPU 芯片内部的高速缓冲存储器和 CPU 芯片外部的高速缓冲存储器两级，以满足高速和容量的需要。

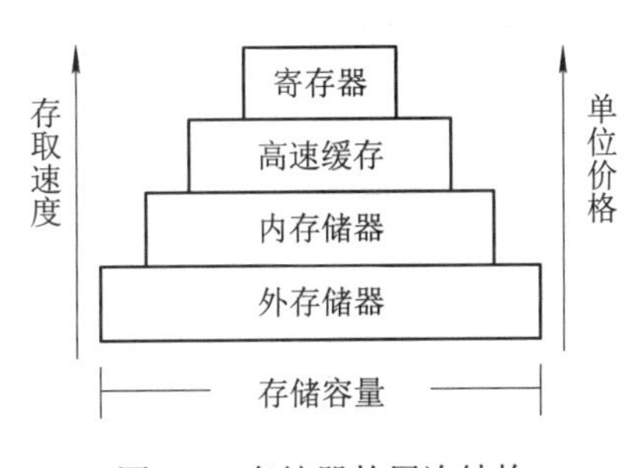

图 2.5　存储器的层次结构

1. 内存储器

内存储器简称内存，是直接与 CPU 相联系的存储设备，是微型计算机工作的基础。

内存容量一般为2～4 GB，但运转速度非常快，存取速度可达6 ns(1 ns为10亿分之一秒)，主要存放将要运行的程序和数据。

微机的内存如图2.6所示采用半导体存储器，其体积小，功耗低，工作可靠，扩充灵活。CPU工作需要的数据事先都存放在内存储器中，根据需要不断地从中取用。从使用功能上分，内存储器有只读存储器(Read Only Memory，ROM)、随机存储器(Random Access Memory，RAM)和高速缓冲存储器(Cache)3类。

图2.6　微机内存储器

随机存储器RAM是一种既能读出也能写入的存储器，适合存放经常变化的用户程序和数据。RAM只能在电源电压正常时工作，一旦电源断电，里面的信息将全部丢失。

只读存储器ROM是一种只能读出而不能写入的存储器，用来存放固定不变的程序和常数，如监控程序、操作系统中的BIOS(基本输入/输出系统)等。ROM必须在电源电压正常时才能工作，但断电后其信息不会丢失。

高速缓冲存储器Cache是在CPU与内存之间设置的一级缓存L1或二级缓存L2的高速小容量存储器，集成在主板上。计算机工作时，系统先将数据通过外部设备读入RAM中，再由RAM读入Cache中，CPU则直接从Cache中读取数据进行操作。由于CPU处理数据的速度比RAM的快，为解决两者间数据处理的速度不匹配而专门设置了高速缓冲存储器。

2. 外存储器

外存储器简称外存，作为内存的后援设备，存放暂时不执行而将来要执行的程序和相应的数据，断电后存储的数据不丢失。但因其速度低，CPU必须要先将其上的数据调入内存，再通过内存使用这些数据。常用的外存有磁盘(包括软盘和硬盘)、光盘、U盘及其他闪存卡等。

1) 软盘

1967年，IBM公司推出世界上第一款软盘，直径为32英寸(1英寸 = 2.54 cm)，4年后，磁盘之父艾伦·舒加特(Alan Shugart)推出8英寸软盘，之后，他又研制出5.25英寸软盘，容量为360 KB，后来达到了1.18 MB，因此，5英寸软盘有高密度和低密度两种。1979年，索尼公司推出了3.5英寸的双面软盘(如图2.7所示)，容量为1.44 MB。软盘内部是一种表面涂覆一层均匀磁性材料的软质圆形盘片，存储的数据是按一系列同心圆(磁道)记录在其表面上的，其结构如图2.8所示。其存储容量 = 盘面数 × 每面磁道数 × 每磁道扇区数 × 每扇区字节数。对于3.5英寸软盘，其容量 =

2 × 80 × 18 × 512 = 1.44 MB。软盘的使用要有软盘驱动器的配合才能完成。

图 2.7　3.5 英寸双面软盘

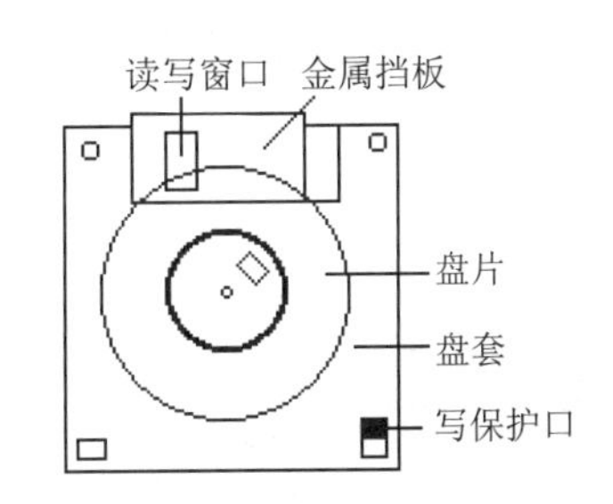

图 2.8　软盘结构示意图

2) 硬盘

软盘容量较小，如果要存储大量的数据，需要大容量的存储设备。硬盘就是这样一种大容量的外部存储设备。1956 年 9 月，IBM 公司制造出世界上第一台磁盘存储系统 IBM 350 RAMAC，直径为 24 英寸，重达 1 t，容量 5 MB。早期硬盘的直径有 24、22、14、10.5 英寸等多种，最大为 39 英寸。IBM 公司为硬盘技术作出了重要贡献，如 IBM 公司在 1968 年首次提出“温彻斯特”技术，制造出世界上第一个温盘，发明了薄膜磁头，2000 年又推出第一款“玻璃硬盘”等。

硬盘要向小体积高密度方向发展，势必要求磁盘上每一个被划分出来的独立区域越来越小，这就导致了每个独立区域所能记录的磁信号也越来越弱。法国科学家阿尔贝·费尔和德国科学家彼得·格林贝格尔分别独立发现巨磁阻效应现象，因此二人共同荣获 2007 年度诺贝尔物理学奖。巨磁阻效应使得非常弱小的磁性变化就能导致磁性材料发生非常显著的电阻变化。借助巨磁阻效应，人们能够制造出更加灵敏的数据读写头，将越来越弱的磁信号读出后因为电阻的巨大变化而转换成为明显的电流变化，使得大容量的小硬盘成为可能。目前，常用的 5 英寸和 3 英寸硬盘分别由希捷公司和昆腾公司发明，硬盘的容量已达几太字节(TB)。

硬盘是计算机中利用磁记录技术在涂有磁记录介质的旋转圆盘上进行数据存储的辅助存储器。操作系统、各种应用软件和大量数据都存储在硬盘上。硬盘是磁存储器，不会因为关机或停电丢失数据。它具有容量大、数据存取速度快、存储数据可长期保存等优点，是各种计算机程序和数据的最重要存储设备。

只有磁盘片是无法进行读写操作的，还需要将其放入磁盘驱动器中。硬盘驱动器和硬盘是作为一个整体密封在防尘盘盒内的，不能将硬盘从硬盘驱动器中取出，硬盘外观如图 2.9 所示。在进行磁盘读写操作时，通过磁头的移动寻找磁道，在磁头移动到指定磁道位置后，就等待指定的扇区转动到磁头之下(通过读取扇区标识信息判别)，称为寻区，然后读写一个扇区的内容。目前，硬盘的寻道和寻区的平均时长为 8～15 ms，读取一个扇区仅需 0.16 ms(当驱动器转速为 6000 r/min 时)。

为了在磁盘上快速地存取信息，在磁盘使用前要先进行初级格式化操作(目前基本上由生产厂家完成)，即在磁盘上用磁信号划分出如图 2.10 所示的若干个有编号的磁道和扇区，以便计算机通过磁道号和扇区号直接寻找到要写数据的位置或要读取的数据。为了提高磁盘存取操作的效率，计算机每次要读完或写完一个扇区的内容。在 IBM 格式中，每个扇区存有 512 B 的信息。所以从外部看，计算机对磁盘执行的是随机读写操作，但这仅是对扇区操作而言的，而具体读写扇区中的内容却是一位一位顺序进行的。

图 2.9　硬盘

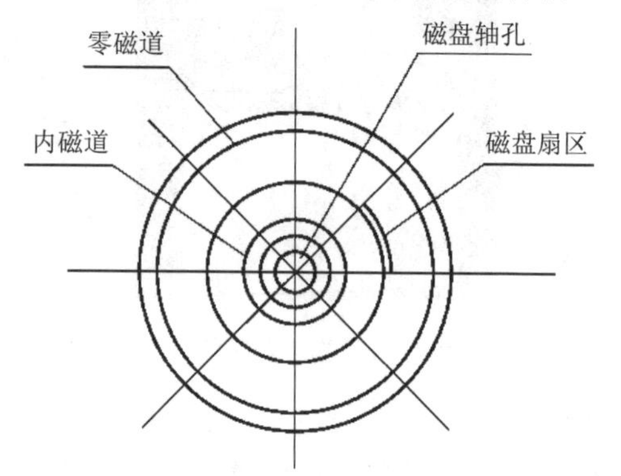

图 2.10　硬盘格式化示意图

3) 光盘

光盘是注塑成形的聚碳酸酯圆盘，其上涂了一层铅质的薄膜，最外面又涂了一层透明的聚氯乙烯塑料保护层，如图 2.11 所示。光盘是以激光束记录数据和读取数据的数据存储媒体，是一种新型的大容量辅助存储器，需要有光盘驱动器配合使用，如图 2.12 所示。

图 2.11　光盘

图 2.12　光盘驱动器

与软盘和硬盘一样，光盘也能以二进制数据(由“0”和“1”组成的数据模式)的形式存储文件和音乐信息。要在光盘上存储数据，首先必须借助计算机将数据转换成二进制数，然后用激光按数据模式灼刻在扁平的、具有反射能力的盘片上。激光在盘片上刻出的小坑代表“1”，空白处代表“0”。图 2.13 为两种光盘 CD 和 DVD 的微观结构示意图。

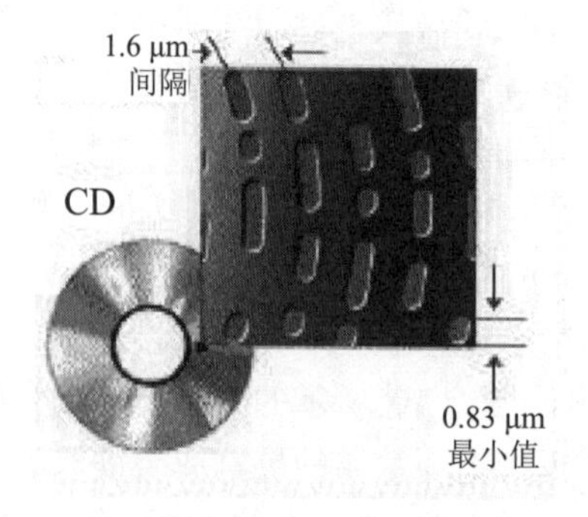

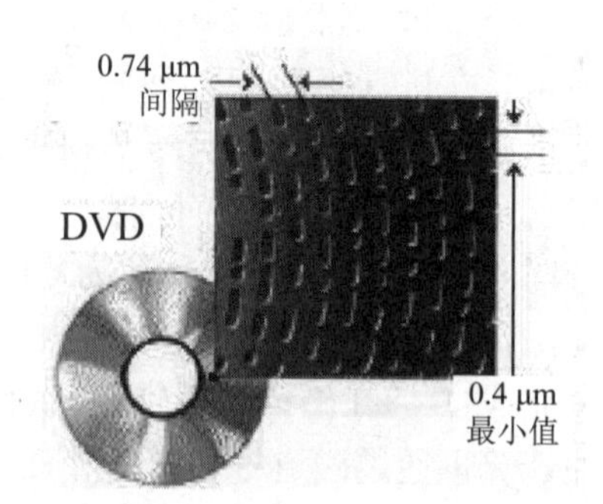

图 2.13　两种光盘 CD 和 DVD 的微观结构示意图

光盘的种类很多，但其外观尺寸是一致的。一般光盘尺寸统一为直径 12 cm，厚度 1 mm。按读/写方式来分，光盘存储器大致可分为以下 4 种类型：

(1) CD-ROM(CD Read-Only Memory，只读光盘)：是一次成型的产品，用户只能读取光盘上已经记录的各种信息，但不能修改或写入新的信息。只读光盘由专业化工厂规模生产，首先要精心制作好金属原模，也称为母盘，然后根据母盘在塑料基片上制成复制盘。因此，只读光盘特别适合大批量地制作同一种信息，非常廉价。这种光盘的数据存储量在 650～700 MB。此外，还有一些小直径的光盘，它们的容量在 128 MB 左右。

(2) CD-R(CD-Recordable，一次性可写入光盘)：它需要专用的刻录机将信息写入，刻录好的光盘不允许再次更改。这种光盘的数据存储量一般为 650 MB。CD-R 的结构与 CD-ROM 相似，不同的是 CD-ROM 的反射层为铝膜，故称为“银盘”；而 CD-R 的反射层为金膜，故称为“金盘”。

(3) CD-RW(CD-ReWritable，可擦写的光盘)：与 CD-R 本质的区别是可以重复读/写，即对于存储在光盘上的信息，可以根据操作者的需要而自由更改、读取、复制和删除。

(4) DVD(Digital Video Disc，数字视频光盘)：主要用于记录数字影像。它集计算机技术、光学记录技术和影视技术等为一体。一张单面 DVD 光盘有 4.7 GB 的容量，相当于 7 张 CD 盘片(650 MB)的总容量。DVD 碟片的大小与 CD-ROM 的相同，由两个厚 0.6 mm 的基层粘成，最大的特点在于可以单面存储，也可以双面存储，而且每一面还可以存储两层资料。DVD 的碟片分为 4 种：单面单层(DVD-5)，容量为 4.7 GB；单面双层(DVD-10)，容量为 9.4 GB；双面单层(DVD-9)，容量为 8.5 GB；双面双层(DVD-18)，容量为 17 GB。

4) U 盘及其他闪存卡

U 盘是通过 USB 接口与计算机相连，是一种基于闪存技术的移动存储设备，用 Flash EPROM 芯片来存储数据。另外，广泛应用于数码相机、数码摄像机、手机和个人数字助理的各种闪存卡也都是基于闪存技术的存储设备。

2.2.3 输入设备

输入/输出(I/O)设备又称外部设备或外围设备，简称外设。输入设备用来将数据、程序、控制命令等转换成二进制信息，存入计算机内存。常用的输入设备有键盘、鼠标、扫描仪、光学字符识别装置、智能书写终端设备等。其中键盘和鼠标是目前用得最多的输入设备。

1. 键盘

尽管目前人工的语音输入法、手写输入法、触摸输入法、自动扫描识别输入法等的研究已经有了巨大的进展，相应的各类软硬件产品也已开始推广应用，但键盘仍然是最主要的输入设备。依据键的结构形式，键盘分为有触点和无触点两类。有触点键盘采用机械触点按键，价廉，但易损坏。无触点键盘采用霍尔磁敏电子开关或电容感应开关，操作无噪声，手感好，寿命长，但价格较贵。键盘的外部结构一直在不断更新，在 DOS 作为主流操作系统的时代，83 键的键盘为主流产品。Windows 取代 DOS 成为主流操作系统后，83 键键盘被 101(IBM Model M)键和 104(Windows)键键盘取代(即键盘上共有

104 个键)。键盘的接口电路已经集成在主机板上，可以直接插入使用。图 2.14 为各个不同时期多个不同商家生产的键盘。

图 2.14　各式各样的键盘

2. 鼠标

鼠标目前已经成为最常用的输入设备之一。它通过串行接口或 USB 接口和计算机相连，其基本操作为移动、单击、双击和拖动。鼠标给人们操作各种图形界面软件带来了方便。鼠标的发明人是美国人 Douglas Engelbart，他因此发明获得 1992 年度的 IEEE-CS 计算机先驱奖和 1997 年度的 A CM 图灵奖。图 2.15 为历史上的几款鼠标，从左至右、从上到下依次为 1982 年的罗技 P4 鼠标——世界上第一个光机鼠标、1983 年的苹果 A9M0050 鼠标、IBM OOF2383 鼠标和微软“绿眼睛”鼠标。

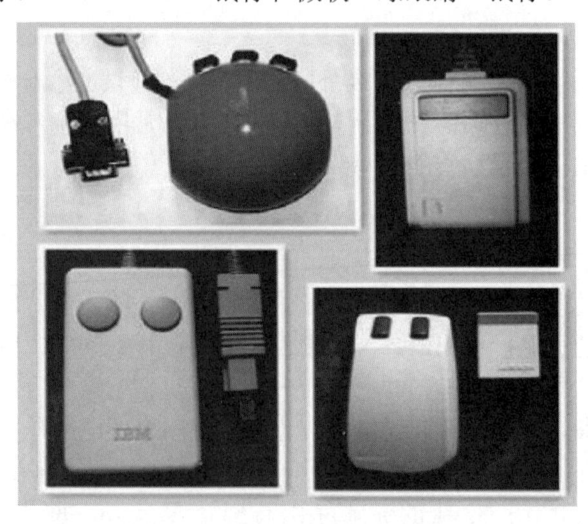

图 2.15　历史上的几款鼠标

从工作原理来分，鼠标有光电式鼠标和机械式鼠标两大类。光电式鼠标的内部有红外光发射和接收装置，它利用光的反射来确定鼠标的移动，是目前常用的一种鼠标。光电式鼠标具有定位准确、不易脏、寿命长等优点。机械式鼠标又称为滚轮鼠标，主要由滚球、辊柱和光栅信号传感器组成。

鼠标还有单键、双键和三键之分。另外还有一些比较新颖的鼠标，比如无线鼠标、3D 鼠标等。

2.2.4　输出设备

输出设备将经计算机处理后的结果显示或打印输出。常用的输出设备有显示器、打印机、绘图机等。其中显示器和打印机是目前用得最多的输出设备。

1. 显示器

计算机的显示系统由显示器与显示控制适配器两部分组成。显示器是重要的输出设备，其作用是将电信号转换成可以直接观察到的字符、图形或图像。用户通过它可以很方便地查看送入计算机的程序、数据、图形等信息以及经过计算机处理后的中间结果和最后结果。显示控制适配器又称为显示接口卡(简称显卡，或叫图形加速卡，如图 2.16 所示)，插在主板的扩展槽上，是主机与显示器之间的接口，其基本作用是控制计算机的图形输出。

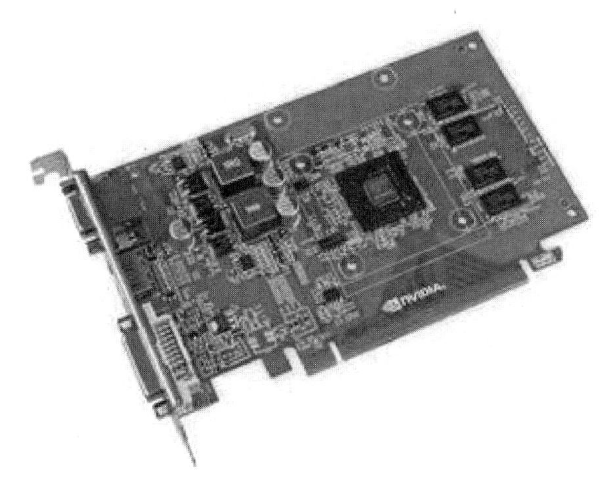

图 2.16　显示控制适配器

显示器根据显示管对角线的尺寸分为 17 英寸、19 英寸等，尺寸越大，显示的有效范围就越大。随着人们对环保和健康的要求越来越高，近年来，液晶显示器凭借节能和辐射小等优势成为首选。液晶显示器是在两片平行的玻璃当中放置液态的晶体，两片玻璃中间有许多垂直和水平的细小电线，透过通电与否来控制杆状水晶分子改变方向，将光线折射出来产生画面。相对于阴极射线管(Cathode Ray Tube，CRT)显示器，液晶显示器具有体积小、重量轻、省电、无闪烁和不产生辐射等优点。而 CRT 显示器是使用电子枪发射高速电子，经过垂直和水平的偏转线圈控制高速电子的偏转角度，最后高速电子击打屏幕上的荧光物质使其发光，通过电压来调节电子束的功率，就会在屏幕上形成明暗不同的光点以显示各种图形和文字。CRT 彩色屏幕上的每一个像素点都由红、绿、蓝

3 种涂料组合而成，由 3 束电子束分别激活这 3 种颜色的荧光涂料，以不同强度的电子束调节 3 种颜色的明暗程度就可得到所需的颜色。特别值得一提的是，显示器必须配置相匹配的适配器才能取得良好的显示效果。

2. 打印机

打印机作为重要的计算机输出设备，也经历了数次更新，其种类繁多。根据工作原理分类，有针式打印机、激光打印机和喷墨打印机 3 种。

(1) 针式打印机是利用电磁铁高速地击打 24 根打印针而把色带上的墨汁转印到打印纸上，工作噪声较大，速度较慢，一般只有 1～2 页/分钟，分辨率也只有 120～180 点/英寸。目前，针式打印机在银行、超市和邮局等需要多联票据打印的地方还在使用。

(2) 激光打印机利用激光产生静电吸附效应，通过硒鼓将碳粉转印并定影到打印纸上，工作噪声小，普及型的输出速度也在 6 页/分钟，分辨率高达 600 点/英寸以上。其优点是打印精度高，噪声低，打印速度快；缺点是对打印纸的要求较高。

(3) 喷墨打印机的各项指标都处于前两种打印机之间。喷墨打印头上有许多小喷嘴，使用液体墨水，将墨水喷到纸面上来产生字符或图像等要打印的内容。喷墨打印机的优点是价格便宜，打印精度较高，噪声低；缺点是墨水消耗量大，打印速度慢。

目前，市场上流行一种称为 3D 打印的技术。3D 打印其实是一种快速成型技术，以数字模型文件为基础，运用粉末状塑料、树脂、陶瓷、金属等可黏合材料，通过逐层打印的方式来构造物体。完成 3D 打印则需要所谓的 3D 打印机。3D 打印物体时，每一层的打印过程分为两步，首先在需要成形的区域喷洒一层液态黏合剂，然后喷洒一层均匀的粉末，粉末遇到黏合剂会迅速固化黏结，这样在一层液态黏合剂一层粉末的交替下，实物被逐渐打印成形。而采用基于激光烧结技术的打印方式是，先按形状喷洒一层粉末，然后通过激光高温烧结，再喷洒一层粉末，之后继续通过激光高温烧结层层累加，最终打印出实物。

从长远来看，3D 打印将会冲击基于车床、钻头、冲压机、制模机等工具的传统制造业，但从目前来看，由于受到打印材料、打印性能、打印成本和打印速度等因素的制约，3D 打印主要还是用于产品模型、设计样品、玩具、装饰品等的打印。

2.2.5　主板

主板(Main Board)又称为主机板、母板或系统板，是安装在机箱内最大的一块长方形电路板，上面安装有微机的主要电路系统。主板的类型和档次决定着整个微机系统的类型和档次，主板的性能影响着整个微机系统的性能。在主板上安装有控制芯片组、BIOS 芯片和各种输入/输出接口、键盘和面板控制开关接口、指示灯插接件、扩充插槽等元件。CPU、内存条插接在主板的相应插槽中，驱动器、电源等硬件连接在主板上。主板上的接口扩充插槽用于插接各种接口卡，这些接口卡扩展了微机的功能。现在的主板已经把许多设备的接口卡集成在上面了，如音频接口卡(声卡)、显示接口卡(显卡)、网络接口卡(网卡)、内置调制解调器(Modem)等，使用这样的主板就没有必要再另配单独的接口卡。台式机主板的外观和主要插口及接口如图 2.17 所示。

图 2.17　台式机主板的外观和主要插口及接口

2.3　计算机软件系统

软件是人们为了在计算机上完成某一具体任务而编写的一组程序，这些程序能告诉计算机做什么、怎么做。在计算机系统中硬件是软件运行的物质基础，软件是硬件功能的扩充与完善，没有软件的支持，硬件的功能不可能得到充分的发挥，因此软件是使用者与计算机之间的桥梁。软件可分为系统软件和应用软件两大部分。

1. 系统软件

系统软件是为使用者能方便地使用、维护和管理计算机而编制的程序的集合，它与计算机硬件相配套，也称之为软设备。系统软件主要包括对计算机系统资源进行管理的操作系统(Operating System，OS)软件、对各种汇编语言和高级语言程序进行编译的语言处理(Language Processor，LP)软件和对计算机进行日常维护的系统服务程序(System Support Program，SSP)和数据库管理系统。

1) 操作系统

操作系统主要负责管理计算机中软、硬件资源的分配、调度、输入/输出控制和数据管理等工作，用户只有通过它才能使用计算机，如 DOS、Windows、UNIX、Linux、Netware 等。

2) 程序设计语言

人与计算机之间进行信息交换通常使用程序设计语言。人们把自己的意图用某种程序设计语言编写成程序，并将其输入计算机，告诉计算机完成什么任务以及如何完成，达到计算机为人做事的目的。程序设计语言经历了机器语言、汇编语言和高级语言 3 个阶段。

(1) 机器语言。机器语言是机器的指令序列。机器指令是用一串 0 和 1 的二进制编码表示的，可以直接被计算机识别并执行。机器语言是面向机器的语言，与计算机硬件密切相关，针对某一类计算机编写的机器语言程序不能在其他类型的计算机中运行。机器语言的缺点是编写程序很困难，而且程序难改、难读。但机器语言编写的程序执行速度快，占用内存空间小。由于机器语言是直接根据硬件的情况来编制程序的，因此可以编制出效率高的程序。

(2) 汇编语言。汇编语言是指用一些有特定含义的符号替代机器的指令作为编程用的语言，其中使用了很多英文单词的缩写，这些字母和符号称为助记符，如助记符 ADD 表示加法、SUB 表示减法等。汇编语言又称为符号语言。这些助记符易编程、可读性好、修改方便，但机器并不认识，所以需把它翻译成相对应的机器语言程序，这种翻译的过程就叫汇编。将汇编语言程序翻译成相对应的机器语言程序是由汇编程序完成的。汇编语言的每一条语句和机器语言指令一一对应，故仍属于一种面向机器的语言。

(3) 高级语言。高级语言是用英文单词、数学表达式等易于理解的形式书写的，并按严格的语法规则和一定的逻辑关系组合的一种计算机语言。高级语言编写的程序独立于计算机，可读性好、易于维护，提高了程序设计效率。常见的过程化高级语言有 Basic、C 语言等，针对面向对象的程序设计方法出现的可视化编程语言有 Visual Basic、Delphi、Visual C++ 等，计算机网络语言有 Java、C# 等。

3) 语言处理系统

汇编语言与高级语言必须翻译成机器语言才能被计算机接受。按汇编语言和各种高级语言语法规则编写的程序叫源程序。源程序通过语言处理程序翻译成计算机能够识别的机器语言程序，即目标程序。语言处理程序对源程序的翻译方式有两种：编译和解释。编译是指在编写完源程序后，由存放在计算机中事先用机器语言编写好的一个编译程序将整个源程序翻译成目标程序的过程。该目标程序代码经连接程序连接后形成在计算机上可执行的程序。解释则是由解释程序对高级语言逐句解释，边解释边执行，解释完后只出现运行结果而不产生目标程序。

2. 应用软件

应用软件主要面向各种专业应用或某一特定问题的解决，一般指操作者在各自的专业领域中为解决各类实际问题而编制的程序，如文字处理软件、仓库管理软件、工资核算软件等。根据使用面的不同，一般可将应用软件分为以下两类。

1) 专用软件

专用软件是指为解决专门问题而定制的软件。它按照用户的特定需求而专门开发，其应用面窄，往往只局限于本单位或部门使用。如某高校教学管理系统、超市销售系统、铁路运行调度管理系统等。

2) 通用软件

通用软件是指为解决较有普遍性的问题而开发的软件，可广泛应用于各领域，如办公软件、计算机辅助设计软件、各种图形图像处理软件、电子书刊阅读软件、多媒体音乐、视频播放软件等。它们在计算机应用普及进程中被迅速推广流行，又反过来推进了计算机应用的进一步普及。也有一些应用软件被称为工具软件或实用工具软件，它们一般较小，功能相对单一，但却是解决一些特定问题的有力工具，如下载软件、阅读器、杀毒软件等。

本章小结

本章主要介绍了计算机的体系结构，分析了典型计算机系统的组成，即一个计算机系统主要是由硬件系统和软件系统两大部分组成的，如图 2.18 所示。硬件是指物理上存在的各种设备，如计算机的机箱、显示器、键盘、鼠标、打印机及机箱内的各种电子器件或装置，它们是计算机工作的物质基础；软件是指运行在计算机硬件上的程序、运行程序所需的数据和相关文档的总称。硬件与软件是相辅相成的，硬件是计算机的物质基础，没有硬件就无所谓计算机；软件是计算机的灵魂，没有软件，计算机硬件的存在就毫无价值。

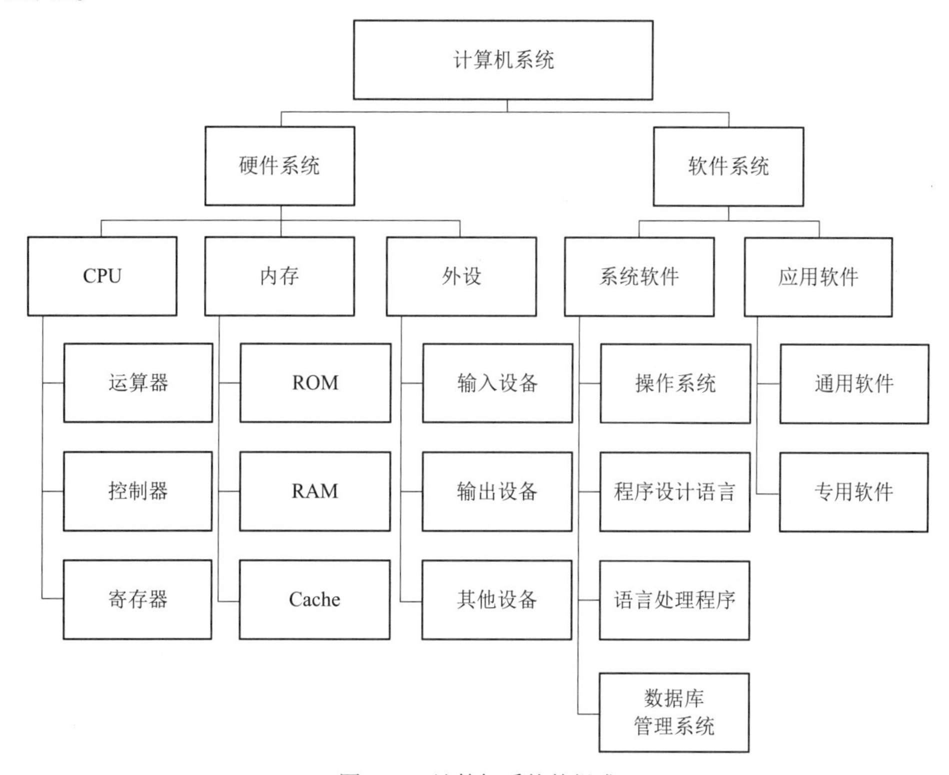

图 2.18 计算机系统的组成

习 题

一、单选题

1. 32 位 CPU 是指(　　)。

A. 能同时处理 32 位的十进制数　　B. 能同时处理 32 位的二进制数

C. 运算精度是 32 位的十进制数　　D. 运算精度是 32 位的二进制数

2. CPU 中，指令寄存器是(　　)。

A. 保存后续指令地址　　B. 保存当前指令地址

C. 保存前一条指令地址　　D. 都不对

3. 以下是外存储器的是(　　)。

A. CPU　　B. 寄存器　　C. 硬盘　　D. RAM

4. 属于输出设备的是(　　)。

A. 显示器　　B. 键盘　　C. 扫描仪　　D. 光笔

5. 运算器和控制器的合称是(　　)。

A. CPU　　B. 计算机　　C. 计数器　　D. 寄存器

二、填空题

1. 计算机硬件系统由________、________、________、________和________5 个基本部件组成，每个基本部件实现一定的基本功能。

2. 位于 CPU 和主存 DRAM 之间、容量较小但速度很快的存储器称为________。

3. ________软件则主要面向各种专业应用和某一特定问题的解决。

4. 一个完整的计算机系统由________和________组成。

5. ________设备将经计算机处理后的结果显示或打印输出。

三、思考题

1. 当代计算机的主要应用有哪些方面？

2. 计算机的基本工作原理是什么？

3. 冯·诺依曼计算机结构的主要特点是什么？

4. 计算机系统由哪几部分组成？

5. 计算机硬件包括哪几部分？各部分的功能如何？

6. 计算机软件包括哪几部分？各部分的功能如何？

7. 你所了解的计算机系统软件有哪些？

8. 存储器的层次结构是如何划分的？

9. 你认为未来计算机的形态是什么？

第三章　数据的表示和存储

案例——$\sqrt{4}-2\neq 0$

对于大多数 Windows 版本(Windows 10 除外)的计算器,包括 Windows XP、Windows 7、Windows Vista 和 Windows 8 等，输入 4，取平方根，会得到 2。然后再减去 2，这时，不同版本的 Windows 会得到不同的结果。这个 Bug 产生的原因是计算器将开平方的结果保存为浮点数而不是整数，这就出现了精度错误。

本章导读

(1) 维克托·迈尔-舍恩伯格(Viktor Mayer-Schönberger)曾经说过，世界的本质是数据。计算机中的数据包括文字、数字、图形、图像、声音、视频等多种形式。计算机中的数据表示是指能够让处理机硬件辨认并进行存储、传送和处理的数据表示方法。

(2) 早期的机械式和继电式计算机都用具有 10 个稳定状态的基本元件来表示数据。但是，要求处理机的基本电子元件具有 10 个稳定状态比较困难，而且十进制运算器逻辑线路也比较复杂。当前，计算机普遍采用二进制表示和存储这些信息，这是因为，相比较而言，电子元器件具有两个稳定状态，且二进制运算比较简单，二进制与处理机逻辑运算能协调一致，便于用逻辑代数简化处理机的逻辑设计。

主要内容

- 信息与数据；
- 计算机中的数制及相互转换；
- 数值型数据的表示；
- 字符型数据的表示；
- 汉字的表示。

3.1 信息与数据

我国南唐诗人李中《暮春怀古人》的诗中“梦断美人沉信息，目穿长路倚楼台”就有“信息”一词，这里指的是音信、消息。“信息”的英文是“Information”，日本把它称为“情报”，我国台湾则把它称为“资讯”。

1. 信息概念的发展

“信息”作为一个科学术语，最早由哈特莱于1928年在其《信息传输》一文中使用。信息论学者香农认为：信息是用以消除信宿对信源发出何种消息的不确定性的东西，即信息是指有新内容、新知识的消息。控制论学者维纳认为：信息这个名词的内容就是我们对外界进行调节并使我们的调节对外界所了解时而与外界交换来的东西，即我们适应外部世界，并把这种适应反作用于外部世界的过程中同外部世界进行相互联系、相互作用、相互交换的一种内容。

当计算机出现后，信息被看作数据。在生命科学领域，信号由一个细胞传递给另一个细胞，由一个机体传递给另一个机体，也开始被看作是信息的传递。二次世界大战后，在科技信息工作的开展中，信息又被看作经验、知识和资料。信息在哲学中的发展又认为信息是事物的一种普遍属性。而在通信领域，信息被看作有序程度(或组织程度)的度量和负熵，是用以减少不确定性的东西。

2. 信息的定义

我国学者钟义信指出：信息是事物存在的方式或运动的状态，以及这种方式或状态的直接或间接的表述。信息的概念是有层次的：从本体论层次上来考察，信息是一种客观存在的现象，是事物的运动状态及其变化。从认识论层次上定义，信息是主体所感知或所表述的事物运动状态及其变化方式，是反映出来的客观事物的属性。

因此，所谓信息，并非指事物本身，而是指用来表现事物特征的一种普遍形式。从本质上说，信息是事物自身显示其存在的方式和运动状态的属性，是客观存在的事物现象。

3. 数据、信息和知识之间的关系

数据是载荷或记录信息的按照一定规则排列组合的物理符号。它可以是数字、文字、图像，也可以是声音或计算机代码。人们只能通过对数据背景和规则的解读来获取信息，其中，背景是接收者针对特定数据的信息准备，即

$$数据 + 背景 = 信息$$

信息是数据载荷的内容，对于同一信息，其数据表现形式可以多种多样。

$$信息 + 经验 = 知识$$

而知识是信息接收者通过对信息的提炼和推理而获得的正确结论，是人们通过信息对自然界、人类社会以及思维方式与运动规律的认识与掌握，是人的大脑通过思维重新

组合的、系统化的信息集合。数据、信息与知识的关系如图 3.1 所示。

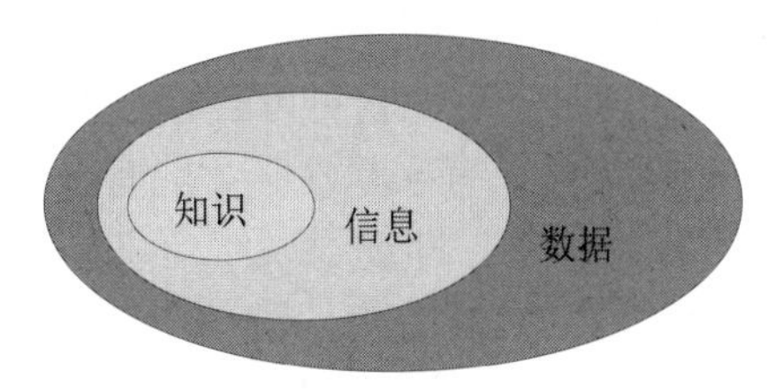

图 3.1　数据、信息与知识的关系

4. 信息、物质和能量之间的关系

信息、物质和能量 3 个概念之间关系密切。物质提供材料，能量提供动力，信息提供知识。因此，物质是信息存在的基础，能量是信息运动的动力。

5. 信息的类型

可以根据不同的标准对信息进行分类。

按照信息发生的领域，信息可分为：物理信息、生物信息、社会信息等。

按照信息的表现形式，信息可分为：消息、资料、知识等。其中，消息是客观事物发展变化情况的最新报道；资料是客观事物的静态描述与社会现象的原始记录；知识是人类社会经验的总结，也是人类发现、发明与创造的成果。

按照主题的认识层次，信息可分为：语法信息、语义信息和语用信息。

按照信息的加工深度，信息可分为：零次信息、一次信息、二次信息、三次信息等。其中，零次信息是未经加工的零散的不系统的原始材料；一次信息是根据第一手资料创造形成的初加工信息，如原始论文、报告、专利说明书等；二次信息是在一次信息的基础上加工整理形成的引导和使用一次信息的信息，是对信息组织的结果，如目录、文摘、索引等；三次信息是根据二次信息提供的途径，获取并使用一次信息，再结合零次信息，经分析综合形成的高层次信息组织的信息，如综述、述评等。

6. 信息的特征

信息具有以下特征：

(1) 依附性。物质是具体的、真实存在的资源，而信息是一种抽象的、无形的资源。信息必须依附于物质载体，而且只有具备一定能量的载体才能传递。信息不能脱离物质和能量而独立存在。新闻信息离开具有一定时空的事实以及语言文字、报纸版面就无法体现。

(2) 再生性(扩充性)。物质和能量资源只要使用就会减少；而信息在使用中却不断扩充、不断再生，永远不会耗尽。当今世界，一方面是“能源危机”“水源危机”，而另一方面却是“信息膨胀”。

(3) 可传递性。没有传递，就无所谓有信息。信息传递的方式很多，如口头语言、体语、手抄文字、印刷文字、电信号等。

(4) 可存储性。信息可以被存储。贮存信息的介质是多种多样的，如人脑、磁盘、磁带、胶片、纸张等。

(5) 可缩性。人们对大量的信息进行归纳、综合，就是信息浓缩。如总结、报告、议案、新闻报道、经验、知识等都是在收集大量信息后提炼而成的。而缩微、光盘等则是使信息浓缩存储的现代化技术。

(6) 可共享性。信息不同于物质资源。它可以转让，大家共享。信息越具有科学性和社会规范就越有共享性。新闻信息只有共享性强才能有普遍效果。

(7) 可预测性。信息是可以预测的，即通过现时信息能够推导未来的信息形态。信息对实际有超前反映，反映出事物的发展趋势。这是信息对“下判断”以至“决策”的价值所在。

(8) 有效性和无效性。信息符合接受者需要为有效，反之则无效；此时需要则有效，彼时不需要为无效；对此人有效，对他人可能无效。新闻信息主要以时效、新鲜、显著、接近、趣味等满足受众的普遍需要，从而获得有效性。

(9) 可处理性。信息如果经过人的分析和处理，往往会产生新的信息，使信息得到增值。

信息作为一种特殊的资源，具有相应的使用价值，它能够满足人们某些方面的需要。但信息的价值大小是相对的，它取决于接收信息者的需求及对信息的理解，认识和利用的能力。

3.2　计算机中的数制

数制也称计数制，是用一组固定的符号和统一的规则来表示数值的方法。为了电路设计的方便，计算机内部使用的是二进制计数制，即“逢二进一”的计数制，简称二进制(Binary)。在日常生活中，人们习惯用的进位计数制是十进制；此外，为了编制程序的方便，还常常用到八进制和十六进制。顾名思义，二进制就是逢二进一的数字表示方法；依次类推，十进制就是逢十进一，八进制就是逢八进一，十六进制就是逢十六进一。下面介绍这几种进位制和它们相互之间的转换。

3.2.1　**十进制**(Decimal)

十进制有两个特点：其一是采用 0～9 共 10 个阿拉伯数字符号；其二是相邻两位之间为“逢十进一”或“借一当十”的关系，即同一数码在不同的数位上代表不同的数值。我们把某种进位计数制所使用数码的个数称为该进位计数制的“基数”，把计算每个“数码”在所在位上代表的数值时所乘的常数称为“位权”。位权是一个指数幂，以“基数”为底，其指数是数位的“序号”。数位的序号为以小数点为界，其左边(个位)的数位序号为 0，向左每移一位序号加 1，向右每移一位序号减 1。任何一个十进制数都可以表示为一个按位权展开的多项式之和，如十进制数 1231.4 可表示为

$$1231.4 = 1 \times 10^3 + 2 \times 10^2 + 3 \times 10^1 + 1 \times 10^0 + 4 \times 10^{-1}$$

其中，10^3、10^2、10^1、10^0、10^{-1} 分别是千位、百位、十位、个位和十分位的位权。

3.2.2　**二进制**(Binary)

二进制也有两个特点：数码仅采用“0”和“1”，所以基数是 2；相邻两位之间为

“逢二进一”或“借一当二”的关系。它的“位权”可表示成 2^i，2 为其基数，i 为数位序号，取值法和十进制相同。任何一个二进制数都可以表示为按位权展开的多项式之和，如二进制数 1010.1 可表示为

$$1010.1 = 1 \times 2^3 + 0 \times 2^2 + 1 \times 2^1 + 0 \times 2^0 + 1 \times 2^{-1}$$

3.2.3　八进制(Octal)

八进制和十进制、二进制类似，所用的数码共有 8 个，即 0～7，因此其基数是 8；相邻两位之间为“逢八进一”或“借一当八”的关系，它的“位权”可表示成 8^i。任何一个八进制数都可以表示为按位权展开的多项式之和，如八进制数 1354.7 可表示为

$$1354.7 = 1 \times 8^3 + 3 \times 8^2 + 5 \times 8^1 + 4 \times 8^0 + 7 \times 8^{-1}$$

3.2.4　十六进制(Hexadecimal)

十六进制和十进制、二进制类似，所用的数码共有 16 个，除了 0～9 外又增加了 6 个字母符号 A、B、C、D、E、F，分别对应了十进制的 10、11、12、13、14、15；其基数是 16，相邻两位之间为“逢十六进一”或“借一当十六”的关系，它的“位权”可表示成 16^i。任何一个十六进制数都可以表示为按位权展开的多项式之和，如十六进制数 2AD6.C 可表示为

$$2AD6.C = 2 \times 16^3 + 10 \times 16^2 + 13 \times 16^1 + 6 \times 16^0 + 12 \times 16^{-1}$$

设 R 表示基数，则称为 R 进制，使用 R 个基本的数码，R^i 就是位权，其加法运算规则是“逢 R 进一”，则任意一个 R 进制数 D 均可以展开表示为

$$(D)_R = \sum_{i=-m}^{n-1} K_i \times R^i$$

式中：K_i 为第 i 位的系数，可以为 0，1，2，…，$R-1$ 中的任何一个数；R^i 表示第 i 位的位权，最高位为 R^{n-1}，最低位为 R^{-m}。

表 3-1 所示为计算机中常用的几种进位计数制的表示。

表 3-1　计算机中常用的几种进位计数制的表示

进位制	基数	基本符号(采用的数码)	权	形式表示
二进制	2	0，1	2^i	B
八进制	8	0，1，2，3，4，5，6，7	8^i	O
十进制	10	0，1，2，3，4，5，6，7，8，9	10^i	D
十六进制	16	0，1，2，3，4，5，6，7，8，9，A，B，C，D，E，F	16^i	H

在计算机中，为了区分不同进制的数，可以用括号加数制基数下标的方式来表示不同数制的数，例如，$(492)_{10}$ 表示十进制数，$(1001.1)_2$ 表示二进制数，$(4A9E)_{16}$ 表示十六进制数，也可以用带有字母的形式分别表示为$(492)_D$、$(1001.1)_B$ 和$(4A9E)_H$。在程序设计中，为了区分不同进制数，常在数字后直接加英文字母后缀来区别，如 492D、1001.1B 等。

3.3　数制间的转换

将数由一种数制转换成另一种数制称为数制间的转换。下面讨论几种常用数制间的转换方法。

3.3.1　二进制数、八进制数和十六进制数转换成十进制数

将二进制数、八进制数和十六进制数转换为十进制数时，转换的方法就是按照位权展开表达式，只需用该数制的各位数乘以各自对应的位权数，然后将乘积相加，即可得到对应的结果。例如：

① $(101.101)_2 = 1 \times 2^2 + 0 \times 2^1 + 1 \times 2^0 + 1 \times 2^{-1} + 0 \times 2^{-2} + 1 \times 2^{-3} = 4 + 0 + 1 + 0.5 + 0 + 0.125 = (5.625)_{10}$；

② $(232)_8 = 2 \times 8^2 + 3 \times 8^1 + 2 \times 8^0 = (154)_{10}$；

③ $(232)_{16} = 2 \times 16^2 + 3 \times 16^1 + 2 \times 16^0 = (562)_{10}$。

3.3.2　十进制数转换成二进制数、八进制数和十六进制数

将十进制数转换成等值的二进制数，需要对整数和小数部分分别进行转换。

整数部分转换法是连续除以 2，直到商数为零，然后逆向取各个余数得到一串数位即为转换结果。例如，十进制数 13 转换为二进制数的过程为

$13 \div 2 = 6$------------余数　1
$6 \div 2 = 3$------------余数　0
$3 \div 2 = 1$------------余数　1
$1 \div 2 = 0$------------余数　1

逆向取余数(即最后得到的余数为结果的高位)得：$(13)_{10} = (1101)_2$。

小数部分转换法是连续乘以 2，直到小数部分为零或已得到足够多个整数位，正向取积的整数(后得的整数位为结果的低位)位组成一串数位即为转换结果。例如，十进制数 0.3 转换为二进制数的过程为

$0.3 \times 2 = 0.6$------------整数部分为　0
$0.6 \times 2 = 1.2$------------整数部分为　1
$0.2 \times 2 = 0.4$------------整数部分为　0
$0.4 \times 2 = 0.8$------------整数部分为　0
$0.8 \times 2 = 1.6$------------整数部分为　1(进入循环过程)

若要求保留 5 位小数，则结果为$(0.3)_{10} = (0.01001)_2$。可见有限位的十进制小数所对应的二进制小数可能是无限位的循环或不循环小数，这就会导致转换误差。

对于一个带有小数的十进制数在转换为二进制数时，可以将整数部分和小数部分分别进行转换，最后将小数部分和整数部分的转换结果合并，并用小数点隔开就得到最终

转换结果。例如，将十进制数 225.625 转换成二进制数，具体转换过程如图 3.2 所示。

$$(225.625)_{10} = (11100001.101)_2$$

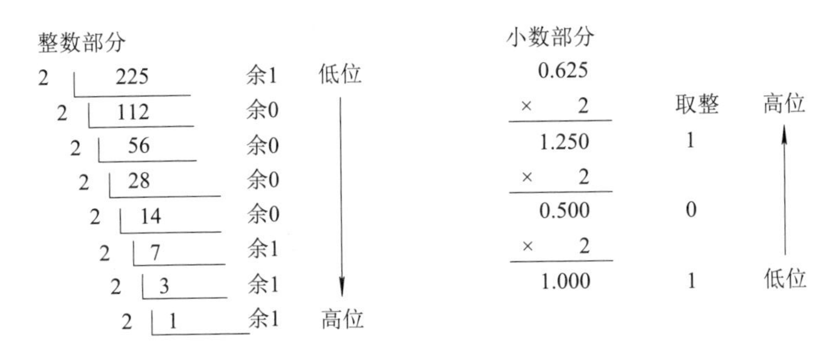

图 3.2　十进制数 225.625 转换成二进制数的过程示意

同理，对整数部分"连除基数取余"，对小数部分"连乘基数取整"的转换方法可以推广到十进制数到任意进制数的转换，这时的基数要用转换后的基数表示。例如，用"除 8 逆向取余"和"乘 8 正向取整"的方法可以实现由十进制数向八进制数的转换；用"除 16 逆向取余"和"乘 16 正向取整"可实现由十进制数向十六进制数的转换。例如，将十进制数 123 转换为八进制数和十六进制数的过程如下：

$123 \div 8 = 15$　----余数　3
$15 \div 8 = 1$　----余数　7
$1 \div 8 = 0$　----余数　1
得：$(123)_{10} = (173)_8$

$123 \div 16 = 7$　----余数　11
$7 \div 16 = 1$　----余数　7
得：$(123)_{10} = (7B)_{16}$

3.3.3　二进制数转换成八进制数和十六进制数

二进制数转换成八进制数所采用的转换原则是"3 位分一组"，即以小数点为界，整数部分从右向左每 3 位为一组，若最后一组不足 3 位，则在最高位前面添 0 补足 3 位，然后将每组中的二进制数按权相加得到对应的八进制数；小数部分从左向右每 3 位分为一组，最后一组不足 3 位时，尾部用 0 补足 3 位，然后按照顺序写出每组二进制数对应的八进制数即可。例如，将二进制数 1101001.101 转换为八进制数，转换过程如下：

二进制数	001	101	001	.	101
八进制数	1	5	1	.	5

得到的结果为$(1101\ 001.101)_2 = (151.5)_8$。

二进制数转换成十六进制数所采用的转换原则与上面的类似，采用的转换原则是"4 位分一组"，即以小数点为界，整数部分从右向左、小数部分从左向右每 4 位一组，不足 4 位用 0 补齐即可。例如，将二进制数 101110011000111011 转换为十六进制数，转换过程如下：

二进制数	0010	1110	0110	0011	1011
十六进制数	2	E	6	3	B

得到的结果为$(101110011000111011)_2 = (2E63B)_{16}$。

3.3.4　八进制数和十六进制数转换成二进制数

八进制数转换成二进制数的转换原则是“一分为三”，即从八进制数的低位开始，将每一位上的八进制数写成对应的 3 位二进制数即可。如有小数部分，则从小数点开始，分别向左右两边按上述方法进行转换即可。例如，将八进制数 162.4 转换为二进制数，转换过程如下：

八进制数	1	6	2	.	4
二进制数	001	110	010	.	100

得到的结果为$(162.4)_8 = (001110010.100)_2$。

十六进制数转换成二进制数的转换原则是“一分为四”，即把每一位上的十六进制数写成对应的 4 位二进制数即可。例如，将十六进制数 3B7D 转换为二进制数，转换过程如下：

十六进制数	3	B	7	D
二进制数	0011	1011	0111	1101

得到的结果为$(3B7D)_{16} = (0011101101111101)_2$。

3.4　数值型数据的表示

计算机中数据的小数点并不是用某个二进制数字来表示的，而是用隐含的小数点的位置来表示。根据小数点的位置是否固定，将计算机中的数据表示格式分为两种，即定点格式和浮点格式。一般来说，定点格式所表示的数的范围有限，但运算复杂度和相应的处理硬件都比较简单，而浮点格式所表示的数的范围很大，但运算复杂度和相应的处理硬件都比较复杂。

3.4.1　定点数的表示方法

定点格式是指在数据表示时，约定机器中所有数据的小数点的位置是固定不变的。我们把用定点格式表示的数称为定点数。在计算机中，通常将定点数表示成纯小数或纯整数。对于任意一个 $n+1$ 位的定点数 x，可表示成如图 3.3 所示的格式。

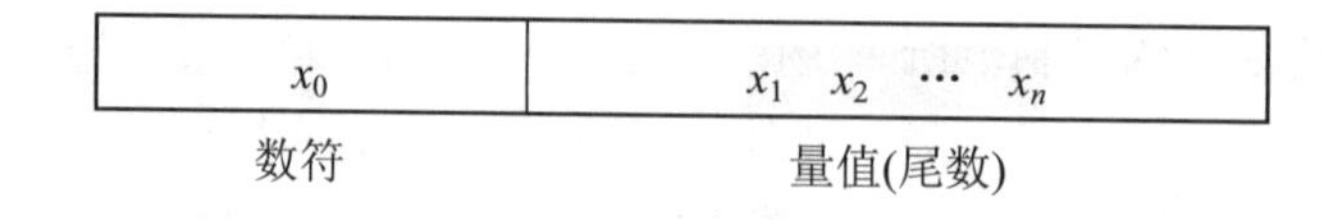

图 3.3　定点数的表示

如果数 x 表示的是纯小数，那么小数点在 x_0 和 x_1 之间，即数符和尾数之间。如果数 x 表示的是纯整数，那么小数点在 x_n 后面，即数据的最后。定点纯小数和定点纯整数的表示范围与计算机的字长表示有关。

3.4.2　浮点数的表示方法

浮点格式是指在数据表示时，将浮点数的范围和精度分别表示，相当于小数点的位置随比例因子的不同而在一定的范围内可自由浮动。我们把用浮点格式表示的数称为浮点数。对于一个任意进制数 N，均可表示成 $N = M \times R^E$。

在早期的计算机中，一个浮点数在机器中的表示格式，通常由阶码和尾数两部分组成。其中阶码又包括阶符和阶符值两部分，尾数又包括数符和尾数值两部分，如图 3.4 所示。

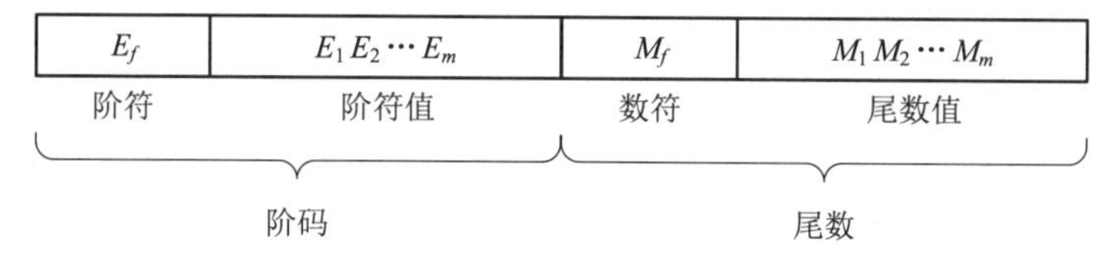

图 3.4　浮点数的表示

后来为便于软件移植，IEEE754 规定了浮点数表示标准，定义了单精度(32 位)和双精度(64 位)两种常规格式，以及两种扩展格式。32 位和 64 位浮点数标准格式如图 3.5 所示。

	S	E	M
32位浮点数	31	30～23	22～0
64位浮点数	63	62～52	51～0

图 3.5　IEEE754 浮点数表示标准

数的表示看似是一个非常小的问题，但如果处理不当，可能造成重大损失。奔腾处理器存在的一个浮点除错误，曾经造成了 4.75 亿美元的损失。这个 Bug 是数学教授 Thomas Nicely 在 1994 年发现的，是第一代 Intel Pentium 处理器浮点运算器的硬件错误，由于这个 Bug 的存在，处理器在做浮点除时可能会返回不正确的二进制浮点结果。开始，Intel 公司将这一失败归因于浮点除法电路使用的查找表中存在条目缺失，并不是所有的处理器都有这个问题，但是大约有 500 万块有缺陷的芯片被检测出来，Intel 公司在一开始就接受更换芯片的要求，前提是客户能够证明他们受到缺陷芯片的影响。不过，后来 Intel 公司还是为任何投诉的客户更换了芯片，最终给公司造成了 4.75 亿美元的损失。

3.5　字符型数据的编码表示

3.5.1　ASCII 码

目前国际上使用最广泛的是美国国家信息交换标准代码(American Standard Code for Information Interchange)，简称 ASCII 码，ASCII 编码表如表 3-2 所示。ASCII 码有 7 位

码和 8 位码两种版本。国际通用的 7 位 ASCII 码规定用 7 位二进制数编码一个字符，共可表示 $2^7=128$ 个常用字符，其中包括 32 个数学运算符号和其他标点符号、10 个十进制数码、52 个英文大小写字母和 34 个专用符号。

表 3-2　ASCII 编码表

$b_4b_3b_2b_1$	$b_7b_6b_5$							
	000	001	010	011	100	101	110	111
0000	NUL	DLE	SP	0	@	P	`	p
0001	SOH	DC1	!	1	A	Q	a	q
0010	STX	DC2	"	2	B	R	b	r
0011	ETX	DC3	#	3	C	S	c	s
0100	EOT	DC4	$	4	D	T	d	t
0101	ENQ	NAK	%	5	E	U	e	u
0110	ACK	SYN	&	6	F	V	f	v
0111	BEL	ETB	'	7	G	W	g	w
1000	BS	CAN	(	8	H	X	h	x
1001	HT	EM	)	9	I	Y	i	y
1010	LF	SUB	*	:	J	Z	j	z
1011	VT	ESC	+	;	K	[	k	{
1100	FF	FS	,	<	L	\	l	|
1101	CR	GS	-	=	M	]	m	}
1110	SO	RS	.	>	N	^	n	~
1111	SI	US	/	?	O	_	o	DEL

ASCII 码在初期主要用于远距离的有线或无线电通信中，为了及时发现在传输过程中因电磁干扰引起的代码出错，设计了各种校验方法，其中，奇偶校验就是在 7 位 ASCII 代码之前再增加一位用作校验位，形成 8 位编码，常用的有奇校验和偶校验两种办法，简称奇偶校验。在这 8 位编码中，如果“'”的个数为奇数，就是奇校验，为偶数就是偶校验。

例如，大写字母“C”的 7 位编码是“1000011”，共有 3 个“1”，若采用偶校验，则使校验位置“1”，即得到字母“C”的带校验位的 8 位编码“11000011”；若原 7 位编码中已有偶数位“1”，则校验位置“0”。在数据接收端则对接收的每一个 8 位编码进行奇偶性检验，若不符合偶数个“1”(偶校验)或奇数个“1”(奇校验)的约定就认为是一个错码，并通知对方重复发送一次。由于 8 位编码的广泛应用，8 位二进制数也被定义为一个字节，成为计算机中的一个重要单位。

3.5.2　大端法和小端法

在计算机内存中，通常是以字节(Byte)，也就是 8 个位(bit)为基本存储单元。对于跨越多个字节的数据类型(比如 int 长 4 个字节)，如何在内存中对这些字节进行排序，有两种常见的方法：大端法(Big-endian)和小端法(Little-endian)，如图 3.6 所示。

图 3.6 大端法和小端法

大端法(Big-endian)是指数据的高字节保存在内存的低地址中，而数据的低字节保存在内存的高地址中，这样的存储模式有点类似于把数据当作字符串顺序处理：地址由小向大增加，而数据从高位往低位存放。小端法(Little-endian)是指数据的高字节保存在内存的高地址中，而数据的低字节保存在内存的低地址中，这种存储模式将地址的高低和数据位权有效结合起来，高地址部分权值高，低地址部分权值低。换言之，高位放在低地址就是大端法，低位放在低地址就是小端法，例如 0x0A0B0C0D 在大端和小端中的存放方式如图 3.7 所示。

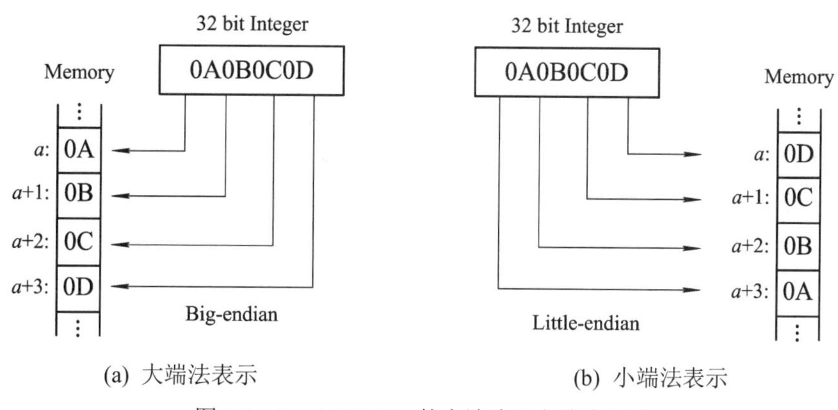

(a) 大端法表示　　(b) 小端法表示

图 3.7 0x0A0B0C0D 的大端法和小端法表示

在计算机系统中，数据存储是以字节为单位的，每个地址单元都对应着一个字节，一个字节为 8 bit。但是在 C 语言中除了 8 bit 的 char 之外，还有 16 bit 的 short 型，32 bit 的 long 型(要看具体的编译器)。另外，对于位数大于 8 位的处理器，例如 16 位或者 32 位的处理器，由于寄存器宽度大于一个字节，那么必然存在着一个如何安排多个字节的问题，因此就导致出现了大端法和小端法两种数据存储模式。常用的 X86 结构是小端模式，而 KEIL C51 则为大端模式。很多的 ARM、DSP 都为小端模式。有些 ARM 处理器还可以由硬件来选择是大端模式还是小端模式。

3.6　汉字的编码表示

汉字是世界上使用最多的文字，是联合国的工作语言之一，汉字处理的研究对计算机在我国的推广应用和加强国际交流都是十分重要的。但汉字属于图形符号，结构复杂，多音字和多义字比例较大，数量太多(字形各异的汉字据统计有 50 000 个左右，常用的也在 7000 个左右)。这就导致汉字编码处理和西文有很大的区别，在键盘上难于表现，输入和处理都难得多。依据汉字处理阶段的不同，汉字编码可分为输入码、机内码和字形码。

1. 输入码

输入码也称外码，是指为了将汉字输入计算机而设计的编码，包括音码、形码和音形码等。在键盘输入汉字用到的汉字输入码现在已经有数百种，商品化的也有数十种，广泛应用的有五笔字型码、全/双拼音码、自然码等。

(1) 数字码以区位码、电报码为代表，一般用 4 位十进制数表示一个汉字，每个汉字编码唯一，记忆困难。

(2) 拼音码又分全拼和双拼，基本上无须记忆，但重音字太多。为此又提出双拼双音、智能拼音和联想等方案，推进了拼音汉字编码的普及使用。

(3) 字形码以五笔字型为代表，优点是重码率低，适用于专业打字人员应用，缺点是记忆量大。

(4) 自然码则将汉字的音、形、义都反映在其编码中，是混合编码的代表。

2. 机内码

同一个汉字以不同输入方式进入计算机时，编码长度以及 0、1 组合顺序差别很大，使汉字信息不便于存取、使用和交流，因此必须转换成长度一致，且与汉字唯一对应的能在各种计算机系统内通用的编码，满足这种规则的编码叫汉字机内码(简称内码)。汉字机内码是用于汉字信息的存储、交换、检索等操作的机内代码，一般采用两个字节表示。英文字符的机内代码是 7 位的 ASCII 码，当用一个字节表示时，最高位为“0”。为了能够与英文字符区别，汉字机内码中两个字节的最高位均规定为“1”。

3. 字形码

要在屏幕或在打印机上输出汉字，就需要用到汉字的字形信息，即字形码。目前常用的字形码有点阵字形法和矢量法两种。

(1) 点阵字形是将汉字写在一个方格纸上，用一位二进制数表示一个方格的状态，有笔画经过记为“1”，否则记为“0”，并称其为点阵。把点阵上的状态代码记录下来就得到一个汉字的字形码。显然，同一汉字用不同的字体或不同大小的点阵将得到不同的字形码。由于汉字笔画多，至少要用 16 × 16 的点阵(简称 16 点阵)才能描述一个汉字，这就需要 256 个二进制位，即要用 32 字节的存储空间来存放它。若要更精密地描述一个汉字就需要更大的点阵，比如 24 × 24 点阵(简称 24 点阵)或更大。将字形信息有组织地存放起来就形成汉字字形库。一般 16 点阵字形用于显示，相应的字形库也称为显示字库。

(2) 矢量字形则是通过抽取并存放汉字中每个笔画的特征坐标值，即汉字的字形矢量信息，在输出时依据这些信息经过运算恢复原来的字形。所以矢量字形信息可适应显示和打印各种字号的汉字。其缺点是每个汉字需存储的字形矢量信息量有较大的差异，存储长度不一样，查找较难，在输出时需要占用较多的运算时间。

有了字形库，要快速地读到要找的信息，必须知道其存放单元的地址。当输入一个汉字并要把它显示出来，就要将其输入码转换成为能表示其字形码存储地址的机内码。根据字库的选择和字库存放位置的不同，同一汉字在同一计算机内的机内码也将是不同的。

4. 汉字编码的转换

汉字的输入码、字形码和机内码都不是唯一的，不便于在不同计算机系统之间进行信息交换。为此我国制定了《信息交换用汉字编码字符集基本集》，即 GB2312—1980，提供了统一的国家信息交换用汉字编码，称为国标码。该标准集中规定了 682 个西文字符和图形符号、6763 个常用汉字。6763 个汉字被分为 3755 个一级汉字和 3008 个二级汉字。每个汉字或符号的编码为两字节，每个字节的低 7 位为汉字编码，共计 14 位，最多可编码 16 384 个汉字和符号。为避开 ASCII 代码中的控制码，国标码规定了 94 × 94 的矩阵，即 94 个可容纳 94 个汉字的“区”，并将汉字在区中的位置称为“位号”。一个汉字所在的区号和位号合并起来就组成了该汉字的区位码。区位码可方便地换算为机内码：

高位内码 = 区号 + 20H + 80H

低位内码 = 位号 + 20H + 80H

其中，加 20H 是为了避开 ASCII 的控制码(在 0～31)，加 80H 是把每字节的最高位置“1”以便于与基本的 ASCII 代码区分开来。

国标码也可以按以下规则转换为机内码：将国标码两个字节的最高位由 0 变 1(即每一字节分别加 80H)，以区别该字节表示的是 ASCII 码还是汉字。如国标码 3123H 可通过加 8080H 转换成机内码 B1A3H，即 3123H + 8080H→机内码 B1A3H。

区位码转换成国标码的规则如下：

(1) 十进制区码和位码分别转换成十六进制的区码和位码，如区位码 1703D→1103H。

(2) 十六进制的区码和位码分别加 20H(以避开 ASCII 码表的 32 个控制字符)，如 1103H + 2020H→国标码 3123H。

3.7 应用案例——查看和修改操作系统的文字编码

本节将介绍如何查看和修改操作系统的文字编码，以解决显示乱码的问题。

代码页是字符集编码的别名，也称为“内码表”。早期，代码页是 IBM 公司称呼电脑 BIOS 本身支持的字符集编码的名称。当时通用的操作系统都是命令行界面系统，这些操作系统直接使用 BIOS 提供的 VGA 功能来显示字符，操作系统的编码支持也就依靠 BIOS 的编码。现在 BIOS 代码页被称为 OEM 代码页。当前操作系统的图形操作系统使用自己的字符呈现引擎可以支持很多不同的字符集编码。

打开命令提示符，输入 chcp(chcp 是一个计算机指令，能够显示或设置活动代码页编号)，按回车键执行，会查询当前系统的活动代码页，它指明了当前系统使用的编码，如图 3.8 所示。

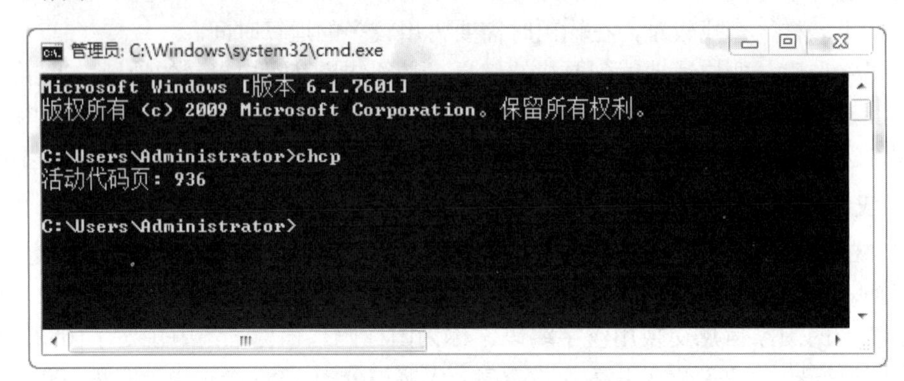

图 3.8　chcp 命令查看活动代码页

表 3-3 列出了代码页及其对应的国家(地区)或语言。

表 3-3　代码页及其对应的国家(地区)或语言

代码页	国家(地区)或语言
437	美国
708	阿拉伯文(ASMO 708)
720	阿拉伯文(DOS)
850	多语言(拉丁文 I)
852	中欧(DOS)-斯拉夫语(拉丁文 II)
855	西里尔文(俄语)
857	土耳其语
860	葡萄牙语
861	冰岛语
862	希伯来文(DOS)
863	加拿大-法语
865	日耳曼语
866	俄语-西里尔文(DOS)
869	现代希腊语
874	泰文(Windows)
932	日文(Shift-JIS)
936	中国-简体中文(GB2312)
949	韩文
950	繁体中文(Big5)
1200	Unicode
1201	Unicode(Big-Endian)

续表

代码页	国家(地区)或语言
1250	中欧(Windows)
1251	西里尔文(Windows)
1252	西欧(Windows)
1253	希腊文(Windows)
1254	土耳其文(Windows)
1255	希伯来文(Windows)
1256	阿拉伯文(Windows)
1257	波罗的海文(Windows)
1258	越南文(Windows)
20866	西里尔文(KOI8-R)
21866	西里尔文(KOI8-U)
28592	中欧(ISO)
28593	拉丁文 3(ISO)
28594	波罗的海文(ISO)
28595	西里尔文(ISO)
28596	阿拉伯文(ISO)
28597	希腊文(ISO)
28598	希伯来文(ISO-Visual)
38598	希伯来文(ISO-Logical)
50000	用户定义的
50001	自动选择
50220	日文(JIS)
50221	日文(JIS-允许一个字节的片假名)
50222	日文(JIS-允许一个字节的片假名-SO/SI)
50225	韩文(ISO)
50932	日文(自动选择)
50949	韩文(自动选择)
51932	日文(EUC)
51949	韩文(EUC)
52936	简体中文(HZ)
65000	Unicode(UTF-7)
65001	Unicode(UTF-8)

有时在 cmd 命令窗口中输出的中文有乱码，解决办法为：在 cmd 命令窗口中输入 chcp 65001，按 Enter 键。

但是通过 chcp 设置编码是治标不治本的，想永久地更改 cmd 编码值，需要修改注册表，方法为：在 cmd 命令窗口中键入 regedit 命令，进入注册表，找到 HKEY_CURRENT_USER\Console\%SystemRoot%_system32_cmd.exe，新建一个 DWORD(32 位值)，命名为 CodePage，值设为 65001。如果已有 CodePage 的话，修改为十进制数 65001。

本 章 小 结

本章介绍了计算机中数据的表示和存储的主要问题，包括数制及数制之间的转换，以及数据的表示方法，包括数值型数据、字符型数据和汉字的表示等。最后，通过一个具体的应用案例，介绍了如何通过 chcp 命令查看操作系统的文字编码以及通过 chcp 命令和修改注册表来修改操作系统的文字编码，以解决显示乱码的问题。

习 题

一、单选题

1. 十进制数 215 等值于以下哪个选项的二进制数(　　)。

A. 11110010　　B. 11101101　　C. 11010111　　D. 11100001

2. 十进制数 0.625 等值于以下哪个选项的二进制数(　　)。

A. 0.101　　B. 0.111　　C. 0.110　　D. 0.100

3. 与二进制数 101.01011 等值的十六进制数为(　　)。

A. A.B　　B. 5.51　　C. 51　　D. 5.58

4. 在现代计算机中，所有信息的存放与处理均采用(　　)。

A. 二进制　　B. 十进制　　C. 十六进制　　D. 以上均可

5. 汉字“往”的区位码是 4589，其国标码是(　　)。

A. CDF9H　　B. C5F9H　　C. 4D79H　　D. 65A3H

二、填空题

1. 小写字母 a 的 ASCII 值是________________。
2. 计算机的机器数有位数的限制，是由于计算机________的限制所造成的。
3. 将十进制数 175 转换成十六进制数为________________。
4. 一个汉字的编码为 B5BCH，这可能是________码。
5. 当一个汉字字形采用________点阵时，其字形码要占 72 B。

三、思考题

1. 为什么会有不同的进制，分别适用在什么情况？
2. 计算机采用二进制的优势是什么？
3. 什么是汉字的机内码？
4. 定点数是如何表示的？
5. 浮点数是如何表示的？

第四章　数据结构和算法

案例——美股闪电崩盘

2010年5月6日是华尔街股市令人沮丧的“黑色星期四”，也就是所谓的闪电崩盘(Flash Crash)。周四晚间，美股经历了一场惊涛骇浪，全球股市灯塔——道琼斯工业指数盘中竟疯狂跳水近1000点，幅度之大前所未有，其杀伤力之大，堪比9级地震。但在这之前，市场并没有太大的利空消息。美国股市究竟发生了什么？一种说法是堪萨斯城的一位投资经理人使用的算法过快出售掉价值40亿美元的股指期债，导致其他算法跟风。另一种说法是一伙不明交易商合谋共同利用算法打压股价。然而，可以肯定的是，如果不是因为不受人类管控的算法占据了市场，股价波动幅度不会如此之大，波动速度也不可能如此之快。

本章导读

(1) 计算机科学的根本问题是什么能被有效地自动进行，而程序是解决计算问题的根本手段。结构化程序设计的首创者Pascal之父Niklaus Wirth在其经典著作*Algorithms + Data Structures = Programs*中，提出了著名的论断“算法 + 数据结构 = 程序”，并因此而获得1984年的图灵奖。Niklaus Wirth被称为因一句话而获得图灵奖的科学家。

(2) 算法是程序的核心，是计算机科学领域最重要的基石之一，是计算机科学的灵魂。算法是指为解决某一问题而采取的方法和步骤，算法设计的优劣决定着计算系统的性能，决定了能否有效地解决问题。

(3) 数据结构是程序的加工对象。一个程序要进行计算或处理总是以某些数据为对象的，设计一个好的程序就需将这些松散的数据按某种要求组织成一种数据结构。

主要内容

- 数据结构和算法的基本概念；
- 3种典型的逻辑结构：线性结构、树形结构和图形结构；
- 两种典型的物理结构：顺序存储和链式存储；
- 算法的定义、评价标准，以及典型算法搜索和排序算法以及并行算法的介绍。

4.1 数据结构

数据(Data)是信息的载体，能够被计算机识别、存储和加工处理。数据可以是数值型数据，也可以是图形、图像、声音、文字等非数值数据。数据的基本单位是数据元素(Data Element)，它是一个具有完整和确定的实际意义的数据单位，一般由若干数据项(Data Item)组成。而数据项(Data Item)是数据中不可分割的最小单位。例如一条学生记录就是一个数据元素，由学号、姓名、性别、年龄、成绩等数据项组成。数据项有型和值之分。例如，数据项学号的型是符合一定规则的数字串，而“20101”是该数据项的一个值。

本章要学习的数据结构是互相之间存在着一种或多种关系的数据元素的集合。数据结构是计算机科学与技术的一个分支。它主要研究数据的逻辑结构、物理结构以及数据结构上的基本数据运算(操作)。

1. 数据的逻辑结构

数据的逻辑结构是指数据元素之间的逻辑关系，它与数据在计算机的存储方式无关，数据的逻辑结构分为线性结构、树形结构和图形结构，其中树形结构和图形结构又统称为非线性结构。下面分别介绍这 3 种数据结构：

(1) 线性结构。数据元素之间存在前后依次相邻的逻辑关系，除第一个元素和最后一个元素外，其余元素都有唯一一个直接前驱和直接后继，即元素之间是一对一的关系。如图 4.1 所示，线性结构包括线性表、栈、队列、数组以及串等。

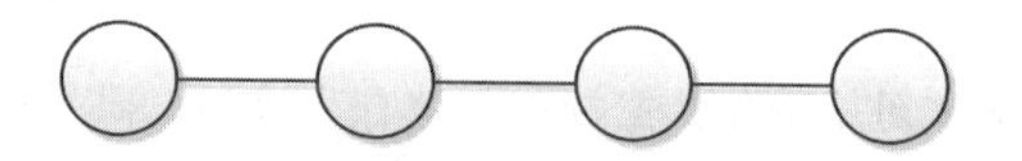

图 4.1　线性结构

(2) 树形结构。数据元素之间存在的顺序关系，除了第一个根结点外，其余结点都有唯一的一个直接前驱，但可以有零个或多个直接后继结点，即元素之间是一对多的关系。如图 4.2 所示，树形结构包括二叉树、森林等。

(3) 图形结构。也叫网状结构，其每个结点都可以有多个前驱和多个后继结点。数据元素之间是多对多的关系，如图 4.3 所示。

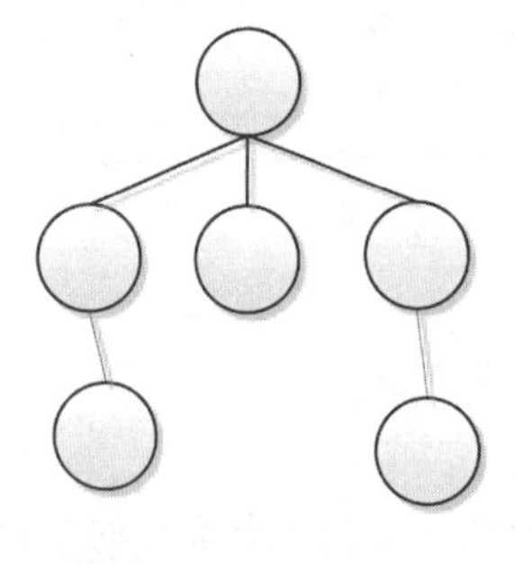

图 4.2　树形结构

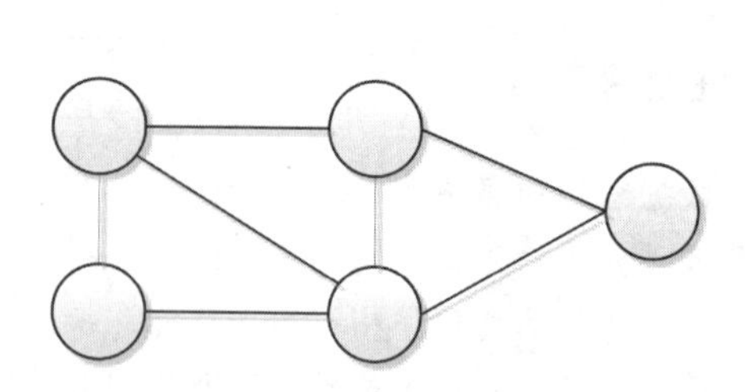

图 4.3　图形结构

2. 数据的物理结构

数据的物理结构是指数据在计算机中是如何存储的，即数据的逻辑结构在计算机存储上的实现。它有多种不同的方式，其中顺序存储结构和链式存储结构是最常用的两种存储方式。

(1) 顺序存储结构。顺序存储结构是将逻辑上相邻的数据元素存储在物理上也相邻的一系列存储单元里，一般用数组来实现。其主要特点是：元素之间的逻辑关系由物理相邻关系体现，且每个结点仅存储元素的数据信息，因此存储密度大，空间利用率高。但是在进行插入和删除运算时会造成相应元素的大量移动，因此效率比较低。

(2) 链式存储结构。链式存储即逻辑上相邻的数据元素可以存放在物理上不一定相邻的存储单元中。链式存储结构常用链表表示，链表中的结点除了包括数据域，还要包括相应的指针域，以存放该数据元素逻辑上相关的数据元素的地址。其主要特点是：由于结点除存储数据元素本身之外(数据域)，还要存储逻辑上相关的相邻元素的地址(指针域)，因此与顺序存储结构相比，存储密度小、空间利用率低，会占用更大的存储空间。但与顺序存储结构相比，这样做的优点是：在进行插入和删除操作时仅需要修改相应指针域的值即可，不会造成其他元素的大量移动，因此使用灵活方便。

线性表、树、图等多种逻辑结构均可以采用顺序存储结构和链式存储结构。

3. 数据结构上的基本数据运算(操作)

每一种类型的数据结构都有相应的基本运算或操作，主要包括插入、删除、修改、查找、排序等。数据结构与其上定义的基本操作封装在一起构成了抽象数据类型(Abstract Data Type，ADT)。在程序设计中，有很多支持抽象数据类型的语言，如 C++、JAVA 等程序设计语言用“类”来支持抽象数据类型的表示。

综上所述，数据结构代表有特殊关系的数据的集合，主要研究数据的逻辑关系及其在计算机内部的存储方式，用高效的存储形式存储在计算机的存储器中，以便计算机能快速便捷地对数据进行操作，如查找、维护、处理等。数据结构的主要研究内容如图 4.4 所示。

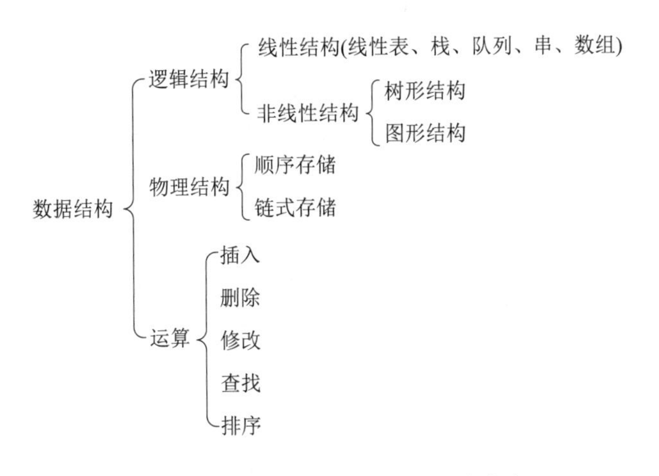

图 4.4　数据结构主要研究内容

4.1.1　线性结构

1. 线性表

1) 线性表的定义

线性表是由$n(n\geq 0)$个性质相同的数据元素(结点) $a_1, a_2, \cdots, a_n$所组成的有限序列，是一种结构最简单使用最多的数据结构。每一个线性表的数据元素根据不同的情况可以有不同的类型。例如，存放英文字母的线性表(A, B, C, D, …, Z)的数据元素为单个英文字母，数据元素为字符型。再例如，存放某校从 2004 年到 2009 年的学生人数的线性表(6000, 7256, 8700, 9058, 9600, 11000)，数据元素为整型。又例如，表 4-1 所示的学生成绩表也是一个线性表，这里的数据元素是一条条的学生记录，每一条记录为一个数据元素，数据元素由学号、姓名、性别、班级名称和成绩等多个数据项组成，这里的数据元素类型可以定义为结构体。

表 4-1　学生成绩表

学号	姓名	性别	班级名称	计算机导论
20305101	张伟	男	大数据 1 班	78
20305102	刘高	男	大数据 1 班	96
20305103	黎明	男	大数据 1 班	58
20305104	张磊	男	大数据 1 班	87

从以上 3 个例子可以看出，不同线性表中的数据元素可以具有不同的数据类型，当然也可以是相同的数据类型，但同一个线性表中的数据元素必须属于同一种数据类型。

2) 线性表的存储结构

线性表的存储结构可以采用顺序存储或链式存储。

(1) 顺序存储结构的线性表(也叫顺序表)。顺序表通常用数组来实现，用一组地址连续的存储单元来依次存放线性表中的每一个元素。数据元素之间物理上的先后关系和逻辑上的先后关系保持一致。由数组的特征可以得出，第 i 个数据元素的存储地址可由以下公式求得：

$$\mathrm{Loc}(a_i) = \mathrm{Loc}(a_1) + (i-1)*L$$

式中，$\mathrm{Loc}(a_1)$是第一个数据元素的存储地址，L 为每个元素所占存储单元的大小。

由以上公式可以得出，任意数据元素的存储地址均可以直接计算出来，所以对任意数据元素的访问都可以采用直接访问的方式，因此速度快、效率高，这是它的优点。如图 4.5 所示是采用顺序存储结构实现的线性表，如果要访问第 i 个元素，计算表的长度等操作比较简单，但在实现插入或删除元素操作时，会造成其他大量相关元素的移动从而需要花费较多的时间，因此效率比较低。

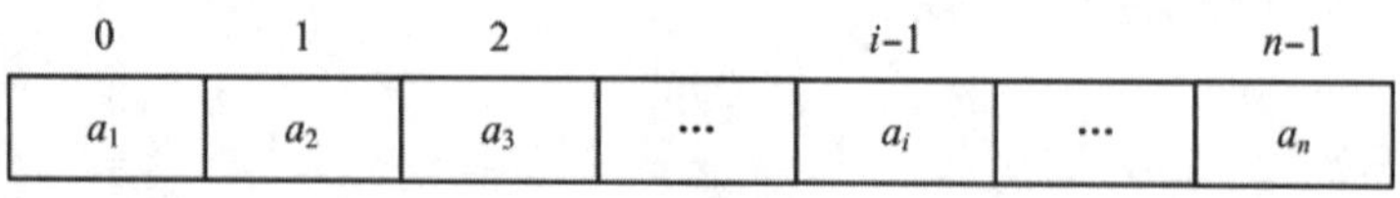

0	1	2		$i-1$		$n-1$
a_1	a_2	a_3	…	a_i	…	a_n

图 4.5　顺序表结构示意图

(2) 链式存储结构的线性表(也叫链表)。链表中的每一个结点在内存中的存储单元不一定连续。为了表示数据元素之间的逻辑关系，每个存储单元除了存放数据元素本身之外，还需要存储逻辑上相关的下一个元素的存储地址，所以每一个数据元素对应一个物理存储单元，包含数据域和指针域两部分，如图 4.6 所示。

整个线性表的各个数据元素的存储区域之间，通过指针连接成为一个链式的结构，称为链表，如图 4.7 所示。

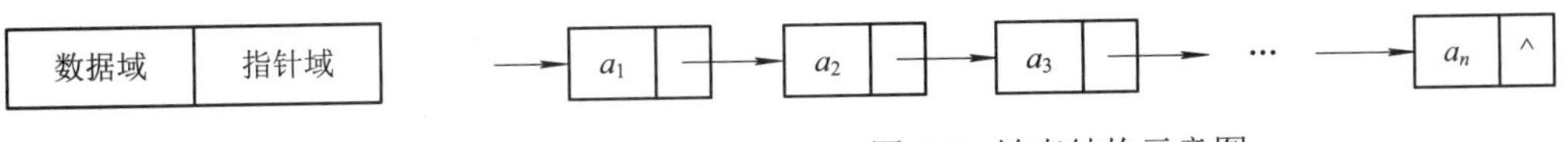

图 4.6　存储单元结构

图 4.7　链表结构示意图

链式存储的优势是可以利用零散的存储单元存放数据元素，而且在实现插入和删除操作时，只需要修改局部指针，不会引起其他元素的移动，因此效率较高。但是，链表中的每一个结点除了存储数据元素本身之外还额外增加一个指针域，这将增加存储空间的开销，存储密度小。而且访问链表的数据元素，只能沿着头指针“顺藤摸瓜”顺序访问，效率也大大降低。

3) 线性表的运算

(1) 插入。在线性表 L 中插入一个数据元素 ListInsert(L, I, e)，该运算的功能是将数据元素为 e 的元素插入到线性表 L 的第 i 个位置上。插入成功后，线性表 L 的元素个数增加 1，即长度增加 1。

例如，在线性表 L = (25, 12, 47, 89, 36, 14)的第 4 个位置插入一个值为 99 的元素，插入成功后线性表成为 L = (25, 12, 47, 99, 89, 36, 14)，长度由 6 增加为 7，如图 4.8 所示。具体过程如下：

① 判断插入位置 i 是否合法，如不合法，则报告错误。

② 判断顺序表的存储空间是否已满，如已满，则报告错误。

③ 将第 n 至第 i 位的元素依次向后移动一个位置，空出第 i 个位置。

④ 将要插入的新元素 e 放入第 i 个位置。

⑤ 表长加 1，插入成功返回。

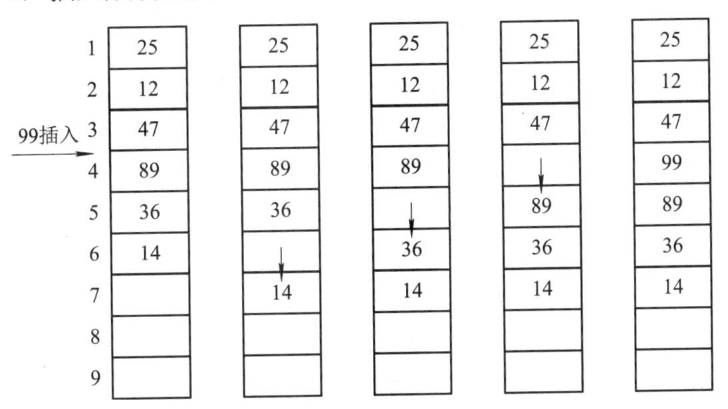

图 4.8　在线性表插入元素示例

(2) 删除。删除线性表 L 中第 i 个数据元素 ListDelete(L, i)。该运算的功能是将删除线性表 L 的第 i 个数据元素。删除成功后，线性表 L 的数据元素个数减 1，即长度减 1。

(3) 检索。获取线性表 L 中的某个数据元素内容 GetElem(L, I, e)。该运算的功能是获取线性表 L 中第 i 个位置上的数据元素的值，并由参数 e 带回。

(4) 查找。查找值为 e 的数据元素 LocateElem(L, e)，该运算用来在线性表 L 中查找指定的数据元素 e。如果查找成功，则返回该元素在线性表中的位置，否则返回 0。

(5) 求线性表的长度。求线性表 L 的长度 ListLength(L)，该运算用来求线性表 L 的长度，即线性表 L 中数据元素的个数。

(6) 判断线性表是否为空。判断线性表 L 是否为空 IsEmpty(L)，若为空则返回 1，否则返回 0。

2. 栈

1) 栈的定义

栈是一种操作受限的特殊线性表，它只能在表的一端(栈顶)进行插入和删除运算。与线性表相同，数据元素之间仍为一对一关系。设栈 $S = (a_1, a_2, \cdots, a_n)$，按照 $a_1, a_2, \cdots, a_n$ 顺序依次先后进栈，则称 a_1 是栈底元素，a_n 是栈顶元素。进栈和出栈只能在栈顶操作，且遵循后进先出(Last In First Out，LIFO)或先进后出(First In Last Out，FILO)的原则，如图 4.9 所示。

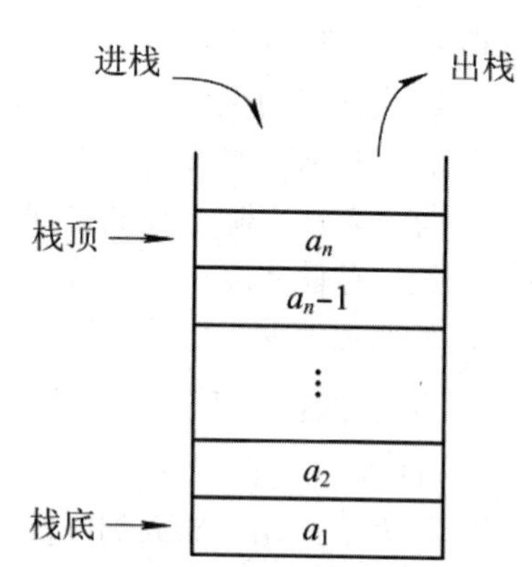

图 4.9　进栈和出栈操作示意图

2) 栈的存储结构

栈的存储结构有顺序存储(顺序栈)和链式存储(链栈)两种，但以顺序栈更常见，即用一个连续的存储区域来存放栈元素，并设置一个指针 top 指向栈顶元素或栈顶元素下一个位置。图 4.10 分别表示了栈的初始状态(空栈)，以及栈元素 A、B、C 依次进站的过程。

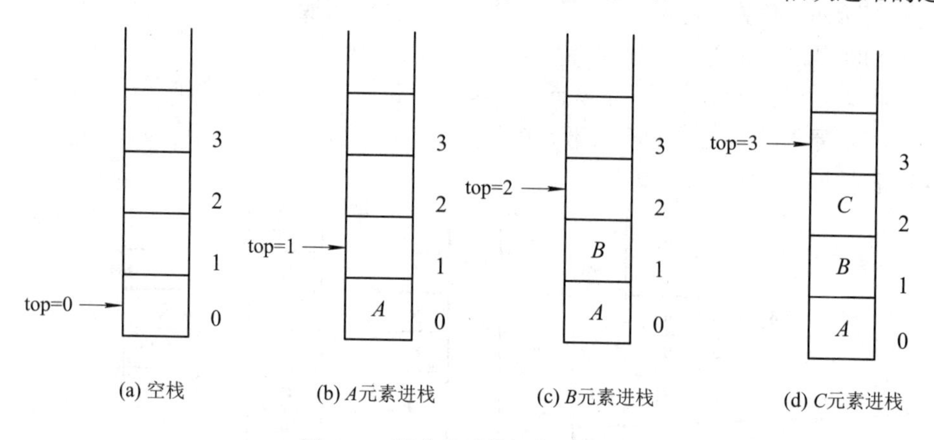

图 4.10　顺序栈进栈操作示意图

3) 栈的运算

设 S 为一个栈，则对栈可以进行以下一些基本运算：

(1) 初始化空栈 InitStack(S)。该运算将栈 S 初始化为空栈。

(2) 进栈 Push(S, x)。该运算将新的数据元素 X 压入栈 S(如图 4.11 所示)中，作为栈 S 的栈顶元素。例如，在栈 S 顶部压入元素 X，压入成功后栈的长度由 3 增加为 4 (如图 4.12

所示)。具体过程如下：

① 判断是否栈满，若满则出错；

② 元素X压入栈顶；

③ 栈顶指针加1。

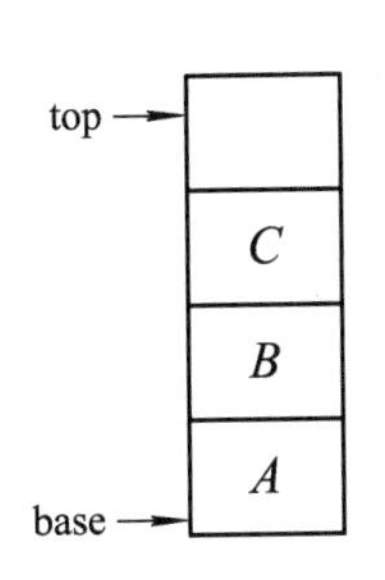

图4.11　栈插入元素之前状态

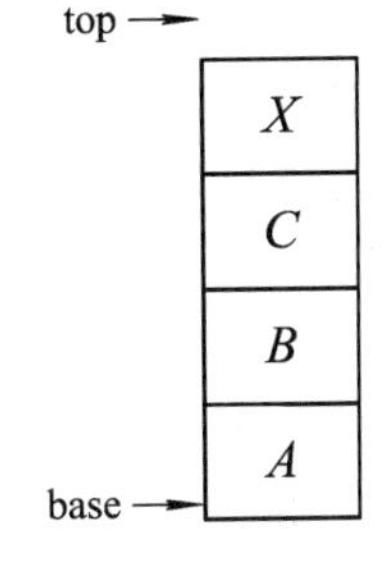

图4.12　栈插入元素X之后状态

(3) 出栈Pop(S)。该运算删除栈S的栈顶元素，且栈S的元素个数减1。

(4) 取栈顶元素GetTop(S)。该运算取得栈S的栈顶元素。

3. 队列

1) 队列的定义

队列(Queue)是一种先进先出(FIFO)的线性表，只允许在表的一端进行插入，而在另一端删除元素。允许入队操作的一端称作队尾，允许删除操作的一端称作队头。设队列$Q = (a_1, a_2, \cdots, a_n)$，按照$a_1, a_2, \cdots, a_n$顺序依次入队，则称$a_1$是队头元素，$a_n$是队尾元素，入队和出队操作遵循后进后出(LILO)或先进先出(FIFO)的原则，如图4.13所示。

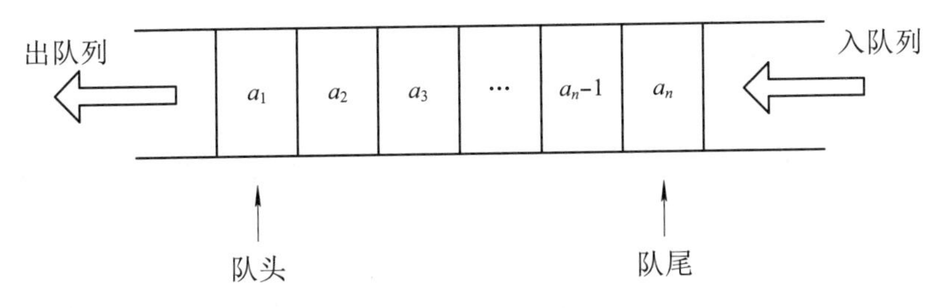

图4.13　进队和出队操作示意图

2) 队列的存储结构

队列的存储结构与栈的存储结构一样，也有顺序存储(顺序队列)和链式存储(链队列)两种。如果队列需要频繁地做插入和删除操作，那么队列采用链式存储结构较为适宜，这就需要设置两个指针，一个为队头指针，另一个为队尾指针，分别指向队列的队头和队尾。链队列的结构如图4.14所示。

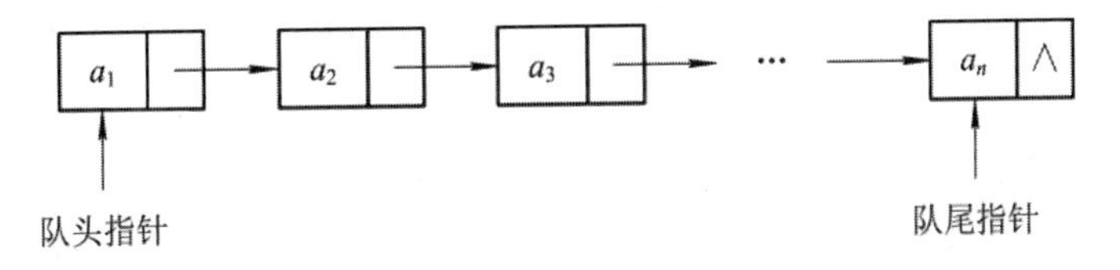

图4.14　链队列结构示意图

3) 队列的运算

设 Q 为一个队列，则对 Q 可以进行以下一些基本运算：

(1) 构造空队列 InitQueue(Q)。该运算将队列 Q 初始化为空队列，具体过程是：首先申请一个结点，为该结点的指针域赋空值，并让队头指针 front 和队尾指针 rear 同时指向该结点。如图 4.15 所示。

(2) 取队列长度 QueueLength(Q)。该运算求队列 Q 的长度，即队列 Q 中数据元素的个数。

(3) 取队头元素 GetHead(Q)。该运算取得队列 Q 的队头元素。

(4) 入队列 EnQueue(Q, e)。该运算将新的数据元素值 e 插入队列 Q 中，作为队尾元素。

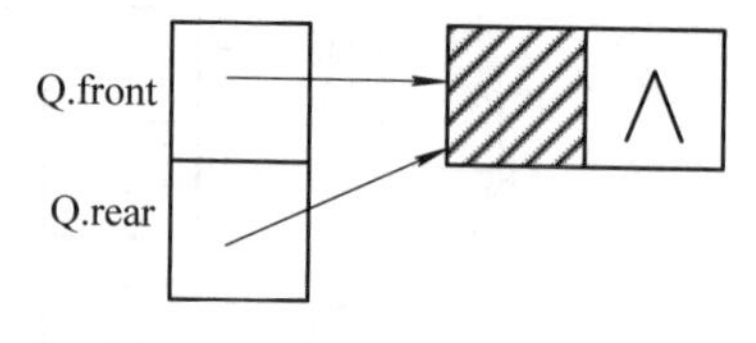

图 4.15　空队列(链式存储)

(5) 出队列 DeQueue(Q)。该运算删除队列 Q 的队头元素。

4.1.2　树形结构

线性结构的特点是逻辑结构简单，易于进行查找、插入和删除等操作，主要用于对具有简单单一的前驱和后继的数据关系进行描述，而现实环境中的数据元素之间的关系也有很多是非线性的，如人类社会的族谱，各种社会机构的组织形式等具有明显的层次关系，用非线性的树形结构描述更为合适。

1. 树

树(Tree)是 $n(n\geqslant 0)$个结点的有限集合。当 $n = 0$ 时，则称为空树。在一棵非空树中：

(1) 有且仅有一个特定的结点，称为树的根结点。

(2) 当 $n>1$ 时，除根结点之外的其余结点被分成 $m(m\geqslant 1)$个互不相交的集合 $T_1, T_2, \cdots, T_m$，其中每一个集合 $T_i(1\leqslant i\leqslant m)$本身又是一棵树，称为根结点的子树。

在树中，一个结点可以看作是一个数据元素。图 4.16 是一个具有 12 个结点的树，根结点为 A。

如果一棵树中结点的各子树从左到右是有次序的，即若交换了某结点各子树的相对位置，则构成了不同的树，称这棵树为有序树。反之称之为无序树。零棵或有限棵不相交的树的集合称为森林(Forest)。任何一棵树，删除根结点就变成了森林。由图 4.16 的树删除掉根结点后形成的森林如图 4.17 所示。

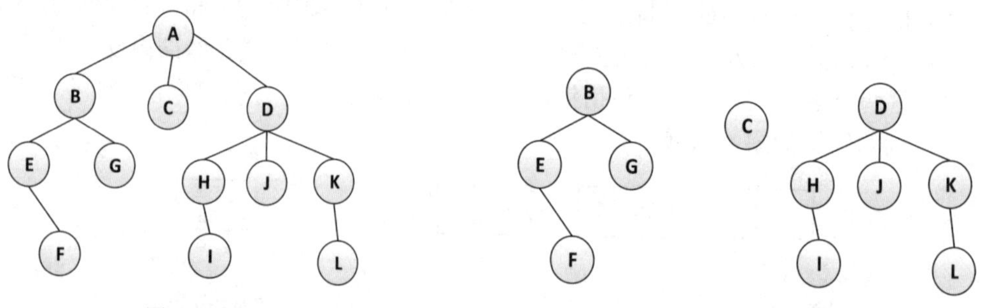

图 4.16　树

图 4.17　森林

结点所拥有的子树的个数称为该结点的度，度为 0 的结点称为叶子结点，度不为 0

的结点称为分支结点。一棵树的结点除叶子结点之外，其余的都是分支结点。树中一个结点的子数的根结点称为该结点的孩子，这个结点称为它的子结点的父结点，具有同一个父结点的孩子互称为兄弟结点。

如果一棵树的一串结点 $n_1, n_2, \cdots, n_k$ 有关系：结点 n_i 是 n_{i+1} 的父结点($1 \leqslant i \leqslant k$)，就把 $n_1, n_2, \cdots, n_k$ 称为一条由 n_1 到 n_k 的路径。这条路径的长度是 $K-1$。在树中如果有一条路径，从结点 M 到结点 N，那么 M 就称为 N 的祖先，而 N 成为 M 的子孙。

规定树的根结点的层次为 1，其余结点的层次等于它的父结点的层数加 1。树中所有结点的最大层数称为树的深度，树中各结点度的最大值称为该树的度。

2. 二叉树

1) 二叉树的概念

二叉树(Binary Tree)是有限个结点的集合，该集合或为空或有一个称为根的结点及两个互不相交的、被分别称为左子树和右子树的二叉树组成。当集合为空时，称该二叉树为空二叉树。

二叉树是有序的，即使树中结点只有一棵子树，也要区分它是左子树还是右子树。因此二叉树具有 5 种基本形态：空二叉树、只有根结点的二叉树，有根结点及左子树的二叉树，有根结点及右子树的二叉树，有根结点及左右子树的二叉树，如图 4.18 所示。

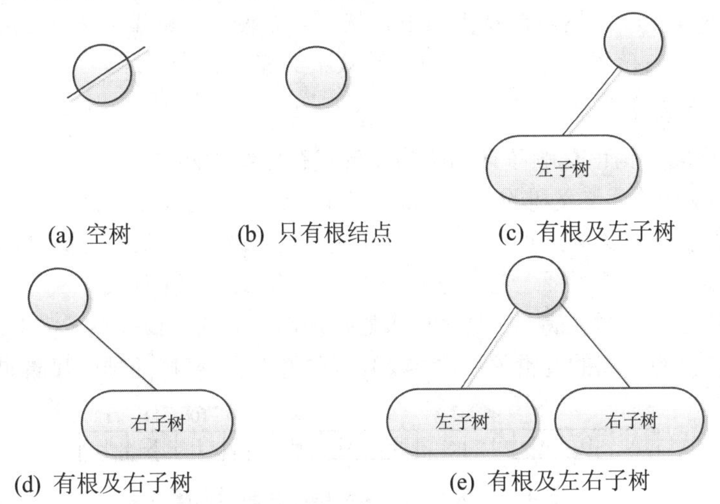

图 4.18　二叉树的 5 种基本形态

在二叉树中，左子树的根称为左孩子，右子树的根称为右孩子。如果所有分支结点都存在左子树和右子树，并且所有叶子结点都在同一层上，这样的一棵二叉树称作满二叉树。

一颗深度为 K 的有 n 个结点的二叉树，对树中的结点按从上至下、从左至右的顺序进行编号，如果编号为 i ($1 \leqslant i \leqslant n$)的结点与满二叉树中编号为 i 的结点，在二叉树中的位置相同，则称这样的二叉树为完全二叉树。完全二叉树的特点：叶子结点只能出现在最下层和次下层，且最下层的叶子结点集中在树的左部。显然，一棵满二叉树必定是一棵完全二叉树，而完全二叉树未必是满二叉树。图 4.19 是一棵满二叉树，当然也是完全二叉树。图 4.20 是完全二叉树，但不是满二叉树。

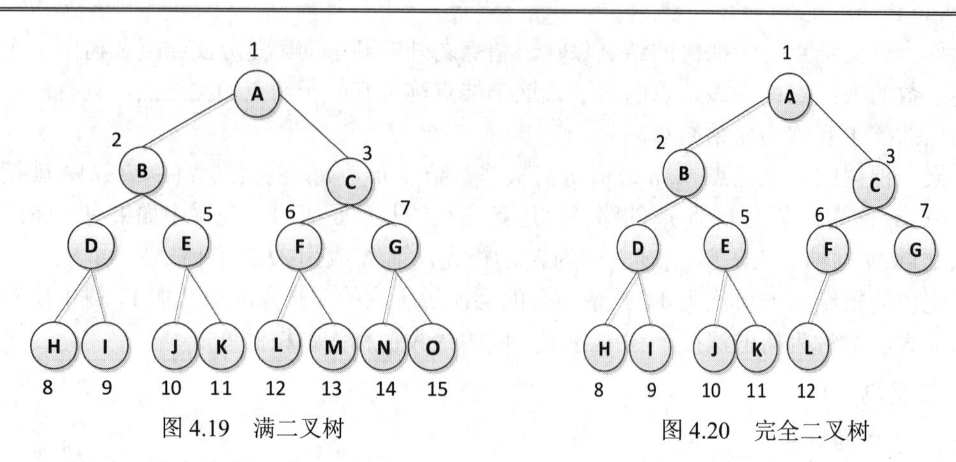

图 4.19 满二叉树　　图 4.20 完全二叉树

2) 二叉树的主要性质

性质 1：一棵非空二叉树的第 i 层上最多只有 2^{i-1} 个结点($i \geq 1$)。

性质 2：深度为 k 的二叉树至多有 2^{k-1} 个结点。

性质 3：对于任何一棵二叉树，若 2 度的结点数有 n_2 个，则叶子数 n_0 必定为 $n_2 + 1$(即 $n_0 = n_2 + 1$)。

性质 4：具有 n 个结点的完全二叉树的深度必为$\lfloor \mathrm{lb}n \rfloor + 1$。

性质 5：对完全二叉树，若从上至下、从左至右编号，则编号为 i 的结点，其左孩子编号必为 2^i，其右孩子编号必为 $2^i + 1$；其双亲的编号必为$\lfloor i/2 \rfloor$。

3) 二叉树的存储

二叉树的存储结构也有顺序存储结构和链式存储结构两种。

(1) 顺序存储结构。二叉树的顺序存储，是用一组连续的存储单元(数组)存放二叉树中的结点。一般是按照二叉树结点从上到下、从左到右的顺序存储。但这样的话，结点在存储位置上的前驱后继关系并不一定是它们在逻辑上的邻接关系(如父子关系)。依据二叉树的性质，只有完全二叉树和满二叉树才能很好体现出它们的逻辑关系，树中结点的序号可以唯一地反映出结点之间的逻辑关系，图 4.20 所示的完全二叉树的顺序存储如图 4.21 所示。

1	2	3	4	5	6	7	8	9	10	11	12
A	B	C	D	E	F	G	H	I	J	K	L

图 4.21 完全二叉树的顺序存储示意图

而对于普通的二叉树，尤其是单支链二叉树，会造成很多存储空间的浪费，如图 4.22 所示。

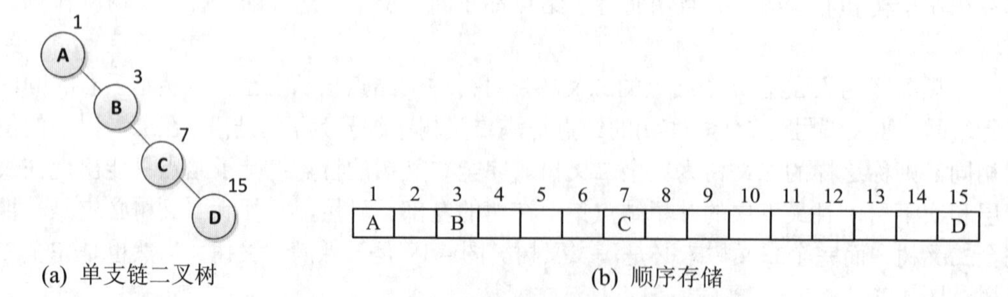

(a) 单支链二叉树　　(b) 顺序存储

图 4.22 单支链二叉树及对应的顺序存储示意图

因此，只有通过某些方法能够确定某结点在逻辑上的前驱结点和后继结点，这种存储才有意义。依据二叉树的性质，完全二叉树和满二叉树采用顺序存储比较合适，树中结点的序号可以唯一地反映出结点之间的逻辑关系，这样能够最大可能地节省存储空间，又可以利用列表元素的索引值，确定结点在二叉树中的位置以及结点之间的关系。

(2) 链式存储结构。从上面的顺序存储结构的特点看来，对于一般的二叉树并不适合，此时可以采用链式存储结构。二叉树的链式存储结构是指用链表来表示一棵二叉树。链表中每个结点都由 3 个域组成，除了数据域之外，还有两个指针域，分别用来存储该结点的左孩子和右孩子结点所在的单元存储地址。结点的存储结构如图 4.23 所示。

图 4.23　二叉链表结点结构

其中数据域存放结点(数据元素)的数据信息，若该结点的左孩子与右孩子不存在时，相应的地址即指针域的值为空(用符号∧或者 NULL 表示)。

图 4.24 给出了二叉树的链式存储结构。

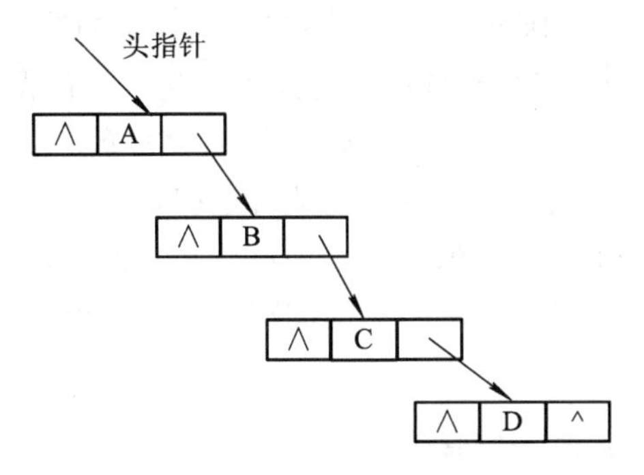

图 4.24　二叉树的链式存储结构

4.1.3　图形结构

图(Graph)是一种比树形结构更复杂的非线性结构。在树形结构中，数据元素间具有很明显的层次关系，每一层上的数据元素只能和上一层中的至多一个数据元素相关，但可能和下一层的多个数据元素有关。在图形结构中，任意两个数据元素之间都有可能有关，即数据元素之间的邻接关系可以是任意的。因此，图形结构被用于描述各种复杂的数据对象，如交通图、通信网络结构、人与人之间的社会关系等。

1. 图的定义和术语

图是由非空的顶点集合和一个描述顶点之间关系——边(弧)的集合组成的，其形式定义为 $\text{Graph} = (V, E)$，其中 $V = \{v_i \mid v_j \in \text{dataobject}\}$，$E = \{(v_i, v_j) \mid (v_i, v_j) \in V \wedge P(v_i, v_j)\}$。$G$ 表示一个图，V 是图 G 的顶点(数据元素)的有穷非空集合，构成数据对象(dataobject)，E 是图 G 中边的有穷集合。

根据图上的边有无方向，将图分成无向图和有向图。在一个图中，如果任意两个顶点构成的偶对$(v_i, v_j) \in E$ 是无序的，即顶点之间的连线是没有方向的，则称该图为无向图。

图 4.25 中的 G_1 是一个无向图。在一个图中，如果任意两个顶点构成的偶对$(v_i, v_j)\in E$ 是有序的，即顶点之间的连线是有方向的，则称该图为有向图。图 4.26 中的 G_2 是一个有向图。

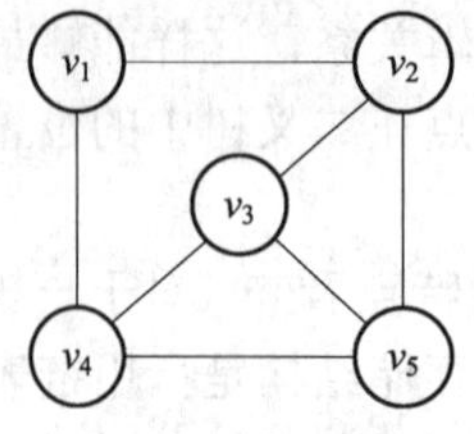

图 4.25　无向图 G_1

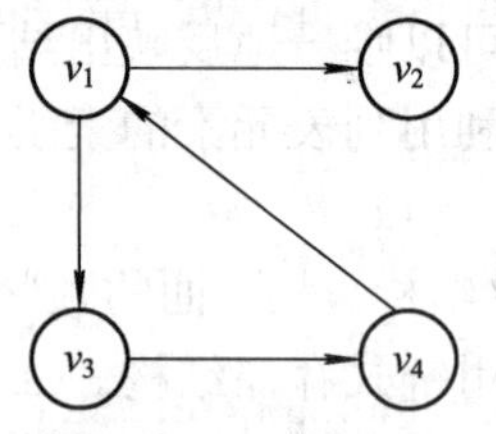

图 4.26　有向图 G_2

在无向图中，若顶点 v_i 和顶点 v_j 之间有连线称为边，用顶点的无序对(v_i, v_j)来表示。在有向图中，若顶点 v_i 和顶点 v_j 之间有连线称为弧，用顶点的有序对$<v_i, v_j>$来表示。

在一个无向图中，若任意两个顶点都有一条边直接相连，称该图为无向完全图。在一个有向图中，若任意两个顶点都有方向相反的两条弧相连接，称该图为有向完全图。

在图中，顶点 v 的度是指与该顶点相关联的边的数目，记为 TD(v)。在有向图中要区分顶点的入度与出度的概念。在有向图中，顶点的度等于该顶点的入度与出度之和。顶点 v 的入度是以 v 为终点的有向边的条数，记作 ID(v)。顶点 v 的出度是以 v 为始点的有向边的条数，记作 OD(v)。因此，顶点 v 的度 TD(v) = ID(v) + OD(v)。

路径(Path)是指接续的边或弧构成的顶点序列。例如，在无向图中，顶点 v_p 到顶点 v_q 之间的路径是指 $v_p, v_{i1}, v_{i2}, \cdots, v_{im}$，$v_q$ 的顶点序列，其中$(v_p, v_{i1}), (v_{i1}, v_{i2}), \cdots, (v_{im}, v_q)$分别是图中的边。路径长度是指路径上边或弧的数目之和。

若一条路径上的第一个顶点和最后一个顶点相同，则该路径为回路或者环。除路径起点和终点可以相同外，其余顶点均不相同的路径称为简单路径。

2. 图的存储结构

图的存储结构有邻接矩阵和邻接表。

1) 邻接矩阵

邻接矩阵存储结构，就是用一维数组记录图中顶点的信息，用一个邻接矩阵(二维数组)表示图中各个顶点之间关系。设图 $\boldsymbol{A} = (V, E)$有 n 个顶点，则图中各顶点相邻关系为一个 $n \times n$ 的矩阵。邻接矩阵是一个二维数组 $\boldsymbol{A}$.Edge[n][n]，定义为：用矩阵表示图中各顶点之间的邻接关系，有边相连对应的矩阵元素值为 1，否则为 0。

$$\boldsymbol{A}.\text{Edge}[i][j] = \begin{cases} 1，\text{如果} < i, j > \in E \text{或者} (i, j) \in E \\ 0，\text{否则} \end{cases}$$

图 4.25 所示的无向图 G_1 的邻接矩阵的表示如图 4.27 所示。

$$A = \begin{Bmatrix} 0 & 1 & 0 & 1 & 0 \\ 1 & 0 & 1 & 0 & 1 \\ 0 & 1 & 0 & 1 & 1 \\ 1 & 0 & 1 & 0 & 1 \\ 0 & 1 & 1 & 1 & 0 \end{Bmatrix}$$

图 4.27　无向图 G_1 的邻接矩阵

2) 邻接表

用邻接矩阵存储图中各顶点之间的关系，有时矩阵非常的稀疏(矩阵中 1 的个数非常少，0 的个数非常多)，从而浪费存储空间，此时可以用邻接表存储结构。邻接表是图的一种顺序存储与链式存储结合的存储方法。对每个顶点 v_i 建立一个单链表，把与 v_i 有关联的边的信息链接起来，形成单链表，并将图中所有顶点信息和邻接表头放在数组中，就构成了邻接表。链表中每个结点设为 2 个域，如图 4.28 所示。

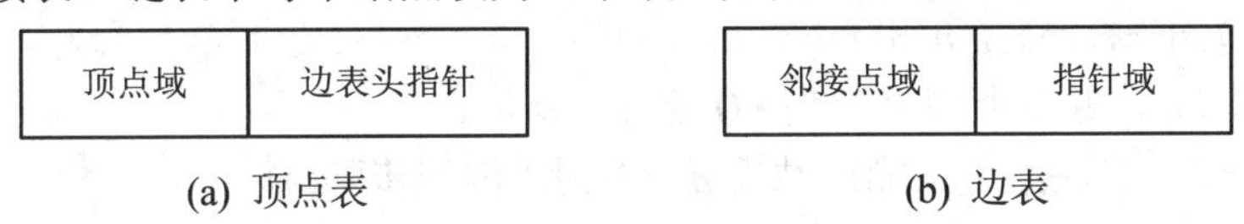

(a) 顶点表　　(b) 边表

图 4.28　邻接表的结点结构

图 4.29 给出了图 4.25 所示的无向图 G_1 对应的邻接表的存储示意图。

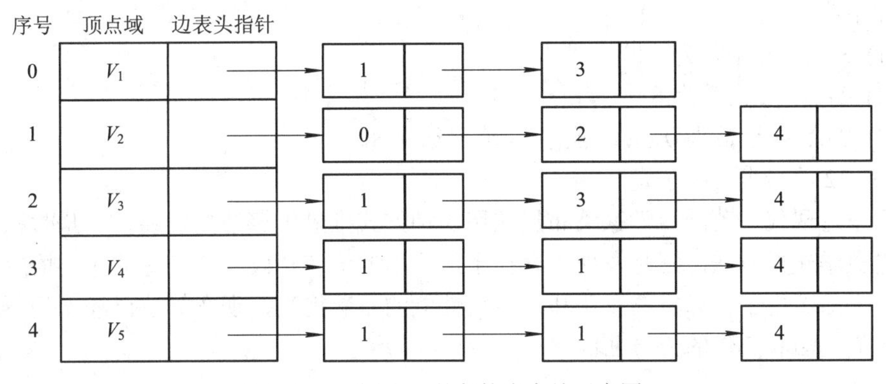

图 4.29　无向图 G_1 的邻接表存储示意图

4.2　算　　法

4.2.1　算法概述

1. 算法发展历史

公元 825 年，阿拉伯数学家 AlKhowarizmi(见图 4.30)著的《波斯教科书》(*Persian Textbook*)，概括了进行四则算术运算的法则。“算法”(Algorithm)一词就来源于这位数学家的名字。

图 4.30　阿拉伯数学家 AlKhowarizmi

后来，《韦氏新世界词典》将该“算法”定义为“解某种问题的任何专门的方法”。而据考古学家发现，古巴比伦人在求解代数方程时，就已经采用了“算法”的思想。

公元前300年左右，欧几里得在《几何原本》(*Elements*)第七卷中阐述了关于求解两个整数最大公因子的过程，即欧几里得算法。

目标：给定两个正整数 m 和 n，求它们的最大公因子。

欧几里得算法：

(1) 若 n 大于 m，交换 n 和 m；

(2) 以 n 除 m，并令所得余数为 r (r 必小于 n)；

(3) 若 $r = 0$，算法结束，输出结果 n；否则，继续步骤(4)；

(4) 将 n 置换 m，r 置换 n，并返回步骤(2)继续进行。

例如，设 $m = 56$，$n = 32$，求 m、n 的最大公因子。按照欧几里得算法，算法的执行过程如下：

(1) 32除56余数为24；

(2) 24除32余数为8；

(3) 8除24余数为0，算法结束，输出结果8。

即56和32的最大公因子是8。

到了近现代，英国科学家莱布尼兹用3种方式推进了算法的发展，一是微积分，二是引进数学建模方法，三是发现了存在于最简单的语言片段及其表达的人类情感之间的联系。而随着电子计算机的发明和计算机性能的不断提高，现在算法已经无处不在，涉及了人们生活和工作的方方面面。

2. 算法的概念、描述、特征和评价

1) 算法的概念

为了解决某个特定问题而采取的方法和步骤的一组有穷的指令集，称为算法。算法是被精确定义的一组规则，这些规则规定了先做什么再做什么，以及判断出现某种情况时做哪种操作，因此，算法是一个步进式完成任务的过程。

2) 算法的描述

根据不同的应用场景和面向的任务不同，算法可以用自然语言、流程图、伪代码和程序设计语言来描述。

(1) 用自然语言描述。自然语言就是用人们日常使用的语言。可以用任意一种人类语言描述一个算法的过程。例如，求 $1 + 2 + 3 + \cdots + 100$，设变量 X 表示加数，Y 表示被加数，可以用中文描述实现这一问题的算法如下：

① 将1赋值给 X；

② 将2赋值给 Y；

③ 将 X 与 Y 相加，结果存放在 X 中；

④ 将 Y 加1，结果存放在 Y 中；

⑤ 若 Y 小于或等于100，转到步骤(3)继续执行；否则，算法结束，结果为 X。

用自然语言描述算法的不足在于：由于自然语言的歧义性，容易导致算法执行的不确定性。另外，自然语言的语句一般较长，从而导致了用自然语言描述的算法太长；且由于

自然语言适合表示具有串行性的特征，因此，当一个算法中循环和分支较多时就很难清晰地表示出来。

(2) 用流程图描述。流程图是采用 ANSI(American National Standard Institute)规定的一组图形符号来表示算法的执行过程。例如，上述求 1 + 2 + 3 + … + 100 的算法，对应的流程图如图 4.31 所示。

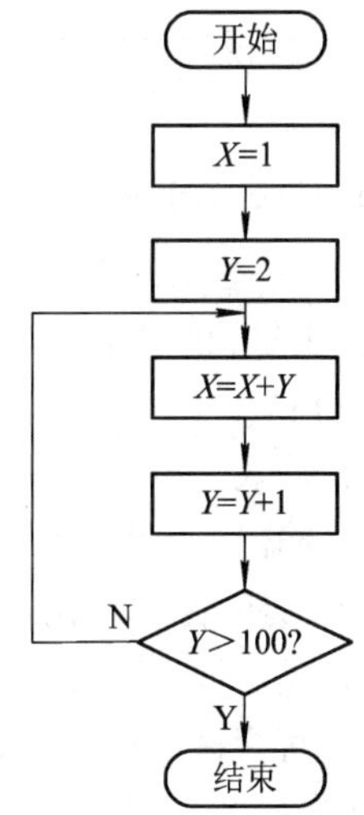

图 4.31　求 1 + 2 + 3 + … + 100 的算法流程图

流程图可以很方便地表示程序中的 3 种基本结构：顺序、选择和循环结构，因此就具备表示任何程序的逻辑结构的能力。用流程图表示的算法不依赖于任何具体的计算机和计算机程序设计语言。

(3) 用伪代码描述。伪代码是用一种介于自然语言和计算机语言之间的文字和符号，算法也可以采用伪代码来描述。伪代码非常接近计算机语言，因此便于向计算机程序过渡，但与计算机程序设计语言相比，形式更灵活、格式更紧凑，也没有严格的语法格式。同样，求 1 + 2 + 3 + … + 100 的算法，也可以用伪代码表示如下：

```
X = 1
Y = 2
while(Y<= 100){
    X = X + Y
    Y = Y + 1
}
Print X
```

与流程图相比，由于不使用图形符号，用伪代码描述的算法书写方便，格式紧凑。伪代码是目前用得比较多的一种算法表示形式。

(4) 用程序设计语言描述。算法也可以用任意一种程序设计语言描述。用程序设计语言描述算法，语法要求严格，必须符合选定的那种程序设计语言。对于上述求 1 + 2 + 3 + … + 100 的算法，用程序设计语言 C 语言表示如下：

```
main(){
    int X, Y;
    X = 1;
    Y = 2;
    while(Y<= 100)
    {
        X = X + Y;
        Y = Y + 1;
    };
    printf("%d", X);
}
```

用特定程序设计语言编写的算法的不足之处是，算法的设计人员要花费大量的时间去熟悉和掌握某种特定的程序设计语言，在算法的描述中，要求描述计算步骤的细节，因此容易忽视算法的本质问题，有时不利于问题的解决。但好处是这样写出来的算法可以被计算机直接编译和执行。

3) 算法的特征

根据上述算法的定义和例子，可以看出，算法反映解决问题的步骤，不同的问题需要用不同的算法来解决，同一问题也可以用不同的算法来解决，但是一个算法必须具有以下特征：

(1) 输入。一个算法应该有 0 个或多个输入。

(2) 输出。一个算法应该有 1 个或多个输出(即处理结果)。执行算法的目的是求解问题，算法的运行结果就是算法的输出，因此没有输出的算法是没有意义的。

(3) 确定性。算法中的每一步定义都必须是确切的、无歧义的。

(4) 有穷性。一个算法应在执行有穷步后可以结束。一个不能在有限时间内结束的算法是没有实际意义的。

(5) 有效性。算法中描述的每一步操作都应该能有效地执行，并最终得到确定的结果。

4) 算法的评价

用计算机解决问题的关键是算法的设计，对于同一个问题可以设计出不同的算法。因此，如何评价同一问题的不同算法实现，是计算机科学中一个基本的科学问题。算法的优劣是算法分析、比较、选择的基础。一般可以从正确性、时间复杂度和空间复杂度 3 个方面对算法进行评价。

(1) 正确性。算法的正确性是指算法能够正确地完成所要解决的问题。一般采用测试的方法，基于算法编写程序，然后对程序进行测试。针对所要解决的问题，选定一些有代表性的输入数据，经过执行程序后，查看输出结果是否和预期结果一致，如果不一致，则说明程序中存在错误，应予以查找并改正。经过一定范围的测试和程序改正，不再发现新的错误，程序可以提交使用。但在使用过程中仍有可能发现错误，还需要继续改正，这时的改正叫作程序的维护。

对于小程序来说，测试工作是比较简单的，如对于一个年级学生的通讯录程序，可能用半天的时间就能完成测试工作。对于大型的程序可能需要数月的测试时间，即使投入实际使用后，还可能会在使用中发现错误，因此，算法的改进是一个持续的过程。

(2) 时间复杂度。时间复杂度指依据算法编写出程序后在计算机上运行时所耗费的时间度量。一个程序在计算机上运行的时间取决于程序运行时输入的数据、对源程序编译所需要的时间、执行每条语句所需要的时间及语句重复执行的次数等。其中，最重要的是语句重复执行的次数。通常，把算法中关键操作(循环和递归)重复执行次数之和作为该程序的时间复杂度，用 $T(n)$表示，其中的 n 为问题规模。

对于一个从线性表中查询某个数据的算法，设 n 为线性表的长度，即线性表中数据的个数。算法时间复杂度的渐进表示法，记作：

$$T(n) = O(f(n))$$

渐进符号(O)的定义：当且仅当存在一个正的常数 C 和 n_0，使得对所有的 $n \geqslant n_0$，有

$T(n) \leqslant Cf(n)$，则 $T(n) = O(f(n))$。表示随着 n 的增大，算法执行的时间的增长率和 $f(n)$ 的增长率相同，称渐近时间复杂度。

例如，分析下述 count 算法的时间复杂度。

```
void count(   )
{
    x = 0;   y = 0;                              // T1(n) = O(1)
    for ( int k = 0; k < n; k++)
        x++;                                     // T2(n) = O(n)
    for ( int i = 0; i < n; i++)
        for ( int j = 0; j < n; j++)
            y++;                                 // T3(n) = O(n^2)
}
```

算法的时间复杂度约等于该算法所有指令的执行的时间复杂度的最大值，即 $T(n) = T_1(n) + T_2(n) + T_3(n) = O(\max(1, n, n^2)) = O(n^2)$。

时间复杂度 $T(n)$ 按数量级递增顺序如表 4-2 所示。

表 4-2　各种不同的时间复杂度

常数阶	对数阶	线性阶	线性对数阶	平方阶	…	k (>2)次方阶	指数阶	阶乘阶
$O(1)$	$O(\lg n)$	$O(n)$	$O(n \lg n)$	$O(n^2)$		$O(n^k)$	$O(2^n)$	$O(n!)$

时间复杂度自左向右由低向高递增，当 n 取得很大时，指数时间算法和多项式时间算法在所需时间上会非常悬殊。图 4.32 是常数(1)、对数($\lg n$)和线性(n)算法复杂度增长对比，图 4.33 是多项式(n^c)、指数(c^n)和阶乘($n!$)算法复杂度增长对比。

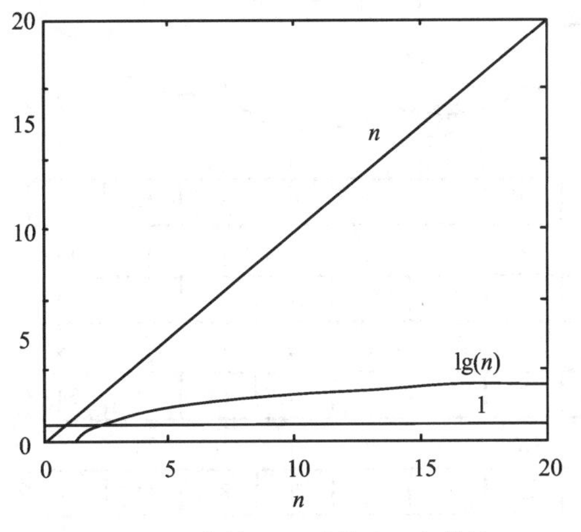

图 4.32　常数(1)、对数($\lg n$)和线性(n)算法复杂度增长比率图

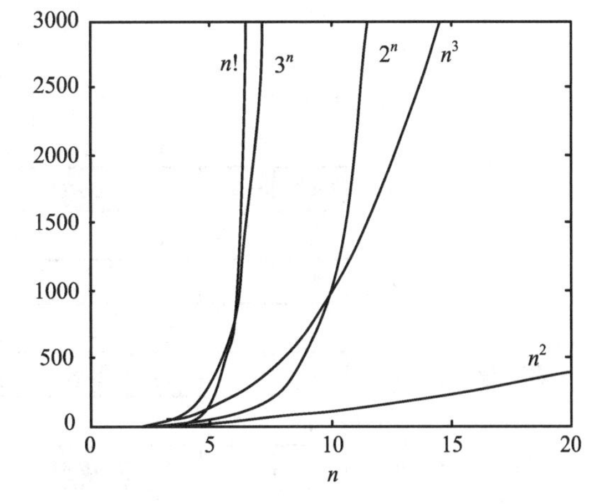

图 4.33　多项式(n^c)、指数(c^n)和阶乘($n!$)算法复杂度增长比率图

(3) 空间复杂度。空间复杂度是指对依据算法编写出程序后在计算机上运行时所需内存空间大小的度量，也就是和问题规模 n 有关的内存空间度量，记作：

$$S(n) = O(f(n))$$

式中：n 为问题的规模(或大小)。

算法要占据的空间包括算法本身要占据的空间，输入/输出、指令、常数、变量以及算法要使用的辅助空间。例如，某个算法在执行过程中所占的存储空间为 $2n-1$，则该算法的空间复杂度为 $O(2n)$。若输入数据所占空间和算法无关，则不考虑输入本身所占空间，否则应同时考虑。

4.2.2　搜索

搜索和排序是计算机科学里的常用算法，很多其他算法都是以搜索和排序为基础的。本节介绍搜索算法，下一节将介绍排序算法。

搜索即查找，是一种在列表中确定目标所在位置的算法。在列表中，搜索意味着给定一个值，并在包含该值的列表中找到第一个该值所在的位置。对于搜索中有两种基本的方法：顺序查找和折半查找。顺序查找可以在任何列表中查找，没有要求，而折半查找则要求列表是有序的。

1. 顺序搜索(线性查找)

顺序搜索一般用来查找表内元素之间无序的线性表，当查找的序列较大时，这种查找效率较低。顺序查找的查找过程是：从列表起始处开始查找，当找到关键字元素或确信查找关键字不在列表中时，查找过程结束。图 4.34 演示了在一个列表中查找数值 46 的步骤。查找算法的终止条件是：找到了关键字 46，或到达列表末尾时仍然没有找到关键字 46 时，算法停止，输出没有查找到的提示。

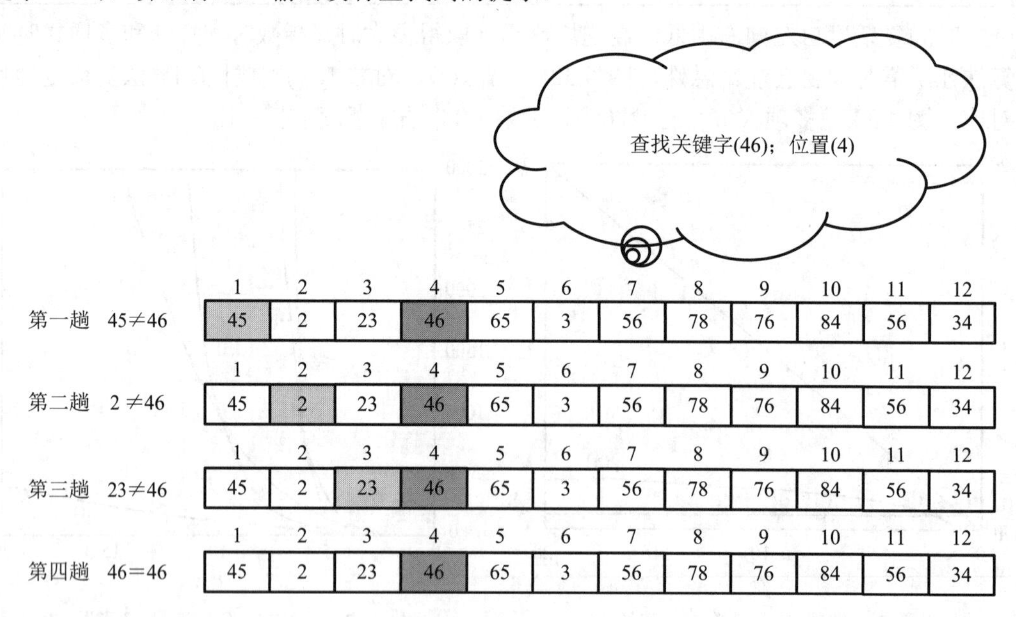

图 4.34　顺序查找示例

根据顺序搜索的算法，可以看出，对于任一数列，顺序搜索算法的时间复杂度为 $O(n)$。

2. 折半搜索(查找)

如果查找的列表是无序的，则顺序查找是唯一的方法。但如果查询的序列较大，为了提高效率，最好将列表先排序，然后使用效率较高的折半查找法进行查找。

折半搜索是通过查找列表的中间元素和待查找的关键字比较，以判别出目标在列表的前半部分还是后半部分。如果在前半部分，就不需要查找后半部分；同理，如果在后半部分就不需要查找前半部分。换句话说，可以通过一次判断就减少大约一半的列表查找时间。重复这个过程直到找到目标或者确定目标不在这个列表里。图 4.35 给出了如何在 11 个元素列表中找到目标 21，其中使用了 3 个引用：low、mid 和 high。查找过程如下：

(1) 开始时 low = 1，high = 11。使 mid 处于列表的中间位置(1 + 11)/2 = 6。现在比较查找关键字 21 与在中间位置 6 的数(56)。查找关键字比它小，所以下一步在 mid 的左半区继续查找。

(2) 将 high 移动到 mid 的前面，即位置 5 处(数值为 37)。使 mid 在第二个一半的中间，(1 + 5)/2 = 3。现在比较待查找关键字 21 与位置 3 的数(19)。查找关键字比它大，所以忽略 19 之前的数。

(3) 将 low 移动到 mid 的后面，即位置 4 处(数值为 21)。重新计算 mid = (4 + 5)/2 = 4。比较待查找关键字 21 与位置 4 的数(21)。由于找到了目标，此时算法结束。

根据折半搜索的算法，可以看出，对于有序的数列，折半搜索算法的时间复杂度为 $O(\text{lb}\ n)$。

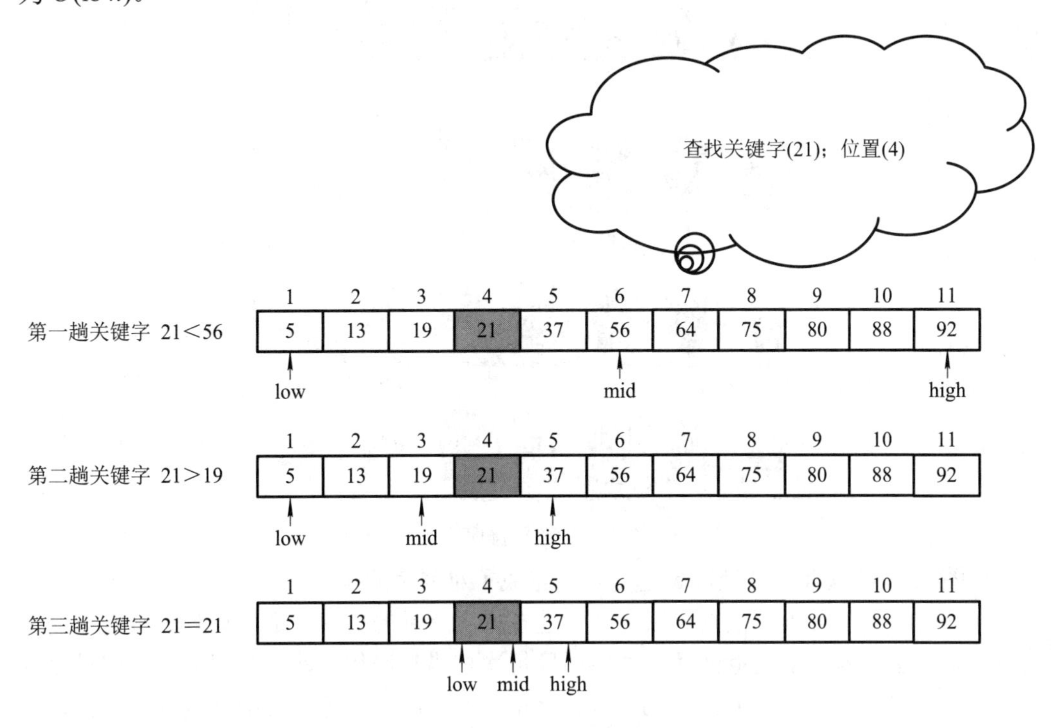

图 4.35 折半查找示例

4.2.3 排序

计算机科学中另一种普遍的应用是排序。简单地说，排序就是根据数据的值对其进行排列，使其具有一定的顺序。想象一下，在一本没有排序的电话号码本中查找某个人的电话号码是多么困难的一件事，更不要说在因特网中查找信息了。本节主要介绍 4 种最基本的排序算法：选择排序、冒泡排序、插入排序和归并排序。

1. 选择排序

选择排序的基本思想：把待排序数字序列分为两个子序列(已排序的和未排序的)。每一趟在未排序子系列中找出最小的元素，并把它和已排序列表中的第 i 元素进行交换，经过每次选择和交换，这样每次排序列表中将增加一个元素，而未排序列表中将减少一个元素。每次把一个元素从未排序列表交换到已排序列表就完成了一轮排序，直到未排序列表为空。选择排序的示例流程图如图 4.36 所示。

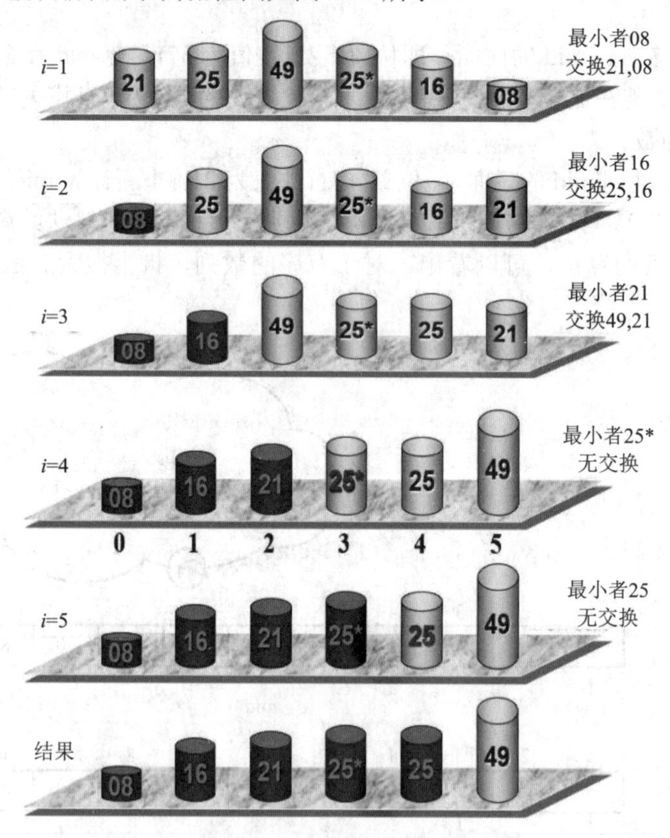

图 4.36　选择排序示例

从图 4.36 可以看出，经过 5 轮交换后完成了对列表的排序。

选择排序算法分析：根据算法可知，选择排序所需的排序轮数是该列表中元素的个数减 1。算法需要使用两重循环，外层循环每次扫描时迭代一次，内层循环在未排序列表中找最小的元素。图 4.36 给出的选择排序的过程，内层循环在图中并没有明显地显示出来，但循环中每一条指令本身就是一个循环。因此，该算法的时间复杂度为 $O(n^2)$。

2. 冒泡排序

冒泡排序的基本思想：把待排序数字序列分为两个子序列(已排序的和未排序的)。每趟不断将相邻的两个数字两两比较，并按“前小后大”规则，如果发生逆序则交换，每趟结束时，不仅能挤出一个最大值到最后面位置，还能同时部分理顺其他元素，n 个数字的

列表需要经过 $n-1$ 趟来完成，直到所有数字序列都排好序为止。冒泡排序的示例流程图如图 4.37 所示。

初　始：[21，25，49，25*，16，08]
第一趟：[21，25，25*，16，08]，49
第二趟：[21，25，16，08]，25*，49
第三趟：[21，16，08]，25，25*，49
第四趟：[16，08]，21，25，25*，49
第五趟：[08]，16，21，25，25*，49

图 4.37　冒泡排序示例

冒泡排序算法分析：冒泡排序也要使用双重循环，外层循环每轮迭代一次；内层循环的每次迭代则将某一元素冒泡至顶部(左部)。图 4.37 给出的冒泡排序示意图，内层循环在图中并没有明显地显示出来，但循环中每一条指令本身就是一个循环。该算法的平均时间复杂度为 $O(n^2)$。

3. 插入排序

插入排序的基本思想：在插入排序中排序列表被分为两部分(已排序的和未排序的)。每步将一个待排序的对象，按其关键字大小，插入到前面已经排好序的一组对象的适当位置上，直到对象全部插入为止。例如待排序序列为：(13，6，3，31，9，27，5，11)，插入排序的流程图如图 4.38 所示。

初　始：[13]，6，3，31，9，27，5，11
第一趟：[6，13]，3，31，9，27，5，11
第二趟：[3，6，13]，31，9，27，5，11
第三趟：[3，6，13，31]，9，27，5，11
第四趟：[3，6，9，13，31]，27，5，11
第五趟：[3，6，9，13，27，31]，5，11
第六趟：[3，5，6，9，13，27，31]，11
第七趟：[3，5，6，9，11，13，27，31]

图 4.38　插入排序示例

插入排序算法分析：插入排序算法的设计类似于选择排序算法和冒泡排序算法的模式。外层循环每轮都迭代内层，内层循环则寻找插入的位置。该算法的时间复杂度为 $O(n^2)$。

4. 归并排序

归并排序的基本思想：先将一个待排序的数组随机地分成两组，要求两组的元素个数相等或接近相等(若为奇数，其中一个数组的元素多 1 个)，继续对分组的数组进行分组，直到每个数组的元素个数为 1；然后，不断地将两个已排好序的相邻数组的元素归并起来，直到归并为一个包含了所有元素的数组。

例如，设数组 A 有 7 个元素，分别是：49，32，66，97，78，11，27。采用归并排序算法对该数组元素按升序进行排列，其流程图如图 4.39 所示。

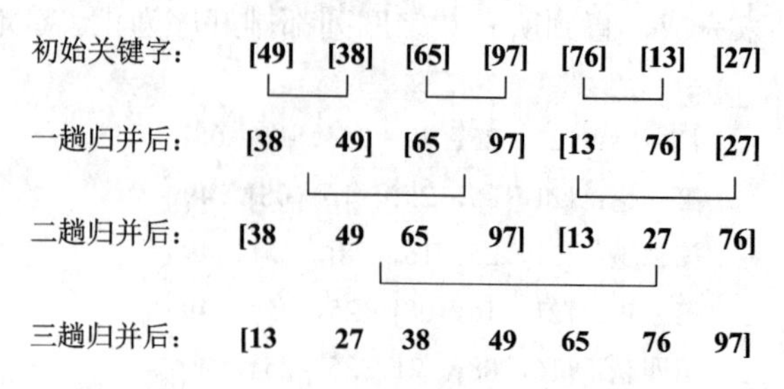

图 4.39　归并排序示例

归并排序算法分析：该算法在一轮只能比较一次的计算机(单处理机)中是公认的最佳算法，算法的平均时间复杂度为 $O(n \text{ lb } n)$。

4.2.4　并行算法

1. 并行算法思想

并行算法就是用多台处理机联合求解问题的方法和步骤，其执行过程是将给定的问题首先分解成若干个尽量相互独立的子问题，然后使用多台计算机同时求解它，从而最终求得原问题的解。

2. 排序网络

排序网络(Sorting Network)是一种典型的并行算法，它可以同时采用多个处理机(比较器)快速地对一组给定的数字进行排序。图 4.40 就是一个采用并行思想的排序网络。

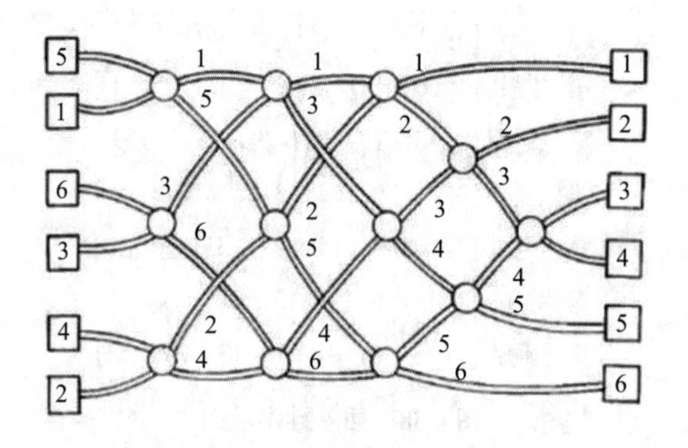

图 4.40　通过排序网络的数字流示例

排序网络中用到的一个基本操作是比较，对于两个数值 X 和 Y 大小的比较，有以下两种比较器：

(1) 2 输入的正排序网络(比较器)，如图 4.41 所示。

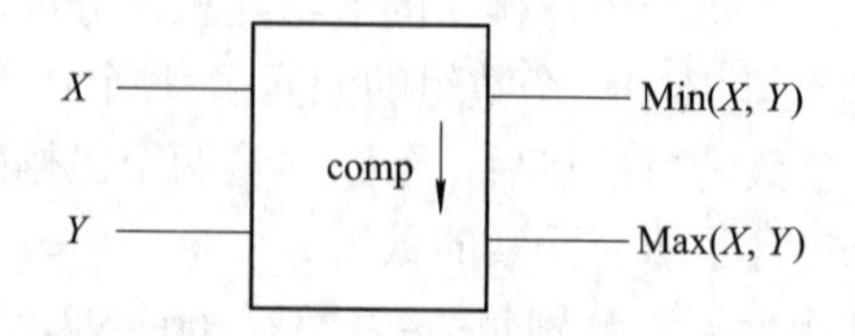

图 4.41　一个 2 输入的正排序网络(比较器)

(2) 2 输入的倒排序网络(比较器)，如图 4.42 所示。

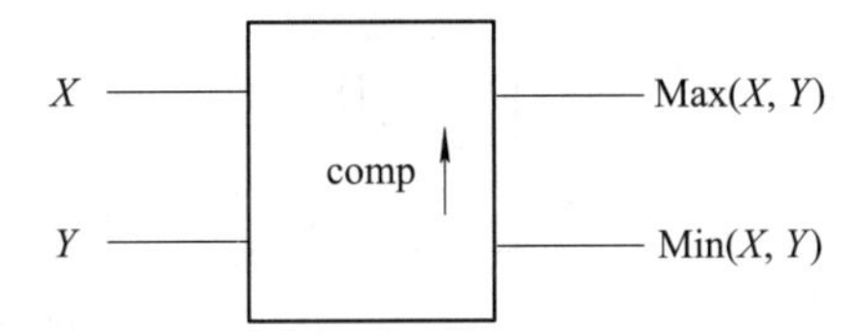

图 4.42　一个 2 输入的倒排序网络(比较器)

下面给出几个典型的排序网络。

(1) 3 输入的正排序网络，如图 4.43 所示。

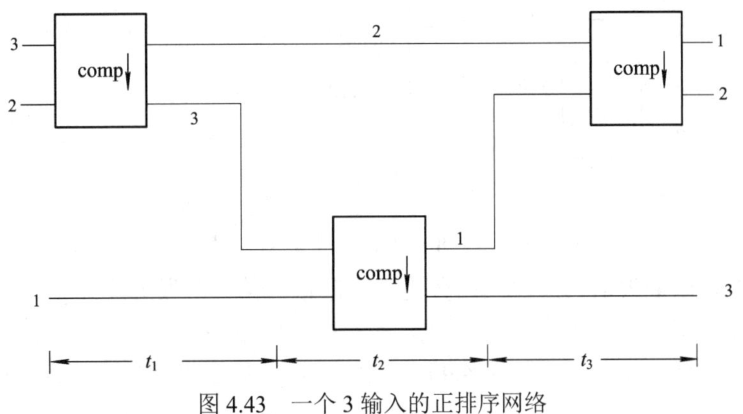

图 4.43　一个 3 输入的正排序网络

此 3 输入的正排序网络分为 3 个阶段，每一个阶段 t_1、t_2、t_3 中都为一个 2 输入的正排序网络在工作，对于图 4.43 中所示的输入来说，其最后排序输出为{1, 2, 3}。

(2) 4 输入的倒排序网络，如图 4.44 所示。

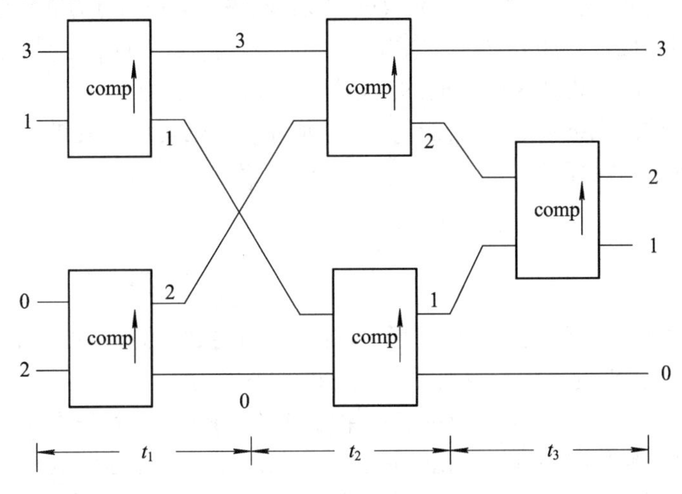

图 4.44　一个 4 输入的倒排序网络

此 4 输入的倒排序网络分为 3 个阶段，第一阶段 t_1 中两个 2 输入的倒排序网络并行计算，第二阶段 t_2 中同样为两个 2 输入的倒排序网络并行计算，第三阶段 t_3 中一个 2 输入的倒排序网络工作。对于如图 4.44 所示的输入，其最后排序输出为{3, 2, 1, 0}。

(3) 从 8 个数中找出最大值的排序网络，如图 4.45 所示。

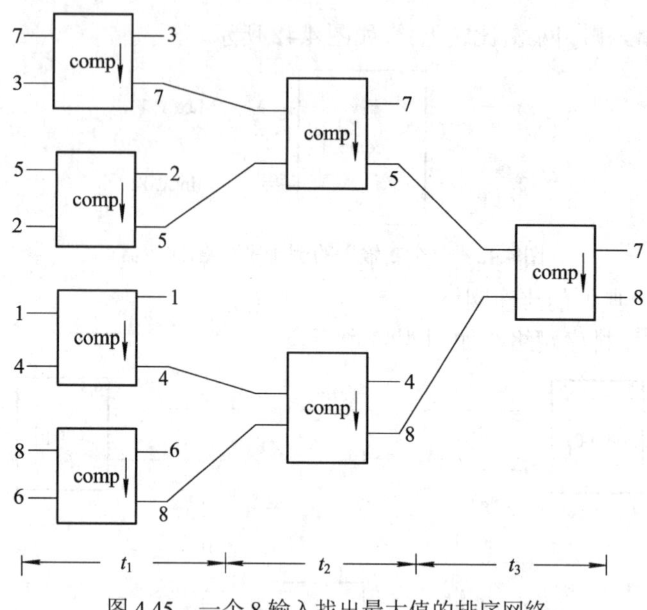

图 4.45　一个 8 输入找出最大值的排序网络

此 8 输入找出最大值的排序网络分为 3 个阶段，第一阶段 t_1 中 4 个 2 输入的正排序网络并行计算，第二阶段 t_2 中两个 2 输入的正排序网络并行计算，第三阶段 t_3 中一个 2 输入的正排序网络工作。对于如图 4.45 中的输入，其最后得到最大值为 8。

3. 阿姆达尔定律

阿姆达尔定律(Amdahl's Law)是计算机系统设计的重要定量原理之一，于 1967 年由 IBM360 系列机的主要设计者吉恩·阿姆达尔首先提出。该定律是指：系统中对某一部件采用更快执行方式所能获得的系统性能改进程度，取决于这种执行方式被使用的频率，或所占总执行时间的比例。阿姆达尔定律实际上定义了采取增强(加速)某部分功能处理的措施后可获得的性能改进或执行时间的加速比。

对于固定负载情况下描述并行处理效果的加速比，阿姆达尔经过深入研究，得到了如下所示的阿姆达尔定律：

$$S_p \leqslant \frac{1}{f + \dfrac{1-f}{p}} \tag{4-1}$$

式中：f 表示在求解某个问题的计算过程中，必须串行执行的操作占整个计算的百分比；p 为处理器的数目；S_p 为并行计算机系统最大的加速能力。

如果 $f = 1\%$，$p \to \infty$，根据阿姆达尔定律可知 $S_p = 100$。也就是说，即使需要串行执行的操作仅占全部操作的 1%，无论采用多少个处理器，解题速度最多也只能提高一百倍。因此，对于难解性问题，通过提高计算机系统的速度来提高解题速度是远远不够的，降低算法复杂度的数量级才是解决这类问题的关键。

考虑以下几种极端的情况：

(1) 所有操作均可并行，即 $f = 0$ 时，根据阿姆达尔定律可知，最大加速比 $S_p = p$，表示加速比和投入的处理器数目相等。

(2) 所有操作均不可并行(只能串行)，即当 $f=1$ 时，根据阿姆达尔定律可知，最大加速比 $S_p=1$，即最大加速比为常数，因此，投入再多的处理器，对加速比都没有影响。

(3) 投入无穷多的处理器，即当 $p\to\infty$时，根据阿姆达尔定律可知，最大加速比 $S_p\to 1/f$，这也就是加速比的上限。例如，若串行代码占整个代码的 25%，则并行处理的总体性能不可能超过 4。

4.3　应用案例——排序算法的实现

本案例实现了上节介绍的 3 种最基本的排序算法：选择排序、冒泡排序和插入排序算法。功能是：用户输入一组不超过 20 个待排序整数数据，分别用插入排序、冒泡排序和选择排序对其进行排序，并显示排序结果。程序中用到的功能模块有：冒泡排序 BubbleSort()、插入排序 InsertSort()、选择排序 SelectSort()、数据输入 Create_Sq()、数据输出 show()以及主函数 main()。

参考程序如下：

```
#include <iostream>
using namespace std;
#define  MAXSIZE  20                          //顺序表的最大长度

typedef struct
{
    int key;
    char *otherinfo;
}ElemType;

//顺序表的存储结构
typedef struct
{
    ElemType *r;                              //存储空间的基地址
    int  length;                              //顺序表长度
}SqList;                                      //顺序表类型

void Create_Sq(SqList &L)
{
    int i，n;
    cout<<"请输入数据个数，不超过"<<MAXSIZE<<"个。"<<endl;
    cin>>n;                                       //输入个数
    cout<<"请输入待排序的数据:\n";
    while(n>MAXSIZE)
```

```
    {
        cout<<"个数超过上限，不能超过"<<MAXSIZE<<"，请重新输入"<<endl;
        cin>>n;
    }
    for(i = 1; i<= n; i++)
    {
        cin>>L.r[i].key;
        L.length++;
    }
}

void show(SqList L)
{
    int i;
    for(i = 1; i<= L.length; i++)
        cout<<L.r[i].key<<' ';
    cout<<endl;
}

void InsertSort(SqList &L)                          //插入排序
{   //对顺序表 L 做直接插入排序
    int i, j;
    for(i = 2; i<= L.length; ++i)
        if(L.r[i].key<L.r[i-1].key)
        {                                           // "<"，需将 r[i]插入有序子表
            L.r[0] = L.r[i];                        //将待插入的记录暂存到监视哨中
            L.r[i] = L.r[i-1];                      //r[i−1]后移
            for(j = i-2; L.r[0].key<L.r[j].key;--j) //从后向前寻找插入位置
                L.r[j + 1] = L.r[j];                //记录逐个后移，直到找到插入位置
            L.r[j + 1] = L.r[0];                    //将 r[0]即原 r[i]，插入到正确位置
        }
}//InsertSort

void BubbleSort(SqList &L)                      //冒泡排序
{   //对顺序表 L 做冒泡排序
    int m, j, flag;
    ElemType t;
    m = L.length-1; flag = 1;                   //flag 用来标记某一趟排序是否发生交换
    while((m>0)&&(flag = = 1))
```

```
    {
        flag = 0;  //flag 置为 0，如果本趟排序没有发生交换，则不会执行下一趟排序
        for(j = 1; j<= m; j++)
            if(L.r[j].key>L.r[j + 1].key)
            {
                flag = 1;                          //flag 置为 1，表示本趟排序发生了交换
                t = L.r[j];                        //交换前后两个记录
                L.r[j] = L.r[j + 1];
                L.r[j + 1] = t;
            }
        --m;
    }
}

void SelectSort(SqList &L)                         //选择排序
{  //对顺序表 L 做简单选择排序
    int i, j, k;
    ElemType t;
    for(i = 1; i<L.length; ++i)
    {
        k = i;
        for(j = i + 1; j<= L.length; ++j)
            if(L.r[j].key<L.r[k].key)
                k = j;                             // k 指向此趟排序中关键字最小的记录
        if(k! = i) {t = L.r[i]; L.r[i] = L.r[k]; L.r[k] = t;}       //交换 r[i]与 r[k]
    }
}

void main()
{  SqList L;
    L.r = new ElemType[MAXSIZE + 1];
    L.length = 0;
    Create_Sq(L);

    InsertSort(L);
    cout<<"插入排序后的结果为："<<endl;
    show(L);

    BubbleSort(L);
```

```
        cout<<"冒泡排序后的结果为："<<endl;
        show(L);

        SelectSort(L);
        cout<<"选择排序后的结果为："<<endl;
        show(L);
    }
```

程序示例的运行结果如图 4.46 所示。

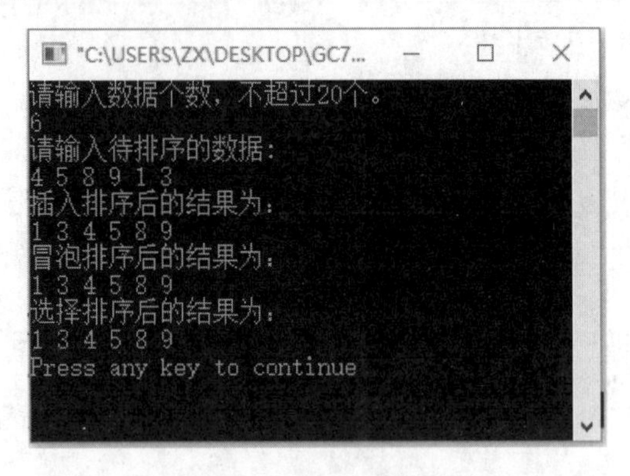

图 4.46　程序示例的运行结果

本 章 小 结

本章首先通过一个案例介绍了算法对社会的重要影响，甚至毫不夸张地说，当今社会就是被各种各样的算法所控制。然后，介绍了数据结构的有关概念，重点介绍了线性结构、树形结构和图形结构的逻辑结构、存储方式(顺序存储和链式存储)，及其之上的算法操作。其次介绍了算法的发展史，重点介绍了最基础和最重要的搜索和排序算法，并对并行算法也做了简要的介绍。最后给出利用 3 种最基本的排序算法——插入排序、选择排序和冒泡排序算法对用户输入的一组整数数据进行排序的应用案例。

习　　题

一、单选题

1. 栈和队列的共同特点是(　　)。

A. 都是先进先出

B. 都是后进后出

C. 只允许在端点处插入和删除元素

D. 没有共同点

2. 如果一个栈的进栈序列是 a、b、c、d、e，则该栈不可能的出栈序列是(　　)。

A. e、d、c、b、a　　B. d、e、c、b、a

C. d、c、e、a、b　　D. a、b、c、d、e

3. 算法指的是(　　)。

A. 计算方法　　B. 排序方法

C. 解决问题的有序运算序列　　D. 调度方法

4. 算法分析的两个主要方面是(　　)。

A. 时间复杂度和空间复杂度　　B. 正确性和简明性

C. 可读性和文档性　　D. 数据复杂度和程序复杂度

5. 具有线性结构的数据结构是(　　)。

A. 图　　B. 树　　C. 二叉树　　D. 栈

6. 以下数据结构中，(　　)是非线性数据结构。

A. 图　　B. 字符串　　C. 数组　　D. 栈

7. 数据结构中，与所用的计算机无关的是数据的(　　)结构。

A. 存储　　B. 物理

C. 逻辑　　D. 物理和存储

8. 线性表是(　　)。

A. 一个有限序列，可以为空　　B. 一个有限序列，不能为空

C. 一个无限序列，可以为空　　D. 一个无限序列，不能为空

9. 下列关于线性表的叙述中错误的是(　　)。

A. 线性表采用顺序存储，必须占用一片连续的存储单元

B. 线性表采用顺序存储，便于进行插入和删除操作

C. 线性表采用链式存储，可以占用一片连续的存储单元

D. 线性表采用链式存储，便于插入和删除操作

10. 用行主顺序存储一维数组 a，若 a 的下限为 1，元素长度为 L，则 a 的第 i 个元素的存储地址 $\mathrm{loc}(a_i)$为(　　)。

A. $\mathrm{loc}(a_1) + (i-1)*L$　　B. $\mathrm{loc}(a_1) + i*L$

C. $\mathrm{loc}(a_1) + i*L + 1$　　D. $\mathrm{loc}(a_1) + (i + 1)*L$

二、填空题

1. 数据的逻辑结构是对数据之间关系的描述，主要有________和________两大类。

2. 线性结构中元素之间存在________关系，树形结构中元素之间存在________关系，图形结构中元素之间存在________关系。

3. 数据元素在计算机中最常用的两种存储结构是________和________。

4. 顺序表中，逻辑上相邻的元素，其物理位置________相邻。单链表中，逻辑上相邻的元素，其物理位置________相邻。

5. 设栈 S 和队列 Q 的初始状态为空，元素 e_1、e_2、e_3、e_4、e_5 和 e_6 依次通过栈 S，一个元素出栈后即进入队列 Q，如 6 个元素出站的序列顺序是 e_2、e_4、e_3、e_6、e_5、e_1，则栈 S 的容量至少应为________。

三、思考题

1. 什么是算法？算法的主要特征有哪些？

2. 常用的算法描述方法有哪些？它们各自具有什么特点？

3. 简述衡量一个算法优劣的标准。

4. 分别简述数据元素和数据结构的基本定义。

5. 简述顺序存储结构和链式存储结构的区别以及各自的优缺点。

6. 什么是线性表？线性表常用的存储方法有哪些？线性表有哪些？常用运算有哪些？

7. 什么是栈？栈常用的存储方法有哪些？栈有哪些常用运算？

8. 什么是队列？队列常用的存储方法有哪些？队列有哪些常用运算？

9. 查阅文献，举例说明树或二叉树在程序设计中的作用。

10. 查阅文献，举例说明图在存储设计中的作用。

第五章　程序设计和软件工程

案例——爱国者导弹系统的灾难

1991年2月，第一次海湾战争期间，部署在沙特宰赫兰的美国爱国者导弹系统未能成功追踪和拦截来袭的伊拉克飞毛腿导弹，结果飞毛腿导弹击中美国军营，造成28名士兵死亡，100多人受伤。

发生这一事故的原因是，因为导弹系统对时间计算不精确以及计算机算术错误导致了系统故障。从技术角度来讲，这源于一个小的截断误差。当时，负责防卫该基地的爱国者反导弹系统已经连续工作了100个小时，每工作一个小时，系统内的时钟会有一个微小的毫秒级延迟，这就是这个悲剧的根源。爱国者反导弹系统的时钟寄存器设计为24位，因此时间的精度也只限于24位的精度。在长时间的工作后，这个微小的精度误差被渐渐放大，在工作了100个小时后，系统时间的延迟是0.33 s。

0.33 s的延迟对一般的系统来说微不足道，但是对一个需要跟踪并摧毁一枚空中飞弹的雷达系统来说，这是灾难性的。飞毛腿导弹空速达1.5 km/s，这个“微不足道”的0.33 s相当于大约600 m的误差。在宰赫兰导弹事件中，雷达在空中发现了导弹，但由于时钟误差没能精确跟踪，反导导弹因此没有发射拦截。

 **本章导读**

(1) 当前，各个行业几乎都有计算机软件的应用，如工业、农业、银行、航空和政府部门等。典型的软件有办公软件、操作系统、管理系统和游戏娱乐软件等。软件的应用极大地促进了经济和社会的发展，提高了工作效率和生活效率。因此，熟练掌握程序设计，在信息社会中大有用武之地，特别是对计算机相关专业的学生更是如此。

(2) 在现代社会中，计算机软件的应用几乎无处不在，已经深刻地影响着我们生活的方方面面，大到国家安全，小到个人生活，无不依赖于各种类型的计算机软件系统。然而，由于软件错误所导致的灾难，正困扰着现代人类社会，如将月亮的升起被误判为核攻击、造成纽约银行一天损失500万美元、空间探测器的失踪、过量的辐射导致人员的伤残、电话通信在同一时间大面积瘫痪等这些灾难，均是由于相关软件错误造成的。因此，构建和维护有效的、实用的和高质量的软件显得越来越重要。

主要内容

- 程序设计语言；
- 程序设计方法；
- 软件工程；
- 设计模式。

5.1　程序设计语言

计算机系统由硬件系统和软件系统两部分构成，计算机能够完成预定的任务是硬件和软件协同工作的结果。软件(Software)是计算机程序、程序所用的数据以及有关文档资料的集合。计算机之所以比其他电子设备功能更强大、更灵活，是因为计算机软件是“可编程”的，即人们根据不同的需求编制出相应的计算机软件，然后在计算机上运行以完成特定的任务。

人们在使用计算机来完成某项工作时，将会面临两种情况：一种是可以借助现成的应用软件来完成，如文字处理可使用 Word、表格处理可使用 Excel、科学计算可选择 Matlab、图形图像处理可选择 Photoshop 等；另一种情况是没有完全合适的软件可供使用，这时就需要使用计算机程序设计语言编制程序来实现特定的功能，这就是程序设计。

5.1.1　程序的概念

简单地说，程序就是解决实际问题的操作步骤，它是一个有限的操作序列。例如，求 a、b、c、d 四个数的最大值，可以使用以下的步骤来完成这一任务：

(1) 输入 a、b、c、d 的值；

(2) 比较 a、b 的大小，把较大值放入 max；

(3) 比较 max 与 c 的大小，把较大值重新放入 max；

(4) 比较 max 与 d 的大小，把较大值重新放入 max；

(5) 输出 max 的值。

显然，如果程序是由人来执行的，程序只要用自然语言来描述就行了。如果是由计算机来执行的，则必须用计算机能够接受和识别的计算机语言来描述。本章所说的程序就是用某种计算机语言描述的、可以用计算机完成的操作指令序列。

5.1.2　程序设计语言的分类

计算机语言(Computer Language)是人与计算机之间通信的语言，它主要由一些指令组成，这些指令包括数字、符号和语法等内容，程序设计人员可以通过这些指令来指挥计算机进行各种工作。从第一台电子计算机诞生以来，在各种实际应用需求的驱动下，程序设计语言也取得了快速发展。根据程序设计语言发展的历程，可将其大致分成4类。

1. 机器语言

机器语言是用二进制代码表示的、能被计算机直接识别和执行的机器指令的集合，也就是处理器的指令系统。机器语言的优点在于它能被计算机直接识别，运行速度快。

用机器语言编写程序，编程人员要首先熟记所用计算机的全部指令代码和代码的含义。编写程序时，程序员得自己处理每条指令和每一数据的存储分配和输入/输出，还得记住编程过程中每步所使用的工作单元处在何种状态。这是一件十分烦琐的工作，编写程序花费的时间往往是实际运行时间的几十倍甚至几百倍，而且编出的程序全是些0和1的指令代码，直观性差，容易出错。

2. 汇编语言

为了克服机器语言难读、难编、难记和易出错的缺点，人们就用与代码指令实际含义相近的英文缩写词、字母和数字等符号来取代指令代码(如用ADD表示运算符号“+”的机器代码)，于是就产生了汇编语言。

汇编语言是一种用助记符表示的仍然面向机器的计算机语言。汇编语言亦称符号语言。汇编语言由于是采用了助记符号来编写程序，比用机器语言的二进制代码编程要方便些，在一定程度上简化了编程过程。而且助记符与指令代码一一对应，基本保留了机器语言的灵活性。使用汇编语言能面向机器并较好地发挥机器的特性，得到质量较高的程序。

汇编语言中由于使用了助记符号，用汇编语言编制的程序送入计算机，计算机不能像用机器语言编写的程序一样直接识别和执行，必须通过预先放入计算机的“汇编程序”的加工和翻译，才能变成能够被计算机识别和处理的二进制代码程序。

不同指令集的处理器都有自己相应的汇编语言，汇编语言程序与机器语言程序一样，可移植性较差。

3. 高级语言

计算机技术的发展促使人们寻求一种与人类自然语言接近且能被计算机所接受的、语义明确、自然直观、通用易学的计算机语言。这种与自然语言接近并能被计算机所接受和执行的语言称为高级语言。使用高级语言编写程序时，程序员不必了解计算机的内部逻辑，而主要考虑问题的解决方法。使用高级语言编写的源程序需要翻译成机器语言程序才能执行，翻译方式有两种：编译方式和解释方式。编译方式是由编译程序将高级语言源程序“翻译”成等价的机器语言表示的目标程序；解释方式是由解释程序对高级语言的源程序逐条“解释”执行，不生成目标程序。

高级语言根据其发展历程和应用领域，可分为以下几类：

(1) 传统的高级程序设计语言，如Fortran、Algol、Cobol及Basic语言等。

(2) 通用的结构化程序设计语言。结构化程序设计语言的特点是具有很强的过程功能和数据结构功能，并提供结构化的逻辑构造。这类语言的代表有Pascal语言、C语言等。

(3) 专用语言。专用语言是为特殊的应用而设计的语言，有代表性的专用语言有

Prolog、Lisp、APL(Array Processing Language)、C++、Java 等。

图 5.1 为 C 语言、汇编语言和机器语言代码示例。

```
long mult2(long,long);

void multstore(long x,long y,long *dest){
  long t =mult2(x,y);
  *dest=t;
}
```

(a) C 语言

```
multstore:
  pushq  %rbx
  movq   %rdx,%rbx
  call   mult2
  movq   %rax,(%rbx)
  popq   %rbx
  ret
```

(b) 汇编语言

```
0: 01010011
1: 01001000 10001001 11010011
4: 11101000 00000000 00000000
   0000000 00000000
9: 01001000 10001001 00000011
c: 01011011
d: 11000011
```

(c) 机器语言

图 5.1　几种程序设计语言代码示例

4. 4GL 语言

4GL 即第四代语言(Fourth-Generation Language)。4GL 是按计算机科学理论指导设计出来的结构化语言。4GL 语言的出现，将语言的抽象层次又提高到了一个新的高度。与其他程序语言一样，它也采用不同的文法来表示程序结构和数据结构，但不再需要规定算法的细节。

4GL 具有简单易学、用户界面良好、非过程化程度高、面向问题等特点，只需告知计算机“做什么”，而不必告知计算机“怎么做”，可以成数量级地提高软件生产率，缩短软件开发周期。

按照 4GL 的功能可以将它们划分为查询语言和报表生成器、图形语言、应用生成器和形式规格说明语言。其典型代表有 SQL 语言、Ada、Modula-2、Smalltalk-80 等。

5.1.3　程序设计语言的选择

不同语言有不同的优势，在进行程序设计时，选择程序设计语言非常重要，若选择了合适的语言，就能减少编码的工作量，产生易读、易测试、易维护的代码，提高程序开发的效率。

通常从以下因素来衡量某种程序设计语言是否适合特定的项目：

(1) 应用领域；

(2) 算法和计算复杂度；

(3) 软件运行环境；

(4) 用户需求中关于性能方面的要求；

(5) 数据结构的复杂性；

(6) 软件开发人员的知识水平和心理因素等。

其中，应用领域常被作为选择程序设计语言的首要标准，这主要是因为若干主要的应用领域长期以来已固定地选用了某些标准语言。例如，C 语言经常用于系统软件开发；Ada 和 Modula-2 对实时应用和嵌入式软件开发更有效；Cobol 是适用于商业信息处理的语言；Fortran 适用于工程及科学计算领域；人工智能领域则使用 LISP、Prolog；基于网络平台的应用开发则选择 Java。

5.2　程序设计方法

目前，广泛使用的程序设计方法是结构化程序设计方法和面向对象的程序设计方法，这两种方法也是今后学习程序设计时必须掌握的基本方法。本节对这两种方法的基本思想做一些介绍。

5.2.1　程序设计的基本过程

程序设计就是针对具体问题，使用某种程序设计语言编写程序代码来驱动计算机完成特定功能的过程。程序设计的基本过程一般有分析问题、制定解决方案、设计算法、编写程序、调试和运行程序、整理文档等几个步骤，如图 5.2 所示。

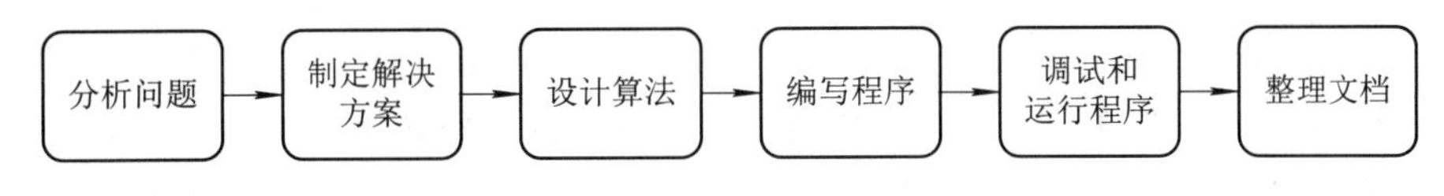

图 5.2　程序设计的基本步骤

其基本步骤如下：

(1) 分析问题。确定要解决的问题，对要解决的问题进行调查分析，明确要实现的功能。

(2) 制定解决方案。通过对问题的分析，找出其运算和变化规律，制定解决方案，建立数学模型。当一个问题有多个解决方案时，选择适合计算机解决问题的最佳方案。

(3) 设计算法。依据问题的解决方案确定数据结构和算法，并用适当的工具描述算法。

(4) 编写程序。依据算法描述，选择一种合适的计算机语言编写程序。

(5) 调试和运行程序。通过反复调试和运行程序，找出程序中存在的错误，直到程序的运行效果达到预期目标。

(6) 整理文档。对解决问题的整个过程的相关资料进行整理，编写程序使用说明书，生成规范的程序文档。

5.2.2　结构化程序设计方法

结构化程序设计(Structured Programming)的思想和方法形成于 20 世纪 70 年代，该方法在程序设计中引入了工程的思想和结构化的思想，使大型软件的开发和编制得到了极大的改善。它的设计思想主要有以下 3 个方面。

1.“自顶向下、逐步细化、模块化”的设计过程

该设计过程具体包括以下两个方面：

(1) 将一个大问题分解为若干子问题(模块)组成的层次结构。

(2) 将模块细化成更小、更简单的模块，直至能容易给出模块的一系列处理步骤，并能由程序设计语言的语句来实现。

2. 把程序的结构限制为 3 种基本结构

将程序的结构限制为顺序、选择和循环 3 种基本结构，从而使程序结构更加清晰，提高程序的可读性和可维护性。顺序结构、选择结构和循环结构的特点如下：

(1) 顺序结构：是最基本、最普通的程序结构，只要按照解决问题的顺序写出相应的语句即可，它的执行顺序是自上而下、依次执行。如图 5.3 所示，先执行 A，再执行 B。

(2) 选择结构：又称为“分支结构”，如图 5.4 所示。其特点是先进行一定的条件判断，根据判断的结果从两组操作中选择一组来执行。

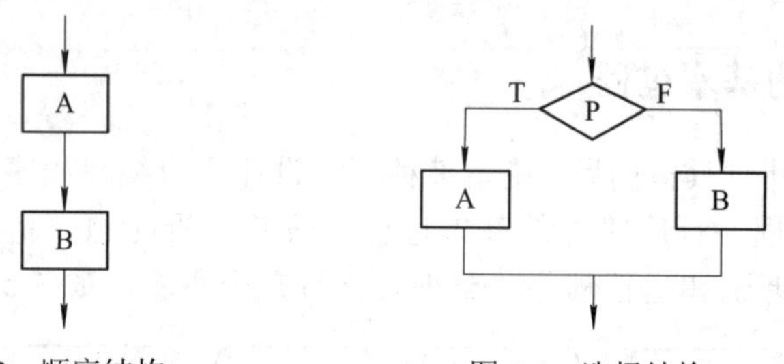

图 5.3　顺序结构　　图 5.4　选择结构

(3) 循环结构：其特点是在一定的条件下重复执行一组操作。图 5.5(a)为先判断条件 P，若条件 P 为真则执行语句 A，如此反复，当条件 P 为假时，退出循环，这种循环称为“当型循环”；图 5.5(b)为先无条件地执行一次语句 A，再判断条件 P，若条件 P 为真则继续执行语句，如此反复，直到条件 P 为假时退出循环，这种循环称为“直到型循环”。

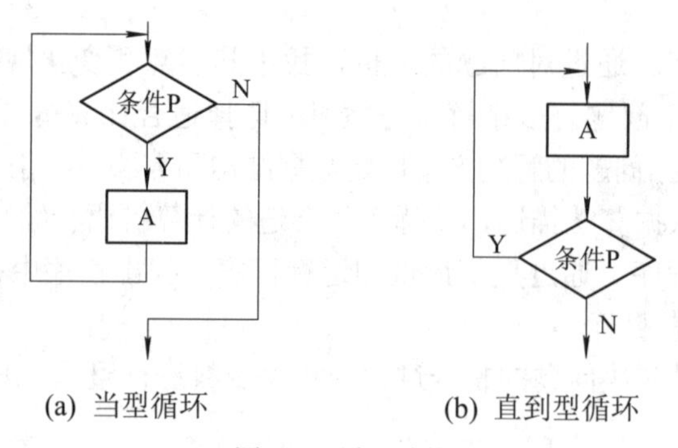

(a) 当型循环　　(b) 直到型循环

图 5.5　循环结构

以上 3 种基本结构的共同点是：只有一个入口；控制结构内的每一部分都有机会被执行。

3. 限制 goto 语句的滥用

由于 goto 语句是无条件转移语句，使用 goto 语句会破坏程序的结构，降低程序的可读性，因此不提倡使用 goto 语句。

```
#include<stdio.h>
int n = 0;
int main(void) {
    printf("input a string: ");
        loop: if (getchar()! = '\n') {
```

```
        n++;
        goto loop;
    }
    printf("output: %d\n", n);
}
```

结构化程序设计方法是一种较好的程序设计方法，在当前的软件开发中仍有广泛的使用。该方法不仅使程序的质量得到提高，而且降低了程序设计的难度，使过去无章可循的程序设计变得思路清晰、做法规范，在很大程度上提高了编程效率。同时，结构化程序设计方法也是面向对象程序设计方法的基础。

5.2.3　面向对象程序设计方法

面向对象程序设计(Object Oriented Programming)是当前主流的程序设计方法，其本质上是用建立模型体现出来的抽象思维过程所构建的面向对象的方法进行程序设计。模型是用来反映现实世界中事物特征的，任何一个模型都不可能反映客观事物的一切具体特征，只是对事物特征和变化规律的一种抽象，且在它所涉及的范围内更普遍、更集中、更深刻地描述客体的特征。通过建立模型而达到的抽象是人们对客体认识的深化。

面向对象程序设计方法是尽可能模拟人类的思维方式，使得软件的开发方法与过程尽可能接近人类认识世界、解决现实问题的方法和过程，也就是使得描述问题的问题空间与问题的解决方案空间在结构上尽可能一致，把客观世界中的实体抽象为问题域中的对象。

面向对象程序设计以对象为核心，该方法认为程序由一系列对象组成。类是对现实世界的抽象，包括表示静态属性的数据和对数据的操作，对象是类的实例化。对象间通过消息传递相互通信，来模拟现实世界中不同实体间的联系。在面向对象的程序设计中，对象是组成程序的基本模块。

1. 面向对象的基本概念

类和对象是面向对象程序设计的基本概念，继承性、封装性和多态性是面向对象程序的基本特征。

1) 对象(Object)

客观世界中的任何一个事物都可以看成一个对象，或者说，客观世界是由千千万万的对象组成的。对象可以是自然物体(如汽车、树木)，也可以是社会生活中的一种逻辑结构(如班级、队列、文章、图形等)。

一个对象是一个功能实体，它具有属性和行为两方面的因素，其中，属性描述对象的基本特征，行为表示对象所能进行的操作(对象的功能)。比如一台录像机是一个对象，它的属性可以包括生产厂家、体积、质量、颜色、价格、分辨率等，它的行为就是它的功能，比如它可以根据外界给它的信息进行录像、放映、快进、倒退等操作。

对象的功能是通过外界访问和操作对象的接口实现的，对象之间通过消息传递互相产生联系。对象实现其功能操作的具体过程对外界是封闭的，外界不需要知道实现的细节，只需要通过消息传递机制调用对象的功能。同时，对象的属性一般也不允许外界直接访问，而是提供了外界访问属性的接口，对象的这一特性就是对象的封装性。

2) 类(Class)

通常将具有相同属性和行为能力的对象归为一类。在面向对象程序设计中，类是对同一类对象的抽象，它描述了属于该类的对象所具有的属性和方法，而每一个对象都是相应类的一个实例。例如 String 是一个字符串类，它描述了所有字符串都具有的性质，任何字符串(如"Hello")都是字符串类的对象(实例)。

类是对象的模板，在面向对象的程序设计中，通过类把一组属性和一组相关的操作进行封装。对象是类的实例化，每个对象都具有其所属的类所描述的属性特征和行为能力。

3) 消息(Message)

消息就是一个对象与另一个对象之间传递的信息，它请求某个对象执行某一操作。面向对象中的消息类似于结构化程序设计中的函数调用，消息中指定了接收消息的对象、一个操作名称和一组参数。接收消息的对象提取消息参数、执行消息中指定的操作。消息传递的过程如图 5.6 所示。

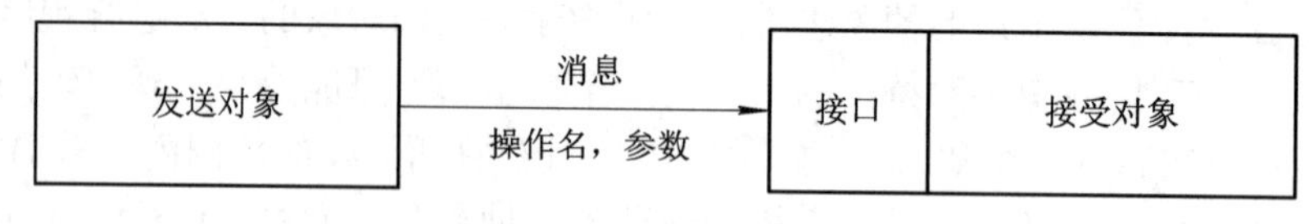

图 5.6　消息传递示意图

4) 继承(Inheritance)

继承是面向对象的一个主要特征。继承是指在已有类的定义的基础上建立新类的定义，已有的类称为父类，派生出来的新类称为子类。

现实世界中对象与类的继承现象普遍存在，比如人类社会的文明进步就是在不断继承前人所创造的文明成果的过程中实现的。在面向对象的程序设计中，通过继承，在父类的基础上派生出子类，子类自动拥有父类所具有的所有属性和方法。类与类之间通过继承形成的类的层次结构，与人们分析问题时常用的分类方法自然吻合，从而降低了面向对象程序设计的难度。

5) 多态(Polymorphism)

对象之间通过消息机制互相联系，对象根据所接收到的消息做出相应的动作，不同的对象对接收到的相同消息所做出的动作可能是不同的，这种现象就称为多态性。多态性类似于自然语言中的“一词多义”。比如，“打”字作用在不同的对象上，产生的实际动作是不同的，如“打球”“打架”“打赌”。

多态性是面向对象的一个重要特征，多态性机制不仅增加了面向对象程序设计的灵活性，而且提高了问题的抽象级别，可以让用户忽略一些细节性的东西，站在更高的层次上去分析和解决问题。也就是说，可以用相同的形式向父类的所有子类对象发送消息，不同的子类对象接收到相同的消息后，各自做出不同的响应，而消息的发送者则不需要考虑不同子类对象之间的差异。

2. 面向对象程序设计的思想

面向对象程序设计的思想主要体现在以下几方面：

(1) 从现实世界中客观存在的事物(对象)出发，尽可能运用人类自然的思维方式去构造软件系统；

(2) 将事物的本质特征抽象后表示为软件系统中的类和对象，以此作为构造软件系统的单位；

(3) 使软件系统能直接映射问题，并保持问题中事物及其相互关系的本质。

总的来说，面向对象的程序设计方法强调按照人类思维方法中的抽象、分类、继承、组合、封装等原则去分析问题和解决问题。这使得软件开发人员能够更有效地思考问题，也更容易与客户沟通，从而提高软件开发的效率，降低软件开发的成本。

3. 面向对象程序设计的步骤

面向对象程序设计的过程包括以下步骤：

1) 面向对象分析(Object Oriented Analysis，OOA)

面向对象的分析要按照面向对象的概念和方法，从客观存在的事物和事物之间的联系中，归纳出有关的对象和对象之间的联系，并将具有相同属性和方法的对象归纳为一个类来描述，建立一个能反映真实工作情况的需求模型。

2) 面向对象设计(Object Oriented Design，OOD)

面向对象设计是根据面向对象分析阶段所形成的需求模型，对每一部分进行具体的设计。首先是进行类的设计(要考虑继承和派生的层次)，然后以这些类为基础提出程序设计的思路和方法，包括对算法的设计。在面向对象的设计阶段，并不涉及某一种具体的程序设计语言，而是用一种通用的描述工具(如 UML)来描述。

3) 面向对象编程(Object Oriented Programming，OOP)

根据面向对象设计的结果，用一种程序设计语言来编写程序。当前主流的面向对象的程序设计语言有 Java 和 C++。

4) 面向对象测试(Object Oriented Test，OOT)

在写好程序后，交付用户使用之前，必须对程序进行严格的测试。测试的目的是发现程序中存在的错误并修正它。面向对象的测试是用面向对象的方法进行测试，以类作为测试的基本单元。

5) 面向对象维护(Object Oriented Software Maintenance，OOSM)

软件交付给用户之后，在使用过程中也可能会出现一些问题，或者是软件供应商想改善软件的性能，这就需要修改程序，对程序进行维护。面向对象的程序开发方法降低了程序维护的难度，因为类和对象的封装性，使得修改一个类对其他类的影响很小，大大提高了软件维护的效率。

5.3 软件工程

软件是计算机系统的重要组成部分。软件固有的特性使得软件在开发、使用、维护等方面都具有抽象性和复杂性。软件工程是从管理和技术两个方面研究如何更好地开发和维护计算机软件的学科，是计算机科学的重要分支和研究方向，涉及软件开发、维护、管理等多方面的原理、方法与工具。

5.3.1 软件危机

20 世纪 60 年代以前，计算机刚刚投入实际使用，软件设计往往只是为了一个特定的应用而在指定的计算机上设计和编制，采用密切依赖于计算机的机器代码或汇编语言，软件的规模比较小，文档资料通常也不存在，很少使用系统化的开发方法，设计软件往往等同于编制程序，基本上是个人设计、个人使用、个人操作和自给自足的私人化的软件生产方式。

20 世纪 60 年代中期，大容量、高速度计算机的出现，使计算机的应用范围迅速扩大，软件开发数量急剧增长，此时高级语言开始出现，操作系统的发展也引起了计算机应用方式的变化，以及大量数据处理导致第一代数据库管理系统的诞生。随着计算机的进一步发展，软件系统的规模越来越大，复杂程度越来越高，软件可靠性问题也越来越突出，原来的个人设计、个人使用的方式不再能满足要求，导致爆发了软件危机(Software Crisis)，因此，迫切需要改变软件生产方式，提高软件生产率。

1. 软件危机的主要表现

(1) 软件开发进度难以预测。拖延工期几个月甚至几年的现象并不罕见，这种现象降低了软件开发组织的信誉。

(2) 软件开发成本难以控制，投资一再追加，令人难以置信。在软件开发中，往往出现实际成本比预算成本高出一个数量级的情况，同时为了赶进度和节约成本所采取的一些权宜之计又往往损害了软件产品的质量，从而不可避免地会引发用户的不满。

(3) 产品功能难以满足用户的需求，开发人员和用户之间很难沟通一致、矛盾突出。造成这一局面的原因是软件开发人员不能真正了解用户的需求，而用户又不了解计算机求解问题的模式和能力，双方无法用共同熟悉的语言进行交流和描述。在双方互不充分了解的情况下，就仓促上阵设计系统、匆忙着手编写程序，这种“闭门造车”的开发方式必然会导致出现最终的产品不符合用户的实际需要这样不好的结果。

(4) 软件产品质量无法保证，系统中的错误难以消除。软件是逻辑产品，质量问题很难用统一的标准来度量，因此造成质量控制困难。软件产品并不是没有错误，而是盲目检测很难发现错误，而隐藏下来的错误往往是造成重大事故的隐患。

(5) 软件产品难以维护。软件产品本质上是开发人员的代码化的逻辑思维活动，他人难以替代。除非是开发者本人，否则很难及时检测、排除系统故障。为使系统适应新的硬件环境，或根据用户的需要在原系统中增加一些新的功能，这又有可能给系统增加新的错误。

(6) 软件缺少适当的文档资料。文档资料是软件必不可少的重要组成部分，软件的文档资料是开发组织和用户之间权利和义务的合同书，是系统管理者、总体设计者向开发人员下达的任务书，是系统维护人员的技术指导手册，是用户的操作说明书。缺乏必要的文档资料或者文档资料不合格，将给软件开发和维护带来许多严重的困难和问题。

2. 软件危机的主要原因

(1) 用户需求不明确。在软件开发过程中，用户需求不明确问题主要体现在以下 4

个方面：在软件开发出来之前，用户自己也不清楚软件开发的具体需求；用户对软件开发需求的描述不精确，可能有遗漏、有二义性，甚至有错误；在软件开发过程中，用户还提出修改软件开发功能、界面、支撑环境等方面的要求；软件开发人员对用户需求的理解与用户本来愿望有差异。

(2) 缺乏正确的理论指导，缺乏有力的方法学和工具方面的支持。由于软件开发不同于其他工业产品，其开发过程是复杂的逻辑思维过程，其产品在很大程度上依赖于开发人员高度的智力投入，因此过分地依靠程序设计人员在软件开发过程中的技巧和创造性，加剧了软件开发产品的个性化，也是发生软件开发危机的一个重要原因。

(3) 软件开发规模越来越大导致开发过程中产生的错误和疏漏频发。随着软件开发应用范围的扩大，软件开发规模愈来愈大。大型软件开发项目需要组织一定的人力共同完成，而多数管理人员缺乏开发大型软件系统的经验，多数软件开发人员又缺乏管理方面的经验。各类人员的信息交流不及时、不准确、有时还会产生误解。在软件开发项目中，开发人员不能有效地、独立自主地处理大型软件开发的全部关系和各个分支，因此容易产生疏漏和错误。

(4) 软件开发复杂度越来越高。软件开发不仅仅是在规模上快速地增长，而且其复杂性也在急剧地增加。软件开发产品的特殊性和人类智力的局限性，导致人们无力处理“复杂问题”。所谓“复杂问题”的概念是相对的，一旦人们采用先进的组织形式、开发方法和工具提高了软件开发的效率和能力，新的、更大的和更复杂的问题又会摆在人们的面前。

5.3.2　软件工程

为了应对软件危机，1968 年北大西洋公约组织的计算机科学家们在前联邦德国召开国际会议，第一次讨论软件危机问题，并正式提出“软件工程”一词，从此，为研究和克服软件危机，软件工程作为一门新兴的工程学科应运而生。之所以将这门学科称为软件工程，是因为软件开发是一个工程化的过程。研究软件工程的目标就是要找到一种原则，能够指导软件开发过程，进而生产出高效的、可靠的软件产品。

1. 软件工程的定义

关于软件工程的定义，这里将引用两个较有代表性的定义。一是 IEEE 在 1993 年给出的定义：软件工程是将系统化的、严格约束的和可量化的方法应用于软件的开发、运行和维护的过程，即将工程化的方法应用于软件开发、运行和维护的全过程。二是《计算机科学技术百科全书》对软件工程的定义：软件工程是应用计算机科学、数学、工程科学及管理科学等原理，开发软件的工程。软件工程借鉴传统工程的原则、方法，以提高质量、降低成本和改进算法。其中，计算机科学、数学用于构建模型与算法；工程科学用于制定规范、设计范型、评估成本及确定权衡；管理科学用于计划、资源、质量、成本等管理。

从以上不难看出，软件工程是计算机学科中的一个分支，致力于寻找指导大型复杂的软件系统的开发原则。开发这类系统所面对的问题并非只是编写小程序所面对问题的放大。比如说，开发大型系统的时候，要求许多人工作很长时间，而在这期间，预期的系统需求可能会改变，参与该项目的人员也可能会变动。因此，软件工程包括了诸如人员管理和项目管理之类的主题，这样的主题更多与业务管理相关，而不是与计算机科学相关。

2. 软件工程的特殊性

为了有助于理解软件工程中涉及的问题，这里可以想象构造一个大型的复杂设施(一辆汽车、一幢办公大楼或者一座教堂)，对此进行设计，然后监督其构建过程。如何估算完成该项目所需的时间、费用以及其他资源？如何把项目分割成几个便于管理的模块？如何保证构建的模块相互协调一致？如何使工作在不同模块的人员相互沟通？如何检查进度？如何妥善处理更广泛的细节问题(如门把手的选择、壁饰的设计、彩色玻璃窗中蓝色玻璃的需求量、柱子的强度、供暖系统的管道设计等)？在一个大型软件系统的开发过程中，同样需要面对如此繁多的问题。

有人也许会这样认为，工程是一个很成熟的领域，因此一定会有现成的工程技术可以用来解决软件工程中的这些问题。这种推理有一定的道理，但是忽略了软件的特性与其他工程领域特性之间存在着本质上的不同。这些差别已经影响了软件工程项目，导致其花费的增加、推迟交付软件产品和软件产品不能满足用户的需求等后果。这些差别主要体现在以下两个方面。

1) 构件重用能力较差

一些传统的工程领域已经长期受益于这种方法，即在构建复杂的设备时，采用各种现成构件。例如，设计一辆新车时没有必要重新设计新的引擎和传感器，只需利用这些构件以前的设计方案即可。然而，软件工程在这一点上却是很落后的。以前设计的软件构件一般倾向于用于特定的领域，这些构件本质上是为专门的应用而设计的，所以，将它们作为通用构件来使用是受限的。因此，复杂的软件系统历来都是从头做起。

2) 缺少度量技术

例如，为了计算软件系统的开发费用，人们希望能够估算出预期产品的复杂度，但是，软件的复杂度估算方法还不够成熟，同样，评价软件质量的方法现在也不够成熟。对于机器设备，质量的重要量度是平均无故障时间，这是对设备的耐损耗性的一个基本的衡量指标，相反地，软件没有损耗，所以这种方法在软件工程中并不适用。

软件指标不能以定量的方式测量，这是软件工程与机械和电子工程的不同，也是至今还未找到一个严格、坚实的立足点的主要原因。这些传统学科(如机械和电子工程)是建立在成熟的物理学科基础上的，然而，软件仍然在找寻其自身的根基。

因此，现在的软件工程的研究是在两个层面上进行的：一部分研究者(实践派)的工作指向开发直接应用的技术；另一部分研究者(理论派)则致力于探寻软件工程的基础原理和理论，为将来构建更坚实的技术而努力。基于自身的原因，实践派以前开发和提出的许多方法已经被其他方法代替，新的方法可能也将随着时间的推移而淘汰。与此同时，理论派的进展也是比较缓慢的。

这并不是说情况都很悲观。人们已经在解决诸如缺少预制的构件和衡量标准等问题方面取得很多进展。此外，由于计算机技术在软件开发过程中的应用，导致了称为计算机辅助软件工程(Computer Aide Software Engineering，CASE)的出现，这使软件开发流程化，从而简化了软件的开发过程。CASE 已经促进了许多计算机化系统的发展，最有名的就是 CASE 工具(CASE Tool)，它包含了项目设计系统(用来辅助经费预算、项目调度以及人员分配等)、项目管理系统(用来辅助监控项目的开发进度)、文档工具(用来辅助编写和组织文档)、原型与仿真系统(用来辅助开发原型系统)、界面设计系统(用来辅助图形用户界面的开发)、编程系统(用来辅助编写和调试程序)等。其中一些工具的功能和字处理程序、电子制表软件、电子邮件通信系统等差不多，最开始开发出来是用于一般的应用，后来为软件工程所采用。另外的一些工具主要是为软件工程环境专门定制的软件包，也被称为集成开发环境(Integrated Development Environment，IDE)，它系统地把软件开发工具(编辑器、编译器、调试工具等)组合到单个集成的程序包中，有些还提供了可视化编程(Visual Programming)功能，其中程序可以用被称为构建块的图标进行可视化的构造。

除了研究人员，专业人士和标准化组织也已经加入改善软件工程状态的挑战中。这些努力包括：采用职业行为规范和道德规范来增强软件开发人员的职业精神，反对对个人职责的漠视态度；建立软件开发质量的标准；提供进一步改善软件开发质量标准的指导方针。

5.3.3　软件生命周期

软件作为一种工业化产品，也有其生命周期。软件生命周期包括从提出软件产品开始，直到该软件产品被淘汰的全过程。

1. 周期是个整体

图 5.7 表示的是软件的生命周期，即软件一旦开发完成，它就进入了一个既被使用又被维护的循环，这个循环将永不停止，直至软件生命周期结束。这种模式在许多产品制造中很常见，不同之处在于，在其他产品制造中，维护阶段往往是一个修复过程，而软件的维护阶段往往包括改错和更新。实际上，软件进入维护阶段的原因是发现了错误，或者是软件应用中发生的变化需要在软件中做相应的修改，或者上一次修改中的变更导致软件中其他地方出现了问题，需要再次修改。

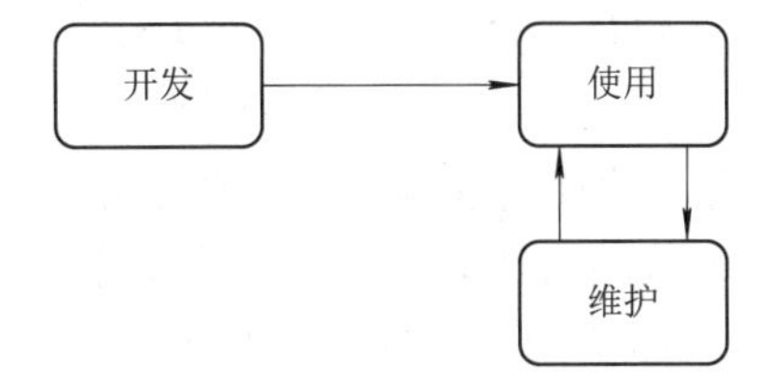

图 5.7　软件的生命周期

无论软件因为什么样的原因进入修改阶段，这个过程都要求相关人员(通常不是原作者)研究底层的程序及其文档，直至把这个程序(或者至少是程序的相关部分)理解清楚，否则，任何的改动只会带来更多的问题。即使软件设计精良并有良好的文档，要让后期的维护人员做到对软件完全理解也是一件困难的事情。事实上，到了这个阶段，该软件往往会因为从头开发一个新系统要比成功修改现存的软件包要更容易这样一个借口而被弃之不用(通常这个借口也是真实的)。

经验表明，在软件开发期间稍作努力，就会在需要对软件进行修改时产生很不同的后果。例如，在以后的修改中，使用常量比字面量要简单得多。通过将软件工程的大部分研究工作集中在软件生命周期的开发阶段，可达成收益最大化的目标。

2. 传统的开发阶段

软件生命周期的传统的开发阶段的主要步骤是需求分析、设计、实现和测试，如图5.8所示。

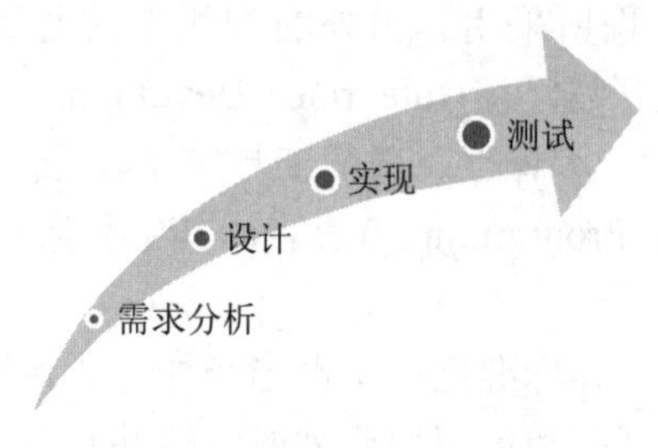

图 5.8　传统的开发阶段

1) *需求分析*

软件生命周期的开发阶段从需求分析开始，其主要目标是确定预期系统要提供的服务、这些服务的运行条件(如时间限制、安全性等)，以及定义外界与系统的交互方式。

需求分析包括来自预期系统的利益相关者(Stakeholder)(将来的使用者，还有其他有关联的人，比如法律上或者财务上相关的人)提供的重要数据。事实上，如果终端用户是一个实体(如公司或政府机构)，他们会为软件项目的实际执行雇用软件开发者，需求分析可能开始于用户独自进行的可行性研究。在其他一些情况下，软件开发者可能为大众市场生产软件，这些软件或许在零售商店销售，或许通过因特网下载。在这种情况下，用户不需要准确地定义实体，需求分析可能要从软件开发者的市场调研开始。

需求分析包括：编写和分析软件用户的需求；和项目的利益相关者协商，在一般需求、核心需求、费用和可行性之间权衡；最终确定的需求要明确最终的软件系统必须具有的特性和服务。这些需求被记录在一个称为软件需求规格说明文档(Software Requirements Specfication Document)中。从某种意义上讲，这个文档是所涉及的各方之间达成的书面确认，它的目的是指导软件开发，也为日后开发过程中可能产生的分歧提供了解决方法。

从软件开发者的角度来看，软件需求规格说明文档应该能够为软件的开发顺利进行制订严格的目标。然而，大多数情况下，需求文档很难提供这种稳定性。事实上，软件工程领域里的大多数实践派都认为，在软件工程产业中，导致花费增加和延期交付软件产品的最主要原因是缺乏沟通以及客户需求的变化。举例来说，在地基已经建好的情况下，很少有客户会坚持对楼盘的建设计划做大的修改。但是在许多组织机构进行扩编或变更的情况下，软件产品交付使用后，对软件系统的需求变更也还是会一直进行下去(也就是说，软件的需求变更不会因为软件的交付使用而停止)。其原因可能是公司决定把原本仅为完成辅助功能而开发的软件系统推广到整个公司，或者是技术的进步取代了初始需求分析阶段的可行性。因此，在任何情况下，与项目的利益相关者进行直接地、经常性地沟通是必需的。

2) 设计

如果说需求分析阶段提供了一个即将开发的软件产品的描述，那么设计主要是为预期系统的构建提出一个解决方案。从某种意义上讲，需求分析阶段指明要解决的问题，而设计阶段则是制订问题的解决方案。通俗地说，需求分析阶段常常等同于决定软件系统应该做些什么，而设计阶段则是决定系统怎样完成这些目标。软件系统的内部结构是在设计阶段被建立的，设计阶段的结果是可被转化为程序的软件系统结构的详细描述。

如果项目是为了建造一座办公大楼，而不是构建一个软件系统，那么在设计阶段应该为大楼制订详细的结构上的计划，满足指定需求。例如，这样的计划应该包含在各个细节层次上描述所建大楼的蓝图汇总。正是源于这些文档，实际的大楼将被建造。制订这些计划的技术已经经过多年的发展，它包括标准的符号系统以及大量的建模和图形化方法学。

同样，在软件的设计中，画图和建模也发挥着很大的作用。然而，软件工程师所用的方法学和符号系统与建筑领域里所使用的相比，稳定性不太好。确实，与建筑学这个成熟的学科相比，软件工程显得非常动态化，因为软件工程的研究人员一直在努力地寻找软件开发过程中更好的办法。

3) 实现

实现阶段涉及程序的具体编写、数据文件的创建和数据库的开发。在实现阶段，软件分析员(Software Analyst)(有时候也称之为系统分析员)和程序员(Programmer)的工作是不同的。软件分析员参与了整个开发过程，他的工作重点可能在于需求分析与设计；而程序员的主要工作是实现这些步骤。狭义地说，程序员负责写程序来实现软件分析员提出的设计。但实际上，许多有着软件分析员头衔的人，本质上就是程序员，而许多有着程序员(也许是高级程序员)头衔的人，从完全意义上讲是软件分析员，术语上的这种模糊是因为今天的软件开发过程中的步骤经常会交叉重叠。

4) 测试

在过去传统的开发阶段中，测试本质上等同于调试程序和确认最终的软件产品是否与软件需求规格说明文档相一致的过程。但是如今，这样的测试观念被认为太过狭隘。程序不仅仅是在软件开发过程中被测试的人工产品，实际上整个开发过程中的每个中间步骤都必须为其正确性进行测试。因此，现在测试被认为是为了整个质量保证所做努力中的一个部分，这一目标渗透于整个软件生命周期。所以，很多软件工程师认为测试不应该被看作是软件开发过程中独立的一步，而是应该纳入到其他步骤中，形成 3 步开发过程：需求分析和确认、设计和验证以及实现和测试。

遗憾的是，大型的软件系统即使经过了严格的测试，还是可能会包含大量的错误。其中许多错误可能在软件的生命周期内都检测不出来。然而，另一些错误可能会造成重大的故障。消除这种错误是软件工程的目标之一。

5.3.4　软件工程方法学

软件工程早期的方法强调以一个严格的顺序，按照需求分析、设计、实现和测试分阶段进行。理由是，在大型软件的开发过程中，允许做出随意变更会冒太大的风险。因此，软件工程师坚持：在设计之前必须先完成整个系统的需求分析，设计完成后再开始实现。结果产生了现在称为瀑布模型(Waterfall Model)的软件开发过程，如图 5.9 所示。瀑布模型是最经典的并获得最广泛应用的软件过程模型。

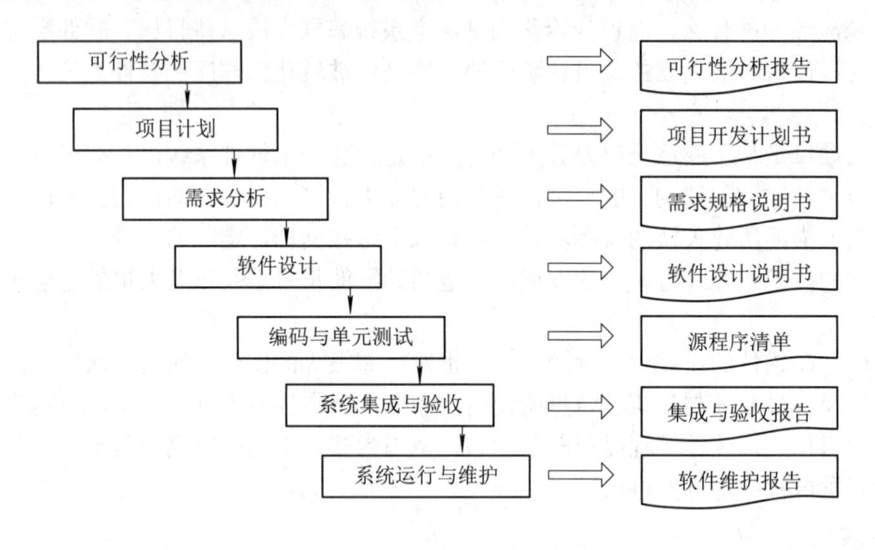

图 5.9　瀑布模型

瀑布模型中的“瀑布”是对这个模型的形象表达，即山顶倾泻下来的水，自顶向下、逐层细化。其中，自顶向下中的“顶”，可以理解为软件项目初期对软件问题的模糊认识，需要经过需求分析，才能使软件问题逐步清晰，而获得对软件规格的明确定义，由此使软件项目由定义期过渡到开发期，并经过软件开发而最终得到需要实现的软件产品这个最底层结果。瀑布模型中的逐层细化，其含义则是对软件问题的不断分解而使问题不断具体化、细节化，以方便问题的解决。

瀑布模型是一种基于里程碑的阶段过程模型，它所提供的里程碑式的工作流程，为软件项目按规程管理提供了便利。例如，按阶段制订项目计划，分阶段进行成本核算，进行阶段性评审等，并对提高软件产品质量提供了有效保证。瀑布模型的作用还体现在文档上。每个阶段都必须完成规定的文档，并在每个阶段结束前都要对所完成的文档进行评审。这种工作方式有利于软件错误的尽早发现和尽早解决，并为软件系统今后的维护带来了很大的便利。应该说，瀑布模型作为经典的软件过程模型，为其他过程模型的推出提供了一个良好的拓展平台。

近年来，由瀑布模型规定的高度结构化环境与“自由发挥”的“摸着石头过河”的开发过程之间的矛盾带来了软件工程技术的变化，而后者通常对创造性的问题求解至关重要。软件开发过程中出现的增量模型(Incremental Model)就说明了这一点。依据这个模型，所需的软件系统以一种渐进的模式来构建，即软件产品先是以功能有限的简化版本出现，一旦这个版本的系统通过测试或经过用户的评估，更多的功能就以递增的方式加到系统中，然后再测试，直至整个系统测试完成。例如，为医院开发的病人记录系统，一开始系统只需要能够查看整个记录系统中的一小部分病人的记录样本就可以了，一旦这个版本的系统能够工作，其他功能(如增加和更新记录的功能等)，就会以渐进的方式加入系统中。

另外一种与严格遵循瀑布模型不同的模型是迭代模型(Iterative Model)。增量模型使用扩展产品的每个前期版本到更大版本的概念，而迭代模型则使用改进每个版本的概念。实际上，增量模型通常会包含一个基本的迭代过程，而迭代模型常常导致增量的结果。因此，尽管迭代模型与增量模型是不同的，但二者也是非常相似的。

一个典型的采用迭代技术的例子是 Rational Software Corporation 创造的统一软件开发过程(Rational Unified Proces，RUP)，现在这家公司是 IBM 公司的一个分公司。RUP 在本质上是一种软件开发范型，它重新定义了软件生命周期中开发阶段的每一个步骤，并提供执行这些步骤的指导，同时被 IBM 公司将这些指导和支持它们的 CASE 工具当作商品在市场上交易。现在，RUP 在软件领域被广泛地采用，它的流行促进了统一过程(Unified Process)的发展。

增量模型和迭代模型反映出软件开发采用原型开发(Prototyping)(如图 5.10 所示)这样一种趋势，也就是把预期系统先做成一个非完整版本，称之为原型(Prototype)，并加以评估。

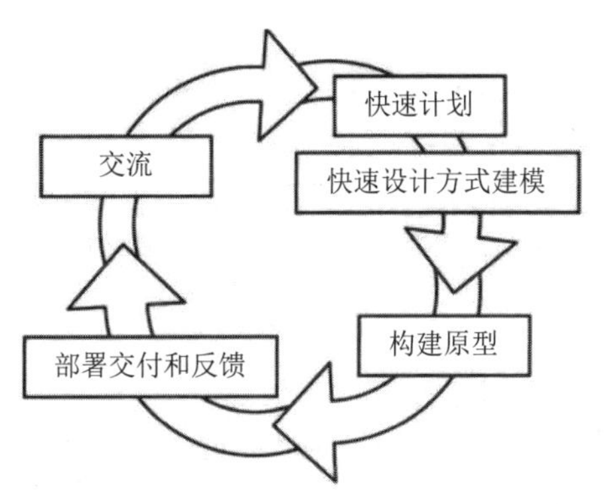

图 5.10　原型开发模型

在增量模型中，将这些原型最终发展为一个完整的系统，这一过程称为演化式原型开发(Evolutionary Prototyping)。但在另外一些情况中，原型可能会被弃而不用，以使得最终设计有全新的实现，这种方法称为抛弃式原型开发(Throwaway Prototyping)。快速原型开发(Rapid Prototyping)通常属于抛弃式原型开发这个范畴，在这种方法中，于开发过程的早期就会构建一个预期系统的简单原型。这个原型可能只由几个屏幕图像构成，用来演示系统是如何与用户交互以及系统有哪些功能，其目标不是做出一个运行版本的系统，而是作为一个示范工具，用来澄清软件开发过程中的各个部分相互交互的关系。快速原型有利于在分析阶段就确定系统需求，也能帮助在销售期间向潜在的客户进行推销介绍。

由计算机的热心普及爱好者使用多年的演化式原型开发的一种变种方法，称为开放源码开发(Open-source Development)，这是今天许多自由软件开发采用的一种方式。最著名的例子就是 Linux 操作系统，该系统的开放源码开发工作最初是由 Linus Torvald 完成的。Linux 操作系统的开放源码遵循以下开发过程：先是单个作者开发一个初始版本的软件(通常是完成该作者自己的需求)，然后将其源代码和相关文档发放到因特网上，其他用户可以免费下载和使用这个软件。由于其他用户拥有该软件的源代码和相关文档，那么他们就能修改或增强这个软件的功能，以适应自己的需要，或者是改正他们发现的错误。接下来，他们就将这些改动报告给原作者，原作者就将这些改动整合到系统中，得到软件的扩展版本，并可用于更进一步的修改。因此，在一周内软件包就有可能经过几次的扩展升级。

由瀑布模型转化而来的最显著的方法就是被称为敏捷方法(Agile Method)的方法学集合，它们都建议在增量基础上的早期和快速实现，响应需求变更，降低严格需求规格说明和设计的重要性。敏捷方法的一个例子就是极限编程(Extreme Programming，XP)，如图 5.11 所示。根据 XP 模型，由少于 12 个成员组成一个软件开发团队，在共同的工作场所自由地交换想法。开发项目过程中相互协作，通过每天不断重复非正式需求分析、设计、实现和测试这样一个周期开发过程，以增量的方式开发软件。这样，软件包的新扩展版本呈现出一种基本规律，即每个新版本能由项目的利益相关者进行评估，并以此为基础做进一步的增量。概括来说，敏捷方法具有灵活性的特点，这与瀑布模型完全相反。瀑布模型的典型情况就是经理和程序员在各自的办公室工作，严格地完成整个软件开发任务中明确定义的那部分工作。

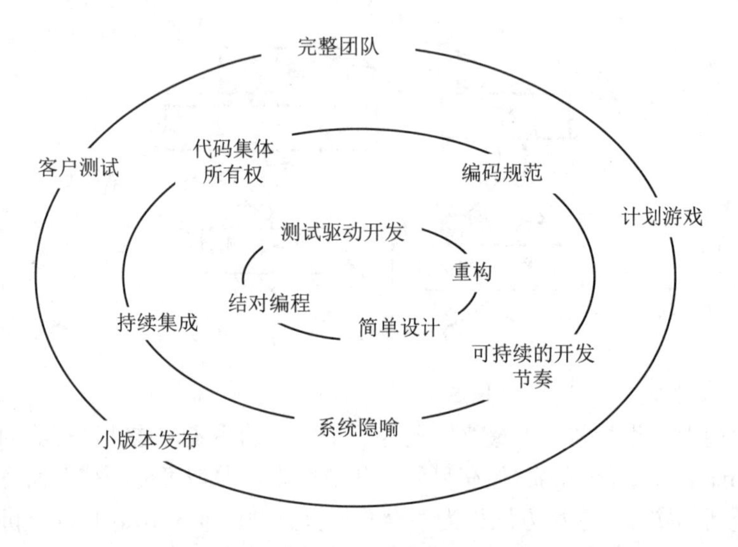

图 5.11　极限编程

为了在软件开发过程中及时地识别风险、有效地分析风险，并能够采取适当措施消除或减少风险的危害，出现了螺旋模型。螺旋模型是一种引入了风险分析与规避机制的过程模型，是瀑布模型、快速原型方法和风险分析方法的有机结合。螺旋模型的基本方法是，在各个阶段创建原型进行项目试验，以降低各个阶段可能遇到的项目风险。例如，为了降低用户对软件界面不满意的风险，可以在需求分析阶段建立“界面原型”；为了降低软件不能按设计要求实现的风险，可以在设计阶段针对所采用的技术建立“仿真试探原型”。图 5.12 是螺旋模型的工作流程图，它用螺旋线表示软件项目的进行情况，其中，螺旋线中的每个回路表示软件过程的一个阶段，因此，最里面的回路与项目可行性有关，接下来的一个回路与软件需求定义有关，而再下一个回路则与软件系统设计有关，以此类推。

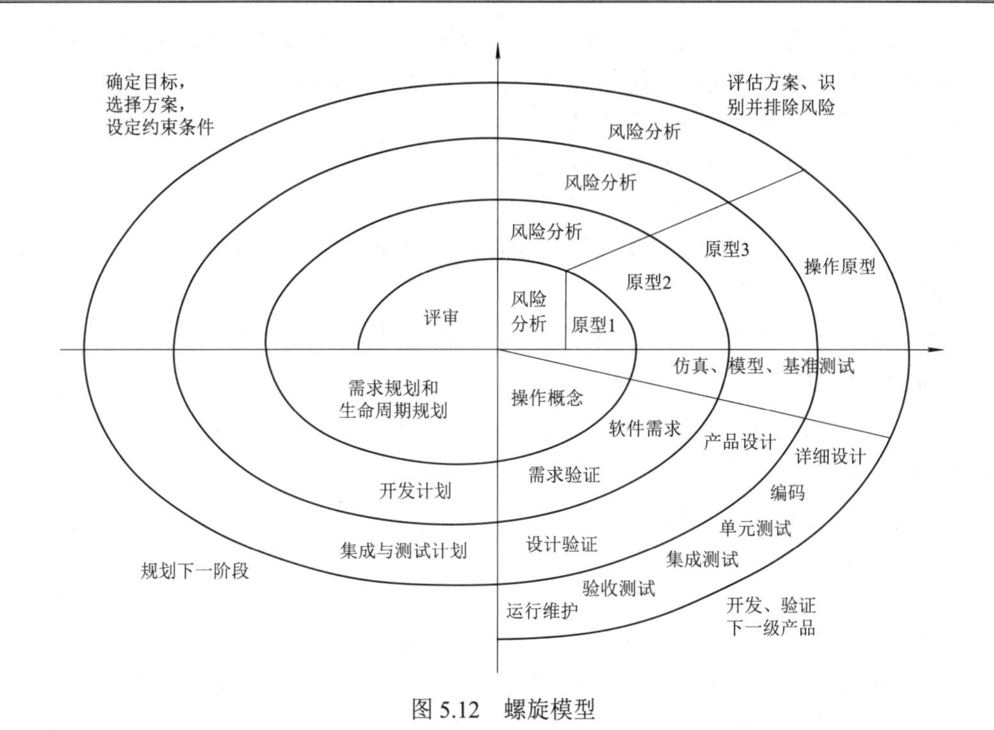

图 5.12 螺旋模型

5.3.5 软件测试

软件测试是保证软件质量的重要手段，其主要过程涵盖了软件生命周期的全过程，包括需求定义阶段的需求测试、编码阶段的单元测试、集成测试，以及后期的确认测试、系统测试，验证软件是否合格、能否交付用户使用等。考虑到测试人员在软件开发过程中的寻找 Bug、避免软件开发过程中的缺陷、关注用户的需求等任务，所以作为软件开发人员，软件测试要嵌入在整个软件开发的过程中，比如在软件的设计和程序的编码等阶段都得嵌入软件测试的部分，要时时检查软件的可行性。

1. 软件测试的原则

软件测试一般遵循以下基本原则：

(1) 尽早不断测试的原则：应当尽早不断地进行软件测试。据统计约 60%的错误来自设计以前，并且修正一个软件错误所需的费用将随着软件生存周期的进展而上升。错误发现得越早，修正它所需的费用就越少。

(2) IPO(In Process Out)原则：测试用例由测试输入数据和与之对应的预期输出结果这两部分组成。

(3) 独立测试原则：软件测试工作由在经济上和管理上独立于开发机构的组织进行。程序员应避免检查自己的程序，程序设计机构也不应测试自己开发的程序。软件开发者难以客观、有效地测试自己的软件，要找出那些因为对需求的误解而产生的错误就更加困难。

(4) 合法和非合法原则：在设计时，测试用例应当包括合法的输入条件和不合法的输入条件。

(5) 错误群集原则：软件错误呈现群集现象。经验表明，某程序段剩余的错误数目与该程序段中已发现的错误数目成正比，所以应该对错误群集的程序段进行重点测试。

(6) 严格性原则：严格执行测试计划，排除测试的随意性。

(7) 覆盖原则：应当对每一个测试结果做全面的检查。

(8) 定义功能测试原则：检查程序是否做了要做的事仅是成功的一半，另一半是看程序是否做了不属于它做的事。

(9) 回归测试原则：应妥善保留测试用例，不仅可以用于回归测试，也可以为以后的测试提供参考。

(10) 错误不可避免原则：在测试时不能首先假设程序中没有错误。

2. 软件测试方法

软件测试方法的分类有很多种，可以按不同的标准对其进行分类。

1) 按程序状态分类

以测试过程中程序执行状态为依据可分为静态测试(Static Testing，ST)和动态测试(Dynamic Testing，DT)。

(1) 静态测试的含义是被测程序不运行，只依靠分析或检查源程序的语句、结构、过程等来检查程序是否有错误，即通过对软件的需求规格说明书、设计说明书以及源程序做结构分析和流程图分析，从而找出错误，例如不匹配的参数和未定义的变量等。

(2) 动态测试与静态测试相对应，是通过运行被测试程序，对得到的运行结果与预期的结果进行比较分析，同时分析运行效率和健壮性能等。这种方法可简单分为 3 个步骤：构造测试实例、执行程序以及分析结果。

2) 按算法与内部结构分类

以具体实现算法细节和系统内部结构的相关情况为依据可分为黑盒测试、白盒测试和灰盒测试。

(1) 黑盒测试把被测程序看成是一个无法打开的黑盒，而工作人员在不考虑任何程序内部结构和特性的条件下，根据需求规格说明书设计测试用例，并检查程序的功能是否能够按照规格说明书准确无误地运行。其主要是对软件界面和软件功能进行测试，对于黑盒测试行为必须加以量化才能够有效地保证软件的质量。

(2) 白盒测试从程序结构方面出发对测试用例进行设计，主要是借助程序内部的逻辑和相关信息，通过检测内部动作是否按照设计规格说明书的设定进行，检查每一条通路能否正常工作，主要用于检查各个逻辑结构是否合理，对应的模块独立路径是否正常以及内部结构是否有效。常用的白盒测试法有逻辑覆盖法、控制流分析法、数据流分析法、路径分析法、程序变异法等，其中逻辑覆盖法是主要的测试方法。

(3) 灰盒测试则介于黑盒测试和白盒测试之间。灰盒测试除了重视输出相对于输入的正确性，也注重其内部表现，但是它不像白盒测试那样详细和完整。它只是简单地靠一些象征性的现象或标志来判断其内部的运行情况，因此在内部结果出现错误，但输出结果正确的情况下可以采取灰盒测试方法。在此情况下灰盒比白盒高效，又比黑盒适用性广。

3) 按程序执行方式分类

按程序执行的方式来分类，可分为人工测试(Manual Testing，MT)和自动化测试(Automatic Testing，AT)。

(1) 人工测试需要测试人员根据设计的测试用例一步一步来执行测试并得到实际结果，再将其与期望结果进行比对。

(2) 自动化测试，顾名思义就是软件测试的自动化，即在预先设定的条件下运行被测程序，并分析运行结果。总的来说，这种测试方法就是将以人驱动的测试行为转化为由机器自动执行的一种过程。

3. 软件测试的实施

软件测试过程分为 4 个阶段，即单元测试、集成测试、系统测试和验收测试。

1) 单元测试

单元测试主要是对该软件的模块进行测试，通过测试发现该模块的功能错误和编码错误。由于该模块的规模不大，功能单一，结构较简单，且测试人员可通过阅读源程序清楚知道其逻辑结构，所以首先应通过静态测试方法，比如静态分析、代码审查等，对该模块的源程序进行分析，然后按照模块的程序设计控制流程图进行测试，以满足软件的逻辑测试要求。另外，也可采用黑盒测试方法设计一组基本的测试用例，再用白盒测试方法进行验证。若用黑盒测试方法所产生的测试用例满足不了软件的覆盖要求，可采用白盒法增补出新的测试用例，以满足所需的覆盖标准。其所需的覆盖标准应视模块的实际具体情况而定，对一些质量要求和可靠性要求较高的模块，一般要满足所需条件的组合覆盖或者路径覆盖标准。

2) 集成测试

集成测试是软件测试的第二个阶段。在这个阶段，通常要对已经严格按照程序设计要求和标准组装起来的所有模块同时进行测试，测试该程序结构组装的正确性，发现和接口有关的问题，比如模块接口的数据是否会在穿越接口时发生丢失，各个模块之间因某种疏忽而产生的不利影响，将模块各个子功能组合起来后产生的功能要求达不到预期的功能要求，一些在误差范围内且可接受的误差由于长时间的积累进而到达了不能接受的程度，数据库因单个模块发生错误造成自身出现错误等。由于集成测试是介于单元测试和系统测试之间的，所以，集成测试具有承上启下的作用，有关测试人员必须做好集成测试工作。在这一阶段，一般采用白盒和黑盒相结合的方法进行测试，验证这一阶段设计的合理性以及需求功能的实现情况。

3) 系统测试

一般情况下，系统测试会采用黑盒法，以此来检查该系统是否符合软件需求。本阶段的主要测试内容包括健壮性测试、性能测试、功能测试、安装或反安装测试、用户界面测试、压力测试、可靠性及安全性测试等。为了有效保证这一阶段测试的客观性，必须由独立的测试小组来进行相关的系统测试。另外，系统测试过程较为复杂，由于在系统测试阶段不断变更需求造成功能的删除或增加，从而使程序不断出现相应的更改，而程序在更改后可能会出现新的问题，或者原本没有问题的功能由于更改导致出现了问题。所以，测试人员必须进行回归测试。

4) 验收测试

验收测试是最后一个阶段的测试操作，是在软件产品投入正式运行前所要进行的测试工作。和系统测试相比，差别在于测试人员的不同，验收测试实际上是由用户来执行的。验收测试的主要目标是为向用户展示所开发出来的软件符合预定的要求和有关标准，并验证软件实际工作的有效性和可靠性，确保用户能用该软件顺利完成既定的任务和功能。通过了验收测试，该产品就可进行发布。但是，在实际交付给用户之后，开发人员是无法预测该软件用户在实际运用过程中是如何使用该程序的，所以从用户的角度出发，测试人员还应进行 Alpha 测试或 Beta 测试这两种情形的测试。Alpha 测试是在软件开发环境下由用户进行的测试，或者模拟实际操作环境进而进行的测试。Alpha 测试主要是对软件产品的功能、局域化、界面、可使用性以及性能等方面进行评价。而 Beta 测试是在实际环境中由多个用户对其进行测试，并将在测试过程中发现的错误有效反馈给软件开发者，所以在测试过程中用户必须定期将所遇到的问题反馈给开发者。

软件测试的目的就是确保软件的质量、确认软件以正确的方式做了用户所期望的事情，所以他的工作主要是发现软件的错误、有效定义和实现软件成分由低层到高层的组装过程、验证软件是否满足任务书和系统定义文档所规定的技术要求，为软件质量模型的建立提供依据。软件测试不仅是要确保软件的质量，还要给开发人员提供信息，以方便其为风险评估做相应的准备，重要的是它要贯穿在整个软件开发的过程中，保证整个软件开发的过程是高质量的。

5.4 设 计 模 式

设计模式(Design Pattern)是一套被反复使用的、多数人知晓的、经过分类编目的和代码设计经验的总结。这些解决方案是众多软件开发人员经过相当长的一段时间的试验和错误总结出来的，是用来解决软件设计过程中反复出现的问题的一种预先开发的模型，代表了最佳的实践。因此，设计模式是软件开发人员在软件开发过程中面临的一般问题的解决方案，设计模式使代码编制真正工程化。

“设计模式”这个术语最初并不是出现在软件设计中，而是被用于建筑设计中。1977年，美国著名建筑大师、加利福尼亚大学伯克利分校环境结构中心主任克里斯托夫·亚历山大(Christopher Alexander)在他的著作《建筑模式语言：城镇、建筑、构造》(A Pattern Language: Towns Building Construction)中描述了一些常见的建筑设计问题，并提出了 253 种关于对城镇、邻里、住宅、花园和房间等进行设计的基本模式。1979 年他的另一部经典著作《建筑的永恒之道》(*The Timeless Way of Building*)进一步强化了设计模式的思想，为后来的建筑设计指明了方向。

肯特·贝克和沃德·坎宁安在 1987 年利用克里斯托佛·亚历山大在建筑设计领域里的思想开发了设计模式并把此思想应用在 Smalltalk 中的图形用户接口的生成中。一年后，Erich Gamma 在他的苏黎世大学博士毕业论文中开始尝试把这种思想改写为适用于软件开发。与此同时 James Coplien 在 1989 年至 1991 年也在利用相同的思想致力于 C++ 的开发，而后于 1991 年发表了他的著作 *Advanced* C++ *Idioms*。就在这一年 Erich Gamma 获得了博士学位，然后去了美国，在那里他与 Richard Helm、Ralph Johnson 和 John Vlissides 合作出版了《设计模式：可复用面向对象软件的基础》(Design Patterns: Elements of Reusable Object-Oriented Software)一书(简称《设计模式》，见图 5.13)，该书首次提到了软件开发中设计模式的概念，共收录了 23 个设计模式，他们的这一合作导致了软件设计模式的突破。他们所提出的设计模式主要是基于以下的面向对象设计原则：对接口编程而不是对实现编程；优先使用对象组合而不是继承。

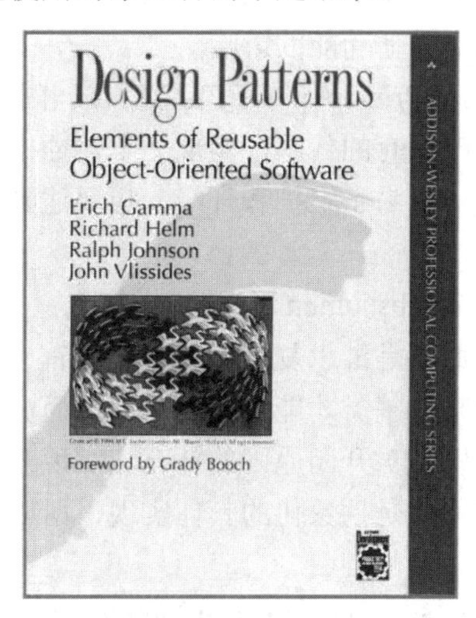

图 5.13　《设计模式》封面

设计模式是软件工程的基石，如同大厦的一块块砖石一样。项目中合理地运用设计模式可以完美地解决很多问题，每种模式在现实中都有相应的原理来与之对应，每种模式都描述了一个相应的不断重复发生的问题，以及该问题的核心解决方案，这也是设计模式能被广泛应用的原因。

5.4.1　设计模式的原则

设计模式的原则，也是面向对象程序设计的基本原则。这些原则并不是孤立存在的，它们是相互依赖和相互补充的，主要有如表 5-1 所示的 7 个原则，下面分别进行介绍。

表 5-1　设计模式的原则

名　称	简　　介
单一职责原则	类的职责要单一，不能将太多的职责放在一个类中
开闭原则	软件实体对扩展是开放的，但对修改是关闭的，即在不修改一个软件实体的基础上去扩展其功能
里氏代换原则	在软件系统中，一个可以接受基类对象的地方必然可以接受一个子类对象
依赖倒置原则	要针对抽象层编程，而不要针对具体类编程
接口隔离原则	使用多个专门的接口来取代一个统一的接口
合成复用原则	在系统中应该尽量多使用组合和聚合关联关系，尽量少使用甚至不使用继承关系
迪米特法则	一个软件实体对其他实体的引用越少越好，或者说如果两个类不必彼此直接通信，那么这两个类就不应当发生直接的相互作用，而是通过引入一个第三者发生间接交互

(1) 单一职责原则(Single Responsibility Principle，SRP)：不要存在多于一个导致类变更的原因即一个类只负责一项职责。单一职责原则可以降低类的复杂度，一个类只负责一项职责，其逻辑肯定要比负责多项职责简单得多；提高类的可读性，提高系统的可维护性；变更引起的风险降低，变更是必然的，如果单一职责原则遵守得好，当修改一个功能时，则可以显著降低对其他功能的影响。

(2) 开闭原则(Open-Closed Principle，OCP)：对扩展开放，对修改关闭。在程序需要进行拓展的时候，不能去修改原有的代码，实现一个热插拔的效果。简言之，开闭原则是为了使程序的扩展性更好，更易于维护和升级。想要达到这样的效果，设计人员就需要使用接口和抽象类。

(3) 里氏代换原则(Liskov Substitution Principle，LSP)：任何基类可以出现的地方，子类一定可以出现。里氏代换原则是继承复用的基石，只有当派生类可以替换掉基类，且软件单位的功能不受到影响时，基类才能真正被复用，而派生类也能够在基类的基础上增加新的行为。里氏代换原则是对开闭原则的补充。实现开闭原则的关键步骤就是抽象化，而基类与子类的继承关系就是抽象化的具体实现，所以里氏代换原则是对实现抽象化的具体步骤的规范。

(4) 依赖倒置原则(Dependence Inversion Principle，DIP)：高层模块(也就是调用端)不应该依赖低层模块(也就是具体实现类)，二者都应该依赖其抽象(接口或抽象类)；抽象不应该依赖细节(实现类)。依赖倒置原则的本质就是通过抽象(接口或抽象类)使各个类或模块的实现彼此独立，互不影响，实现模块间的松耦合。依赖倒置的好处在小型项目中很难体现出来，但在大中型项目中可以减少需求变化引起的工作量，使并行开发更友好。

(5) 接口隔离原则(Interface Segregation Principle，ISP)：使用多个隔离的接口，比使用单个接口要好。它还有另外一个意思是：降低类之间的耦合度。由此可见，其实设计模式就是从大型软件架构出发、便于升级和维护的软件设计思想，它强调降低依赖，降低耦合。

(6) 合成复用原则(Composite Reuse Principle，CRP)：又称为组合/聚合复用原则(Composition/Aggregate Reuse Principle，CARP)，要求尽量使用对象组合，而不是通过继承来达到复用的目的。

(7) 迪米特法则(Law of Demeter，LoD)：一个类对自己依赖的类知道得越少越好。软件编程的总的原则是：低耦合、高内聚。无论是面向过程编程还是面向对象编程，只有使各个模块之间的耦合尽量低，才能提高代码的复用率。低耦合的优点不言而喻，但是怎么编程才能做到低耦合呢？那正是迪米特法则要去完成的。

5.4.2 设计模式的类型

《设计模式》一书中所提到的设计模式可以根据其目的(模式是用来做什么的)分为三大类：创建型模式(Creational Patterns)、结构型模式(Structural Patterns)和行为型模式(Behavioral Patterns)，如表 5-2 所示。

表 5-2　设计模式的类型

范围/目的	创建型模式	结构型模式	行为型模式
类模式	工厂方法模式	(类)适配器模式	解释器模式 模板方法模式
对象模式	抽象工厂模式 建造者模式 原型模式 单例模式	(对象)适配器模式 桥接模式 组合模式 装饰器模式 外观模式 享元模式 代理模式	责任链模式 命令模式 迭代器模式 中介者模式 备忘录模式 观察者模式 状态模式 策略模式 访问者模式

1. 创建型模式

创建型模式提供一种在创建对象的同时隐藏创建逻辑的方式，而不是使用 new 运算符直接实例化对象，使得程序在判断针对某个给定实例需要创建哪些对象时更加灵活。该模式包括：工厂方法模式(Factory Method Pattern)、抽象工厂模式(Abstract Factory Pattern)、建造者模式(Builder Pattern)、原型模式(Prototype Pattern)和单例模式(Singleton Pattern)。

(1) 工厂方法模式。工厂方法模式在使用时只需要创建一个工厂接口和多个工厂实现类，子类可以自己决定实例化哪一个工厂类，客户端类针对抽象接口进行编程，如果需要增加新的功能，则继承工厂接口，直接增加新的工厂类就可以了，创建过程延迟到子类中进行，不需要修改之前的代码，满足了开闭原则，达到灵活地生产多种对象的目的。

(2) 抽象工厂模式。抽象工厂模式提供一个创建一系列相关或相互依赖对象的接口，而无须指定它们具体的类。区别于工厂方法模式的地方是，工厂方法模式是创建一个工厂，可以实现多种对象；而抽象工厂模式是提供一个抽象工厂接口，里面定义多种工厂，每个工厂可以生产多种对象。前者的重点在于“怎么生产”，后者的重点在于“生产哪些”；前者是一个抽象产品类，可以派生出多个具体产品类，后者是多个抽象产品类，每个抽象产品类可以派生出多个具体产品类；前者的每个具体工厂类只能创建一个具体产品类的实例，后者的每个具体工厂类可以创建多个具体产品类的实例。

(3) 建造者模式。建造者模式是将一个复杂的构建与其表示相分离，使得同样的构建过程可以创建不同的表示，就好比是每个饭店或者每家都会做西红柿炒鸡蛋，最后虽然都是西红柿炒鸡蛋的外观，但是由于当中的做饭过程存在差别，所以味道会不同。在程序当中就是将一些不会变的基本组件通过建造者来进行组合，构建复杂对象，实现分离。这样做的好处就在于客户端不必知道产品内部组成的细节；同时具体的建造者类之间是相互独立的，对系统的扩展非常有利，满足开闭原则；由于具体的建造者类是独立的，因此可以对建造过程逐步细化，而不对其他的模块产生任何影响。

(4) 原型模式。原型模式是用原型实例指定创建对象的种类，并且通过复制这些原型创建新的对象，其实就是将对象复制了一份并返还给调用者。原型模式的思想就是将一个对象作为原型，对其进行复制、克隆，产生一个和原对象类似的新对象。复制分为浅复制和深复制，前者是将一个对象复制后，基本数据类型的变量都会重新创建，而引用类型指向的还是原对象所指向的；后者是将一个对象复制后，不论是基本数据类型还是引用类型，都是重新创建的。

(5) 单例模式。单例模式能保证一个类仅有一个实例，并提供一个访问它的全局访问点，同时在类内部创造单一对象，通过设置权限，使类外部无法再创造对象。这样做的好处就在于如果某些类创建比较频繁，特别是对于一些大型的对象，则是一笔很大的系统开销。

2. 结构型模式

结构型模式关注类和对象的组合。继承的概念被用来组合接口和定义组合对象获得新功能的方式。该模式包括：适配器模式(Adapter Pattern)、桥接模式(Bridge Pattern)、组合模式(Composite Pattern)、装饰器模式(Decorator Pattern)、外观模式(Facade Pattern)、享元模式(Flyweight Pattern)和代理模式(Proxy Pattern)。

(1) 适配器模式。适配器模式将一个类的接口转换成客户希望的另外一个接口，使得原本由于接口不兼容而不能一起工作的那些类可以一起工作。

(2) 桥接模式。桥接模式是将抽象部分与实现部分分离，使它们都可以独立地变化。桥接模式就是把事物和其具体实现分开，使它们可以各自独立地变化，使得二者可以独立变化达到高内聚低耦合的目的。

(3) 组合模式。组合模式是将对象组合成树形结构以表示“部分-整体”的层次结构，使得用户对单个对象和组合对象的使用具有一致性。该模式创建了一个包含自己对象组的类，并提供修改对象组的方法。在系统的文件和文件夹的问题上就使用了组合模式，文件下不可以有对象，而文件夹下可以有文件对象或者文件夹对象。

(4) 装饰器模式。装饰器模式是动态地给一个对象添加一些额外的职责，给一个对象增加一些新的功能，要求装饰对象和被装饰对象实现同一个接口，装饰对象持有被装饰对象的实例。除了动态地增加，也可以动态地撤销。

(5) 外观模式。外观模式是为子系统中的一组接口提供一个一致的界面，外观模式定义了一个高层接口，这个接口使得这一子系统更加容易使用。在客户端和复杂系统之间再加一层，提供一个容易使用的外观层。外观模式是为了解决类与类之间的依赖关系的，外观模式就是将它们的关系放在一个外观类中，降低了类与类之间的耦合度，比如搜狐门户网站，就利用了外观模式。

(6) 享元模式。享元模式是运用共享技术有效地支持大量细粒度的对象。享元模式的主要目的是实现对象的共享，即共享池，当系统中对象多的时候可以减少内存的开销，重用现有的同类对象，若未找到匹配的对象，则创建新对象，这样可以减少对象的创建，降低系统内存开销，提高效率。

(7) 代理模式。代理模式是为其他对象提供一种代理以控制对这个对象的访问，也就是创建类的代理类，通过间接访问被代理类，对其功能加以控制。它和装饰器模式的区别在于，装饰器模式是为了增强功能，而代理模式是为了加以控制。代理模式就是用一个代理类代替原对象进行一些操作，例如买火车票不一定在火车站买，也可以去代售点买。再比如打官司需要请律师，因为律师在法律方面有专长，可以代替其当事人进行操作。

3. 行为型模式

行为型模式特别关注对象之间的通信。该模式包括：解释器模式(Interpreter Pattern)、模板方法模式(Template Method Pattern)、责任链模式(Chain of Responsibility Pattern)、命令模式(Command Pattern)、迭代器模式(Iterator Pattern)、中介者模式(Mediator Pattern)、备忘录模式(Memento Pattern)、观察者模式(Observer Pattern)、状态模式(State Pattern)、策略模式(Strategy Pattern)和访问者模式(Visitor Pattern)。

(1) 解释器模式。解释器模式是给定一个语言，定义它的文法表示，并定义一个解释器，这个解释器使用该标识来解释语言中的句子，适用面较窄，例如正则表达式的解释等。

(2) 模板方法模式。模板方法模式是定义一个操作中的算法的骨架，而将一些步骤延迟到子类中。模板方法使得子类可以不改变一个算法的结构即可重定义该算法的某些特定步骤，将一些固定步骤、固定逻辑的方法封装成模板方法。调用模板方法即可完成那些特定的步骤。

(3) 责任链模式。责任链模式是避免请求发送者与接收者耦合在一起，让多个对象都有可能接收请求，将这些对象连接成一条链，并且沿着这条链传递请求，直到有对象处理它为止。有多个对象，每个对象持有对下一个对象的引用，这样就会形成一条链，请求在这条链上传递，直到某一对象决定处理该请求，但是发出者并不清楚到底最终哪个对象会处理该请求。在生活中学生进行请假的过程中，学生请假会一级一级往上批，最终处理，具体由谁批准可能不清楚。在程序当中，现在使用的 struts 拦截器即用到了责任链模式。

(4) 命令模式。命令模式是将一个请求封装成一个对象，从而使发出者可以用不同的请求对客户进行参数化。模式当中存在调用者、接收者和命令 3 个对象，实现请求和执行分开；调用者选择命令发布，命令指定接收者。例如，司令员下令让士兵去干件事情，司令员的作用是发出口令，口令经过传递，传到了士兵耳朵里，士兵去执行。司令、士兵和命令三者相互解耦，任何一方都不用去依赖其他人。其实 struts 框架也涉及命令模式的思想。

(5) 迭代器模式。迭代器模式提供了一种能够顺序访问一个聚合对象中各个元素的方法，而且还无须暴露该对象的内部表示。如在 Java 当中，将聚合类中遍历各个元素的行为分离出来，封装成迭代器，让迭代器来处理遍历的任务，这样既简化了聚合类，同时又不暴露聚合类的内部。

(6) 中介者模式。中介者模式是用一个中介对象来封装一系列的对象交互，中介者使各对象不需要显式地相互引用，从而使其耦合松散，而且可以独立地改变它们之间的交互。例如，MVC(Model View Controller，模型-视图-控制器)模式中 Control 就是 Model

和 View 的中介者。与适配器区别在于，适配器是为了兼容不同的接口，而中介者是为了将显示和操作分离。

(7) 备忘录模式。备忘录模式是在不破坏封装性的前提下，捕获一个对象的内部状态，并在该对象之外保存这个状态。创建一个备忘录类，用来存储原始类的信息；同时创建备忘录仓库类，用来存储备忘录类，主要目的是保存一个对象的某个状态，以便在适当的时候恢复对象，也就是做个备份。在系统当中使用的撤销操作，就是使用了备忘录模式，系统可以保存有限次数的文件状态，用户可以进行上几个状态的恢复，也就是用到了备忘录模式。

(8) 观察者模式。观察者模式是定义对象间的一种一对多的依赖关系，当一个对象的状态发生改变时，所有依赖于它的对象都得到通知并被自动更新。也就是当被观察者状态变化时，通知所有观察者，这种依赖方式具有双向性，比如邮件订阅和简易信息聚合 RSS(Really Simple Syndication)订阅就是典型的观察者模式，当订阅的内容有更新时，就会及时通知订阅者。

(9) 状态模式。状态模式是允许对象在内部状态发生改变时改变它的行为。对象具有多种状态，且每种状态具有特定的行为。例如，在网站的积分系统中，用户具有不同的积分，也就对应了不同的状态。再比如，QQ 的用户状态有在线、隐身、忙碌等几种状态，每个状态对应不同的操作，而且其好友也能看到对方的状态。

(10) 策略模式。策略模式是定义一系列的算法，把它们一个个封装起来，并且使它们可相互替换，且算法的变化不会影响到使用算法的客户。为了统一接口下的一系列算法类(也就是多种策略)，用一个类将其封装起来，使这些策略可动态切换。策略模式属于行为型模式，是为了使这些策略可以相互切换，是为了选择不同的行为。

(11) 访问者模式。访问者模式主要是将数据结构与数据操作分离。在被访问的类里面加一个对外提供接待访问者的接口，访问者封装了对被访问者结构的一些杂乱操作，解耦结构与算法，同时具有优秀的扩展性。通俗来讲，访问者模式就是一种分离对象数据结构与行为的方法，通过这种分离，可达到为一个被访问者动态添加新的操作而无须对其修改的效果。访问者模式的优点是增加操作很容易，因为增加操作意味着增加新的访问者。访问者模式将有关行为集中到一个访问者对象中，其改变不影响系统数据结构。

5.5　应用案例——九九乘法表

本节通过一个简单的程序，演示结构化程序设计的基本方法以及程序的基本结构，如顺序和循环结构。本程序使用 C 语言设计，其功能是在屏幕上打印出九九乘法表，代码如下：

```
public static void main(String[] args)              //程序入口，main 函数
{
    int i, j;                                       //定义变量 i 和 j
    for(i = 1; i<10; i++)                           //循环 i 小于 10 之前循环
```

```
    {
        for(j = 1; j <= i; j++)                                    //循环在j小于等于i之前循环
        {
            System.out.print(i + "*" + j + " = " + i*j + "    ");//每次循环打印出一个具体的算式
        }
        System.out.println();                                      //每一次j的循环结束之后就换行
    }
}
```

程序运行结果如图 5.14 所示。

```
1*1=1
2*1=2  2*2=4
3*1=3  3*2=6  3*3=9
4*1=4  4*2=8  4*3=12  4*4=16
5*1=5  5*2=10  5*3=15  5*4=20  5*5=25
6*1=6  6*2=12  6*3=18  6*4=24  6*5=30  6*6=36
7*1=7  7*2=14  7*3=21  7*4=28  7*5=35  7*6=42  7*7=49
8*1=8  8*2=16  8*3=24  8*4=32  8*5=40  8*6=48  8*7=56  8*8=64
9*1=9  9*2=18  9*3=27  9*4=36  9*5=45  9*6=54  9*7=63  9*8=72  9*9=81

Process finished with exit code 0
```

图 5.14 九九乘法表输出结果

本章小结

本章介绍了程序设计语言的基本概念和分类，讨论了几种基本的程序设计方法，如结构化程序设计和面向对象程序设计方法。另外，介绍了软件设计的工程化思想，即软件工程的基本概念、软件生命周期、软件工程方法和软件测试，还简要介绍了设计模式的基本概念、设计原则和常用的设计模式。最后，给出了程序设计的具体案例。

习 题

一、单选题

1. 直接面向机器的计算机语言是(　　)。

A. 机器语言　　B. Fortran　　C. Lisp　　D. SQL 语言

2. 不属于结构化程序设计思想的是(　　)。

A. 自顶向下　　B. 逐步细化　　C. 模块化　　D. 封装

3. 面向对象编程的简称是(　　)。

A. OOD　　B. OOP　　C. OOT　　D. OOSM

4. 不属于软件危机产生的原因是(　　)。

A. 用户需求不明确　　B. 缺乏正确的理论指导

C. 软件复杂度越来越高　　D. 软件越来越方便

5. 对象是类的(　　)。

A. 抽象　　B. 实例　　C. 特征　　D. 两者没关系

6. 算法最好用(　　)语言进行描述。

A. C　　B. Java　　C. Fortran　　D. 伪代码

7. Microsoft Visual Studio 是一种(　　)。

A. 文本编辑器　　B. VDE　　C. 终端　　D. API

8. 软件工程师更注重(　　)。

A. 设计　　B. 工程　　C. 编码　　D. 开发

9. 软件测试以测试具体实现算法细节或系统内部结构为依据可分为(　　)。

A. 黑盒测试　　B. 白盒测试　　C. 灰盒测试　　D. 以上都是

10. 能使各个模块之间的耦合尽量低的是(　　)。

A. 依赖倒置原则　　B. 接口隔离原则

C. 迪米特法则　　D. 单一职责原则

二、填空题

1. ________是计算机程序、程序所用的数据以及有关文档资料的集合。

2. 软件测试以测试过程中程序执行状态为依据可分为________和________。

3. 设计模式可以根据其目的分为三大类：________、________和________。

4. 面向对象程序的基本特征是________、________和________。

5. 机器语言是用________表示的、能被计算机直接识别和执行的机器指令的集合。

三、思考题

1. 具体说明程序设计的 3 种基本结构。

2. 面向对象程序设计的过程有哪些步骤？

3. 简要说明软件生命周期中开发阶段的具体步骤。

4. 简述静态测试和动态测试的区别。

5. 概述软件开发的传统瀑布模型与较新的增量和迭代模型之间的区别。

6. 具体说明设计模式的原则。

第六章 操 作 系 统

案例——华为鸿蒙系统

随着美国政府将华为列入制裁的实体名单，谷歌宣布中止华为更新安卓系统。2019 年 8 月 9 日，华为在东莞举行华为开发者大会，正式发布鸿蒙操作系统(HarmonyOS)。2020 年 9 月 10 日，华为鸿蒙操作系统升级至 2.0 版本。

华为对于鸿蒙操作系统的定位完全不同于安卓系统，它不仅是一个手机或某一设备的单一系统，而是一个可将所有设备串联在一起的通用系统，多个不同设备比如手机、智慧屏、平板电脑、车载电脑等，都可使用鸿蒙系统。

鸿蒙微内核是基于微内核的全场景分布式操作系统，可按需扩展，实现更广泛的系统安全，特点是低时延，甚至可到毫秒级乃至亚毫秒级。鸿蒙操作系统实现模块化耦合，对应不同设备可弹性部署，鸿蒙操作系统有 3 层架构，第一层是内核，第二层是基础服务，第三层是程序框架。

HargmonyOS 具备分布式软总线、分布式数据管理和分布式安全三大核心能力。分布式软总线让多设备融合为“一个设备”，带来设备内和设备间高吞吐、低时延和高可靠的流畅连接体验。分布式数据管理让跨设备数据访问如同访问本地，大大提升跨设备数据远程读写和检索性能等。分布式安全确保正确的人、用正确的设备、正确地使用数据。

本章导读

(1) 操作系统(Operating System，OS)是整个计算机系统的管理与指挥机构，管理着计算机的所有资源，是用户与计算机之间的接口。操作系统已成为现代计算机系统、多处理机系统、计算机网络、多媒体系统以及嵌入式系统中都必须配置的、最重要的系统软件。

(2) 操作系统是最重要的系统软件。其他的诸如汇编程序、编译程序、数据库管理系统等系统软件，以及大量的应用软件，都依赖于操作系统的支持，取得它的服务。因此，要熟练使用计算机操作系统，首先要了解一些操作系统的基本知识。

主要内容

◆ 操作系统概述；

◆ 操作系统的功能；
◆ 常用操作系统简介。

6.1 操作系统概述

计算机系统的硬件和软件层次结构，如图 6.1 所示。其中每层都具有一定的功能。底层向上层提供功能调用接口，上层用户无须了解下层功能的具体实现过程，只需通过调用接口调用下层的功能即可。

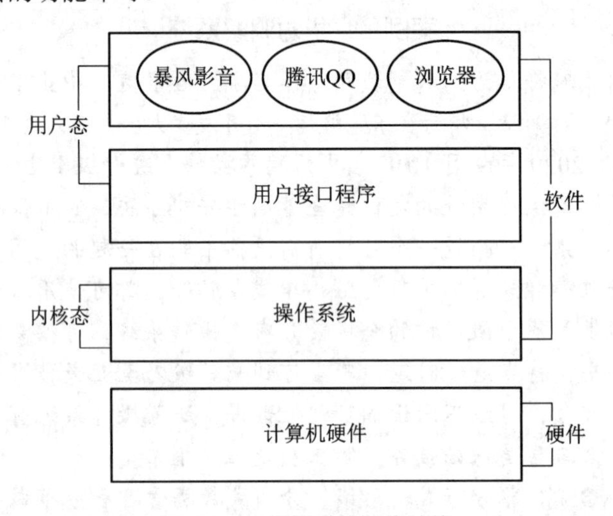

图 6.1 计算机系统层次结构

操作系统是配置在计算机硬件上的第一层软件，是对硬件系统的首次扩充。操作系统是一组控制和管理计算机硬件和软件资源，合理地对各类作业进行调度，以及方便用户使用的程序的集合。正是因为有了操作系统，计算机才变成功能更强大、方便操作的虚拟计算机。操作系统使得程序员无须了解硬件知识就可通过调用操作系统提供的系统调用接口使用硬件，降低了软件的编程难度。同时，有了操作系统提供的良好界面，普通计算机用户在不了解计算机内部工作原理的情况下，也能方便地使用计算机系统中的各种资源。

6.1.1 操作系统的目标和作用

在计算机系统上配置操作系统的主要目标，首先与计算机系统的规模有关。通常对配置在大、中型计算机系统中的操作系统，由于计算机价格昂贵，因此都比较看重机器使用的有效性，而且还希望操作系统具有非常强的功能；但对于配置在微机中的操作系统，由于微机价格相对较便宜，此时机器使用的有效性也就显得不那么重要了，而人们更关注的是使用的方便性。

影响操作系统的主要目标的另一个重要因素是操作系统的应用环境。例如，对于应用在查询系统中的操作系统，应满足用户对响应时间的要求；又如对应用在实时工业控制和武器控制环境下的操作系统，则要求其操作系统具有实时性和高可靠性。

1. 操作系统的设计目标

目前存在着多种类型的操作系统，不同类型的操作系统，其目标各有所侧重。一般地说，在计算机硬件上配置的操作系统，其目标有以下几点。

1) 有效性

在早期(20 世纪 50—60 年代)，由于计算机系统非常昂贵，操作系统最重要的目标无疑是有效性，即如何提高计算机系统的资源利用率和系统的吞吐量问题。事实上，那时有效性是推动操作系统发展最主要的动力。操作系统的有效性可包含如下两方面的含义：

(1) 提高系统资源利用率。计算机系统中的各个部件存在巨大的速度差异，如不采取措施，诸如 CPU、I/O 设备等各种资源，都会因它们经常处于空闲状态而得不到充分利用；内存及外存中所存放的数据太少或者无序而浪费了大量的存储空间。配置了操作系统之后，可使 CPU 和 I/O 设备由于能保持忙碌状态而得到有效的利用，且可使内存和外存中存放的数据因有序而节省了存储空间。

(2) 提高系统的作业吞吐量。操作系统还可以根据作业的特征，采取多种措施(如：多道程序设计、虚拟存储器、输入/输出缓冲、SPOOLing 技术等)，通过合理地组织计算机的工作流程，而进一步改善资源的利用率，加速程序的运行，缩短程序的运行周期，从而提高系统的吞吐量。

2) 方便性

方便性是用户对操作系统的重要要求。配置操作系统后可使计算机系统更容易使用。一个未配置操作系统的计算机系统是极难使用的，因为计算机硬件只能识别 0 和 1 这样的机器代码。用户要直接在计算机硬件上运行自己所编写的程序，就必须用机器语言书写程序；用户要想输入数据或打印数据，也都必须自己用机器语言书写相应的输入程序或打印程序。如果我们在计算机硬件上配置了操作系统，用户便可通过操作系统所提供的各种命令来使用计算机系统。比如，用编译命令可方便地把用户用高级语言书写的程序翻译成机器代码，大大地方便了用户，从而使计算机变得易学易用。

方便性和有效性是设计操作系统时最重要的两个目标。在过去的很长一段时间内，由于计算机系统非常昂贵，因此其有效性显得比较重要。近年来，随着硬件越来越便宜，在设计配置在微机上的操作系统时，人们似乎更重视如何使用户能更为方便地使用计算机，故在微机操作系统中都配置了受到用户广泛欢迎的图形用户界面，提供了大量的供程序员使用的系统调用。

3) 可扩充性

随着超大规模集成电路和计算机技术的飞速发展，不断出现各种新的计算机硬件和新体系结构，相应地，它们也对操作系统提出了更高的功能和性能要求。此外，多处理机系统、计算机网络，特别是 Internet 的发展，又对操作系统提出了一系列更新的要求。因此，操作系统必须具有很好的可扩充性，才能更好地适应计算机硬件、体系结构以及应用发展的要求。例如当前流行的微内核结构和客户服务器模式的操作系统结构就具有良好的扩充性，方便地增加新的功能和模块，并能修改原有功能和模块。

4) 开放性

由于计算机网络的迅速发展，特别是 Internet 应用的日益普及，使计算机操作系统的应用环境已由早期的单机环境转向开放的网络环境。为使来自不同厂家的计算机和设备能通过网络加以集成化，并能正确、有效地协同工作，实现应用的可移植性和互操作性，这就要求操作系统必须提供统一的开放环境，进而要求操作系统具有开放性。

开放性是指系统能遵循世界标准规范，特别是遵循开放系统互连(OSI)国际标准。凡遵循国际标准所开发的硬件和软件，均能彼此兼容，可方便地实现互连。开放性已成为 20 世纪 90 年代以后计算机技术的一个核心问题，也是一个新推出的系统或软件能否被广泛应用的至关重要的因素。

5) 安全性

操作系统的安全性是整个计算机系统安全性的基础，它为保护用户的程序和数据提供了最基本的安全机制。在网络环境中，操作系统的安全性更为重要，如果操作系统存在安全漏洞，那么整个计算机系统的安全性就不存在了。一般来讲，操作系统的安全机制包括 5 个方面：身份认证、访问控制、数据保密性、数据完整性和不可否认性等。

2. 操作系统的作用

可以从不同的观点(角度)来观察操作系统的作用。从一般用户的观点，可把操作系统看作是用户与计算机硬件系统之间的接口；从资源管理的观点看，则可把操作系统视为计算机系统资源的管理者。另外，操作系统实现了对计算机资源的抽象，隐藏了对硬件操作的细节，使用户能更方便地使用机器。

1) 用户与计算机硬件系统之间的接口

操作系统处于用户与计算机硬件系统之间，用户通过操作系统来使用计算机系统。或者说，用户在操作系统帮助下，能够方便、快捷、安全、可靠地操纵计算机硬件和运行自己的程序。应注意，操作系统是一个系统软件，因此这种接口是软件接口，如图 6.2 所示。

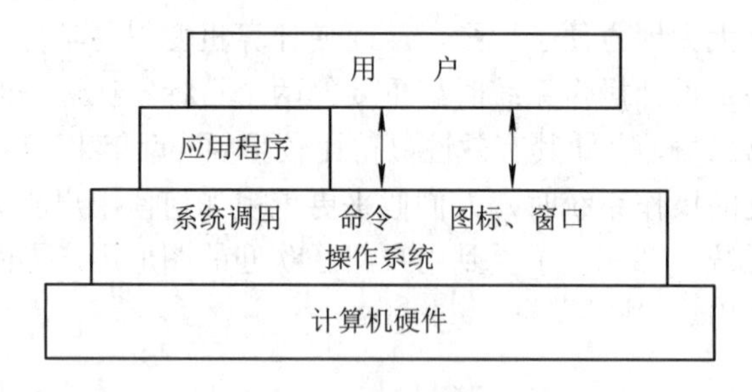

图 6.2　操作系统接口

用户可通过以下 3 种方式使用计算机：

(1) 系统调用接口。操作系统提供了一组系统调用，用户可在自己的应用程序中通过相应的系统调用，来实现与操作系统的通信，并取得它的服务。

(2) 命令行接口。操作系统给用户提供一组控制操作命令，允许用户通过键盘输入有关命令来取得操作系统的服务，并控制用户程序的运行。但是由于命令众多，普通用户难以记忆，使用不方便。

(3) 图形用户接口。这是当前使用最为方便、最为广泛的接口，它允许用户通过屏幕上的窗口和图标来实现与操作系统的通信，并取得它的服务。

2) 计算机系统资源的管理者

在一个计算机系统中，通常都含有各种各样的硬件和软件资源。归纳起来可将资源分为 4 类：处理器、存储器、I/O 设备以及信息(数据和程序)。相应地，操作系统的主要功能也正是针对这 4 类资源进行了有效的管理，即：处理机管理，用于分配和控制处理机；存储器管理，主要负责内存的分配与回收；I/O 设备管理，负责 I/O 设备的分配与操纵；文件管理，负责文件的存取、共享和保护。

事实上，当前最流行的关于操作系统作用的观点，就是把操作系统作为计算机系统的资源管理者。尤其是当一个计算机系统同时供多个用户使用时，用户对系统中共享资源的需求(包括数量和时间)可能发生冲突，为了管理好这些共享资源(包括硬件和信息)的使用，操作系统必须记录下各种资源的使用情况，对使用资源的请求进行授权，协调多个用户对共享资源的使用，避免发生冲突，并计算使用资源的费用等。

3) 实现对计算机资源的抽象

对于一个无软件的计算机硬件系统(裸机)来说，它向用户提供的是实际硬件接口(物理接口)，用户必须对物理接口的实现细节有充分的了解，并利用机器指令进行编程，因此该计算机必定难以使用。为了方便用户使用 I/O 设备，人们在裸机上覆盖一层 I/O 设备管理软件，如图 6.3 所示，由它来实现对 I/O 设备操作的细节，并向上提供一组 I/O 操作命令，如 Read 和 Write 命令，用户可利用它来进行数据输入或输出，而无须关心 I/O 是如何实现的。此时用户所看到的机器将是一台比裸机功能更强、使用更方便的虚拟机器。这就是说，在裸机上铺设的 I/O 软件隐藏了对 I/O 设备操作的具体细节，向上提供了一组抽象的 I/O 设备。

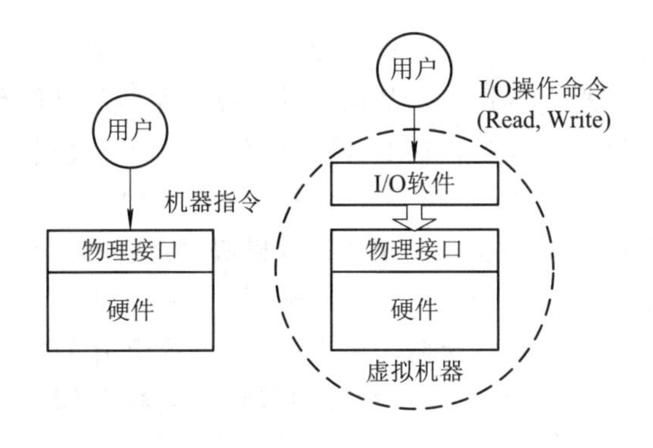

图 6.3　I/O 软件的抽象

通常把覆盖了上述软件的机器称为虚拟机器。它向用户(进程)提供了一个对硬件操作的抽象模型，用户可利用抽象模型提供的接口使用计算机，而无须了解物理接口实现的细节，从而使用户更容易地使用计算机硬件资源。由该层软件实现了对计算机硬件操作的第一个层次的抽象。

为了方便用户使用文件系统，人们又在第一层软件上再覆盖上一层用于文件的管理软件，同样由它来实现对文件操作的细节，并向上提供一组对文件进行存取操作的命令，用户可利用这组命令进行文件的存取。此时，用户所看到的是一台功能更强、使用更方便的虚拟机器。该层软件实现了对硬件资源操作的第二个层次的抽象。而当人们又在文件管理软件上再覆盖一层面向用户的窗口软件后，用户便可在窗口环境下方便地使用计算机，形成一台功能更强的虚拟机器。

3. 操作系统发展的推动力

目前，操作系统的功能已变得非常强大，所提供的服务也十分有效，用户使用更加方便。相应地，操作系统的规模也由早期的数十千字节发展到如今的数千万行代码，甚至更多。推动操作系统发展的主要动力是需求，具体可归结为以下 4 个方面。

1) 提高资源利用率

在计算机发展的初期，计算机系统特别昂贵，人们必须千方百计地提高计算机系统中各种资源的利用率，这就是操作系统最初发展的推动力。由此形成了能自动地对一批作业进行处理的多道批处理系统。在 20 世纪 60 和 70 年代，又分别出现了能有效提高 I/O 设备和 CPU 利用率的 SPOOLing 技术和改善存储器系统利用率的虚拟存储器技术，以及在网络环境下，在服务器上配置了允许所有网络用户访问的文件系统和数据库系统。

2) 方便用户

当资源利用率不高的问题得到基本解决后，用户在上机、调试程序时的不方便性便又成为主要矛盾。于是人们又想方设法改善用户上机、调试程序时的环境，这又成为继续推动操作系统发展的主要因素。随之便形成了允许进行人机交互的分时系统。在 20 世纪 90 年代初出现了受到用户广泛欢迎的图形用户界面，极大地方便了用户使用计算机，这无疑会更加推动计算机的迅速普及。

3) 硬件的更新换代

微电子技术的迅猛发展，推动着计算机器件，特别是微机芯片的不断更新，使得计算机的性能迅速提高，规模急剧扩大，从而推动了操作系统的功能和性能也迅速增强和提高。例如，当微机芯片由 8 位发展到 16 位、32 位，进而又发展到 64 位时，相应的微机操作系统也就由 8 位发展到 16 位和 32 位，进而又发展到 64 位，此时相应操作系统的功能和性能也都有显著的增强和提高。在多处理机快速发展的同时，外部设备也在迅速发展。例如，早期的磁盘系统十分昂贵，只能配置在大型机中。随着磁盘价格的不断降低且小型化，很快在中、小型机以及微型机上也无一例外地配置了磁盘系统，而且其容量还远比早期配置在大型机上的大得多。现在的微机操作系统(如 Windows 7)能支持种类非常多的外部设备，除了传统的外设外，还可以支持光盘、移动硬盘、闪存盘、扫描仪等多种设备。

4) 计算机体系结构的不断发展

计算机体系结构的发展，也不断推动着操作系统的发展并产生新的操作系统类型。例如，当计算机由单处理机系统发展为多处理机系统时，相应地，操作系统也就由单处理机操作系统发展为多处理机操作系统。又如，当出现了计算机网络后，配置在计算机网络上的网络操作系统也就应运而生，它不仅能有效地管理好网络中的共享资源，而且还向用户提供了许多网络服务。

6.1.2 操作系统的发展史

操作系统的形成迄今已有几十年的时间。在20世纪50年代中期出现了单道批处理操作系统，60年代中期产生了多道批处理系统，不久又出现了基于多道程序的分时系统，与此同时也诞生了用于工业控制和武器控制的实时操作系统。20世纪80年代开始至21世纪初，是微型机、多处理机和计算机网络高速发展时期，同时也是微机操作系统、多处理机操作系统和网络操作系统以及分布式操作系统的形成和大发展的时期。

1. 无操作系统的计算机系统

1) 人工操作方式

从第一台计算机诞生到20世纪50年代中期的计算机，属于第一代计算机。此时的计算机主要是利用成千上万个电子管做成的，它的运行速度仅为数千次每秒，但体积却十分庞大，且功耗也非常高。计算机操作是由用户(即程序员)采用人工操作方式直接使用计算机硬件系统，即由程序员将事先已穿孔(对应于程序和数据)的纸带(或卡片)装入纸带输入机(或卡片输入机)，再启动它们将程序和数据输入计算机，然后启动计算机运行。当程序运行完毕并取走计算结果之后，才让下一个用户上机。这种人工操作方式有以下两方面的缺点：一是用户独占全机，即计算机及其全部资源只能由上机用户独占，二是CPU等待人工操作。当用户进行装带(卡)、卸带(卡)等人工操作时，CPU及内存等资源是空闲的。

可见，人工操作方式严重降低了计算机资源的利用率，即所谓的人机矛盾。随着CPU速度的提高和系统规模的扩大，人机矛盾变得日趋严重。此外，随着CPU速度的迅速提高而I/O设备的速度却提高缓慢，这又使CPU与I/O设备之间的速度不匹配矛盾更加突出。为了缓和此矛盾，曾先后出现了通道技术、缓冲技术，但都未能很好地解决上述矛盾，直至后来又引入了脱机输入/输出技术，才获得了较为令人满意的结果。

2) 脱机输入/输出方式

为了解决人机矛盾及CPU和I/O设备之间速度不匹配的矛盾，20世纪50年代末出现了脱机输入/输出(Off-Line I/O)技术。该技术是事先将装有用户程序和数据的纸带(或卡片)装入纸带输入机(或卡片机)，在一台外围机的控制下，把纸带(卡片)上的数据(程序)输入到磁带上。当CPU需要这些程序和数据时，再从磁带上将其高速地调入内存。

类似地，当CPU需要输出时，可由CPU直接高速地把数据从内存送到磁带上，然后再在另一台外围机的控制下，将磁带上的结果通过相应的输出设备输出。图6.4表示的就是脱机输入/输出过程。由于程序和数据的输入和输出都是在外围机的控制下完成的，或者说，它们是在脱离主机的情况下进行的，故称为脱机输入/输出方式；反之，在主机的直接控制下进行输入/输出的方式称为联机输入/输出(On-Line I/O)方式。

这种脱机I/O方式的主要优点如下：

(1) 减少了CPU的空闲时间。装带(卡)、卸带(卡)以及将数据从低速I/O设备送到高速磁带(或盘)上，都是在脱机情况下进行的，并不占用主机时间，从而有效地减少了CPU的空闲时间，缓和了人机矛盾。

(2) 提高了I/O速度。当CPU在运行中需要数据时，是直接从高速的磁带或磁盘上将数据调入内存的，不再是从低速I/O设备上输入，极大地提高了I/O速度，从而缓和了CPU和I/O设备速度不匹配的矛盾，进一步减少了CPU的空闲时间。

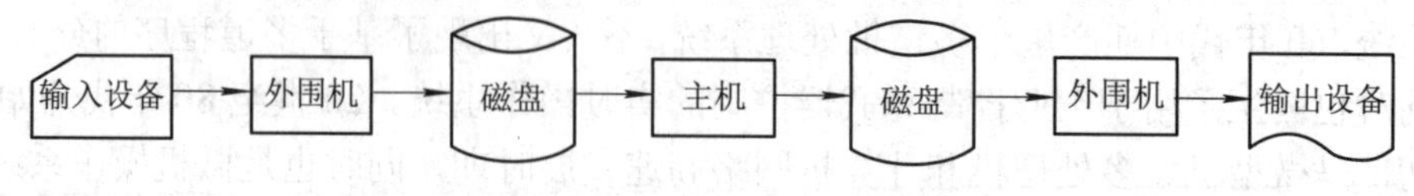

图6.4　脱机输入/输出操作

2. 单道批处理系统

20世纪50年代中期发明了晶体管，人们开始用晶体管替代电子管，于是出现了第二代计算机。它不仅使计算机的体积大大减小，功耗显著降低，同时可靠性也得到大幅度提高，使计算机已具有推广应用的价值，但计算机系统仍非常昂贵。为了能充分地利用它，应尽量让该系统连续运行，以减少空闲时间。为此，通常是把一批作业以脱机方式输入到磁带上，并在系统中配上监督程序(Monitor)，在它的控制下使这批作业能一个接一个地连续处理。由于系统对作业的处理都是成批地进行的，且在内存中始终只保持一道作业，故称此系统为单道批处理系统(Simple Batch Processing System)。

1) 单道批处理系统的处理过程

首先，由监督程序将磁带上的第一个作业装入内存，并把运行控制权交给该作业。当该作业处理完成时，又把控制权交还给监督程序，再由监督程序把磁带(盘)上的第二个作业调入内存。计算机系统就这样自动地一个作业一个作业地进行处理，直至磁带(盘)上的所有作业全部完成，这样便形成了早期的批处理系统。图6.5展示了单道批处理系统的处理流程。

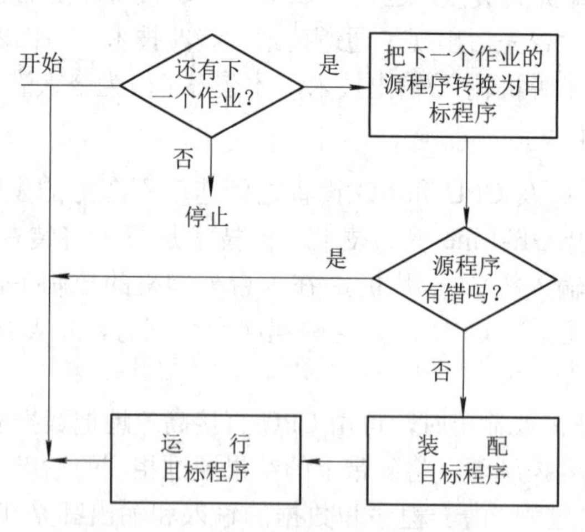

图6.5　单道批处理系统的处理流程

2) 单道批处理系统的特征

单道批处理系统是最早出现的一种操作系统。严格地说，它只能算作是操作系统的前身，而并不是现在人们所理解的操作系统。尽管如此，该系统比起人工操作方式的系统已有很大进步。该系统的主要特征如下：

(1) 自动性。在顺利情况下，在磁带上的一批作业能自动地逐个地依次运行，而无须人工干预。

(2) 顺序性。磁带上的各道作业是顺序地进入内存，各道作业的完成顺序与它们进入内存的顺序，在正常情况下应完全相同，亦即先调入内存的作业先完成。

(3) 单道性。内存中仅有一道程序运行，即监督程序每次从磁带上只调入一道程序进入内存运行，当该程序完成或发生异常情况时，才换入其后继程序进入内存运行。

单道批处理系统是在解决人机矛盾以及CPU与I/O设备速度不匹配问题的过程中形成的。换言之，批处理系统旨在提高系统资源的利用率和系统吞吐量。但这种单道批处理系统仍然不能很好地利用系统资源，故现已很少使用。

3. 多道批处理系统

20 世纪 60 年代中期，人们开始利用小规模集成电路来制造计算机，生产出第三代计算机。由 IBM 公司生产的第一台小规模集成电路计算机——360 机，较之于晶体管计算机，无论在体积、功耗、速度和可靠性上，都有了显著的改善。IBM 公司虽然在开发 360 机使用的操作系统时，为能在机器上运行多道程序而遇到了极大的困难，但最终还是成功地开发出能在一台机器中运行多道程序的操作系统 OS/360。

1) 多道程序设计的基本概念

在单道批处理系统中，内存中仅有一道作业，它无法充分利用系统中的所有资源，致使系统性能较差。为了进一步提高资源的利用率和系统吞吐量，在 20 世纪 60 年代中期又引入了多道程序设计技术，由此而形成了多道批处理系统(Multiprogrammed Batch Processing System)。在该系统中，用户所提交的作业都先存放在外存上并排成一个队列，称为“后备队列”；然后，由作业调度程序按一定的算法从后备队列中选择若干个作业调入内存，使它们共享 CPU 和系统中的各种资源。具体地说，在操作系统中引入多道程序设计技术可带来以下好处：

(1) 提高了 CPU 的利用率。当内存中仅有一道程序时，每逢该程序在运行中发出 I/O 请求后，CPU 空闲，必须在其 I/O 完成后 CPU 才继续运行；尤其因 I/O 设备的低速性，更使 CPU 的利用率显著降低。图 6.6(a)即单道程序的运行情况，从图中可以看出 I/O 操作时 CPU 空闲。在引入多道程序设计技术后，由于同时在内存中装有若干道程序，并使它们交替地运行，这样，当正在运行的程序因 I/O 而暂停执行时，系统可调度另一道程序运行，从而保持了 CPU 处于忙碌状态。图 6.6(b)即多道程序的运行情况。

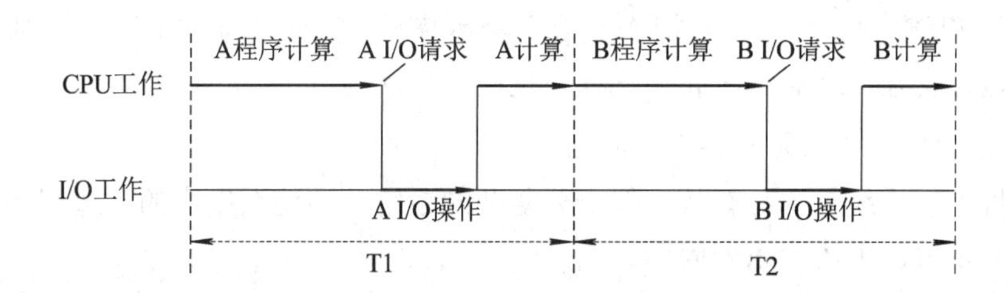

(a) 单道程序运行情况

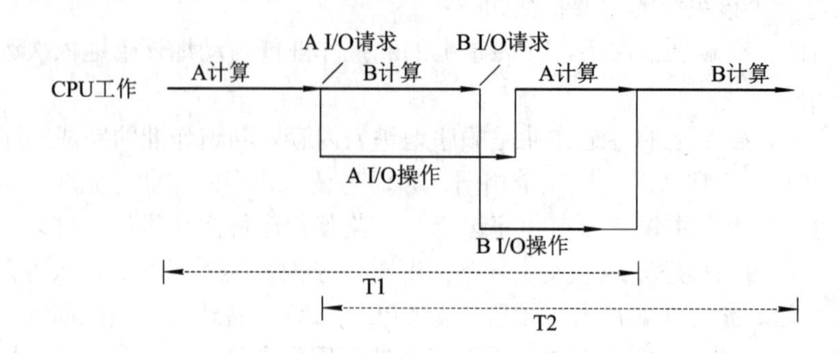

(b) 多道程序运行情况

图 6.6　单道和多道程序运行情况

(2) 提高了内存和I/O设备利用率。为了能运行较大的作业，通常内存都具有较大容量，但由于80%以上的作业都属于中小型，因此在单道程序环境下，也必定造成内存的浪费。类似地，对于系统中所配置的多种类型的I/O设备，在单道程序环境下也不能充分利用。如果允许在内存中装入多道程序，并允许它们并发执行，则无疑会大大提高内存和I/O设备的利用率。

(3) 增加了系统吞吐量。在保持CPU、I/O设备不断忙碌的同时，也必然会大幅度地提高系统的吞吐量，从而降低作业加工所需的费用。

2) 多道批处理系统的优缺点

从20世纪60年代出现多道批处理系统至今，多道批处理系统仍然在大多数大、中、小型机中都有配置和使用，说明它具有其他类型操作系统所不具有的优点。多道批处理系统的主要优缺点如下：

(1) 资源利用率高。由于在内存中驻留了多道程序，它们共享资源，可保持资源处于忙碌状态，从而使各种资源得以充分利用。

(2) 系统吞吐量大。系统吞吐量是指系统在单位时间内所完成的总工作量。能提高系统吞吐量的主要原因可归结为：第一，CPU和其他资源保持“忙碌”状态；第二，仅当作业完成时或运行不下去时才进行切换，系统开销小。

(3) 平均周转时间长。作业的周转时间是指从作业进入系统开始，直至其完成并退出系统为止所经历的时间。在批处理系统中，由于作业要排队，依次进行处理，因此作业的周转时间较长，通常需几个小时，甚至几天。

(4) 无交互能力。用户一旦把作业提交给系统后，直至作业完成，用户都不能与自己的作业进行交互，这对修改和调试程序是极不方便的。

3) 多道批处理系统需要解决的问题

多道批处理系统是一种有效、但十分复杂的系统。为使系统中的多道程序间能协调地运行，必须解决下述一系列问题。

(1) 处理机管理问题。在多道程序之间，应如何分配被它们共享的处理机，使CPU既能满足各程序运行的需要，又能提高处理机的利用率，以及一旦把处理机分配给某程序后，又应在何时收回等一系列问题，属于处理机管理问题。

(2) 内存管理问题。应如何为每道程序分配必要的内存空间，使它们“各得其所”且不致因相互重叠而丢失信息，以及应如何防止因某道程序出现异常情况而破坏其他程序等问题，就是内存管理问题。

(3) I/O 设备管理问题。系统中可能具有多种类型的 I/O 设备供多道程序所共享，应如何分配这些 I/O 设备，如何做到既方便用户对设备的使用，又能提高设备的利用率，这就是 I/O 设备管理问题。

(4) 文件管理问题。在现代计算机系统中，通常都存放着大量的程序和数据(以文件形式存在)，应如何组织这些程序和数据，才能使它们既便于用户使用，又能保证数据的安全性和一致性，这些属于文件管理问题。

(5) 作业管理问题。对于系统中的各种应用程序，其中有的属于计算型，即以计算为主的程序；有的属于 I/O 型，即以 I/O 为主的程序；有些作业既重要又紧迫；而有的作业则要求系统能及时响应。因此，应如何组织这些作业，这便是作业管理问题。

4. 分时系统

分时系统(Time Sharing System)与多道批处理系统之间有着截然不同的性能差别，它能很好地将一台计算机提供给多个用户同时使用，提高计算机的利用率。分时系统是指在一台主机上连接了多个带有显示器和键盘的终端，同时允许多个用户通过自己的终端，以交互方式使用计算机，共享主机中的资源。

1) 分时系统的产生

分时系统被经常应用于查询系统中，满足多个查询用户的需求。用户的需求具体表现在以下 3 个方面：

(1) 人机交互。每当程序员写好一个新程序时，都需要上机进行调试。由于新编程序难免有些错误或不当之处需要修改，因此希望能像早期使用计算机时一样对它进行直接控制，并能以边运行边修改的方式，对程序中的错误进行修改。

(2) 共享主机。在 20 世纪 60 年代计算机非常昂贵，不可能像现在这样每人独占一台计算机，而只能是由多个用户共享一台计算机，但用户在使用计算机时应能够像自己独占计算机一样，不仅可以随时与计算机交互，而且应感觉不到其他用户也在使用该计算机。

(3) 便于用户上机。在多道批处理系统中，用户上机前必须把自己的作业邮寄或亲自送到机房。这对于用户尤其是远地用户来说是十分不便的。用户希望能通过自己的终端直接将作业传送到机器上进行处理，并能对自己的作业进行控制。

第一台真正的分时操作系统(Compatable Time Sharing System，CTSS)是由麻省理工学院开发成功的。继 CTSS 成功后，麻省理工学院又和贝尔实验室、通用电气公司联合开发出多用户多任务操作系统——MULTICS，该机器能支持数百用户。值得一提的是，参加 MULTICS 研制的贝尔实验室的 Ken Thempson，在 PDP-7 小型机上开发出一个简化的 MULTICS 版本，它就是当今广为流行的 UNIX 操作系统的前身。

2) 分时系统实现中的关键问题

为实现分时系统，必须解决一系列问题。其中最关键的问题是如何使用户能与自己的作业进行交互，即当用户在自己的终端上键入命令时，系统应能及时接收并及时处理该命令，再将结果返回给用户。此后，用户可继续键入下一条命令。应强调指出，即使有多个用户同时通过自己的键盘键入命令，系统也应能全部地及时接收并处理这些命令。

(1) 及时接收。要及时接收用户键入的命令或数据并不困难，为此，只需在系统中配置一个多路卡。例如，当要在主机上连接 8 个终端时，须配置一个 8 用户的多路卡。多路卡的作用是使主机能同时接收各用户从终端上输入的数据。此外，还须为每个终端配置一个缓冲区，用来暂存用户键入的命令(或数据)。

(2) 及时处理。人机交互的关键是当用户键入命令后能及时地控制自己作业的运行，或修改自己的作业。为此，各个用户的作业都必须被调入内存，且应能快速轮流获得处理机并得以运行；否则，用户键入的命令将无法作用到自己的作业上。

前面介绍的批处理系统是无法实现人机交互的。因为通常大多数作业都还驻留在外存上，即使是已调入内存的作业，也经常要经过较长时间的等待后方能运行，因此用户键入的命令很难及时作用到自己的作业上。

由此可见，为实现人机交互，必须彻底地改变原来批处理系统的运行方式。首先，用户作业不能先进入磁盘，然后再调入内存。因为作业在磁盘上不能运行，当然用户也无法与机器交互，因此，作业应直接进入内存。其次，不允许一个作业长期占用处理机，直至它运行结束或出现 I/O 请求后，方才调度其他作业运行。为此，应该规定每个作业只运行一个很短的时间(如 0.1 s，通常把这段时间称为时间片)，然后便暂停该作业的运行，并立即调度下一个程序运行。如果在不长的时间(如 3 s)内能使所有的用户作业都执行一次(一个时间片的时间)，便可使每个用户都能及时地与自己的作业交互，从而可使用户的请求得到及时响应。

3) 分时系统的特征

分时系统与多道批处理系统相比，具有非常明显的不同特征，由上所述可以归纳成以下 4 个特点：

(1) 多路性。允许在一台主机上同时连接多台联机终端，系统按分时原则为每个用户服务。宏观上，是多个用户同时工作，共享系统资源；而微观上，则是每个用户作业轮流运行一个时间片。多路性即同时性，它提高了资源利用率，降低了使用费用，从而促进了计算机更广泛的应用。

(2) 独立性。每个用户各占一个终端，彼此独立操作，互不干扰。因此，用户所感觉到的，就像是他一人独占主机。

(3) 及时性。用户的请求能在很短的时间内获得响应。此时间间隔是以人们所能接受的等待时间来确定的，通常仅为 1～3 s。

(4) 交互性。用户可通过终端与系统进行广泛的人机对话。其广泛性表现在：用户可以请求系统提供多方面的服务，如文件编辑、数据处理和资源共享等。

5. 实时系统

所谓“实时”，是表示“及时”，而实时系统(Real Time System)是指系统能及时(或即时)响应外部事件的请求，在规定的时间内完成对该事件的处理，并控制所有实时任务协调一致地运行。

1) 应用需求

虽然多道批处理系统和分时系统已能获得较为令人满意的资源利用率和响应时间，从而使计算机的应用范围日益扩大，但它们仍然不能满足以下某些应用领域的需要。

(1) 实时控制。当把计算机用于生产过程的控制，形成以计算机为中心的控制系统时，系统要求能实时采集现场数据，并对所采集的数据进行及时处理，进而自动地控制相应的执行机构，使某些参数(如温度、压力、方位等)能按预定的规律变化，以保证产品的质量和提高产量。类似地，也可将计算机用于对武器的控制，如火炮的自动控制系统、飞机的自动驾驶系统，以及导弹的制导系统等。此外，随着大规模集成电路的发展，已生产出各种类型的芯片，并可将这些芯片嵌入到各种仪器和设备中，用来对设备的工作进行实时控制，这就构成了所谓的智能仪器和设备。在这些设备中也需要配置某种类型的、能进行实时控制的系统。通常把用于进行实时控制的系统称为实时系统。

(2) 实时信息处理。通常，人们把用于对信息进行实时处理的系统称为实时信息处理系统。该系统由一台或多台主机通过通信线路连接到成百上千个远程终端上，计算机接收从远程终端上发来的服务请求，根据用户提出的请求对信息进行检索和处理，并在很短的时间内为用户做出正确的响应。典型的实时信息处理系统有飞机或火车的订票系统、情报检索系统等。

2) 实时任务

在实时系统中必然存在着若干个实时任务，这些任务通常与某些外部设备相关，能控制相应的外部设备，因此带有某种程度的紧迫性。可从不同的角度对实时任务加以分类。

按任务执行时是否呈现周期性来划分，可分为周期性实时任务和非周期性实时任务。其中，周期性实时任务指外部设备周期性地发出激励信号给计算机，要求它按指定周期循环执行，以便周期性地控制某外部设备；而非周期性实时任务是指外部设备所发出的激励信号并无明显的周期性，但都必须联系着一个截止时间(Deadline)。它又可分为开始截止时间(某任务在某时间以前必须开始执行)和完成截止时间(某任务在某时间以前必须完成)两部分。

根据对截止时间的要求来划分，可分为硬实时任务(Hard Real-Time Task)和软实时任务(Soft Real-Time Task)。其中，硬实时任务指系统必须满足任务对截止时间的要求，否则可能出现难以预测的结果；而软实时任务也联系着一个截止时间，但并不严格，若偶尔错过了任务的截止时间，对系统产生的影响也不会太大。

3) 实时系统与分时系统特征的比较

实时系统有着与分时系统相似但并不完全相同的特点，可从以下 5 个方面进行比较：

(1) 多路性。实时信息处理系统也按分时原则为多个终端用户服务。实时控制系统的多路性主要表现在系统周期性地对多路现场信息进行采集，以及对多个对象或多个执行机构进行控制。分时系统中的多路性与用户情况有关，时多时少。

(2) 独立性。实时系统与分时系统一样具有独立性。每个终端用户在向实时系统提出服务请求时，都是彼此独立操作、互不干扰的；在实时系统中，对信息的采集和对对象的控制也都是彼此互不干扰的。

(3) 及时性。实时信息处理系统对实时性的要求与分时系统类似，都是以人所能接受的等待时间来确定的；实时控制系统的及时性是以控制对象所要求的开始截止时间或完成截止时间来确定的，一般为秒级到毫秒级，甚至有的要低于 100 μs。

(4) 交互性。实时信息处理系统虽然也具有交互性，但这里人与系统的交互仅限于访问系统中某些特定的专用服务程序。它不像分时系统那样能向终端用户提供数据处理和资源共享等服务。

(5) 可靠性。分时系统虽然也要求系统可靠，但相比之下，实时系统要求系统具有高度的可靠性。因为任何差错都可能带来巨大的经济损失，甚至是无法预料的灾难性后果，所以在实时系统中，往往都采取了多级容错措施来保障系统的安全性及数据的安全性。

6.2 操作系统的功能

操作系统的主要任务是为多道程序的运行提供良好的运行环境，以保证多道程序能有条不紊地、高效地运行，并能最大程度地提高系统中各种资源的利用率和方便用户的使用。为实现上述任务，操作系统应具有以下 4 个方面的功能：处理机管理、存储器管理、设备管理和文件管理。为了方便用户使用操作系统，还须向用户提供方便的用户接口。此外，由于当今网络已相当普及，已有愈来愈多的计算机接入网络中，为了方便计算机联网，又在操作系统中增加了面向网络的服务功能。

6.2.1 处理机管理功能

在传统的多道程序系统中，处理机的分配和运行都是以进程为基本单位的，因此对处理机的管理可归结为对进程的管理。进程是一个具有一定独立功能的程序关于某个数据集合的一次运行活动。它是操作系统动态执行的基本单元，在传统的操作系统中，进程既是基本的分配单元，也是基本的执行单元。在引入了线程的操作系统中，也包含对线程的管理。处理机管理的主要功能是创建和撤销进程(线程)，对多进程(线程)的运行进行协调，实现进程(线程)之间的信息交换，以及按照一定的算法把处理机分配给进程(线程)。

1. 进程控制

在传统的多道程序环境下，要使作业运行，必须先为它创建一个或几个进程，并为之分配必要的资源。当进程运行结束时，立即撤销该进程，以便能及时回收该进程所占用的各类资源。进程控制的主要功能是为作业创建进程，撤销已结束的进程，以及控制进程在运行过程中的状态转换。

进程执行时的间断性，决定了进程可能具有多种状态，进程的运行情况如图 6.7 所示。

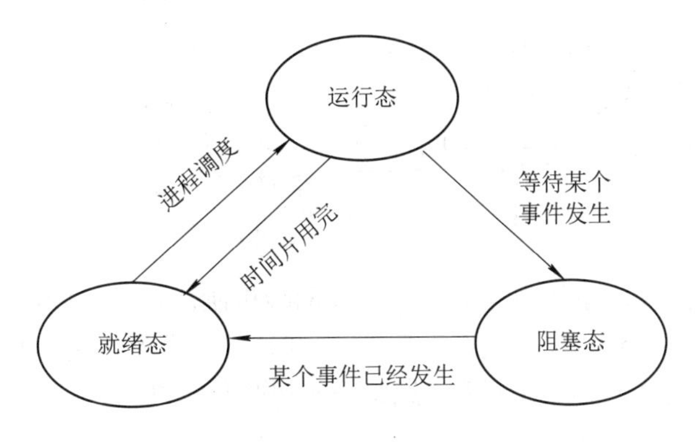

图 6.7 进程运行情况

运行中的进程可能具有以下 3 种基本状态：

(1) 就绪状态(Ready)。进程已获得除处理器外的所需资源，等待分配处理器资源；只要分配了处理器进程就可执行。就绪进程可以按多个优先级来划分队列。例如，当一个进程由于时间片用完而进入就绪状态时，排入低优先级队列；当进程由 I/O 操作完成而进入就绪状态时，排入高优先级队列。

(2) 运行状态(Running)。进程占用处理器资源；处于此状态的进程的数目小于等于处理器的数目。在没有其他进程可以执行时(如所有进程都在阻塞状态)，通常会自动执行系统的空闲进程。

(3) 阻塞状态(Blocked)。由于进程等待某种条件(如 I/O 操作或进程同步)，在条件满足之前无法继续执行。该事件发生前即使把处理器资源分配给该进程，也无法运行。

在现代操作系统中，进程控制还应具有为一个进程创建若干个线程的功能和撤销(终止)已完成任务的线程的功能。通常在一个进程中可以包含若干个线程，它们可以利用进程所拥有的资源。在引入线程的操作系统中，通常都是把进程作为分配资源的基本单位，而把线程作为独立运行和独立调度的基本单位。由于线程比进程更小，基本上不拥有系统资源，故对它的调度所付出的开销就会小得多，能更高效地提高系统内多个程序间并发执行的程度。

2. 进程同步

进程是以异步方式运行的，并以人们不可预知的速度向前推进。为使多个进程能有条不紊地运行，系统中必须设置进程同步机制。进程同步的主要任务是为多个进程(含线程)的运行进行协调。有两种协调方式：

(1) 进程互斥方式。多进程(线程)在对临界资源进行访问时，应采用互斥方式，避免死锁的产生，如图 6.8 所示。

(2) 进程同步方式。这是指在相互合作去完成共同任务的诸进程(线程)间，由同步机构对它们的执行次序加以协调。

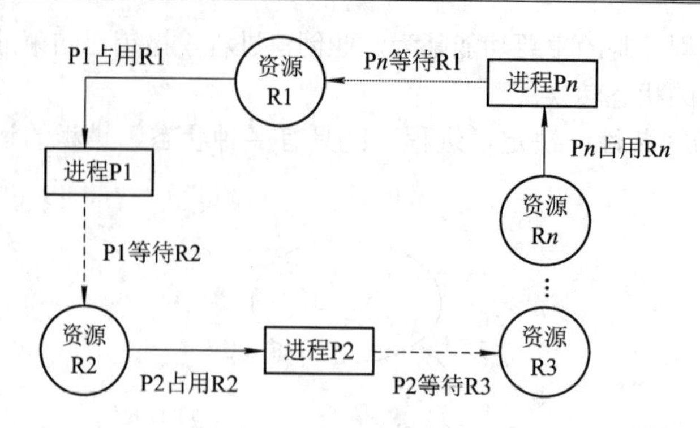

图 6.8　死锁

为了实现进程同步，系统中必须设置进程同步机制。最简单的用于实现进程互斥的机制是为每一个临界资源配置一把锁 W，当锁打开时，进程(线程)可以对该临界资源进行访问；而当锁关上时，则禁止进程(线程)访问该临界资源。而实现进程同步的最常用的机制则是信号量机制。

3. 进程通信

在多道程序环境下，为了加速应用程序的运行，应在系统中建立多个进程，并且再为一个进程建立若干个线程，由这些进程(线程)相互合作去完成一个共同的任务。而在这些进程(线程)之间，又往往需要交换信息。例如，有 3 个相互合作的进程，它们是输入进程、计算进程和打印进程。输入进程负责将所输入的数据传送给计算进程；计算进程利用输入数据进行计算，并把计算结果传送给打印进程；最后，由打印进程把计算结果打印出来。进程通信的任务就是实现相互合作的进程之间的信息交换。

根据交换信息量的多少和效率的高低，进程通信分为低级通信和高级通信。低级通信的特点是传送信息量小、效率低，每次通信传递的信息量固定，若传递较多信息则需要进行多次通信。高级通信可以提高通信的效率，传递大量数据，减轻程序编制的复杂度。高级通信有 3 种方式：共享内存模式、消息传递模式和共享文件模式。

4. 调度

在后备队列上等待的每个作业都需经过调度才能执行。在传统的操作系统中，调度分为作业调度和进程调度两步。

(1) 作业调度。作业调度的基本任务是从后备队列中按照一定的算法，选择出若干个作业，为它们分配运行所需的资源(首先是分配内存)。在将它们调入内存后，便分别为它们建立进程，使它们都成为可能获得处理机的就绪进程，并按照一定的算法将它们插入就绪队列。

(2) 进程调度。进程调度的任务是从进程的就绪队列中，按照一定的算法选出一个进程，把处理机分配给它，并为它设置运行现场，使进程投入执行。值得指出的是，在多线程操作系统中，通常是把线程作为独立运行和分配处理机的基本单位，为此，须把就绪线程排成一个队列，每次调度时，从就绪线程队列中选出一个线程，把处理机分配给它。

6.2.2　存储器管理功能

存储器管理的主要任务是为多道程序的运行提供良好的环境，方便用户使用存储器，提高存储器的利用率以及能从逻辑上扩充内存。为此，存储器管理应具有内存分配、内存保护、地址映射和内存扩充等功能。

1. 内存分配

内存分配的主要任务是为每道程序分配内存空间，使它们“各得其所”；提高存储器的利用率，以减少不可用的内存空间；允许正在运行的程序申请附加的内存空间，以适应程序和数据动态增长的需要。

操作系统在实现内存分配时，可采取静态分配和动态分配两种方式。在静态分配方式中，每个作业的内存空间是在作业装入时确定的；在作业装入后的整个运行期间，不允许该作业再申请新的内存空间，也不允许作业在内存中“移动”。在动态分配方式中，每个作业所要求的基本内存空间也是在装入时确定的，但允许作业在运行过程中继续申请新的附加内存空间，以适应程序和数据的动态增长，也允许作业在内存中“移动”。

为了实现内存分配，在内存分配的机制中应具有如下的结构和功能：

(1) 内存分配数据结构。该结构用于记录内存空间的使用情况，作为内存分配的依据。

(2) 内存分配功能。系统按照一定的内存分配算法为用户程序分配内存空间，常用的分配算法有首次适应算法、循环首次适应算法、最佳适应算法和最坏适应算法。

(3) 内存回收功能。系统对于用户不再需要的内存，通过用户的释放请求去完成系统的回收功能。

2. 内存保护

内存保护的主要任务是确保每道用户程序都只在自己的内存空间内运行，彼此互不干扰；绝不允许用户程序访问操作系统的程序和数据；也不允许用户程序转移到非共享的其他用户程序中去执行。

为了确保每道程序都只在自己的内存区中运行，必须设置内存保护机制。一种比较简单的内存保护机制是设置两个界限寄存器，分别用于存放正在执行程序的上界和下界。系统须对每条指令所要访问的地址进行检查，如果发生越界，便发出越界中断请求，以停止该程序的执行。如果这种检查完全用软件实现，则每执行一条指令，便须增加若干条指令去进行越界检查，这将显著降低程序的运行速度。因此，越界检查都由硬件实现。当然，对发生越界后的处理，还须与软件配合来完成。

3. 地址映射

一个应用程序(源程序)经编译后，通常会形成若干个目标程序，这些目标程序再经过链接便形成了可装入程序。这些程序的地址都是从“0”开始的，程序中的其他地址都是相对于起始地址计算的。由这些地址所形成的地址范围称为“地址空间”，其中的地址称为“逻辑地址”或“相对地址”。此外，由内存中的一系列单元所限定的地址范围称为“内存空间”，其中的地址称为“物理地址”。

在多道程序环境下，每道程序不可能都从“0”地址开始装入内存，这就导致地址空间内的逻辑地址和内存空间中的物理地址不一致。为使程序能正确运行，存储器管理必须提供地址映射功能，以将地址空间中的逻辑地址转换为内存空间中与之对应的物理地址。该功能同样应在硬件的支持下完成，如图 6.9 所示。

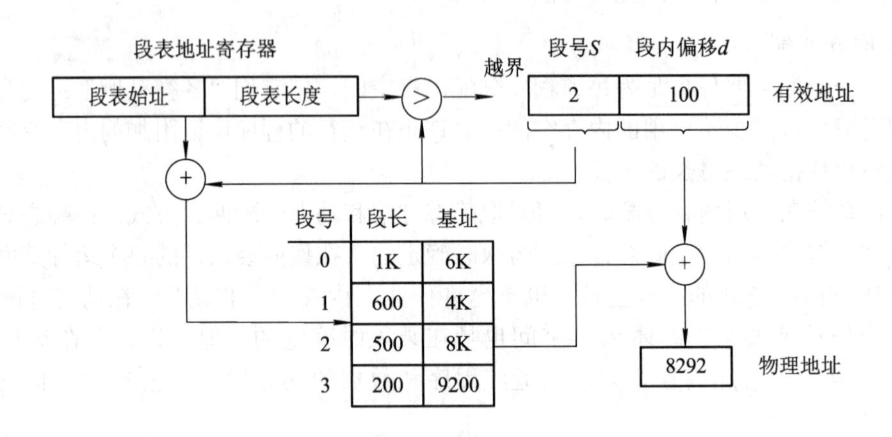

图 6.9　地址转换

4. 内存扩充

存储器管理中的内存扩充任务并不是扩大物理内存的容量，而是借助于虚拟存储技术，从逻辑上去扩充内存容量，使用户所感觉到的内存容量比实际内存容量大得多，以便让更多的用户程序并发运行。这样，只需增加少量的硬件，即可做到既满足了用户的需求，又改善了系统的性能。为了能在逻辑上扩充内存，操作系统必须具有内存扩充机制，用于实现下述功能：

(1) 请求调入功能。允许在装入一部分用户程序和数据的情况下，便能启动该程序运行。在程序运行过程中，若发现要继续运行时所需的程序和数据尚未装入内存，可向操作系统发出请求，由操作系统从磁盘中将所需部分调入内存，以便继续运行。

(2) 置换功能。若发现在内存中已无足够的空间来装入需要调入的程序和数据时，系统应能将内存中的一部分暂时不用的程序和数据调至磁盘上，以腾出内存空间，然后再将所需调入的部分装入内存。

6.2.3　设备管理功能

设备管理是指管理计算机系统中所有的外围设备(如图 6.10 所示)，其目的是完成用户进程提出的 I/O 请求，为用户进程分配所需的 I/O 设备，提高 CPU 和 I/O 设备的利用率，提高 I/O 速度，以及方便用户使用 I/O 设备。为实现上述任务，设备管理应具有缓冲管理、设备分配和设备处理等功能。

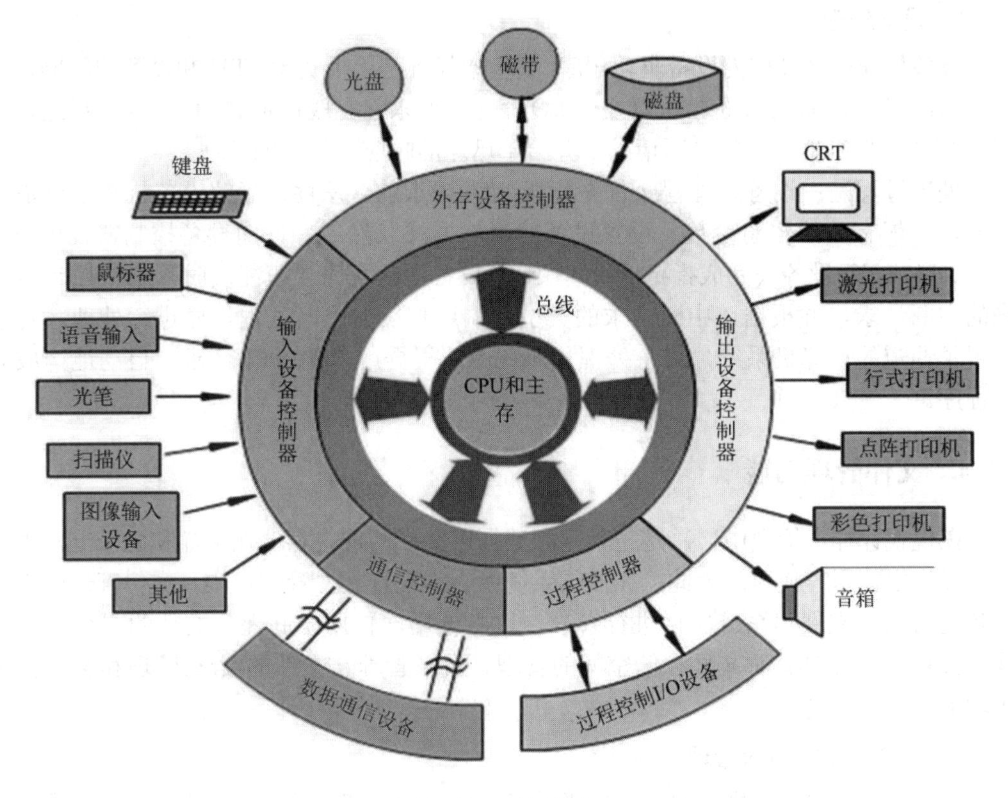

图 6.10　外围设备

1. 缓冲管理

CPU 运行的高速性和 I/O 低速性之间的矛盾自计算机诞生时便已存在了。而随着 CPU 速度迅速提高，使得此矛盾更为突出，严重地降低了 CPU 的利用率。如果在 I/O 设备和 CPU 之间引入缓冲，则可有效地缓和 CPU 与 I/O 设备之间速度不匹配的矛盾，提高 CPU 的利用率，进而提高系统吞吐量。因此，在现代计算机系统中，都无一例外地在内存中设置了缓冲区，而且还可通过增加缓冲区容量的方法来改善系统的性能。

对于不同的系统，可以采用不同的缓冲区机制。最常见的缓冲区机制有单缓冲机制、能实现双向同时传送数据的双缓冲机制，以及能供多个设备同时使用的公用缓冲池机制。上述这些缓冲区都将由操作系统中的缓冲管理机制来管理。

2. 设备分配

设备分配的基本任务是根据用户进程的 I/O 请求、系统的现有资源情况以及按照某种设备的分配策略，为之分配其所需的设备。如果在 I/O 设备和 CPU 之间还存在着设备控制器和 I/O 通道，则还须为分配出去的设备分配相应的控制器和通道。

为了实现设备分配，系统中应设置设备控制表、控制器控制表等数据结构，用于记录设备及控制器的标识符和状态。根据这些表格可以了解指定设备当前是否可用，是否忙碌，以供进行设备分配时参考。在进行设备分配时，应针对不同的设备类型而采用不同的设备分配方式。对于独占设备(临界资源)的分配，还应考虑到该设备被分配出去后系统是否安全。设备在使用完后，应立即由系统回收。

3. 设备处理

设备处理程序又称为设备驱动程序。其基本任务是用于实现 CPU 和设备控制器之间的通信，即由 CPU 向设备控制器发出 I/O 命令，要求它完成指定的 I/O 操作；反之，由 CPU 接收从控制器发来的中断请求，并给予迅速的响应和相应的处理。

处理过程是：设备处理程序首先检查 I/O 请求的合法性，了解设备状态是否是空闲的，了解有关的传递参数及设置设备的工作方式。然后，便向设备控制器发出 I/O 命令，启动 I/O 设备去完成指定的 I/O 操作。设备驱动程序还应能及时响应由控制器发来的中断请求，并根据该中断请求的类型，调用相应的中断处理程序进行处理。对于设置了通道的计算机系统，设备处理程序还应能根据用户的 I/O 请求，自动地构成通道程序。

6.2.4　文件管理功能

在现代计算机管理中，总是把程序和数据以文件的形式存储在磁盘和磁带上，供所有的或指定的用户使用。为此，在操作系统中必须配置文件管理机构。文件管理的主要任务是对用户文件和系统文件进行管理，以方便用户使用，并保证文件的安全性。为此，文件管理应具有对文件存储空间的管理、目录管理、文件的读/写管理和文件保护等功能。

1. 文件存储空间的管理

为了方便用户的使用，对于一些当前需要使用的系统文件和用户文件，都必须放在可随机存取的磁盘上。在多用户环境下，若由用户自己对文件的存储进行管理，不仅非常困难，而且也必然是十分低效的。因此，需要由文件系统对诸多文件及文件的存储空间实施统一的管理。其主要任务是为每个文件分配必要的外存空间，提高外存的利用率和文件系统的存、取速度。

为此，系统应设置相应的数据结构，用于记录文件存储空间的使用情况，以供分配存储空间时参考；系统还应具有对存储空间进行分配和回收的功能。为了提高存储空间的利用率，对存储空间的分配，通常是采用离散分配方式，以减少外存零头，并以盘块为基本分配单位。盘块的大小通常为 1～8 KB。

2. 目录管理

为了使用户能方便地在外存上找到自己所需的文件，通常由系统为每个文件建立一个目录项。目录项包括文件名、文件属性和文件在磁盘上的物理位置等。由若干个目录项又可构成一个目录文件。目录管理的主要任务是为每个文件建立其目录项，并对众多的目录项加以有效的组织，以实现方便地按名存取，即用户只需提供文件名便可对该文件进行存取。其次，目录管理还应能实现文件共享，这样，只需在外存上保留一份该共享文件的副本。此外，还应能提供快速的目录查询手段，以提高对文件的检索速度。

3. 文件的读/写管理

文件的读/写管理是根据用户的请求，从外存中读取数据，或将数据写入外存。在进行文件读(写)时，系统先根据用户给出的文件名去检索文件目录，从中获得文件在外存中的位置。然后，利用文件读(写)指针，对文件进行读(写)。一旦读(写)完成，便修改读(写)指针，为下一次读(写)做好准备。由于读和写操作不会同时进行，故可合用一个读/写指针。

4. 文件的保护

文件保护功能是为了防止系统中的文件被非法窃取和破坏，因此，在文件系统中必须提供有效的存取控制功能，以实现防止未经核准的用户存取文件、冒名顶替存取文件、以不正确的方式使用文件的目标。

6.2.5　操作系统与用户之间的接口

为了方便用户使用操作系统，操作系统提供了两种接口：用户接口和程序接口。其中用户接口是提供给用户使用的接口，用户可通过该接口取得操作系统的服务；程序接口是提供给程序员在编程时使用的接口，是用户程序取得操作系统服务的唯一途径。

1. 用户接口

为了便于用户直接或间接地控制自己的作业，操作系统向用户提供了命令接口。用户可通过该接口向作业发出命令以控制作业的运行。该接口又进一步分为联机用户接口和脱机用户接口。

1) 联机用户接口

该接口是为联机用户提供的，它由一组键盘操作命令及命令解释程序所组成。当用户在终端或控制台上每键入一条命令后，系统便立即转入命令解释程序，对该命令加以解释并执行该命令。在完成指定功能后，控制又返回到终端或控制台上，等待用户键入下一条命令。这样，用户可通过先后键入不同命令的方式，来实现对作业的控制，直至作业完成。

2) 脱机用户接口

该接口是为批处理作业的用户提供的，故也称为批处理用户接口，它由一组作业控制语言(Job Control Language，JCL)组成。批处理作业的用户不能直接与自己的作业交互信息，只能委托系统代替用户对作业进行控制和干预。这里的作业控制语言便是提供给批处理作业用户的，是为实现所需功能而委托系统代为控制的一种语言。用户用作业控制语言把需要对作业进行的控制和干预事先写在作业说明书上，然后将作业连同作业说明书一起提供给系统。当系统调度到该作业运行时，又调用命令解释程序，对作业说明书上的命令逐条地解释执行。如果作业在执行过程中出现异常现象，系统也将根据作业说明书上的指示进行干预。这样，作业一直在作业说明书的控制下运行，直至遇到作业结束语句时，系统才停止该作业的运行。

3) 图形用户接口

用户虽然可以通过联机用户接口来取得操作系统的服务，但这时要求用户能熟记各种命令的名字和格式，并严格按照规定的格式输入命令。这既不方便又花费时间，于是，另一种形式的联机用户接口——图形用户接口便应运而生。

图形用户接口采用了图形化的操作界面，用非常容易识别的各种图标(Icon)将系统的各项功能、各种应用程序和文件直观、逼真地表示出来。用户可用鼠标或通过菜单和对话框来完成对应用程序和文件的操作。此时用户已完全不必像使用命令接口那样去记住命令名及格式，从而把用户从烦琐且单调的操作中解脱出来。

图形用户接口可以方便地将文字、图形和图像集成在一个文件中。可以在文字型文件中加入一幅或多幅彩色图画，也可以在图画中写入必要的文字，而且还可进一步将图画、文字和声音集成在一起。20 世纪 90 年代以后推出的主流操作系统都提供了图形用户接口。

2. 程序接口

该接口是为应用程序访问系统资源而设置的，是应用程序取得操作系统服务的唯一途径。它是由一组系统调用组成，每一个系统调用都是一个能完成特定功能的子程序，每当应用程序要求操作系统提供某种服务(功能)时，便调用具有相应功能的系统调用。早期的系统调用都是用汇编语言提供的，只有在用汇编语言书写的程序中才能直接使用系统调用；但在高级语言以及 C 语言中，往往提供了与各系统调用一一对应的库函数，这样，应用程序便可通过调用对应的库函数来使用系统调用。但在近几年所推出的操作系统中，如 UNIX、OS/2 版本中，其系统调用本身已经采用 C 语言编写，并以函数形式提供，故在用 C 语言编制的程序中，可直接使用系统调用。

6.3 常用操作系统介绍

超大规模集成电路和计算机体系结构的发展，以及应用需求的不断扩大，推动了操作系统的快速发展。由此先后形成了微机操作系统、网络操作系统、手机操作系统等多种类型的操作系统。

配置在微型机上的操作系统称为微机操作系统。最早诞生的微机操作系统是配置在 8 位微机上的 CP/M。后来出现了 16 位微机，相应地，16 位微机操作系统也就应运而生。当微机发展为 32 位、64 位时，32 位和 64 位微机操作系统也应运而生。常见的微机操作系统有如下几类：

1. 单用户单任务操作系统

单用户单任务操作系统的含义是，同一时间只允许一个用户上机，且只允许用户程序作为一个任务运行。这是最简单的微机操作系统，主要配置在 8 位和 16 位微机上。最有代表性的单用户单任务微机操作系统是 CP/M 和 MS-DOS。

1) CP/M

1974 年第一代通用 8 位微处理机芯片 Intel 8080 出现后的第二年，Digital Research 公司就开发出带有软盘系统的 8 位微机操作系统。1977 年 Digital Research 公司对 CP/M 进行了重写，使其可配置在以 Intel 8080/8085、Z80 等 8 位芯片为基础的多种微机上。1979 年又推出带有硬盘管理功能的 CP/M 2.2 版本。由于 CP/M 具有较好的体系结构，可适应性强，且具有可移植性以及易学易用等优点，使之在8位微机中占据了统治地位。

2) MS-DOS

1981年IBM公司首次推出了IBM-PC个人计算机(16位微机)，采用了微软公司开发的操作系统MS-DOS(Disk Operating System)。MS-DOS在CP/M的基础上进行了较大的扩充，使其在功能上有了很大的增强。1983年IBM公司推出PC/AT(配有Intel 80286)个人计算机，相应地，微软又开发出与之相对应的MS-DOS 2.0版本，它不仅能支持硬盘设备，还采用了树形目录结构的文件系统。1987年又推出MS-DOS 3.3版本，从MS-DOS 1.0到3.3的DOS版本都属于单用户单任务操作系统，内存被限制在640 KB。从1989年到1993年又先后推出了多个MS-DOS版本，它们都可以配置在Intel 80386/80486等32位微机上。从20世纪80年代到90年代初，由于MS-DOS性能优越而受到当时用户的广泛欢迎，成为事实上的16位单用户单任务操作系统标准。

2. 单用户多任务操作系统

单用户多任务操作系统的含义是，只允许一个用户上机，但允许用户把程序分为若干个任务，使它们并发执行，从而有效地改善了系统的性能。在32位微机上配置的操作系统基本上都是单用户多任务操作系统，其中最有代表性的是由微软公司推出的Windows。1985年和1987年微软公司先后推出了Windows 1.0和Windows 2.0版本操作系统，由于当时的硬件平台还只是16位微机，对Windows 1.0和Windows 2.0版本不能很好地支持。1990年微软公司又发布了Windows 3.0版本，随后又宣布了Windows 3.1版本，它们主要是针对386和486等32位微机开发的，较之以前的操作系统有着重大的改进，引入了友善的图形用户界面，支持多任务和扩展内存的功能，使计算机更好使用，因此Windows从而成为386和486等微机的主流操作系统。

1995年微软公司推出了Windows 95，它较之以前的Windows 3.1有许多重大改进，采用了全32位的处理技术，并兼容以前的16位应用程序，在该系统中还集成了支持Internet的网络功能。1998年微软公司又推出了Windows 95的改进版Windows 98，它已是最后一个仍然兼容以前的16位应用程序的Windows版本，其最主要的改进是把微软公司自己开发的Internet浏览器整合到系统中，大大方便了用户上网浏览，另一个特点是增加了对多媒体的支持。2001年微软公司又发布了32位版本的Windows XP，同时提供了家用和商业工作站两种版本。2001年还发布了64位版本的Windows XP。2015年7月29日，微软公司正式发布计算机和平板电脑操作系统Windows 10。在开发上述Windows操作系统的同时，微软公司又开始开发网络操作系统Windows NT，它是针对网络开发的操作系统，在系统中融入了许多面向网络的功能。

3. 多用户多任务操作系统

多用户多任务操作系统的含义是，允许多个用户通过各自的终端使用同一台机器，共享主机系统中的各种资源，而每个用户程序又可进一步分为几个任务，使它们能并发执行，从而可进一步提高资源利用率和系统吞吐量。在大、中和小型机中所配置的大多是多用户多任务操作系统，而在32位微机上也有不少是配置的多用户多任务操作系统，其中最有代表性的是UNIX。

UNIX 是美国电报电话公司的 Bell 实验室在 1969—1970 年间开发的，1979 年推出来的 UNIX V.7 已被广泛应用于多种中、小型机上。随着微机性能的提高，人们又将 UNIX 移植到微机上。在 1980 年前后，微软公司将 UNIX 第 7 版本移植到 Motorola 公司的 MC 680xx 微机上，后来又将 UNIX V7.0 版本进行简化后移植到 Intel 8080 上，把它称为 Xenix。现在最有影响的两个能运行在微机上的 UNIX 操作系统的变形是 Solaris 和 Linux。

1) Solaria

SUN 公司于 1982 年推出的 Sun OS 1.0 是一个运行在 Motorola 680x0 平台上的 UNIX OS。在 1988 年宣布的 Sun OS 4.0 把运行平台从早期的 Motorola 680x0 平台迁移到 SPARC 平台，并开始支持 Intel 公司的 Intel 80x86；1992 年 Sun 公司发布了 Solaris 2.0；1998 年后，Sun 公司又推出 64 位操作系统 Solaris 2.7 和 2.8，这几款操作系统在网络特性、互操作性、兼容性以及易于配置和管理方面均有很大的提高。

2) Linux

Linux 是 UNIX 的一个重要变种，最初是由芬兰学生 Linus Torvalds 针对 Intel 80386 开发的。1991 年 Linus 在 Internet 上发布第一个 Linux 版本，由于开放了源代码，因此有很多人通过 Internet 与之合作，使 Linux 的性能迅速提高，其应用范围也日益扩大。相应地，源代码也急剧膨胀，此时它已是具有全面功能的 UNIX 系统，大量在 UNIX 上运行的软件(包括 1000 多种实用工具软件和大量的网络软件)被移植到 Linux 上，而且可以在主要的微机上运行，如 Intel 80x86 Pentium 等。

3) Mac OS

Mac OS 是一套由苹果公司开发的运行于 Macintosh 系列电脑上的操作系统，该系统是 1984 年由比尔·阿特金森、杰夫·拉斯金和安迪·赫茨菲尔德设计完成的。Mac OS 是商用领域的首个成功的图形用户界面操作系统，它基于 UNIX 的核心系统且增强了系统的稳定性，提升了系统的响应能力。它能通过对称多处理技术充分发挥双处理器的优势，提供无与伦比的 2D、3D 和多媒体图形性能以及广泛的字体支持和集成的 PDA 功能。其最新版本为 2020 年 11 月 13 日发布的 MacOS Big Sur。

6.4　应用案例——Windows 的使用

Microsoft 公司的 Windows 系列操作系统是目前应用最广泛的操作系统。在 Windows 系统中，采用的是事件驱动控制方式，用户通过动作来产生事件以驱动程序工作。事件实质就是发送给应用程序的一个消息，用户按键或点击鼠标等动作都会产生一个事件，通过中断系统引出事件驱动控制程序工作，对事件进行接收、分析、处理和清除。各种命令和系统中所有的资源，如文件、目录、打印机、磁盘、各种系统应用程序等都可以定义为一个菜单、一个按钮或一个图标，所有的程序都拥有窗口界面，窗口中所使用的滚动条、按钮、编辑框、对话框等各种操作对象都采用统一的图形显示方式和操作方法。用户可以通过鼠标(或键盘)点击操作选择所需要的菜单、图标或按钮，从而达到控制系统、运行某个程序和执行某个操作(命令)的目的。本节将简要介绍 Windows 系统的使用。

6.4.1　桌面、图标和任务栏

1. 桌面与图标

在运行 Windows 时，其操作都是在桌面进行的。所谓桌面，是指整个屏幕空间，即在运行 Windows 时用户所看到的屏幕。该桌面是由多个任务共享的。为了避免混淆，每个任务都通过各自的窗口显示其操作和运行情况，因此，Windows 允许在桌面上同时出现多个窗口。所谓窗口，是指屏幕上的一块矩形区域。应用程序(包括文档)可通过窗口向用户展示出系统所能提供的各种服务及其需要用户输入的信息。每个图标代表一个程序、文件和文件夹等，双击图标即可启动相应的应用程序或打开相应的文件或文件夹。用户可以在桌面上创建自己的图标。用户可通过窗口中的图标去查看和操纵应用程序或文档。

在面向字符的窗口中，并不提供图标。在面向图形的窗口中，图标也是作为图形用户接口中的一个重要元素。所谓图标，是代表一个对象的小图像，如代表一个文件夹或程序的图标，它是最小化的窗口。当用户暂时不用某窗口时，可利用鼠标去点击最小化按钮，即可将该窗口缩小为图标；而通过对该图标双击的操作，又可将之恢复为窗口。

2. 桌面上常见的图标

根据计算机设置的不同，在启动 Windows 时，其桌面左边也会出现一些不同的图标，如图 6.11 所示。

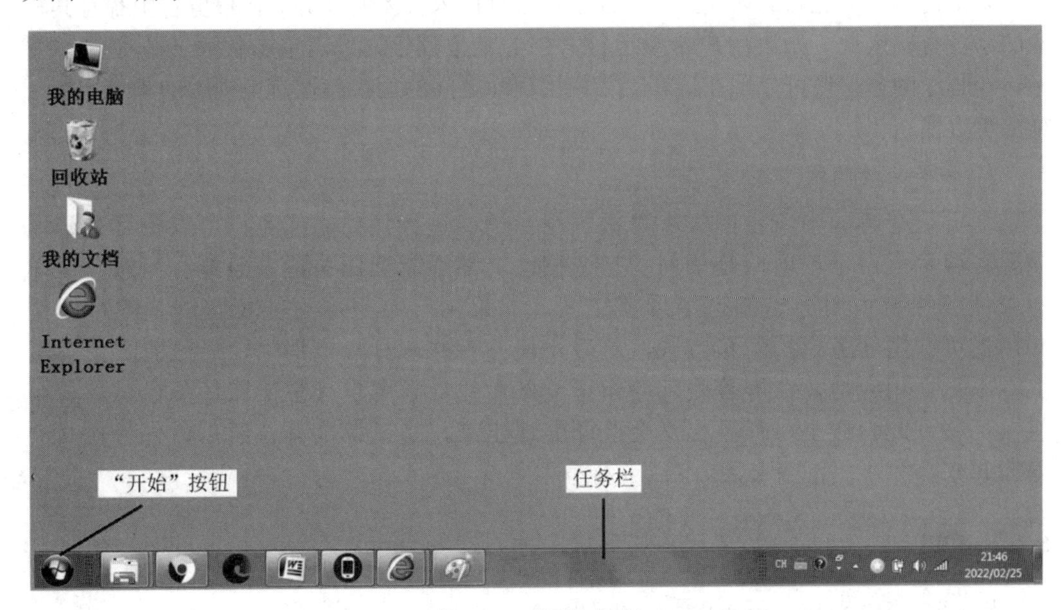

图 6.11　桌面与图标

在 Windows 桌面上比较常见的图标有以下几个：

(1) 我的电脑：双击此图标，桌面上将出现“我的电脑”窗口，并在窗口中会显现出用户计算机的所有资源。

(2) 回收站：该图标用于暂存用户所删除的文件及文件夹，以便在需要时将之恢复。

(3) 我的文档：该图标用于供用户存放自己建立的文件夹和文件。

(4) Internet Explorer(简称 IE)：这是 Microsoft 公司开发的 WWW(World Wide Web，万维网)浏览器。在用户电脑与 Internet 服务提供商 ISP 连接成功后，便可通过双击 IE 图标，实现对 Internet 中网页信息的浏览。

3. “开始”按钮和任务栏

在 Windows 桌面的下方，一般都设置了“开始”按钮和任务栏，并作为系统的默认设置。只要 Windows 在运行，其屏幕下方即可见到它。

1) “开始”按钮

“开始”按钮位于任务栏的左边。当用鼠标的左键单击“开始”按钮时，便可打开一个开始菜单，其中包括用户常用的工具软件和应用程序，如程序选项、文档选项、设置选项等。因此，用户会经常使用“开始”按钮来运行一个程序。如果用右键单击“开始”按钮，将打开一个快捷菜单，其中包括“资源管理器”选项。此外，在关闭机器之前，应先关闭 Windows，此时同样是单(左)击“开始”按钮，然后再单击菜单中的“关闭系统”选项。

2) 任务栏

设置任务栏的目的是帮助用户快速启动常用的程序，方便地切换当前的程序。因此，在任务栏中包含若干个常用的应用程序小图标，如用于实现英文输入或汉字拼音输入等的小图标、控制音量大小的小图标、查看和改变系统时钟的小图标等。

为了便于任务之间的切换，凡曾经运行过且尚未关闭的任务，在任务栏中都有其相应的小图标。因此，如果用户希望运行其中的某个程序，只需单击代表该程序的小图标，该程序的窗口便可显现在屏幕上。应用程序之间的切换就像看电视时的频道切换一样简单方便。

3) 任务栏的隐藏方式

任务栏在桌面中所占的大小可根据用户需要进行调整。任务栏可以始终完整地显现在屏幕上，不论窗口是如何切换或移动，都不能把任务栏覆盖掉。当然，这样一来任务栏将占用一定的可用屏幕空间。如果用户希望尽可能拓宽屏幕的可用空间，也可选用任务栏的隐藏方式，这时，任务栏并未真正被消除，只是暂时在屏幕上看不见，相应地，在屏幕底部会留下一条白线，当用户又想操作任务栏时，只需将鼠标移到此白线上，任务栏又会立即显现出来，当鼠标离开该线后，任务栏又会隐藏起来。

6.4.2 窗口

图 6.12 给出了 Windows 的一个典型窗口。

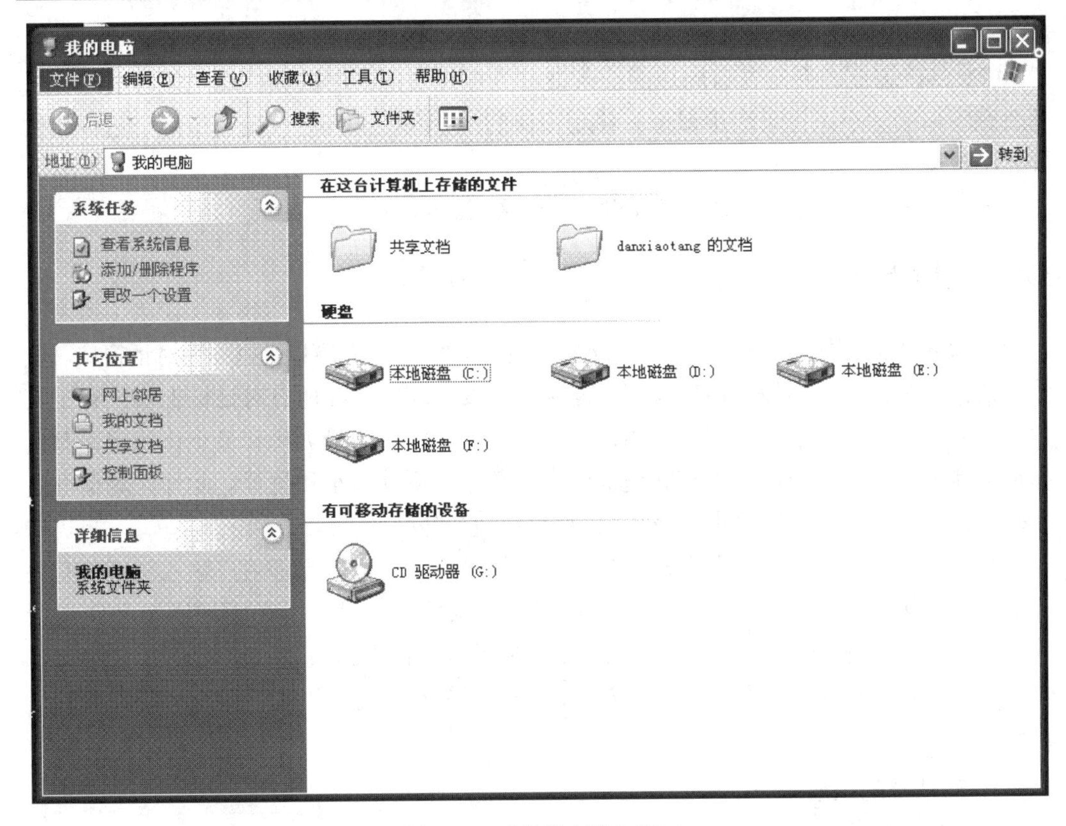

图 6.12 “我的电脑”窗口

在“我的电脑”窗口中包括如下诸元素：

(1) 标题栏和窗口标题。标题栏是位于窗口顶行的横条，其中含有窗口标题，即窗口名称，如“我的电脑”“我的文档”“控制面板”等。

(2) 菜单栏。通常，菜单栏位于窗口标题栏的下面，以菜单条的形式出现。在菜单条中列出了可选的各菜单项，用于提供各类不同的操作功能，比如在“我的电脑”窗口的菜单条中，有文件(F)、编辑(E)、查看(V)等菜单项。

(3) 工具栏。工具栏位于菜单栏的下方，其内容是各类可选工具。它由许多命令按钮组成，每一个按钮代表一种工具。例如，我们可利用删除命令按钮来删除一个文件或文件夹；可利用属性命令按钮来查看文件(夹)的属性，包括文件(夹)的类型、大小，在文件夹中包含多少文件和文件的大小等。

(4) 控制菜单按钮。控制菜单按钮位于窗口标题的左端，可用它打开窗口的控制菜单，在菜单中有用于实现窗口最大化、最小化、关闭等操作的选项按钮。

(5) 最大化、最小化和关闭按钮。在窗口标题栏的右边有 3 个按钮，单击其中的最大化按钮，可把窗口放大到最大(占据整个桌面)；当窗口已经最大化时，最大化按钮就变成还原按钮，单击之，又可将窗口还原为原来的大小；单击其中的最小化按钮，可将窗口缩小成图标；如需关闭该窗口，可单击关闭按钮。

(6) 滚动条。当窗口的大小不足以显示出整个文件(档)的内容时，可使用位于窗口底部或右边的滚动块(向右或向下移动)，以观察该文件(档)中的其余部分。

(7) 窗口边框。界定窗口周边的线条被称为窗口边框。用鼠标移动一条边框的位置可改变窗口的大小；也可利用鼠标去移动窗口的一个角，来同时改变窗口两个边框的位置，以改变窗口的位置和大小。

(8) 工作区域。窗口内部的区域称为工作区域。

6.4.3 对话框

对话框是在桌面上带有标题栏、输入框和按钮的一个临时窗口，也称为对话窗口。虽然对话框与窗口有些相似，但也有明显差别，主要表现为：在所有对话框上都没有工具栏，而且对话框的大小是固定不变的，因此也没有其相应的最大化和最小化按钮；对话框也不能像窗口那样用鼠标拖动其边框或窗口角来改变其大小和位置；此外，对话框是临时窗口，用完后便自动消失，或用取消命令将它消除。

对话框的主要用途是实现人机对话，即系统可通过对话框提示用户输入与任务有关的信息，比如提示用户输入要打开文件的名字、其所在目录、所在驱动器及文件类型等信息；或者供用户对对象的属性、窗口等的环境进行重新设置，比如设置文件的属性、设置显示器的颜色和分辨率、设置桌面的显示效果；还可以提供用户可能需要的信息等。

1. 对话框的组成

对话框也是一个窗口，它是用户输入和选择命令的窗口，一般包含有标题栏、选项卡与标签、文本框、列表框、下拉列表、数字框、单选按钮、复选框和命令按钮等，如图 6.13 所示。

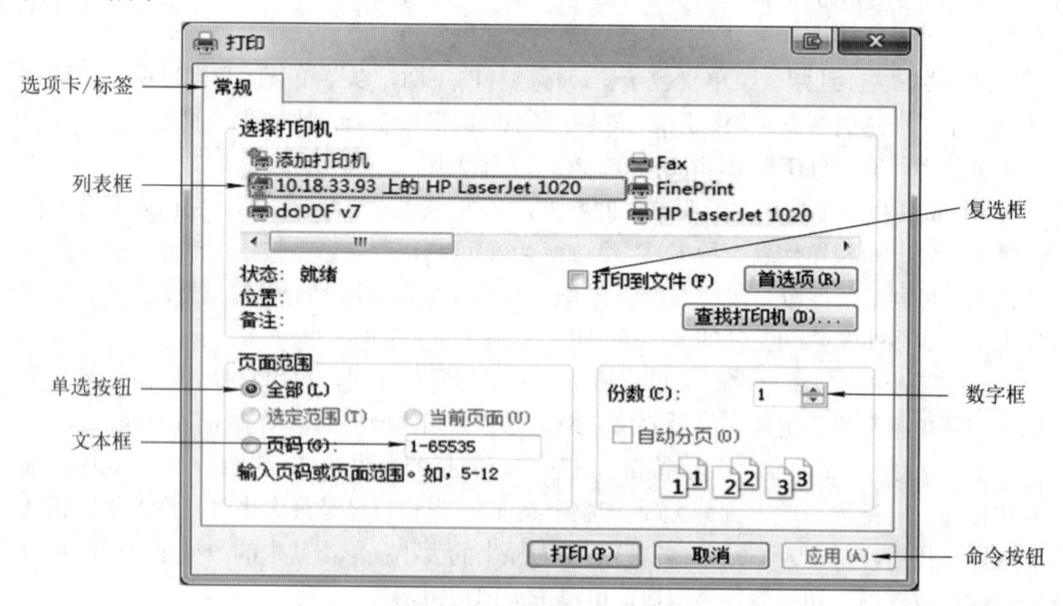

图 6.13 “打印”对话框

(1) 选项卡。在系统中有很多对话框都是由多个选项卡构成的，选项卡上写明了标签，以便于进行区分。用户可以通过各个选项卡之间的切换来查看不同的内容，在选项卡中通常有不同的选项组。选项卡的使用起到扩展窗口的作用。

(2) 文本框。文本框允许用户输入某项内容，还可以对各种输入内容进行修改和删除操作。一般在其右侧会带有向下的箭头，可以单击箭头在展开的下拉列表中查看最近曾经输入过的内容。

(3) 数字框。数字框允许用户输入数字，也可以通过向上、向下拉的三角进行增减。

(4) 列表框和下拉列表框。列表框和下拉列表框列出了众多的选项，用户可以从中选取，但是通常不能更改。

(5) 单选按钮。单选按钮通常是一个小圆形，其后面有相关的文字说明，当选中后，在圆形中间会出现一个绿色的小圆点，在对话框中通常是一个选项组中包含多个单选按钮，当选中其中一个后，别的选项是不可以选的。

(6) 复选框。复选框通常是一个小正方形，在其后面也有相关的文字说明，当用户选择后，在正方形中间会出现一个绿色的“√”标志，它是可以任意选择的。

(7) 命令按钮。命令按钮是指对话框中的圆角矩形并且带有文字的按钮，常用的有“确定”“应用”和“取消”等。

2. 对话框中栏目的切换

1) 在不同的选项卡之间的切换

通过用鼠标点击选项卡实现在不同选项卡之间的切换，或按 Ctrl + Tab 组合键完成从左到右切换各个选项卡，而 Ctrl + Tab + Shift 组合键为反向顺序切换。

2) 选项组的使用

直接用鼠标点击选项卡，或按 Tab 键在不同的选项卡间实现从左到右或从上到下的依次切换，而 Shift + Tab 键则按相反的次序切换。在相同的选项组之间的切换，可以使用键盘上的方向键来完成。

6.4.4 控制面板

控制面板允许查看并操作基本的系统设置和控制，如添加/删除程序、添加更改硬件、控制用户账户、更改辅助功能选项等。

1. 控制面板的使用

选择“开始”菜单中的“控制面板”选项，打开控制面板窗口，默认以“类别”的形式来显示功能菜单，如图 6.14 所示。控制面板分为系统和安全、用户账户和家庭安全、网络和 Internet、外观和个性化、硬件和声音、时钟、语言和区域、程序等类别，每个类别下会显示该类的具体功能选项。

除了“类别”，Windows 7 控制面板还提供了“大图标”和“小图标”的查看方式，只需点击控制面板右上角“查看方式”旁边的小箭头，从中选择自己喜欢的形式就可以了。利用地址栏和搜索栏能快速查找相关项目。

图 6.14　控制面板窗口

2. 查看和更改“系统和安全”设置

(1) 单击控制面板中的“系统和安全”图标，然后再选择“系统”图标(或者右键单击桌面上的“计算机”图标，在快捷菜单中选择“属性”命令)，可以查看基本的系统信息，如图 6.15 所示。

图 6.15　查看系统基本信息

(2) 单击左窗格中的“高级系统设置”，打开“系统属性”对话框，发现它包含多个选项卡，点击其中的“高级”选项卡，弹出如图6.16所示的窗口。通过“系统属性”对话框可以查看和更改工作组中的“计算机名”，查看和设置系统的虚拟内存，查看和设置用户配置文件，查看和设置远程桌面连接，查看和更新硬件的安装信息等。

图 6.16 “系统属性”对话框“高级”选项卡

3. 调整“鼠标”参数

在控制面板中选择“硬件和声音”，然后再选择“鼠标”，打开“鼠标属性”对话框，可以对鼠标的参数进行调整。

4. 管理“用户账户”

(1) 在控制面板中选择“用户账户和家庭安全”中的“用户账户”，进入“用户账户”窗口，如图6.17所示。

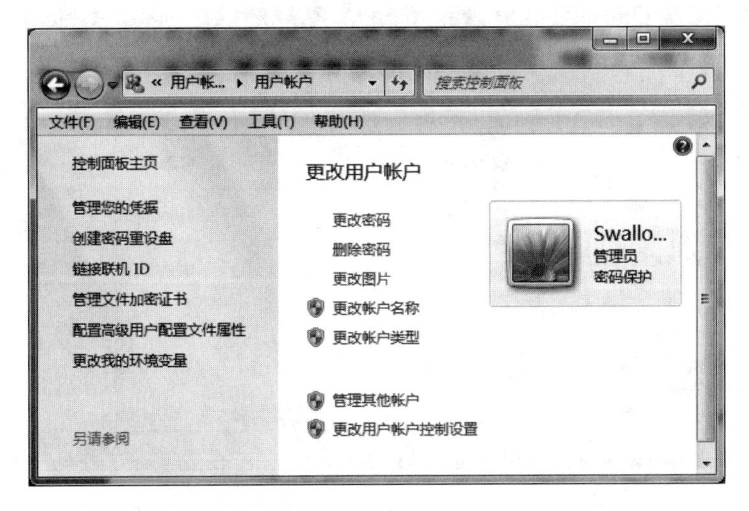

图 6.17 “用户账户”窗口

(2) 新建用户账户。单击窗口中的“管理其他账户”，出现“管理账户”窗口，如图 6.18 所示，再选择“创建一个新账户”，出现“创建新账户”窗口，输入新账户的名称，选择账户的类型，然后单击“创建账户”按钮即可。

图 6.18　“管理账户”窗口

(3) 更改用户账户。选中用户账户，可以更改密码、更改账户名称和账户类型。

(4) 删除账户。

【方法一】在图 6.16“用户账户”窗口中选择需要删除的账户，打开“更改账户”窗口，再选择“删除账户”即可，但不能删除第一个创建的计算机管理员账户。

【方法二】选择控制面板中的“系统和安全→管理工具→计算机管理”，打开“计算机管理”窗口，展开左窗格中的“本地用户和组”，选择“用户”，右窗格中显示所有的账户信息，如图 6.19 所示。选择要删除的账户，单击工具栏上的“删除”按钮(或在右键菜单中选择“删除”命令)即可。

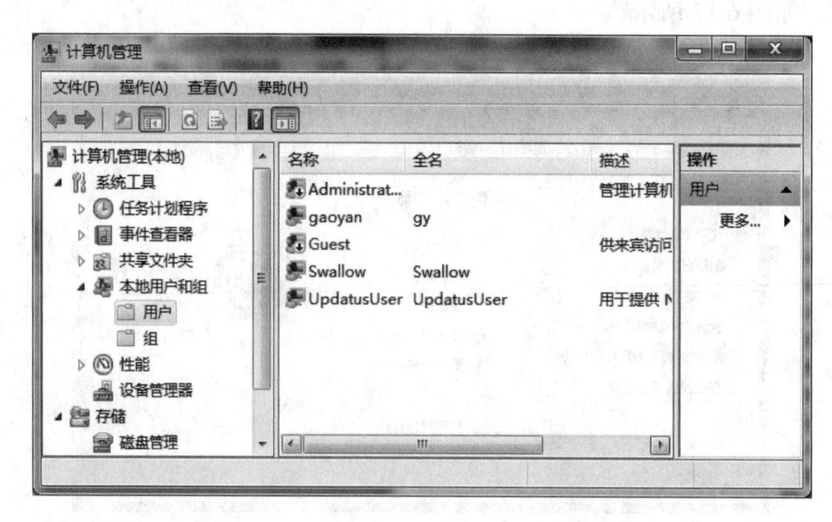

图 6.19　“计算机管理”窗口“用户”管理界面

5. 添加或删除程序

在控制面板中选择“程序”中的“程序和功能”，进入“程序和功能”窗口，如图6.20所示。窗口中列出了系统中已经安装的程序的名称、版本、安装时间等信息。选中需要卸载或更改的程序，单击“卸载”按钮，按系统提示卸载应用程序；单击“更改”按钮更改安装。

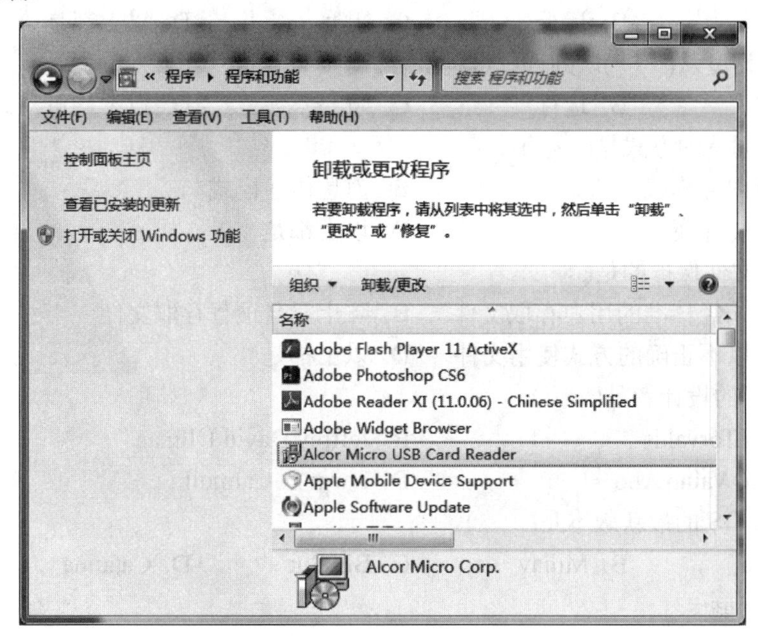

图 6.20 “程序和功能”窗口

本 章 小 结

本章首先回顾了操作系统的发展概况，分析了推动操作系统发展的主要因素，然后介绍了操作系统的主要功能，包括处理机管理、存储器管理、设备管理和文件管理，最后介绍了一些有代表性的常用操作系统，并以Windows操作系统为例，介绍了操作系统的基本功能及其使用。

习 题

一、单选题

1. 负责管理计算机软硬件资源的是(　　)。

A. 程序设计语言　　B. 数据库管理系统

C. 编译器　　D. 操作系统

2. 单道批处理系统的特点是(　　)。

A. 自动性　　B. 单道性　　C. 顺序性　　D. 以上都是

3. 第一个分时操作系统是(　　)。

A. MULTICS　　B. CTSS　　C. OS/360　　D. UNIX

4. 处理机分配和运行的基本单位是(　　)。

A. 程序　　B. 线程　　C. 进程　　D. 函数

5. 进程的状态是(　　)。

A. 就绪　　B. 运行　　C. 阻塞　　D. 以上都是

6. 进程调度从(　　)队列选择进程执行。

A. 就绪　　B. 运行　　C. 阻塞　　D. 以上均可

7. 高级通信的方式是(　　)。

A. 共享内存模式　　B. 消息传递模式

C. 共享文件模式　　D. 以上都是

8. 属于文件保护的是(　　)。

A. 防止未经核准的用户存取文件　　B. 防止冒名顶替存取文件

C. 防止以不正确的方式使用文件　　D. 以上都是

9. Linux 的设计者是(　　)。

A. Linus Torvalds　　B. Jeffrey David Ullman

C. Alfred Vaino Aho　　D. Dwin E. Catmull

10. Mac OS 的最新版本是(　　)。

A. Sierra　　B. Mojav　　C. Big Sur　　D. Catalina

二、填空题

1. 操作系统设计的目标是________、________、________、________和________。

2. 操作系统的主要功能是________、________、________和________。

3. 多道批处理系统的优点是：________、________和________。

4. 根据对截止时间的要求，实时系统可分为________和________。

5. 实现进程同步最常用的机制是________。

三、思考题

1. 操作系统用户接口中包括哪几种接口？它们分别适用于哪种情况？

2. 试列出 Windows 操作系统中 5 个主要版本，并说明它们分别较之前一个版本有何改进。

3. 存储器管理有哪些主要功能？其主要任务是什么？

4. 文件管理有哪些主要功能？其主要任务是什么？

5. 处理机管理有哪些主要功能？其主要任务是什么？

6. 设备管理有哪些主要功能？其主要任务是什么？

第七章　计算机网络与因特网

案例——安康码的作用

自新冠疫情暴发以来，各地都上线了各种各样的手机应用，以帮助人们在线防疫。比如，安徽省疫情防控指挥部及时在综合网的政务办公平台“皖事通”上启用了安徽健康码，即“安康码”。人们在进出小区、商场购物、旅游出行和需要证明自己的个人身体健康时，均可方便地使用智能手机，出示安康码提供的个人健康信息，这在极大地提高了人们生活和工作的方便程度的同时，有效地加强了疫情的防控。安康码是根据手机的 GPS 定位，监测手机持有人的行程轨迹，如是否到过疫情区，是否和病患有过接触等。因此，安康码的应用，极大地依赖计算机网络，特别是移动互联网(Mobile Internet)的技术和普及程度。由此可见，计算机网络和人们的生活、工作密不可分，计算机网络无时无刻不在陪伴着我们。

本章导读

(1) 计算机网络是把分布在不同地点，且具有独立功能的多台计算机，通过通信设备和通信线路连接起来，在功能完善的网络软件运行环境下，以实现系统中资源共享为目标的系统。

(2) 纵观计算机和信息技术的发展历史，计算机网络技术的发展日新月异，已广泛应用到人们工作和生活的各个领域。计算机网络作为计算机技术和通信技术相结合的产物，让我们的工作和生活变得更加快捷和高效，人们无时无刻地不在使用计算机网络，如安康码、网络影视、网络通信、网络购物、在线会议等。

(3) 因特网是从最初的实验性网络 ARPAnet 发展演化而来的，已从最初的主要面向教育科研的一种网络发展成为主要的商业网络，目前已经是全球最大的一种计算机互联网络。其上承载的万维网是其最主要和最典型的应用。

主要内容

- ◆ 计算机网络的基本概念；
- ◆ 计算机网络的组成；

- 计算机网络的功能与分类；
- 计算机网络的性能；
- 网络协议和体系结构；
- Internet 基础知识；
- Internet 应用。

7.1　计算机网络概述

7.1.1　计算机网络的定义

计算机网络是计算机技术与通信技术相融合，以实现信息传送和资源共享的系统。随着计算机技术和通信技术的发展，其内涵也在发展变化。从资源共享的角度出发，美国信息处理学会联合会认为，计算机网络是以能够相互共享资源(硬件、软件和数据)的方式连接起来，并各自具备独立功能的计算机系统的集合。

计算机网络具有以下 3 个特征：

(1) 自主：计算机之间具有独立处理能力。

(2) 互连：计算机之间由通信信道相连，并且相互之间能够交换信息。

(3) 集合：计算机网络是计算机的集合体。

计算机网络是计算机技术和通信技术紧密融合的产物，它涉及通信与计算机两个领域。它的诞生使计算机体系结构发生了巨大变化，在当今社会经济中起着非常重要的作用，它对人类社会的进步作出了巨大贡献。从某种意义上讲，计算机网络的发展水平不仅反映了一个国家的计算机科学和通信技术水平，而且已经成为衡量其国力及现代化程度的重要标志之一。

7.1.2　计算机网络的发展

计算机网络出现的历史不长，但发展速度很快。在 50 多年的时间里，它经历了一个从简单到复杂、从单机到多机的演变过程。发展过程大致可概括为以下几个阶段：

1. 具有通信功能的单机系统

该系统又称终端—计算机网络，是早期计算机网络的主要形式。它是由一台中央计算机连接大量的在地理位置上分散的终端所构成的。20 世纪 50 年代初，美国建立的半自动地面防空系统 SAGE 就是将远距离的雷达和其他测量控制设备的信息，通过通信线路汇集到一台中心计算机进行集中处理，从而首次实现了计算机技术与通信技术的结合。

2. 具有通信功能的多机系统

在单机通信系统中，中央计算机负担较重，既要进行数据处理，又要承担通信控制，实际工作效率低下；而且主机与每一台远程终端都用一条专用通信线路连接，线路的利用率较低。为了克服以上问题，出现了数据处理和数据通信的分工，即在主机前增设一个前端处理机负责通信工作，并在终端比较集中的地区设置集中器。集中器通常由微型机或小型机实现，它首先通过低速通信线路将附近各远程终端连接起来，然后通过高速通信线路与主机的前端处理机相连。这种具有通信功能的多机系统，构成了计算机网络的雏形，如图 7.1 所示。20 世纪 60 年代初，这种类型的网络在军事、银行、铁路、民航、教育等部门都有应用。

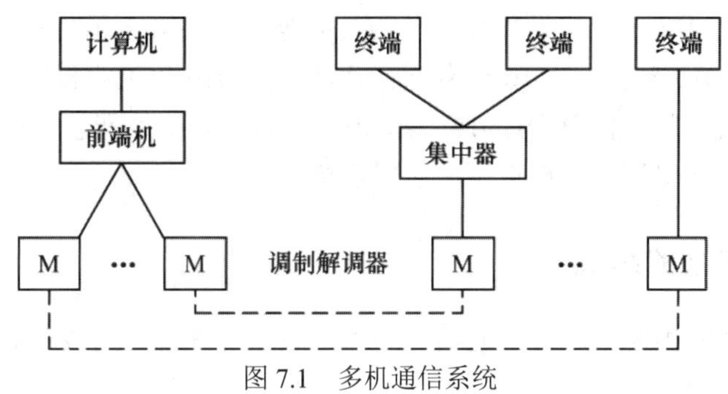

图 7.1　多机通信系统

3. 多计算机互连的计算机网络

20 世纪 60 年代中期，出现了由若干个计算机互连的系统，开创了“计算机—计算机”通信的时代，并呈现出多处理中心的特点，即利用通信线路将多台计算机连接，实现了计算机之间的通信。

4. 局域网的兴起和分布式计算的发展

自 20 世纪 70 年代开始，随着大规模集成电路技术和计算机技术的飞速发展，硬件价格急剧下降，微机广泛应用，局域网技术得到迅速发展。早期的计算机网络是以主计算机为中心的，计算机网络控制和管理功能都是集中式的，但随着个人计算机(PC)功能的增强，PC 方式呈现出的计算能力已逐步发展成为独立的平台，这就导致了一种新的计算结构——分布式计算模式的诞生。

5. 移动互联网

移动互联网是将移动通信和互联网二者结合起来的一种新型网络，是互联网的技术、平台、商业模式和应用与移动通信技术融合而形成的产物。移动互联网综合了移动通信随时、随地和随身的特性以及互联网开放、共享和互动的优势，是一个全球性的、以宽带 IP 为技术核心的，可同时提供话音、传真、数据、图像、多媒体等高品质电信服务的新一代开放的电信基础网络，由运营商提供无线接入、互联网企业提供各种成熟的应用。

6. 物联网

物联网的概念在 1991 年被首次提出。物联网(Internet of Things，IoT)是通过射频识别仪、红外感应器、全球定位系统和激光扫描器等信息传输设备，按约定的协议，把物品与互联网连接起来，进行信息交换和通信，以实现智能化识别、定位、跟踪、监控和管理的一种网络。简单来说，物联网就是物物相连的互联网。物联网的核心和基础仍然是互联网，是在互联网基础上的延伸和发展。

自物联网的概念提出以来，各国政府和业界都非常重视。如美国已将物联网上升为国家创新战略的重点之一，欧盟制定了促进物联网发展的14点行动计划，日本的U-Japan计划将物联网作为4项重点战略领域之一，韩国制定了物联网基础设施的构建基本规划。我国在2010年把包含物联网在内的新一代信息技术正式列入国家重点培育和发展的战略性新兴产业之一，2011年公布的《物联网“十二五”发展规划》明确指出物联网发展的九大领域，2013年国家发展和改革委员会等多部委联合印发的《物联网发展专项行动计划(2013—2015)》包含了10个专项行动计划，2016年工业和信息化部公布的《信息通信行业发展规划物联网分册(2016—2020)》把智能制造、智慧农业、智慧医疗、健康养老与智慧节能环保等列入重点领域应用示范工程。

7.1.3　计算机网络的组成

计算机网络通常由网络硬件、通信线路和网络软件3部分组成，如图7.2所示。

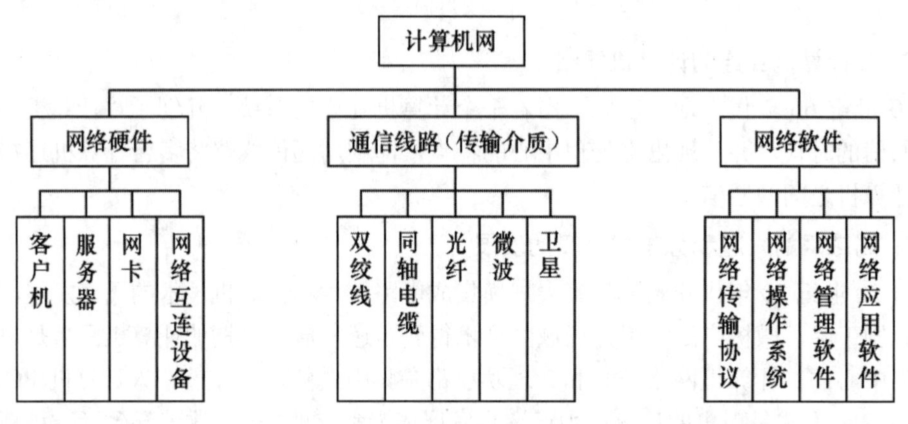

图7.2　计算机网络的组成

1. 网络硬件

网络硬件包括客户机、服务器、网卡和网络互连设备。其中，客户机指用户上网使用的计算机，也可理解为网络工作站、结点机和主机；服务器是提供某种网络服务的计算机，由运算功能强大的计算机担任；网卡即网络适配器，是计算机与传输介质连接的接口设备；网络互连设备包括集线器、中继器、网桥、交换机、路由器和网关等。

2. 通信线路(传输介质)

传输介质是计算机网络最基本的组成部分，任何信息的传输都离不开它。传输介质分为有线介质和无线介质两种，其中，有线传输介质包括双绞线、同轴电缆、光纤等；无线传输介质包括微波和卫星等。

3. 网络软件

网络软件包括网络传输协议、网络操作系统、网络管理软件和网络应用软件4个部分。

(1) 网络传输协议。网络传输协议就是连入网络的计算机必须共同遵守的一组规则和约定，以保证数据传送与资源共享能顺利完成。

(2) 网络操作系统。网络操作系统是控制、管理和协调网络上的计算机，使之能方便有效地共享网络上的硬件和软件资源，如为网络用户提供所需的各种服务的软件和有关规程的集合。网络操作系统除具有一般操作系统的功能外，还具有网络通信能力和多种网络服务功能。目前，常用的网络操作系统有 Windows、UNIX、Linux 和 NetWare。

(3) 网络管理软件。网络管理软件的功能是对网络中各种参数进行测量与控制，以保证用户安全、可靠和正常地得到网络服务，使网络性能得到优化。

(4) 网络应用软件。网络应用软件就是能够使用户在网络中完成相应功能的一些工具软件。例如，能够实现网上漫游的 IE 或 360 浏览器，能够收发电子邮件的 Outlook Express 等。随着网络应用的普及，将会有越来越多的网络应用软件，为用户带来很大的方便。

7.1.4 计算机网络的功能与分类

计算机网络的种类繁多，性能各不相同，根据不同的分类原则，可以得到各种不同类型的计算机网络。

1. 按网络的分布范围分类

计算机网络按照其覆盖的地理范围进行分类，可以很好地反映不同类型网络的技术特征。由于网络覆盖的地理范围不同，它们所采用的传输技术也就不同，从而形成了不同的网络技术特点与网络服务功能。按地理分布范围来分类，计算机网络可以分为局域网、城域网和广域网 3 种。

(1) 局域网(Local Area Network，LAN)是人们最常见、应用最广的一种网络。所谓局域网，就是在局部地区范围内的网络，它所覆盖的地区范围较小，通常在几米到 10 km 以内。局域网在计算机数量配置上没有太多的限制，少的可以只有两台，多的可达几百台，其分布范围局限在一个办公室、一幢大楼或一个校园内，用于连接个人计算机、工作站和各类外围设备以实现资源共享和信息交换。它的特点是分布距离近、传输速度高、连接费用低、数据传输可靠和误码率低等。

(2) 城域网(Metropolitan Area Network，MAN)的分布范围介于局域网和广域网之间，这种网络的连接距离可以在 10～100 km。MAN 与 LAN 相比扩展的距离更长，连接的计算机数量更多，在地理范围上可以说是 LAN 的延伸。在一个大型城市或都市地区，一个 MAN 通常连接着多个 LAN。

(3) 广域网(Wide Area Network，WAN)也称远程网，它的联网设备分布范围广，一般从数千米到数千千米。广域网通过一组复杂的分组交换设备和通信线路将各主机与通信子网连接起来，因此网络所涉及的范围可以是市、地区、省和国家，乃至世界范围。由于它的这一特点使得单独建造一个广域网是极其昂贵和不现实的，所以，常常借用传统的公共传输(电报、电话)网来实现。此外，由于传输距离远，又依靠传统的公共传输网，所以错误率较高。

因特网(Internet)不是一种独立的网络，它将同类或不同类的物理网络(局域网与广域网)互联，并通过高层协议实现各种不同类型网络间的通信。Internet 是跨越全世界的最大的计算机网络。

2. 按网络的拓扑结构分类

抛开网络中的具体设备，把网络中的计算机等设备抽象为点，把网络中的通信媒体抽象为线，这样从拓扑学的观点去看计算机网络，就形成了由点和线组成的几何图形，从而抽象出网络系统的拓扑结构。这种采用拓扑学方法描述各个节点机之间的连接方式称为网络的拓扑结构。计算机网络常采用的基本拓扑结构有总线型结构、星型结构和环型结构。

1) 总线型拓扑结构

总线型拓扑结构的所有节点都通过相应硬件接口连接到一条无源公共总线上，任何一个节点发出的信息都可沿着总线传输，并被总线上其他任何一个节点接收。它的传输方向是从发送点向两端扩散传送，是一种广播式结构。在 LAN 中，采用带有冲突检测的载波侦听多路访问控制(CSMA/CD)方式。每个节点的网卡上有一个收发器，当发送节点发送的目的地址与某一节点的接口地址相符，该节点即接收该信息。总线型结构的优点是安装简单，易于扩充，可靠性高，一个节点损坏不会影响整个网络工作；缺点是一次仅能一个端用户发送数据，其他端用户必须等到获得发送权，才能发送数据，介质访问获取机制较复杂。总线型拓扑结构如图 7.3 所示。

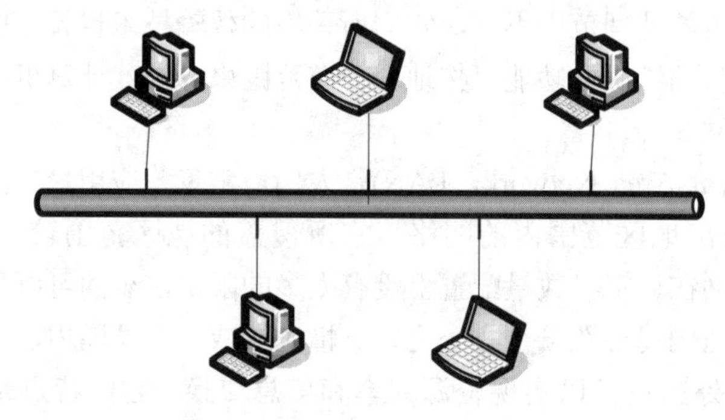

图 7.3　总线型拓扑结构示意图

2) 星型拓扑结构

星型拓扑结构也称为辐射网，它将一个节点作为中心节点，该节点与其他节点均有线路连接。因此，具有 N 个节点的星型网至少需要 $N-1$ 条传输链路。星型网的中心节点就是转接交换中心，其余 $N-1$ 个节点间相互通信都要经过中心节点来转接。中心节点可以是主机或集线器，该设备的交换能力和可靠性会影响网内所有用户。星型拓扑的优点是：利用中心节点可方便地提供服务和重新配置网络；单个连接点的故障只影响一个设备，不会影响全网，容易检测和隔离故障，便于维护；任何一个连接只涉及中心节点和一个节点，因此介质访问控制的方法很简单，从而访问协议也十分简单。星型拓扑的缺点是：每个节点直接与中心节点相连，需要大量电缆，因此费用较高；如果中心节点产生故障，则全网不能工作，所以对中心节点的可靠性和冗余度要求很高，中心节点通常采用双机热备份来提高系统的可靠性。星型拓扑结构如图7.4所示。

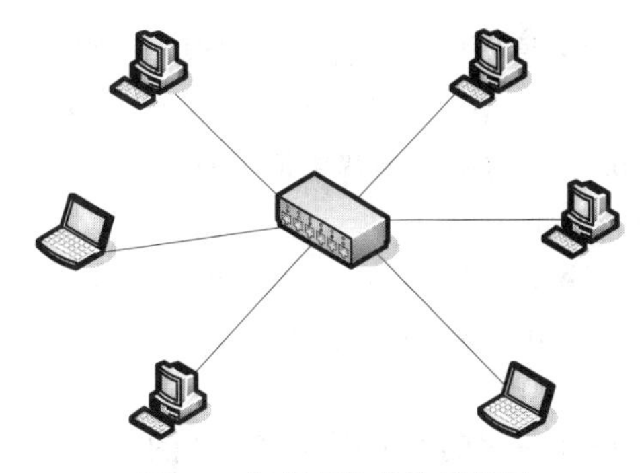

图7.4　星型拓扑结构示意图

3) 环型拓扑结构

环型拓扑结构中的各节点通过有源接口连接在一条闭合的环型通信线路中，是点对点结构。环型网中每个节点发送的数据流按环路设计的流向流动。为了提高可靠性，可采用双环或多环等冗余措施。目前的环型结构中，采用了一种多路访问部件MAU，当某个节点发生故障时，可以自动旁路，隔离故障点，这使得可靠性得到了提高。环型结构的优点是实时性好，信息吞吐量大，环型网的周长可达200 km，节点可达几百个。但因环路是封闭的，所以扩充不便。IBM于1985年率先推出了双环型结构的令牌环网，目前的FDDI网就使用这种双环结构。环型拓扑结构如图7.5所示。

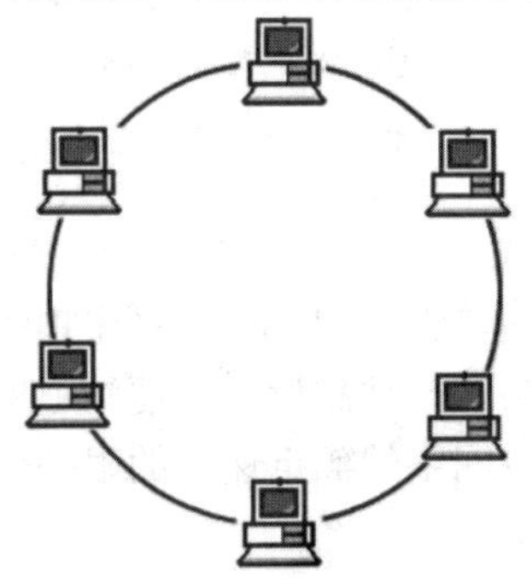

图7.5　环型拓扑结构示意图

7.1.5　计算机网络的性能指标

计算机网络的性能可以用各种性能指标来衡量。下面，介绍计算机网络的一些重要性能指标。

1. 速率

比特(bit)是计算机中数据量的最小单位，也是信息论中使用的信息量的单位，来源于binary digit，意思是一个“二进制数字”，因此一个比特就是二进制数字中的一个1或0。

速率即数据率(Data Rate)或比特率(Bit Rate)，是计算机网络中最重要的一个性能指标。速率的单位有b/s、kb/s、Mb/s、Gb/s等。速率往往是指额定速率(标称速率)，比如说

100 M 的以太网，它的额定速率就是 100 Mb/s。

2. 带宽

“带宽”(Bandwidth)本来是指信号具有的频带宽度，单位是 Hz(或 kHz、MHz 和 GHz 等)。在计算机网络中，“带宽”是数字信道所能传送的“最高数据率”的同义语，单位是“比特每秒”，或 b/s(bit/s)。常用的带宽单位还有：

千比每秒，即 kb/s(10^3 b/s)

兆比每秒，即 Mb/s(10^6 b/s)

吉比每秒，即 Gb/s(10^9 b/s)

太比每秒，即 Tb/s(10^{12} b/s)

在时间轴上信号的宽度随带宽的增大而变窄，如图 7.6 所示。

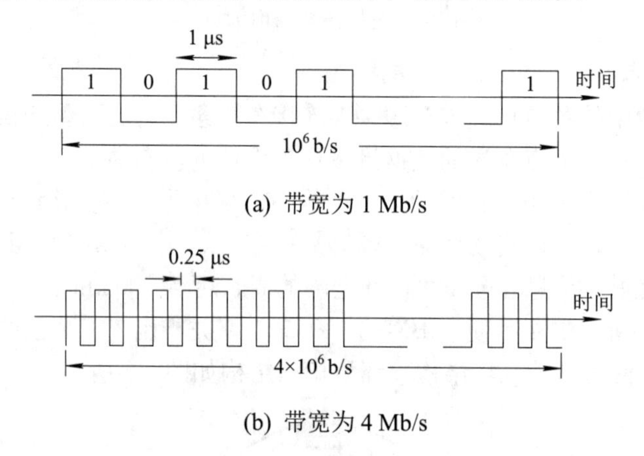

图 7.6　数字信号流随时间的变化

3. 吞吐量

吞吐量(Throughput)表示在单位时间内通过某个网络(或信道、接口)的数据量。吞吐量经常用于对现实世界中的网络的一种测量，以便知道实际上到底有多少数据量能够通过网络。吞吐量受网络的带宽或网络的额定速率的限制。

4. 时延(Delay 或 Latency)

根据时延在计算机网络中发生的位置，可以分为以下几种时延：

(1) 传输时延：也叫发送时延，指发送数据时，数据块从节点进入到传输媒体所需要的时间。也就是从发送数据帧的第一个比特算起，到该帧的最后一个比特发送完毕所需的时间。

$$\text{发送时延}=\frac{\text{数据块长度(bit)}}{\text{信道带宽(b/s)}}$$

(2) 传播时延：电磁波在信道中传播一定的距离而花费的时间。需要注意的是，信号传输速率(即发送速率)和信号在信道上的传播速率是完全不同的概念。

$$\text{传播时延}=\frac{\text{信道长度(m)}}{\text{信号在信道上的传播速率(m/s)}}$$

(3) 处理时延：节点对数据进行处理所需要的时延。

(4) 排队时延：数据在节点等候被处理所需要的时延。

因此，数据在计算机网络中所经历的总时延就是发送时延、传播时延、处理时延和排队时延之和，即总时延 = 发送时延 + 传播时延 + 处理时延 + 排队时延。

4 种时延所产生的地方如图 7.7 所示。

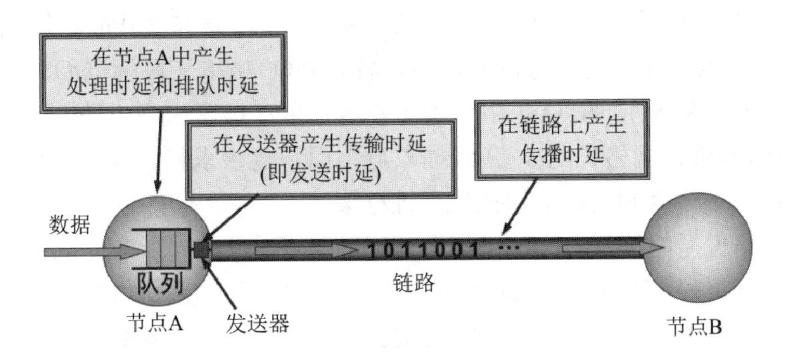

图 7.7 从节点 A 向节点 B 发送数据

5. 利用率

利用率有两种，分别是信道利用率和网络利用率。其中，信道利用率指某信道有百分之几的时间是被利用的(有数据通过)。完全空闲的信道的利用率是零。网络利用率则是全网络的信道利用率的加权平均值。

信道利用率并非越高越好。这是因为，根据排队理论，当某信道的利用率增大时，该信道引起的时延也就迅速增加。当网络的通信量很少时，网络产生的时延并不大。但在网络通信量不断增大的情况下，由于分组在网络节点(路由器或节点交换机)进行处理时需要排队等候，因此网络引起的时延就会增大。若令 D_0 表示网络空闲时的时延，D 表示网络当前的时延，则在适当的假定条件下，可以用下面的简单公式表示 D、D_0 和利用率 U 之间的关系：

$$D=\frac{D_0}{1-U}$$

这里 U 是网络的利用率，数值在 0 到 1 之间。当网络的利用率达到其容量的 1/2 时，时延就要加倍。特别值得注意的就是：当网络的利用率接近最大值 1 时，网络的时延就会趋向于无穷大。因此，信道或网络利用率过高会产生非常大的时延。

7.2 计算机网络体系结构

7.2.1 计算机网络体系结构的形成

两台相互通信的计算机系统必须在高度协调工作模式下才能正常工作，而这种“协调”是相当复杂的。为了解决这一问题，采用了“分层”的思想。“分层”可将庞大而复杂的问题，转化为若干较小的局部问题，而这些较小的局部问题就比较易于研究和处理。

在这一背景下，IBM 公司在 1974 年首先公布了世界上第一个计算机网络体系结构(System Network Architecture，SNA)，凡是遵循 SNA 的网络设备都可以很方便地进行互连。它是计算机网络的各层及其协议的集合。1977 年 3 月，国际标准化组织(ISO)的技术委员会 TC97 成立了一个新的技术分委会 SC16 专门研究“开放系统互连”，并于 1983 年提出了开放系统互连参考模型，即著名的 ISO 7498 国际标准 OSI/RM(我国相应的国家标准是 GB 9387)。在 OSI 中采用了三级抽象：参考模型(即体系结构)、服务定义和协议规范(即协议规格说明)，三级抽象自上而下逐步求精。OSI/RM 并不是一般的工业标准，而是一个为制定标准用的概念性框架。

计算机网络遵循的体系结构就是这个计算机网络及其部件所应完成的功能的精确定义。而计算机网络的一个实现(Implementation)是遵循这种体系结构的前提下用何种硬件或软件完成这些功能的问题。体系结构是抽象的，而实现则是具体的，是真正在运行的计算机硬件和软件。

7.2.2　划分层次的必要性

前面讲过，计算机网络体系结构采用了分层的思想，“分层”可将庞大而复杂的问题，转化为若干较小的局部问题。计算机网络中的数据交换必须遵守事先约定好的规则才能协调工作。这些“规则”明确规定了所交换的数据的格式以及有关的同步问题。各层之间在传递数据的过程中必须满足建立的规则、标准或约定，简称“网络协议”(Network Protocol)。

网络协议的组成要素主要有语法、语义和同步几部分组成。其中语法是指数据与控制信息的结构或格式；语义是需要发出何种控制信息，完成何种动作以及做出何种响应；同步是事件实现顺序的详细说明。

7.2.3　具有七层协议的体系结构

计算机网络的通信采用分层思想，为了将原本复杂问题转换成较小的局部问题得以解决，要求分层后各层之间是独立的，具有很好的灵活性，在结构上又可分割开，易于实现和维护，还能促进标准化工作。

那么需要多少层合适呢？倘若分层数太少，就会使每一层的协议太复杂；如果层数太多，又会在描述和综合各层功能的系统工程任务时遇到较多的困难，因此，层数要适中。

经过各国专家的反复研究，在 OSI/RM 中，采用了如表 7-1 所示的 7 个层次的体系结构。它们由低到高分别是物理层、数据链路层、网络层、传输层、会话层、表示层和应用层。每层完成一定的功能，每层都直接为其上层提供服务，并且所有层都互相支持。第 4 层到第 7 层主要负责互操作性，而第 1 层到第 3 层则用于创造两个网络设备间的物理连接。

表 7-1　OSI/RM7 层协议模型

层号	名　称	主要功能简介
7	应用层 (Application Layer)	作为与用户应用进程的接口，负责用户信息的语义表示，并在两个通信者之间进行语义匹配，它不仅要提供应用进程所需要的信息交换和远地操作，而且还要作为互相作用的应用进程的用户代理来完成一些为进行语义上有意义的信息交换所必需的功能
6	表示层 (Presentation Layer)	对源站点内部的数据结构进行编码，形成适合于传输的比特流，到了目的站再进行解码，转换成用户所要求的格式并进行解码，同时保持数据的意义不变。主要用于数据格式转换
5	会话层 (Session Layer)	提供一个面向用户的连接服务，它给合作的会话用户之间的对话和活动提供组织和同步所必需的手段，以便对数据的传送提供控制和管理。主要用于会话的管理和数据传输的同步
4	传输层 (Transport Layer)	从端到端经网络透明地传送报文，完成端到端通信链路的建立、维护和管理
3	网络层 (Network Layer)	分组传送、路由选择和流量控制，主要用于实现端到端通信系统中中间结点的路由选择，主要设备有路由器
2	数据链路层 (Data Link Layer)	通过数据链路层协议和链路控制规程，在不太可靠的物理链路上实现可靠的数据传输。作用为物理地址寻址、数据的成帧、流量控制、数据的检错、重发等
1	物理层 (Physical Layer)	实现相邻计算机节点之间比特数据流的透明传送，尽可能屏蔽掉具体传输介质和物理设备的差异，主要设备有中继器、集线器和适配器

OSI/RM 参考模型对各个层次的划分遵循下列原则：

(1) 网络中各节点都有相同的层次，相同的层次具有同样的功能。

(2) 同一节点内相邻层之间通过接口通信。

(3) 每一层使用下层提供的服务，并向其上层提供服务。

(4) 不同节点的同等层按照协议实现对等层之间的通信。

7.2.4　实体、协议、服务和服务访问点

通信过程中的实体(Entity)表示任何可发送或接收信息的硬件或软件进程。协议是控制两个对等实体进行通信的规则的集合。在协议的控制下，两个对等实体间的通信使得本层能够向上一层提供服务。要实现本层协议，还需要使用下层所提供的服务。

协议是“水平的”，即协议是控制对等实体之间通信的规则。本层的服务用户只能

看见服务而无法看见下层的协议。服务是“垂直的”，即服务是由下层向上层通过层间接口提供的。下层的协议对上层的服务用户是透明的。同一系统相邻两层的实体进行交互的地方，称为服务访问点 SAP (Service Access Point)。

7.2.5　TCP/IP 体系结构

在 20 世纪 60 年代，许多国家和地区认识到通信技术的重要性。美国国防部希望能够研究一种即使通信线路被破坏也能够通过其他线路进行通信的技术。为了实现这种技术，出现了分组网络。

在两个节点通信的过程中，即使网络中有几个节点遭到破坏，却依然能够通过改变线路等方式使两个节点之间进行通信。这种分组网络促进了 ARPANET(Advanced Research Projects Agency Network)的诞生。ARPANET 是第一个具有分布式控制的广域包分组交换网络，也是最早实现 TCP/IP 协议的前身。

20 世纪 90 年代，ISO 开展了 OSI 这一国际标准化的进程，然而却没有取得实质性的进展，但是却使 TCP/IP 协议得到了广泛使用。这种致使 TCP/IP 协议快速发展的原因可能是由于 TCP/IP 的标准化。也就是说 TCP/IP 协议中会涉及 OSI 所没有的标准。实际上，TCP/IP 指的是协议簇，它的组成可以用图 7.8 来表示。

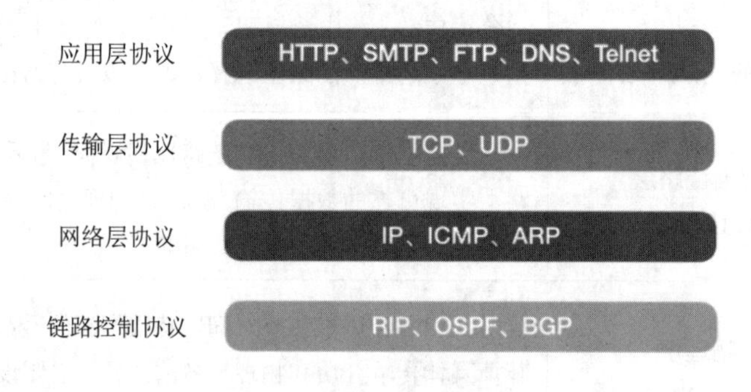

图 7.8　TCP/IP 协议簇

TCP/IP 使用范围极广，是目前异种网络通信使用的唯一协议体系，与其他协议的标准相比，TCP/IP 更注重开放性和实用性。它适用于连接多种机型，既可用于局域网，又可用于广域网，许多厂商的计算机操作系统和网络操作系统产品都采用或含有 TCP/IP。TCP/IP 已成为目前事实上的国际标准和工业标准。TCP/IP 也是一个分层的网络协议，不过它与 OSI 模型所分的层次有所不同。TCP/IP 从底至顶分为网络接口层、网际层、传输层、应用层共 4 个层次，各层功能如下：

(1) 网络接口层。这是 TCP/IP 的最低一层，包括有多种逻辑链路控制和媒体访问协议。网络接口层的功能是接收 IP 数据报并通过特定的网络进行传输，或从网络上接收物理帧，抽取出 IP 数据报并转交给网际层。

(2) 网际层(IP 层)。该层包括以下协议：IP(网际协议)、ICMP(Internet Control Message Protocol，因特网控制报文协议)、ARP(Address Resolution Protocol，地址解析协议)和 RARP(Reverse Address Resolution Protocol，反向地址解析协议)。该层负责相同或不同网

络中计算机之间的通信，主要处理数据报和路由。在 IP 层中，ARP 用于将 IP 地址转换成物理地址，RARP 用于将物理地址转换成 IP 地址，ICMP 用于报告差错和传送控制信息。IP 在 TCP/IP 中处于核心地位。

(3) 传输层。该层提供 TCP(Transmission Control Protocol，传输控制协议)和 UDP(User Datagram Protocol，用户数据报协议)两个协议，它们都建立在 IP 的基础上，其中，TCP 提供可靠的面向连接服务，UDP 提供简单的无连接服务。传输层提供端到端，即应用程序之间的通信，主要功能是数据格式化、数据确认和丢失重传等。

(4) 应用层。TCP/IP 的应用层相当于 OSI 模型的会话层、表示层和应用层，它向用户提供一组常用的应用层协议，其中包括 Telnet、SMTP(Simple Mail Transfer Protocol)、DNS(Domain Name System)等。此外，在应用层中还包含用户应用程序，它们均是建立在 TCP/IP 之上的专用程序。

OSI 参考模型与 TCP/IP 都采用了分层结构，都是基于独立的协议栈的概念。OSI 参考模型有 7 层，而 TCP/IP 只有 4 层，即 TCP/IP 没有表示层和会话层，并且把数据链路层和物理层合并为网络接口层。

7.3　因特网介绍

7.3.1　因特网概述

1. 什么是因特网

因特网(Internet)是一个全球性的“互联网”，它并非一个具有独立形态的网络，而是将分布在世界各地的、类型各异的、规模大小不一的和数量众多的计算机网络互连在一起而形成的网络集合体，是当今最大的和最流行的国际性网络。

Internet 采用 TCP/IP 作为共同的通信协议，将世界范围内许许多多计算机网络连接在一起，只要与 Internet 相连，就能方便地利用 Internet 的网络资源，还能以各种方式和其他 Internet 用户交流信息。但 Internet 又远远超出一个提供丰富信息服务机构的范畴，它更像一个面对公众的自由松散的社会团体。一方面有许多人通过 Internet 进行信息交流和资源共享，另一方面又有许多人和机构将时间和精力投入到 Internet 中进行开发、运用和服务。Internet 正逐步深入到社会生活的各个角落，成为生活中不可缺少的部分。网民对 Internet 的正面作用评价很高，认为 Internet 对工作、学习有很大帮助的网民占 93.1%，尤其是娱乐方面，认为 Internet 丰富了网民的娱乐生活的比例高达 94.2%。据统计，前 7 类网络应用的使用率按高低排序依次是：网络音乐、即时通信、网络影视、网络新闻、搜索引擎、网络游戏和电子邮件。Internet 除了上述 7 种用途外，还常用于电子政务、网络购物、网上支付、网上银行、网上求职、网络教育等。

网络是把许多计算机连接在一起，而因特网则把许多网络连接在一起，如图 7.9 所示。

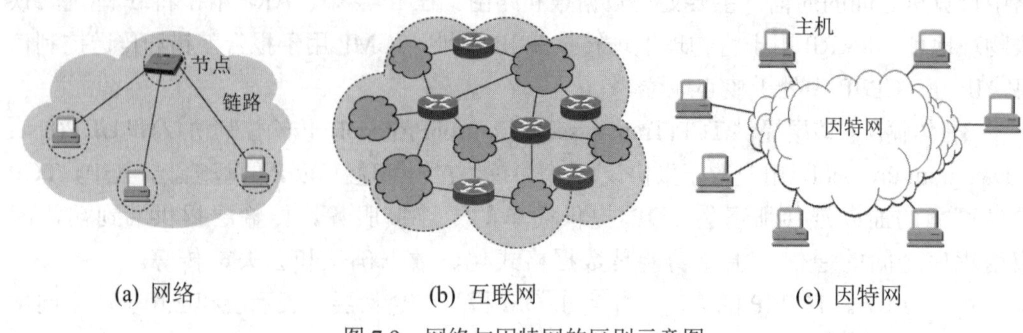

(a) 网络　　(b) 互联网　　(c) 因特网

图 7.9　网络与因特网的区别示意图

2. 因特网的起源和发展

概括地说，因特网的发展经过了以下 3 个阶段：

(1) 第一阶段因特网是由美国国防部高级研究计划署(Advance Research Projects Agency)于 1969 年 12 月建立的实验性网络 ARPAnet 发展演化而来的。ARPAnet 是全世界第一个分组交换网，是一个实验性的计算机网，用于军事目的，如当网络的一部分(某些主机或部分通信线路)受损时，整个网络仍然能够正常工作。与此不同，Internet 是用于民用目的，最初它主要是面向科学与教育界的用户，后来才转到其他领域，为一般用户服务，成为非常开放性的网络。ARPAnet 模型为网络设计提供了一种思想：网络的组成成分可能是不可靠的，当从源计算机向目标计算机发送信息时，应该对承担通信任务的计算机而不是对网络本身赋予一种责任——保证把信息完整无误地送达目的地，这种思想始终体现在以后计算机网络通信协议的设计以至 Internet 的发展过程中。

因特网的真正发展是从 NSFnet 的建立开始的。最初，美国国家自然科学基金会(National Science Foundation，NSF)曾试图用 ARPAnet 作为 NSFnet 的通信干线，但这个决策没有取得成功。20 世纪 80 年代是网络技术取得巨大进展的年代，不仅大量涌现出诸如以太网电缆和工作站组成的局域网，而且奠定了建立大规模广域网的技术基础，正是在这时他们提出了发展 NSFnet 的计划。1983 年 TCP/IP 协议成为 ARPAnet 上的标准协议。1988 年底，NSF 把在全国建立的五大超级计算机中心用通信干线连接起来，组成全国科学技术网 NSFnet，并以此作为 Internet 的基础，实现同其他网络的连接。采用 Internet 的名称是在 MILnet(由 ARPAnet 分离出来)实现和 NSFnet 连接后开始的。此后，其他联邦部门的计算机网相继并入 Internet，如能源科学网 Esnet、航天技术网 NASAnet、商业网 COMnet 等。之后，NSF 巨型计算机中心一直肩负着扩展 Internet 的使命。

(2) 因特网第二阶段是建成了三级结构的计算机网络，分为主干网、地区网和校园网(或企业网)。

① 主干网：由代表国家或者行业的有限个中心节点通过专线连接形成，往往覆盖到国家一级，连接了各个国家的因特网互联中心，如中国互联网信息中心(CNNIC)。

② 地区网：若干个作为中心节点的代理的次中心节点组成，如教育网在各地区的网络中心、电信网在各省的互联网中心等。

③ 校园网或企业网：直接面向用户的网络。

(3) 发展到第三阶段，因特网逐渐形成了多层次 ISP 结构，出现了因特网服务提供者 ISP(Internet Service Provider，互联网服务提供商)。根据提供服务的覆盖面积大小以及所拥有的 IP 地址数目的不同，ISP 也分成为不同的层次。用户通过 ISP 上网，如图 7.10 所示。

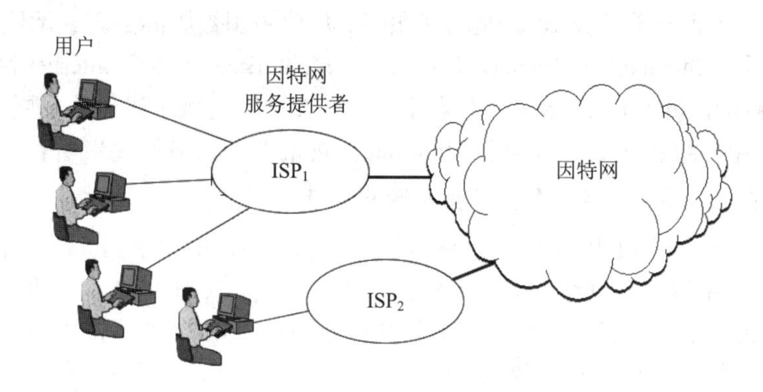

图 7.10 用户通过 ISP 上网

进入 20 世纪 90 年代以后，以因特网为代表的计算机网络得到了飞速的发展，已从最初的教育科研网络逐步发展成为商业网络，已成为仅次于全球电话网的世界第二大网络。至今，Internet 已开通到全世界大多数国家和地区。由于 Internet 在不断扩大之中，这些统计数字几乎每天都在变更。因特网是自印刷术以来人类通信方面最大的变革。现在人们的生活、工作、学习和交往都已离不开因特网。

21 世纪以来，以人工智能、大数据、云计算和物联网为代表的各种新技术的发展，使得互联网成为人们的一种基本需求。由于互联网、物联网以及移动互联网的普及，原来的 IPv4 地址数量已经消耗殆尽(约 43 亿个)，基于 IPv6 的下一代互联网建设已经进入快速发展阶段。与 IPv4 相比，IPv6 具有更大的地址空间，可以支持大约 2^{128} 个网络数，可以更好地支持互联网的发展。

但技术是把双刃剑，计算机网络的发展也不例外。1990 年，美国著名未来学家托夫勒出版的《权力的转移》一书中，提出了信息富人、信息穷人、信息沟壑和数字鸿沟等概念，认为数字鸿沟是信息和电子技术方面的鸿沟，信息和电子技术造成了发达国家与欠发达国家之间的分化。对信息、网络技术的拥有程度、应用程度以及创新能力的差别而造成的信息落差及贫富进一步形成两极分化的趋势，是计算机网络在发展的过程中，人们不得不面对的问题，其对社会的影响需要进行深入的研究和评估。

3. 因特网在我国的发展

1994 年 5 月，以“中科院-北大-清华”为核心的“中国国家计算机网络设施”(The National Computing and Network Facility Of China，NCFC，国内也称中关村网)与 Internet 连通，标志着中国作为第 71 个国家级网加入 Internet。Internet 在中国的发展历程可以大略地划分为 3 个阶段：

1) 第一阶段为 1986 年 6 月—1993 年 3 月，是研究试验阶段

在此期间中国一些科研部门和高等院校开始研究 Internet 联网技术，并开展了科研

课题和科技合作工作。这个阶段的网络应用仅限于小范围内的电子邮件服务，而且仅为少数高等院校、研究机构提供电子邮件服务。

2) 第二阶段为 1994 年 4 月—1996 年，是起步阶段

1994 年 4 月，中关村地区教育与科研示范网络工程接入 Internet，实现和 Internet 的 TCP/IP 连接，从而开通了 Internet 全功能服务。从此中国被国际上正式承认为有 Internet 的国家。之后，ChinaNet、CERnet、CSTnet、ChinaGBnet 等多个 Internet 网络项目在全国范围相继启动，Internet 开始进入公众生活，并在中国得到了迅速的发展。1996 年底，中国 Internet 用户数已达 20 万，利用 Internet 开展的业务与应用逐步增多。

3) 第三阶段从 1997 年至今，是快速增长阶段

国内 Internet 用户自 1997 年以后保持快速增长速度。根据中国互联网络信息中心发布的第 48 次《中国互联网络发展状况统计报告》，截至 2021 年 6 月，我国网民规模为 10.11 亿，互联网普及率达到 71.6%。全年共计新增网民 4074 万人，增长率为 5.6%，我国网民规模继续保持平稳增长(图 7.11)。

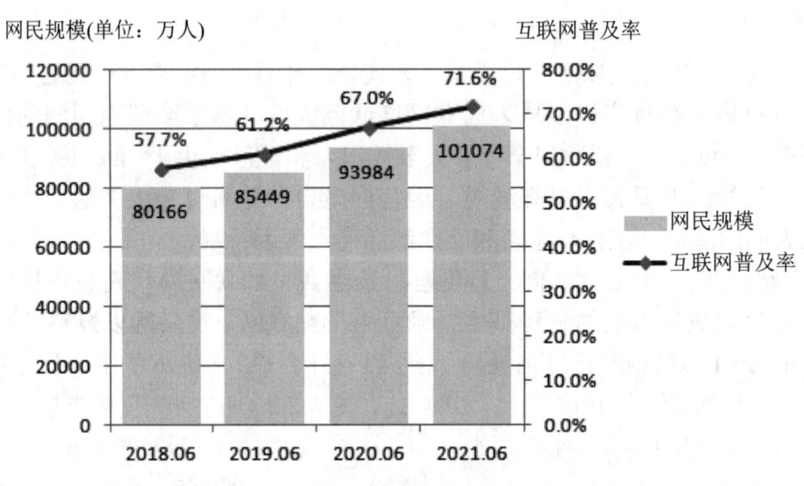

图 7.11　中国网民规模和互联网普及率

进入新世纪以来，以移动支付为代表的互联网应用，改变了多数人的生活方式，被称为中国人的一种新“四大发明”。比如，支付宝本来主要是为了解决电商购物环节中的支付问题，但这种商业模式很快就延伸到了线下的消费市场，很快占据了超过 70%的线下移动支付市场份额，成为人们生活中必不可少的一种支付手段，深刻影响了人们生活的方方面面。

4. 信息高速公路与 Internet 的最新进展

“信息高速公路”是由美国于 1994 年提出的，目前各国所关注的“信息高速公路”建设主要是指国家信息基础设施(NII)和全球信息基础建设(GII)的规划和实施。它以高速度、大容量和高精度的声音、数据、文字、图形、影像等的交互式多媒体信息服务，来最大幅度和最快速度地改变着我们生活的面貌和方式以及社会的景观和进步。

从技术角度来讲，“信息高速公路”实质是一个多媒体信息交互高速通信的广域网，它可以实现诸如实时电视点播(Video on Demand，VOD)等多媒体通信服务，因此要求传

输速率很高。

“信息高速公路”与 Internet 并不是等同的：Internet 虽然是一个国际性的广域网，但目前还谈不上“高速”。因此，Internet 与“信息高速公路”之间还相差很远，可以说，Internet 构成了当今信息时代的基础框架，是通向未来“信息高速公路”的基础和雏形。

美国政府在 1993 年提出国家信息基础设施(NII)之后，1996 年 10 月又提出了下一代 Internet(Next Generation Internet，NGI)初期行动计划，表明要进行第二代 Internet (Internet 2)的研制。

NGI 的主要任务之一是开发、试验先进的组网技术，研究网络的可靠性、多样性、安全性和业务实时能力(如广域分布式计算)、远程操作及远程控制试验设施等问题。研究的重点是网络扩展设计、端到端服务质量(QoS)和安全性 3 个方面。

中国的 Internet 自 1994 年 4 月 20 日开通，成为正式的国际 Internet 成员以来，得到了非常快的发展。中国的 Internet 应用，尤其是科研应用已到了更上一个台阶的时候，这同美国 Internet 2 的目标十分相似。中国第二代因特网协会(中国 Internet 2)也已成立，该协会纯属学术性组织，将联合众多的大学和研究院，主要以学术交流为主，进行选择并提供正确的发展方向。其工作主要涉及网络环境、网络结构、协议标准以及应用。

由于互联网的出现以及电子通信行业的进步，人们几乎可以和世界上任何地方的任何人进行通话。现在，科学家正努力寻求实现与外太空进行即时通信的方式。星际互联网络(Inter Planetary Internet，简称 IPN)是美国在外太空建立信息网络的长期构想。该网络的任务是为深空探测任务提供地面支持，具体为：① 确定探测器运行轨道；② 接收-处理探测器的探测信息及工程遥测信息；③ 向探测器发送上行指令和数据、控制探测器工作状态。根据火星网络计划，深空网络将与由 6 颗微型人造卫星组成的卫星群，以及一个在火星低层轨道上运转的大型人造卫星 Marsat 通信，Marsat 从所有这些小型人造卫星收集数据并传回地球。这 6 颗微型人造卫星负责为火星表面或附近的航天器提供通信中继服务，以便从火星飞行任务传送回更多数据。

另外，科学家们也在积极地探索新型的通信方式，量子通信就是其中的一种。量子通信是利用量子叠加态和纠缠效应进行信息传递的新型通信方式。它所具有的最大的优势就是绝对安全和高效性：首先传统通信方式在安全性方面就有很多缺陷，量子通信会将信息进行加密传输，在这个过程中密钥不是一定的，充满随机性，即使被相关人员截获，也不容易获取真实信息；另外量子通信还有较强的抗干扰能力、很好的隐蔽性能以及广泛应用的可能性。在量子通信领域，2005 年，中国科技大学潘建伟等通过“自由空间纠缠光子的分发”实验，在国际上首次证明了纠缠光子在穿透等效于整个大气层厚度的地面大气后，纠缠的特性仍然能够保持，并可应用于高效、安全的量子通信。4 月 22 日出版的国际物理学权威期刊《物理评论快报》发表了他们题为《13 公里自由空间纠缠光子分发：朝向基于人造卫星的全球化量子通信》的研究论文。2021 年 1 月 7 日，中国科学技术大学宣布中国科研团队成功实现了跨越 4600 公里的星地量子密钥分发，标志着我国已构建出天地一体化广域量子通信网雏形。

5. 因特网的组成

从因特网的工作方式来看，可以划分为以下两大块：

(1) 边缘部分：由所有连接在因特网上的主机组成。这部分是用户直接使用的，用来进行通信(传送数据、音频或视频)和资源共享。

(2) 核心部分：由大量网络和连接这些网络的路由器组成。这部分是为边缘部分提供服务的(提供连通性和交换)。图 7.12 为因特网的边缘部分与核心部分。

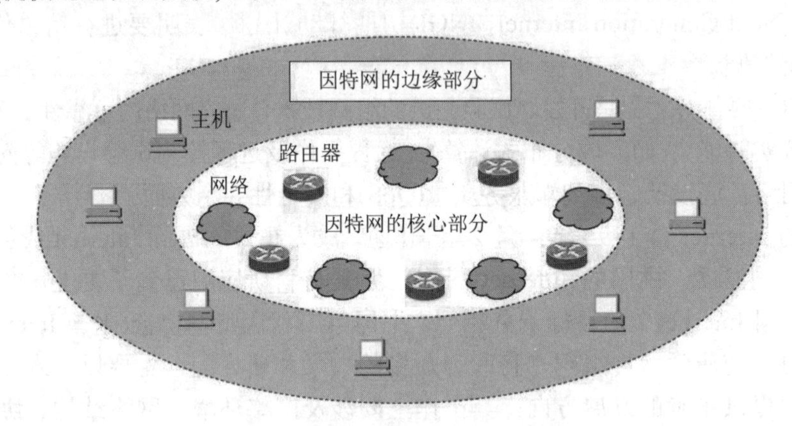

图 7.12　因特网的边缘部分与核心部分

6. 因特网的边缘

处在因特网边缘的部分就是连接在因特网上的所有主机。这些主机又称为端系统(End System)。“主机 A 和主机 B 进行通信”是指“运行在主机 A 上的某个程序和运行在主机 B 上的另一个程序进行通信”，也就是“主机 A 的某个进程和主机 B 上的另一个进程进行通信”，也简称为“计算机之间通信”。

在网络边缘的端系统中运行的程序之间的通信方式通常可划分为两大类：客户/服务器方式和对等连接方式。

1) 客户/服务器方式

客户/服务器(Client/Server)方式简称 C/S 方式，其中的客户和服务器都是指通信中所涉及的两个应用进程。他们所描述的是进程之间服务和被服务的关系。客户是服务的请求方，服务器是服务的提供方。客户软件不需要特殊的硬件和很复杂的操作系统，在被用户调用后运行，在打算通信时主动向远地服务器发起通信(请求服务)。服务器软件是一种专门用来提供某种服务的程序，可同时处理多个远地或本地客户的请求。系统启动后即自动调用并一直不断地运行着，一般需要强大的硬件和高级的操作系统支持，被动地等待并接受来自各地客户的通信请求。因此，客户程序必须知道服务器程序的地址，而服务器程序不需要知道客户程序的地址。

2) 对等连接方式

对等连接(Peer-to-Peer，简写为 P2P)是指两个主机在通信时并不区分哪一个是服务请求方或服务提供方。只要两个主机都运行了对等连接软件(P2P 软件)，它们就可以进行平等的对等连接通信。双方都可以下载对方已经存储在硬盘中的共享文档。从本质上来看，对等连接方式仍然是使用客户/服务器方式，只是对等连接中的每一个主机既是客户又同时是服务器。

7. 因特网的核心

网络中的核心部分要向网络边缘中的大量主机提供连通性，使边缘部分中的任何一个主机都能够向其他主机通信(即传送或接收各种形式的数据)，是因特网中最复杂的部分。

传统的电话系统使用电路交换，而因特网使用分组交换(Packet Switching)技术实现报文的交换，这是通过网络核心部分设备路由器(router)来实现的。

1) 电路交换

两部电话机通信只需要用一对电线就能够互相连接起来，实现电路交换。如果5部电话机两两相连，需10对电线，N部电话机两两相连，就需$N(N-1)/2$对电线。当电话机的数量很大时，这种连接方法需要的电线对的数量与电话机数的平方成正比。随着电话机的数量增多，就要使用交换机来完成全网的交换任务。在这里，“交换”(Switching)的含义就是转接，即把一条电话线转接到另一条电话线，使它们连通起来。从通信资源的分配角度来看，“交换”就是按照某种方式动态地分配传输线路的资源。

电路交换必定是面向连接的。实现电路交换要经过3个过程：首先建立连接、再通信、最后释放连接。如图7.13所示，A和B通话经过4个交换机，C和D通话只经过一个本地交换机。

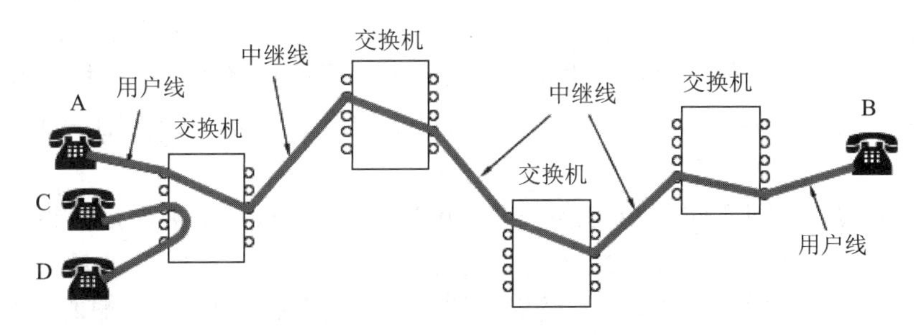

图7.13　电路交换示意图

2) 分组交换

因为计算机数据具有突发性，所以这就导致电路交换通信线路的利用率很低。“分组”(Packet)这一名词首先是由英国国家物理实验室(NPL)的戴维斯(Davies)在1966年6月提出的，1969年美国的分组交换网ARPA网络投入运行，而分组交换的概念最初是由美国兰德(Rand)公司的巴兰(Baran)于1964年8月提出的。

路由器的任务是转发收到的分组，这是网络核心部分最重要的功能。分组交换的思想是在发送端，先把较长的报文划分成较短的、固定长度的数据段。然后在每一个数据段前面添加上首部构成分组。以“分组”作为数据传输单元，依次把各分组发送到接收端。每一个分组的首部都含有地址等控制信息。分组交换网中的节点交换机根据收到的分组的首部中的地址信息，把分组转发到下一个节点交换机。用这样的存储转发方式，最后分组就能到达最终目的地。接收端收到分组后剥去每个分组的首部还原成报文。最后，在接收端把收到的数据恢复成为原来的报文。

可以看出分组交换具有高效、灵活、迅速和可靠的优点。高效主要体现在动态分配传输带宽，对通信链路是逐段占用的。灵活是以分组为传送单位和查找路由。迅速主要体现在不必先建立连接就能向其他主机发送分组。可靠是通过可靠性的网络协议保证的。分布式的路由选择协议使网络有很好的生存性，但是分组在各节点存储转发时需要排队，这就会造成一定的时延。另外分组必须携带的首部也造成了一定的开销。

在路由器中的输入和输出端口之间没有直接连线。在分组交换过程中，路由器处理分组的过程是：

第一步，把收到的分组先放入缓存(暂时存储)；

第二步，查找转发表，找到某个目的地址应从哪个端口转发；

第三步，把分组送到适当的端口转发出去。

7.3.2 Internet 的接入

Internet 是“网络的网络”，它允许用户访问任何连入其中的计算机，但如果某台计算机要访问其他计算机，首先要把该计算机系统连接到 Internet 上。接入网又称本地接入网或居民接入网。由 ISP 提供的接入网只是起到让用户能够与因特网连接的“桥梁”作用。

与 Internet 的连接方法大致有 6 种。

1. ISDN(Integrated Service Digital Network，综合业务数字网)

该接入技术俗称“一线通”，它采用数字传输和数字交换技术，将电话、传真、数据、图像等多种业务综合在一个统一的数字网络中进行传输和处理。用户利用一条 ISDN 用户线路，可以在上网的同时拨打电话、收发传真，就像两条电话线一样。ISDN 基本速率接口有两条 64 kb/s 的信息通路和一条 16 kb/s 的信令通路，简称 2B + D，当有电话拨入时，它会自动释放一个 B 信道来进行电话接听。

就像普通拨号上网要使用 Modem 一样，用户使用 ISDN 也需要专用的终端设备，该设备主要由网络终端 NT1 和 ISDN 适配器组成。网络终端 NT1 就像有线电视上的用户接入盒一样必不可少，它为 ISDN 适配器提供接口和接入方式。ISDN 适配器和 Modem 一样又分为内置和外置两类，内置的一般称为 ISDN 内置卡或 ISDN 适配卡，外置的 ISDN 适配器则称之为 TA。

2. DDN(Digital Data Network，数字数据网络)

DDN 是随着数据通信业务发展而迅速发展起来的一种新型网络。DDN 的主干网传输介质有光纤、数字微波、卫星信道等，用户端多使用普通电缆和双绞线。DDN 将数字通信技术、计算机技术、光纤通信技术以及数字交叉连接技术有机地结合在一起，提供了高速度、高质量的通信环境，可以向用户提供点对点、点对多点透明传输的数据专线出租电路，为用户传输数据、图像、声音等信息。DDN 的通信速率可根据用户需要在 $N \times 64$ kb/s($N = 1$～32)之间进行选择，当然速度越快租用费用也越高。

3. ADSL(Asymmetrical Digital Subscriber Line，非对称数字用户环路)

ADSL 是一种能够通过普通电话线提供宽带数据业务的技术。ADSL 接入方式如图 7.14 所示。ADSL 方案的最大特点是不需要改造信号传输线路，完全可以利用普通铜质电话线作为传输介质，配上专用的 Modem 即可实现数据高速传输。ADSL 支持上行速率为 640 kb/s～1 Mb/s，下行速率为 1～8 Mb/s，其有效的传输距离在 3～5 km。在 ADSL 接入方案中，每个用户都有单独的一条线路与 ADSL 局端相连，它的结构可以看作是星型结构，数据传输带宽是由每一个用户独享的。

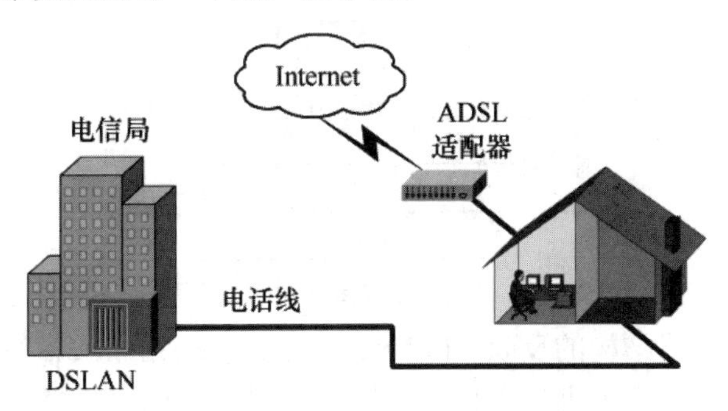

图 7.14　ADSL 接入方式

4. VDSL(Very-high-bit-rate Digital Subscriber Loop，甚/超高速数字用户线路)

VDSL 比 ADSL 速度快。使用 VDSL，短距离内的最大下载速率可达 55 Mb/s，上传速率可达 2.3 Mb/s。VDSL 使用传输的介质是一对铜线，有效传输距离可超过 1000 m。

5. 光纤入户

无源光网络(PON)技术是一种点对多点的光纤传输和接入技术，下行采用广播方式，上行采用时分多址方式，可以灵活地组成树型、星型、总线型等拓扑结构。在光分支点不需要节点设备，只需要安装一个简单的光分支器即可，具有节省光缆资源、共享带宽资源、节省机房投资、设备安全性高、建网速度快、综合建网成本低等优点。

6. 无线接入

伴随着 4G 和 5G 技术的不断成熟和发展，在一些不便于有线接入或有线接入成本过高的地方，可以通过无线接入的形式实现网络连接。

随着 Internet 的爆炸式发展，在 Internet 上的商业应用和多媒体等服务也得以迅猛推广，宽带网络一直被认为是构成信息社会最基本的基础设施。为了实现用户接入 Internet 的数字化、宽带化，提高用户上网速度，光纤到户、5G 接入是用户网今后发展的必然方向。中国的宽带网民数量增长迅速。据统计，截至 2018 年 12 月，我国手机网民规模达 8.17 亿，网民通过手机接入互联网的比例高达 98.6%。

7.3.3　IP 地址与 MAC 地址

1. 网络 IP 地址

由于网际互联技术是将不同物理网络技术统一起来的高层软件技术，因此在统一的过程中，首先要解决的就是地址的统一问题。

TCP/IP 对物理地址的统一是通过上层软件完成的，确切地说，是在网际层中完成的。IP 提供一种在 Internet 中通用的地址格式，并在统一管理下进行地址分配，保证一个地址对应网络中的一台主机，这样物理地址的差异被网际层所屏蔽。网际层所用到的地址就是经常所说的 IP 地址。

IP 地址是一种层次型地址，携带关于对象位置的信息。它所要处理的对象比广域网要庞杂得多，无结构的地址是不能担此重任的。Internet 在概念上分 3 个层次，如图 7.15 所示。

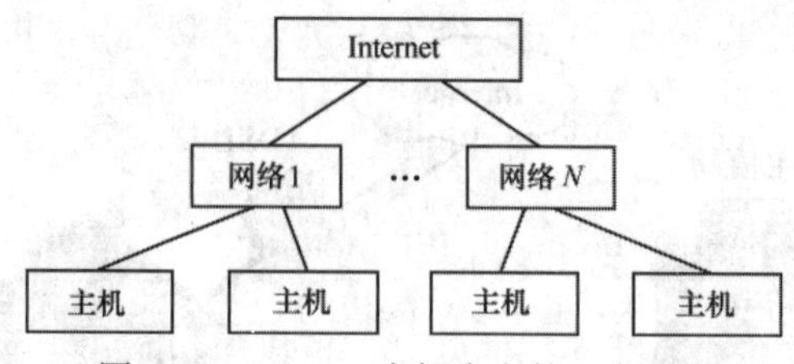

图 7.15　Internet 在概念上的 3 个层次

IP 地址正是对上述结构的反映，Internet 是由许多网络组成，每一网络中有许多主机，因此必须分别为网络主机加以标识，以示区别。这种地址模式明显地携带位置信息，给出一主机的 IP 地址，就可以知道它位于哪个网络。

IP 地址是一个 32 位的二进制数，是将计算机连接到 Internet 的网际协议地址，它是 Internet 主机的一种数字型标识，一般用小数点隔开的十进制数表示。例如，某 IP 地址的二进制表示为 11001010　11000100　00000100　01101010，则十进制表示为 202.196.4.106。

IP 地址可以划分为网络标识(Netid)和主机标识(Hostid)，其中，网络标识用来区分 Internet 上互连的各个网络，主机标识用来区分同一网络上的不同计算机(即主机)。

IP 地址通常分为以下 3 类。

(1) A 类：IP 地址的前 8 位为网络号，其中第 1 位为“0”，后 24 位为主机号，其有效范围为 1.0.0.1～126.255.255.254。此类地址的网络全世界仅可有 126 个，每个网络可接 $2^8 \times 2^8 \times (2^8 - 2) = 16\ 777\ 214$ 个主机节点，所以通常供大型网络使用。

(2) B 类：IP 地址的前 16 位为网络号，其中第 1 位为“1”，第 2 位为“0”，后 16 位为主机号，其有效范围为 126.0.0.1～191.255.255.254。该类地址的网络全球共有 $2^6 \times 2^8 = 16\ 384$ 个，每个可连接的主机数为 $2^8 \times (2^8 - 2) = 65\ 024$ 个，所以通常供中型网络使用。

(3) C 类：IP 地址的前 24 位为网络号，其中第 1 位为“1”，第 2 位为“1”，第 3 位为“0”，后 8 位为主机号，其有效范围为 192.0.0.1～222.255.255.254。该类地址的网络全球共有 $2^5 \times 2^8 \times 2^8 = 2\ 097\ 152$ 个，每个可连接的主机数为 254 台，所以通常供小型网络使用。

2. 子网掩码

由 IP 地址的结构可知，IP 地址由网络地址和主机地址两部分组成。这样 IP 地址中具有相同网络地址的主机应该位于同一网络内，同一网络内的所有主机的 IP 地址中网络地址部分应该相同。不论是在 A、B 或 C 类网络中，具有相同网络地址的所有主机构成了一个网络。

通常一个网络本身并不只是一个大的局域网，它可能是由许多小的局域网组成。因此，为了维持原有局域网的划分，便于网络的管理，允许将 A、B 或 C 类网络进一步划分成若干个相对独立的子网。A、B 或 C 类网络通过 IP 地址中的网络地址部分来区分。

在划分子网时，将网络地址部分进行扩展，占用主机地址的部分数据位。在子网中，为识别其网络地址与主机地址，引出一个新的概念：子网掩码(Subnet Mask)或网络屏蔽字(Net Mask)。

子网掩码的长度也是32位，其表示方法与IP地址的表示方法一致。其特点是：它的32位二进制可以分为两部分，第一部分全部为“1”，而第二部分则全部为“0”。子网掩码的作用在于，利用它来区分IP地址中的网络地址与主机地址。其操作过程为：将32位的IP地址与子网掩码进行二进制的逻辑与操作，得到的便是网络地址。例如，IP地址为166.111.80.16，子网掩码为255.255.126.0，则该IP地址所属的网络地址为166.111.0.0，而166.111.129.32子网掩码为255.255.126.0，则该IP地址所属的网络地址为166.111.126.0，原本为一个B类网络的两种主机被划分为两个子网。由A、B以及C类网络的定义可知，它们具有默认的子网掩码。A类地址的子网掩码为255.0.0.0，B类地址的子网掩码为255.255.0.0，而C类地址的子网掩码为255.255.255.0。

这样，便可以利用子网掩码来进行子网的划分。例如，某单位拥有一个B类网络地址166.111.0.0，其缺省的子网掩码为255.255.0.0。如果需要将其划分成为256个子网，则应该将子网掩码设置为255.255.255.0。于是，就产生了从166.111.0.0到166.111.255.0总共256个子网地址，而每个子网最多只能包含254台主机。此时，便可以为每个部门分配一个子网地址。

子网掩码通常是用来进行子网的划分，它还有另外一个用途，即进行网络的合并，这一点对于新申请IP地址的单位很有用处。由于IP地址资源的匮乏，如今A、B类地址已分配完，即使具有较大的网络规模，所能够申请到的也只是若干个C类地址(通常会是连续的)。当用户需要将这几个连续的C类地址合并为一个网络时，就需要用到子网掩码。例如，某单位申请到连续4个C类网络合并成为一个网络，可以将子网掩码设置为255.255.252.0。

3. IP地址的申请组织及获取方法

IP地址必须由国际组织统一分配。具体分配权限如下：

(1) 分配最高级IP地址的国际组织——NIC。Network Information Center(国际网络信息中心)负责分配A类IP地址、授权分配B类IP地址的组织——自治区系统。

(2) 分配B类IP地址的国际组织——ENIC、InterNIC和APNIC。目前全世界有3个自治区系统组织：ENIC负责欧洲地区的分配工作，InterNIC负责北美地区，APNIC负责亚太地区(设在日本东京大学)。我国属APNIC，被分配B类地址。

(3) 分配C类地址：由各国和地区的网管中心负责分配。

4. MAC地址

在局域网中，硬件地址又称为物理地址或MAC地址(因为这种地址用在MAC帧中)。

在所有计算机系统的设计中，标识系统(Identification System)是一个核心问题。在标识系统中，地址就是为识别某个系统的一个非常重要的标识符。

严格地说，名字应当与系统的所在地无关。这就像每一个人的名字一样，不随所处的地点而改变。但是IEEE 802标准为局域网规定了一种48 bit的全球地址(一般都简称为“地址”)，是指局域网上的每一台计算机所插入的网卡上固化在ROM中的地址。

假定连接在局域网上的一台计算机的网卡坏了而更换了一个新的网卡，那么这台计算机的局域网的“地址”也就改变了，虽然这台计算机的地理位置一点也没变化，所接入的局域网也没有任何改变。

假定将位于南京的某局域网上的一台笔记本电脑转移到北京，并连接在北京的某局域网。虽然这台笔记本电脑的地理位置改变了，但只要笔记本电脑中的网卡不变，那么该笔记本电脑在北京的局域网中的“地址”仍然和它在南京的局域网中的“地址”一样。

现在 IEEE 的注册管理委员会(Registration Authority Committee，RAC)是局域网全球地址的法定管理机构，它负责分配地址字段的 6 个字节中的前 3 个字节(即高位 24 bit)。世界上凡要生产局域网网卡的厂家都必须向 IEEE 购买由这 3 个字节构成的一个号(即地址块)，这个号的正式名称是机构唯一标识符(Organizationally Unique Identifier，OUI)，通常也叫做公司标识符(Company_id)。例如，3Com 公司生产的网卡的 MAC 地址的前 6 个字节是 02-60-8C；地址字段中的后 3 个字节(即低位 24 bit)则是由厂家自行指派，称为扩展标识符(Extended Identifier)，只要保证生产出的网卡没有重复地址即可。可见用一个地址块可以生成 2^{24} 个不同的地址。用这种方式得到的 48 bit 地址称为 MAC-48，它的通用名称是 EUL-48。这里 EUI 表示扩展唯一标识符(Extended Unique Identifier)。但应注意，24 bit 的 OUI 不能够单独用来标识一个公司，因为一个公司可能有几个 OUI，也可能有几个小公司合起来购买一个 OUI。在生产网卡时这种 6 字节的 MAC 地址已被固化在网卡的只读存储器(ROM)中。因此，MAC 地址也常常叫做硬件地址(Hardware Address)或物理地址。可见“MAC 地址”实际上就是网卡地址或网卡标识符 EUI-48。当这块网卡插入到某台计算机后，网卡上的标识符 EUI-48 就成为这个计算机的 MAC 地址了。

5. IPv6

IP 是 Internet 的核心协议。现在使用的 IP(即 IPv4)是在 20 世纪 70 年代末期设计的，无论从计算机本身发展还是从 Internet 规模和网络传输速率来看，现在 IPv4 已很不适用了。这里最主要的问题就是 32 bit 的 IP 地址不够用。

要解决 IP 地址耗尽的问题，可以采用以下 3 个措施：

(1) 采用无分类编址 CIDR(Classless Inter-Domain Routing)，使 IP 地址的分配更加合理。

(2) 采用网络地址转换 NAT(Network Address Translation)方法，可节省许多全球 IP 地址。

(3) 采用具有更大地址空间的新版本的 IP，即 IPv6。

尽管上述前两项措施的采用使得 IP 地址耗尽的日期推后了不少，但却不能从根本上解决 IP 地址即将耗尽的问题。因此，治本的方法应当是上述的第(3)种方法。

及早开始过渡到 IPv6 的好处是：有更多的时间来规划平滑过渡；有更多的时间培养 IPv6 的专门人才；及早提供 IPv6 服务比较便宜。因此，现在有些 ISP 已经开始进行 IPv6 的过渡。

IETF 早在 1992 年 6 月就提出要制定下一代的 IP，即 IPng(IP Next Generation)。IPng 现在正式称为 IPv6。1998 年 12 月发表的“RFC 2460-2463”已成为 Internet 草案标准协

议。应当指出，换一个新版的 IP 并非易事。世界上许多团体都从 Internet 的发展中看到了机遇，因此在新标准的制订过程中出于自身的经济利益而产生了激烈的争论。

IPv6 仍支持无连接的传送，但将协议数据单元 PDU 称为分组，而不是 IPv4 的数据报。为方便起见，本书仍采用数据报这一名词。

IPv6 所引进的主要变化如下：

(1) 更大的地址空间。IPv6 将地址从 IPv4 的 32 bit 增大到了 128 bit，使地址空间增大了 2^{96} 倍。这样大的地址空间在可预见的将来是不会用完的。

(2) 扩展的地址层次结构。IPv6 由于地址空间很大，因此可以划分为更多的层次。

(3) 灵活的首部格式。IPv6 数据报的首部和 IPv4 的并不兼容。IPv6 定义了许多可选的扩展首部，不仅可提供比 IPv4 更多的功能，而且还可提高路由器的处理效率，这是因为路由器对扩展首部不进行处理。

(4) 改进的选项。IPv6 允许数据报包含有选项的控制信息，因此可以包含一些新的选项，而 IPv4 所规定的选项是固定不变的。

(5) 允许协议继续扩充。这一点很重要，因为技术总是在不断地发展的(如网络硬件的更新)，而新的应用也还会出现，但 IPv4 的功能是固定不变的。

(6) 支持即插即用(即自动配置)。

(7) 支持资源的预分配。IPv6 支持实时视像等要求保证一定的带宽和时延的应用。

IPv6 将首部长度变为固定的 40 bit，称为基本首部(Base Header)。将不必要的功能取消了，首部的字段数减少到只有 8 个(虽然首部长度增大一倍)。此外，还取消了首部的检验和字段(考虑到数据链路层和运输层部有差错检验功能)。这样就加快了路由器处理数据报的速度。

IPv6 数据报在基本首部的后面允许有零个或多个扩展首部(Extension Header)，再后面是数据。需要注意的是，所有的扩展首部都不属于数据报的首部。所有的扩展首部和数据合起来叫做数据报的有效载荷(Payload)或净负荷。

6. IPv6 地址及其表示方案

IPv6 地址有 3 类：单播、组播和泛播地址。单播和组播地址与 IPv4 的地址非常类似，但 IPv6 中不再支持 IPv4 中的广播地址(IPv6 对此的解决办法是使用一个“所有节点”组播地址来替代那些必须使用广播的情况，同时，对那些原来使用了广播地址的场合，则使用一些更加有限的组播地址)，而增加了一个泛播地址。

一个 IPv6 的 IP 地址由 8 个地址节组成，每节包含 16 个地址位，以 4 个十六进制数书写，节与节之间用冒号分隔。IPv6 地址的基本表达方式是 X:X:X:X:X:X:X:X，其中 X 是一个 4 位十六进制整数(16 位)。每一个数字包含 4 位，每个整数包含 4 个数字，每个地址包括 8 个整数，共计 128 位($4 \times 4 \times 8 = 128$)。需要注意的是，这些整数是十六进制整数，其中 A～F 表示的是 10～15。地址中的每个整数都必须表示出来，但起始的 0 可以不必表示。

这是一种比较标准的 IPv6 地址表达方式，此外还有另外两种更加清楚和易于使用的方式。某些 IPv6 地址中可能包含一长串的 0，当出现这种情况时，标准中允许用“空隙”来表示这一长串的 0。换句话说，地址 2000:0:0:0:0:0:0:1 可以被表示为 2000::1。这两个冒号表示该地址可以扩展到一个完整的128位地址。在这种方法中，只有当16位组全部为0时才会被两个冒号取代，且两个冒号在地址中只能出现一次。

在IPv4和IPv6的混合环境中可能有第3种方法。IPv6地址中的最低32位可以用于表示IPv4地址，该地址可按照一种混合方式表达，即X:X:X:X:X:X:d.d.d.d，其中X表示一个16位整数，而d表示一个8位十进制整数。例如，地址0:0:0:0:0:0:10.0.0.1就是一个合法的IPv4地址。把两种可能的表达方式组合在一起，该地址也可以表示为::10.0.0.1。

7. IPv4向IPv6的过渡

由于现在整个Internet上使用老版本IPv4的路由器的数量太大，因此，“规定一个日期，从这一天起所有的路由器一律都改用IPv6”，显然是不可行的。这样，向IPv6过渡只能采用逐步演进的办法，同时，还必须使新安装的IPv6系统能够向后兼容。这就是说，IPv6系统必须能够接收和转发IPv4分组，并且能够为IPv4分组选择路由。

下面介绍两种向IPv6过渡的策略，即使用双协议栈和使用隧道技术。

(1) 双协议栈(Dual Stack)。双协议栈是指在完全过渡到IPv6之前，使一部分主机(或路由器)装有两个协议栈，一个IPv4和一个IPv6。因此，双协议栈主机(或路由器)既能够和IPv6的系统通信，又能够和IPv4的系统进行通信。双协议栈的主机(或路由器)记为IPv6/IPv4，表明它具有两种IP地址：一个IPv6地址和一个IPv4地址。

双协议栈主机在和IPv6主机通信时采用IPv6地址，而和IPv4主机通信时就采用IPv4地址。但双协议栈主机怎样知道目的主机是采用哪一种地址呢？它是使用域名系统DNS来查询。若DNS返回的是IPv4地址，双协议栈的源主机就使用IPv4地址。但当DNS返回的是IPv6地址，源主机就使用IPv6地址。需要注意的是，IPv6首部中的某些字段无法恢复。例如，原来IPv6首部中的流标号X在最后恢复出的IPv6数据报中只能变为空缺。这种信息的损失是使用首部转换方法所不可避免的。

(2) 隧道技术(Tunneling)。这种方法的要点就是在IPv6数据报要进入IPv4网络时，将IPv6数据报封装成为IPv4数据报(整个的IPv6数据报变成了IPv4数据报的数据部分)，然后IPv6数据报就在IPv4网络的隧道中传输，当IPv4数据报离开IPv4网络中的隧道时再将其数据部分(即原来的IPv6数据报)交给主机的IPv6协议栈。要使双协议栈的主机知道IPv4数据报里面封装的数据是一个IPv6数据报，就必须将IPv4首部的协议字段的值设置为41(41表示数据报的数据部分是IPv6数据报)。

截至2018年12月，我国IPv6地址数量为41079块/32，年增长率为75.3%；在IPv6方面，我国正在持续推动IPv6大规模部署，进一步规范IPv6地址分配与追溯机制，有效提升IPv6安全保障能力，从而推动IPv6的全面应用。

7.3.4 WWW服务

1. WWW服务概述

万维网WWW是一个基于超文本(Hypertext)方式的信息浏览服务，它为用户提供了一个可以轻松驾驭的图形化用户界面，以查阅Internet上的文档。这些文档与它们之间的链接一起构成了一个庞大的信息网，称为WWW网。现在WWW服务是Internet上最主要的应用，通常所说的上网，一般说来就是使用WWW服务。

图灵奖得主 Tim Berners Lee 1989 年发明了 WWW。Internet 上的资源，可以在一个网页里比较直观地表示出来，而且资源之间可以在网页上互相链接。它可以通过超链接将位于全世界 Internet 上不同地点的不同数据信息有机地结合在一起。对用户来说，WWW 带来的是世界范围的超级文本服务，这种服务是非常易于使用的。只要操作计算机的鼠标进行简单的操作，就可以通过 Internet 从全世界任何地方调来用户所希望得到的文本、图像(包括活动影像)、声音等信息。

2. WWW 的工作原理

WWW 中的信息资源主要由一篇篇的 Web 文档，或称 Web 页为基本元素构成。这些 Web 页采用超文本(Hyper Text)的格式，即可以含有指向其他 Web 页或其本身内部特定位置的超级链接，或简称链接。可以将链接理解为指向其他 Web 页的“指针”。链接使得 Web 页交织为网状，这样，如果 Internet 上的 Web 页和链接非常多的话，就构成了一个巨大的信息网。

当用户从 WWW 服务器取到一个文件后，用户需要在自己的屏幕上将它正确无误地显示出来。由于将文件放入 WWW 服务器的人并不知道将来阅读这个文件的人到底会使用哪一种类型的计算机或终端，要保证每个人在屏幕上都能读到正确显示的文件，必须以一种各类型的计算机或终端都能“看懂”的方式来描述文件，于是就产生了超文本语言 HTML(Hype Text Markup Language)。

HTML 对 Web 页的内容、格式及 Web 页中的超级链接进行描述，而 Web 浏览器的作用就在于读取 Web 网点上的 HTML 文档，再根据此类文档中的描述组织并显示相应的 Web 页面。

HTML 文档本身是文本格式的，用任何一种文本编辑器都可以对它进行编辑。HTML 有一套相当复杂的语法，专门提供给专业人员用来创建 Web 文档，一般用户并不需要掌握它。HTML 文档的后缀为“.html”或“.htm”。图 7.16 和图 7.17 所示分别为百度百科(https://baike.baidu.com/)的 Web 页面及其对应的 HTML 文档。

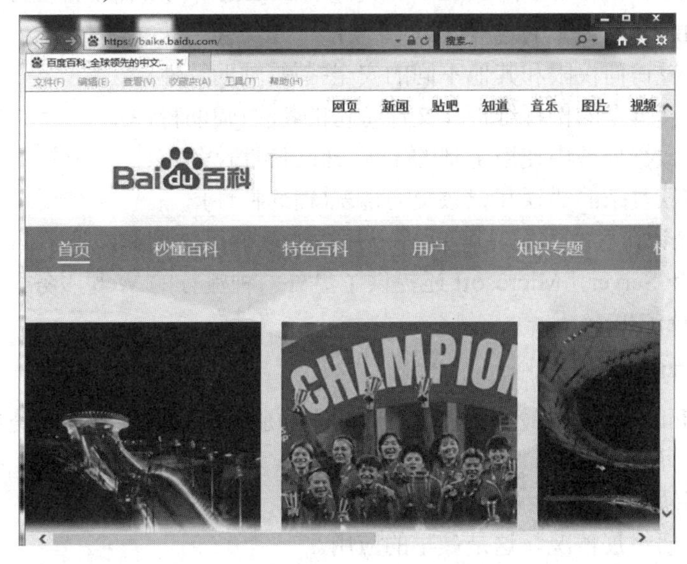

图 7.16　百度百科的 Web 页面

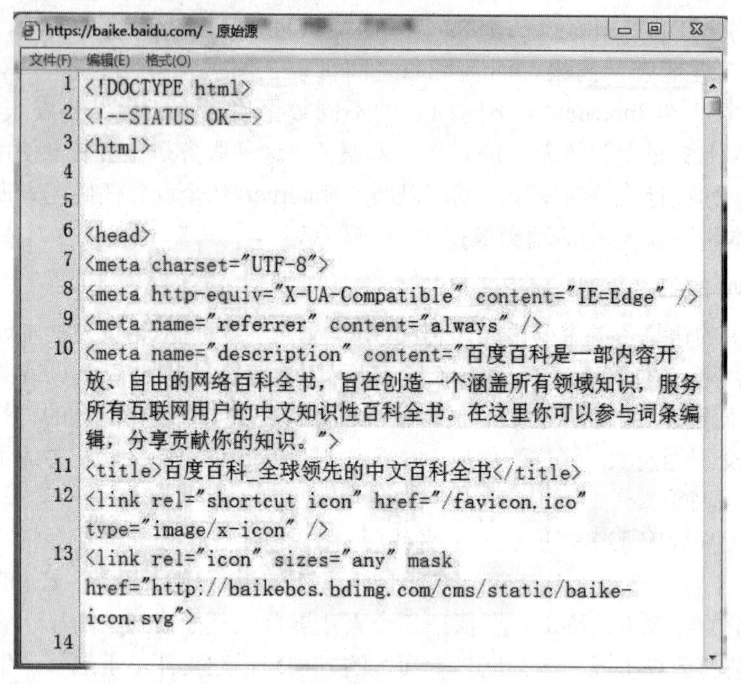

```
<!DOCTYPE html>
<!--STATUS OK-->
<html>


<head>
<meta charset="UTF-8">
<meta http-equiv="X-UA-Compatible" content="IE=Edge" />
<meta name="referrer" content="always" />
<meta name="description" content="百度百科是一部内容开放、自由的网络百科全书，旨在创造一个涵盖所有领域知识，服务所有互联网用户的中文知识性百科全书。在这里你可以参与词条编辑，分享贡献你的知识。">
<title>百度百科_全球领先的中文百科全书</title>
<link rel="shortcut icon" href="/favicon.ico" type="image/x-icon" />
<link rel="icon" sizes="any" mask href="http://baikebcs.bdimg.com/cms/static/baike-icon.svg">
```

图 7.17　百度百科的 HTML 文档

3. WWW 服务器

WWW 服务器是任何运行 Web 服务器软件、提供 WWW 服务的计算机。一般来说，这台计算机应该有一个非常快的处理器、一个巨大的硬盘和大容量的内存，但是，所有这些技术需要的基础就是它能够运行 Web 服务器软件。一般应该具有以下几个功能：

(1) 支持 WWW 的 HTTP(基本特性)协议。

(2) 支持 FTP、USENET、Gopher 和其他的 Internet 协议(辅助特性)。

(3) 允许同时建立大量的连接(辅助特性)。

(4) 允许设置访问权限和其他不同的安全措施(辅助特性)。

(5) 提供一套健全的例行维护和文件备份的特性(辅助特性)。

(6) 允许在数据处理中使用定制的字体(辅助特性)。

(7) 允许俘获复杂的错误和记录交通情况(辅助特性)。

对于用户来说，存在不同品牌的 Web 服务器软件可供选择，除了 FrontPage 中包括的 Personal Web Server，Microsoft 还提供了另外一种流行的 Web 服务器，名为 Internet Information Server(IIS)。

4. WWW 的应用领域

WWW 是 Internet 发展最快、最吸引人的一项服务，它的主要功能是提供信息查询，不仅图文并茂，而且范围广、速度快。所以 WWW 几乎应用在人类生活、工作的所有领域。最突出的有如下几方面：

(1) 交流科研进展情况，这是最早的应用。

(2) 宣传单位。企业、学校、科研院所、商店和政府部门，都通过主页介绍自己。许多个人也拥有自己的主页，让世界了解自己。

(3) 介绍产品与技术。通过主页介绍本单位开发的新产品、新技术，并进行售后服务，越来越成为企业、商家的促销渠道。

(4) 远程教学。Internet 流行之前的远程教学方式主要是广播电视。有了 Internet，在一间教室安装摄像机，全世界都可以听到该教师的讲课。另外，学生、教师可以通过 Internet 获取自己感兴趣的内容。

(5) 新闻发布。各大报纸、杂志、通讯社都通过 WWW 发布最新消息。例如，彗星与木星碰撞的照片，由世界各地的天文观测中心及时通过 WWW 发布。世界杯足球赛、NBA、奥运会，都通过 WWW 提供图文动态信息。

(6) 世界各大博物馆、艺术馆、美术馆、动物园、自然保护区和旅游景点介绍自己的珍品，成为人类共有资源。

(7) 休闲娱乐。网络社交和游戏等可以丰富人们的业余生活。

5. WWW 浏览器

在 Internet 上发展最快、人们使用最多和应用最广泛的是 WWW 浏览服务，且在众多的浏览器软件中，Microsoft 公司的 IE(Internet Explorer)和由 Google(谷歌)公司开发的开放原码网页浏览器 Google Chrome 使用较多，国内的 QQ 浏览器、360 浏览器使用量也较多。

Microsoft 公司的 IE(Internet Explorer)和 Edge。Microsoft 公司为了争夺和占领浏览器市场，在操作系统 Windows 95 之后大量投入人力、财力加紧研制用于 Internet 的 WWW 浏览器，并在后续的 Windows 95 OEM 版以及后来的 Windows 98 中捆绑免费发行，一举从网景公司手中夺得大片浏览器市场。IE 流行的版本有 V3.0、V4.0、V5.0、V5.5、V6.0、V7.0、V8.0 等，现在已经可以下载使用 IE V11.0。2018 年 12 月，微软正式确认，新的 Edge 浏览器将从 EdgeHTML 内核迁移为 Chromium 内核，同时还会登录到 Windows 7/8/8.1 和 macOS 平台。2019 年 12 月，经历了 1 整年的封闭和开放测试，新版 Microsoft Edge 的 Beta 版本已经足够完善可以日常使用。基于 Chromium 内核开发的 Microsoft Edge，外观上的变化较少，主要是一些功能上的变化。

Google Chrome 浏览器。Chrome 包含了“无痕浏览”(Incognito)模式(与 Safari 的“私密浏览”和 Internet Explorer 8 的类似)，这个模式可以“让浏览者在完全隐秘的情况下浏览网页，因为其任何活动都不会被记录下来”，同时也不会储存 cookies。当在窗口中启用这个功能时“任何发生在这个窗口中的事情都不会被记录下来。”Chrome 的标志性功能之一是 Omnibox 位于浏览器顶部的一款通用工具条。用户可以在 Omnibox 中输入网站地址或搜索关键字，或者同时输入这两者，Chrome 会自动执行用户希望的操作。

在国内，浏览器更是如雨后春笋，不断涌出，目前使用量较多的有 360 浏览器、QQ 浏览器、搜狗浏览器、百度浏览器、UC 浏览器、猎豹浏览器、火狐浏览器、傲游浏览器等。

6. Web 2.0 简介

Web 2.0 是人们对 Internet 发展新阶段的一个概括。传统上以内容为中心，以信息的发布、传输、分类和共享为目的的 Internet 称为 Web 1.0。在这种模式中绝大多数网络用户只充当了浏览者的角色，话语权是掌握在各大网站的手里。

如果说 Web 1.0 是以数据(信息)为核心，那么 Web 2.0 就是以人为核心，旨在为用户提供更人性化的服务。Web 1.0 到 Web 2.0 的转变，具体地说，从模式上是单纯的“读”向“写”发展，由被动地接收 Internet 信息向主动创造 Internet 信息迈进；从基本构成单元上，是由“网页”向“发表/记录信息”发展；从工具上，是由 Internet 浏览器向各类浏览器、RSS 阅读器等内容发展；运行机制上，由“Client/Server”向“Web Services”转变；作者由程序员等专业人士向全部普通用户发展。

在 Web 2.0 中用户可读写，在 Web 1.0 阶段，大多数用户只是信息的读者，而不是作者，一个普通的用户只能浏览网络的信息而不能进行编辑；在 Web 2.0 阶段人人都可以成为信息的提供者，每个人都可以在网络上发表言论，从而完成了从单纯的阅读者到信息提供者角色的转变。

Web 2.0 倡导个性化服务。在 Web 1.0 阶段 Internet 的交互性没有得到很好的发挥，网络提供的信息没有明确的针对性，最多是对信息进行了分类，使信息针对特定的人群，还是没有针对到具体的个人。Web 2.0 中允许个人根据自己的喜好进行订阅，从而获取自己需要的信息与服务。

Web 2.0 实现人的互联。在 Web 1.0 中实质上是数据(信息)的互联，是以数据(信息)为中心的；而 Web 2.0 中最终连接的是用户，如以用户为核心来组织内容的 BLOG 就是个典型代表，每个人在网络上都可以是一个节点，BLOG 的互连本质上是人的互连。

表 7-2 所示为 Web 1.0 和 Web 2.0 的对比情况。

表 7-2　Web 1.0 和 Web 2.0 对比

比较项目	Web 1.0	Web 2.0
核心理念	用户只是浏览者，以内容为中心，广播化	用户可读写，个性化服务，社会互连，以人为本
典型应用	新闻发布、信息搜索	BLOG、RSS
代表网站	http://www.sohu.com http://www.baidu.com	各种 BLOG 网站

7. Web 3.0 简介

Web 2.0 虽然只是互联网发展阶段的过渡产物，但正是由于它的产生，让人们可以更多地参与到互联网的创造劳动中，特别是在内容上的创造，就这点来说，Web 2.0 是具有革命性意义的。人们在这个创造劳动的过程中将获得更多的荣誉、认同，包括财富和地位。正是因为更多的人参与到了有价值的创造劳动中，那么“要求互联网价值的重新分配”将是一种必然趋势，因此必然促成新一代互联网的产生，这就是 Web 3.0。

Web 3.0 是在 Web 2.0 的基础上发展起来的能够更好地体现网民的劳动价值，并且能够实现价值均衡分配的一种互联网方式。网站内的信息可以直接和其他网站相关信息进行交互，能通过第三方信息平台同时对多家网站的信息进行整合使用；用户在互联网上拥有自己的数据，并能在不同网站上使用；完全基于 web，用浏览器即可实现复杂系统程序才能实现的系统功能；用户数据审计后，同步于网络数据。因此，Web 3.0 不仅是一种技术上的革新，也是互联网发展中由技术创新走向用户理念创新的关键一步。

7.3.5　域名系统

1. 什么是域名？

前面讲到的 IP 地址，是 Internet 上互连的若干主机进行内部通信时，区分和识别不同主机的数字型标志，这种数字型标志对于上网的广大用户而言却有很大的缺点，它既无简明的含义，又不容易被用户很快记住。因此，为解决这个问题，人们又规定了一种字符型标志，称之为域名(Domain Name)。如同每个人的姓名和每个单位的名称一样，域名是 Internet 上互连的若干主机(或称网站)的名称。广大网络用户能够很方便地用域名访问 Internet 上自己感兴趣的网站。

从技术上讲，域名只是一个 Internet 中用于解决地址对应问题的一种方法，可以说只是一个技术名词。但是，由于 Internet 已经成为全世界人的 Internet，域名也自然地成为一个社会科学名词。从社会科学的角度看，域名已成为 Internet 文化的组成部分。从商界看，域名已被誉为“企业的网上商标”。没有一家企业不重视自己产品的标识——商标，而域名的重要性和其价值，也已经被全世界的企业所认识。中国国内域名注册的数量，从 1996 年底之前累计的 300 多个，至 1998 年 11 月猛增到 16 644 个，每月增长速度为 10%。截至 2018 年年底，域名总数为 3792.8 万个，其中“.CN”域名总数为 2124.3 万个，占域名总数的 56%。

2. 为什么要注册域名？

要想在网上建立服务器发布信息，则必须首先注册自己的域名，只有有了自己的域名才能让别人访问到自己。所以，域名注册是在 Internet 上建立任何服务的基础。同时，由于域名的唯一性，尽早注册又是十分必要的。

域名一般是由一串用点分隔的字符串组成，组成域名的各个不同部分常称为子域名(Sub-Domain)，它表明了不同的组织级别。理解域名的方法是从右向左来看各个子域名，最右边的子域名称为顶级域名，它是对计算机或主机最一般的描述。越往左看，子域名越具有特定的含义。域名的结构是分层结构，从右到左的各子域名分别说明不同国家或地区的名称、组织类型、组织名称、分组织名称和计算机名。

以 xyz@axhu.edu.cn 为例，顶级域名 cn 代表中国，第 2 个子域名 edu 表明这台主机是属于教育部门，axhu 指的是安徽新华学院的主机，@是“at”的符号，为域名的标识符，也就是邮件必须要交付到的目的地的域名，xyz 为用户表示符。注意，在 Internet 地址中不得有任何空格存在，而且 Internet 地址不区分大写或小写字母，但作为一般的原则，在使用 Internet 地址时，最好全用小写字母。

顶级域名可以分成两大类，一类是组织性顶级域名，另一类是地理性顶级域名。

(1) 组织性顶级域名是为了说明拥有并对 Internet 主机负责的组织类型，常用的组织性顶级域名如表 7-3 所示。

表 7-3　组织性顶级域名及地理性顶级域名

组织性顶级域名		地理性顶级域名			
域　名	含　义	域　名	含　义	域　名	含　义
com	商业组织	au	澳大利亚	it	意大利
edu	教育机构	ca	加拿大	jp	日本
gov	政府机构	cn	中国	sg	新加坡
int	国际性组织	de	德国	uk	英国
mil	军队	fr	法国	us	美国
net	网络技术组织	in	印度		
org	非营利组织				

(2) 地理性顶级域名。组织性顶级域名是在国际性 Internet 产生之前的地址划分，主要是在美国国内使用，随着 Internet 扩展到世界各地，新的地理性顶级域名便产生了，它仅用两个字母的缩写形式来完全表示某个国家或地区。表 7-3 所示为一些国家顶级域名的例子。如果一个 Internet 地址的顶级域名不是地理性域名，那么该地址一定是美国国内的 Internet 地址，换句话讲，Internet 地址的地理性顶级域名的默认值是美国，即表中 us 顶级域名通常没有必要使用。

为保证 Internet 上的 IP 地址或域名地址的唯一性，避免导致网络地址的混乱，用户需要使用 IP 地址或域名地址时，必须通过电子邮件向网络信息中心 NIC 提出申请。目前世界上有 3 个网络信息中心：InterNIC(负责美国及其他地区)、RIPENIC(负责欧洲地区)和 APNIC(负责亚太地区)。

在中国，网络域名的顶级域名为 CN，二级域名分为类别域名和行政区域名两类。行政区域名共 34 个，包括各省、自治区和直辖市。类别域名如表 7-4 所示。

表 7-4　中国的二级类别域名

域　名	含　义
ac	科研机构
com	工、商、金融等企业
edu	教育机构
gov	政府部门
net	因特网络，接入网络的信息中心和运行中心
org	非营利性的组织

在中国，由 CERNET 网络中心受理二级域名 EDU 下的三级域名注册申请，CNNIC 网络中心受理其余二级域名下的三级域名注册申请。除此之外，还包括如表 7-5 所示的省市域名。

表 7-5　省市级域名

Bj：北京市	Sh：上海市	Tj：天津市	Cq：重庆市	He：河北省	Sx：山西省
Ln：辽宁省	Jl：吉林省	Hl：黑龙江	Js：江苏省	Zj：浙江省	Ah：安徽省
Fj：福建省	Jx：江西省	Sd：山东省	Ha：河南省	Hb：湖北省	Hn：湖南省
Gd：广东省	Gx：广西	Hi：海南省	Sc：四川省	Gz：贵州省	Yn：云南省
Xz：西藏	Sn：陕西省	Gs：甘肃省	Qh：青海省	Nx：宁夏	Xj：新疆
Nm：内蒙古	Tw：台湾省	Hk：香港特别行政区	Mo：澳门特别行政区		

3. 网络域名注册

申请注册三级域名的用户首先必须遵守国家对 Internet 的各种规定和法律，还必须拥有独立法人资格。在申请域名时，各单位的三级域名原则上采用其单位的中文拼音或英文缩写，com 域下每个公司只登记一个域名，用户申请的三级域名，域名中字符的组合规则如下：

(1) 在域名中，不区分英文字母的大小写。

(2) 对于一个域名的长度是有一定限制的，CN 下域名命名的规则如下：

① 遵照域名命名的全部共同规则。

② 只能注册三级域名，三级域名用字母(A～Z，a～z，大小写等价)、数字(0～9)和连接符(-)组成，各级域名之间用实点(.)连接，三级域名长度不得超过 20 个字符。

③ 不得使用或限制使用以下名称：

a. 注册含有“CHINA”“CHINESE”“CN”“NATIONAL”等经国家有关部门(指部级以上单位)正式批准。

b. 公众知晓的其他国家或者地区名称、外国地名和国际组织名称不得使用。

c. 县级以上(含县级)行政区划名称的全称或者缩写，需由相关县级以上(含县级)人民政府正式批准。

d. 行业名称或者商品的通用名称不得使用。

e. 他人已在中国注册过的企业名称或者商标名称不得使用。

f. 对国家、社会或者公共利益有损害的名称不得使用。

g. 经国家有关部门(指部级以上单位)正式批准和相关县级以上(含县级)人民政府正式批准是指，相关机构要出具书面文件表示同意 XXXX 单位注册 XXXX 域名。例如，要申请 beijing.com.cn 域名，要提供北京市人民政府的批文。

国内用户申请注册域名，应向中国因特网络信息中心提出，该中心是由国务院信息化工作领导小组办公室授权的提供因特网域名注册的唯一合法机构。

7.3.6　电子邮件

电子邮件(E-mail)是 Internet 应用最广的服务，通过电子邮件系统，用户可以用非常低廉的价格(不管发送到哪里，都只需负担网费即可)，以非常快速的方式(几秒之内可以发送到世界上任何指定的目的地)，与世界上任何一个角落的网络用户联系。这些电子邮件可以是文字、图像和声音等各种文件。同时，可以得到大量免费的新闻、专题邮件，并实现轻松的信息搜索。正是由于电子邮件的使用简易、投递迅速、收费低廉、易于保存和全球畅通无阻，使得电子邮件被广泛地应用，它使人们的交流方式得到了极大的改变。

近年来随着 Internet 的普及和发展，万维网上出现了很多基于 Web 页面的免费电子邮件服务，用户可以使用 Web 浏览器访问和注册自己的用户名与口令，一般可以获得存储容量达数 GB 的电子邮箱，并可以立即按注册用户登录，收发电子邮件。如果经常需要收发一些大的附件，Gmail、Yahoo mail、网易 163 mail、126 mail、Yeah mail 等都能够满足要求。

用户使用 Web 电子邮件服务时几乎无须设置任何参数，直接通过浏览器收发电子邮件，阅读与管理服务器上个人电子信箱中的电子邮件(一般不在用户计算机上保存电子邮件)，大部分电子邮件服务器还提供了自动回复功能。电子邮件具有使用简单方便、安全可靠、便于维护等优点。

7.3.7 文件传输

文件传输是指把文件通过网络从一个计算机系统复制到另一个计算机系统的过程。在 Internet 中，实现这一功能的是 FTP。像大多数的 Internet 服务一样，FTP 也采用客户机/服务器模式，当用户使用一个名叫 FTP 的客户程序时，就和远程主机上的服务程序相连了。若用户输入一个命令，要求服务器传送一个指定的文件，服务器就会响应该命令，并传送这个文件；用户的客户程序接收这个文件，并把它存入用户指定的目录中。从远程计算机上复制文件到自己的计算机上，称为“下载”(Downloading)文件；从自己的计算机上复制文件到远程计算机上，称为“上传”(Uploading)文件。使用 FTP 程序时，用户应输入 FTP 命令和想要连接的远程主机的地址。一旦程序开始运行并出现提示符“ftp”后，就可以输入命令，来回复制文件，或做其他操作了。例如，可以查询远程计算机上的文档，也可以变换目录等。远程登录是由本地计算机通过网络，连接到远端的另一台计算机上作为这台远程主机的终端，可以实时地使用远程计算机上对外开放的全部资源，也可以查询数据库、检索资料或利用远程计算机完成大量的计算工作。

在实现文件传输时，需要使用 FTP 程序。IE 和 Chrome 浏览器都带有 FTP 程序模块。可在浏览器窗口的地址栏直接输入远程主机的 IP 地址或域名，浏览器将自动调用 FTP 程序。例如，要访问主机域名为 ftp.ftpx.com 的服务器，在地址栏输入 ftp://ftp.ftpx.com。这里，第 1 个 ftp 指使用的协议名，其后是主机名。当连接成功后，浏览器窗口显示出该服务器上的文件夹和文件名列表，如图 7.18 所示。

如果想从站点上下载文件，可参考站点首页的文件。找到需要的文件，用鼠标右键单击所需下载文件的文件名，弹出快捷菜单，执行“目标地点另存为”命令，选择路径后，下载过程开始。

文件上传对服务器而言是“写入”，这就涉及使用权限问题。上传的文件需要传送到 FTP 服务器上指定的文件夹或通过鼠标右键单击文件夹名，执行快捷菜单属性命令，打开“FTP 属性”对话框，可以查看该文件是否具有“写入”权限，如图 7.19 所示。

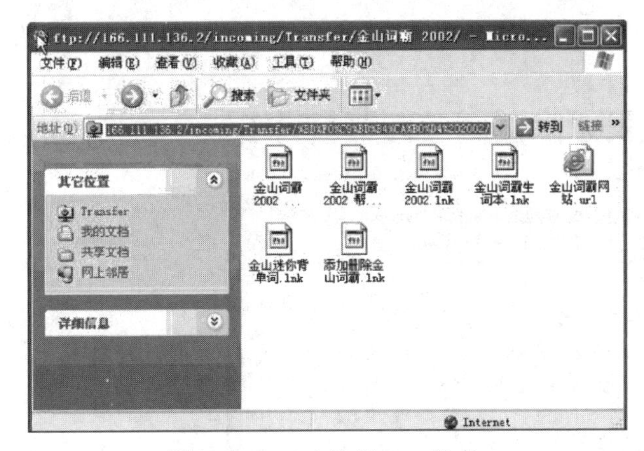

图 7.18　IE5 中访问 FTP 站点

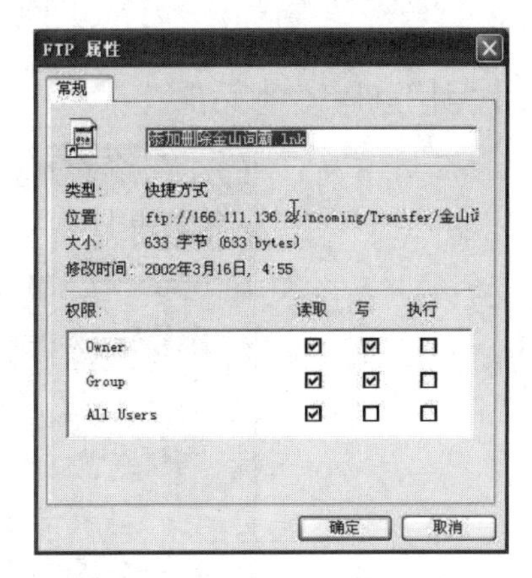

图 7.19　“FTP 属性”对话框

若用户没有账号，则不能正式使用 FTP，但可以匿名使用 FTP。匿名 FTP 允许没有账号和口令的用户以 anonymous 或 FTP 特殊名来访问远程计算机，当然，这样会有很大的限制。匿名用户一般只能获取文件，不能在远程计算机上建立文件或修改已存在的文件，对可以复制的文件也有严格的限制。

7.4　应用案例——计算机和网络的简单配置和测试

1. 配置计算机名及工作组

目标：修改计算机名并加入工作组。设置计算机名为“teacher”，设置工作组名为“TARENA-NETWORK”。

步骤：

(1) 修改 Windows 2008 服务器的计算机名。打开系统属性控制面板，通过“开始”→“控制面板”→“系统和安全”→“系统”，可查看当前的计算机系统信息(版本、计算机名、工作组等)，如图 7.20 所示。

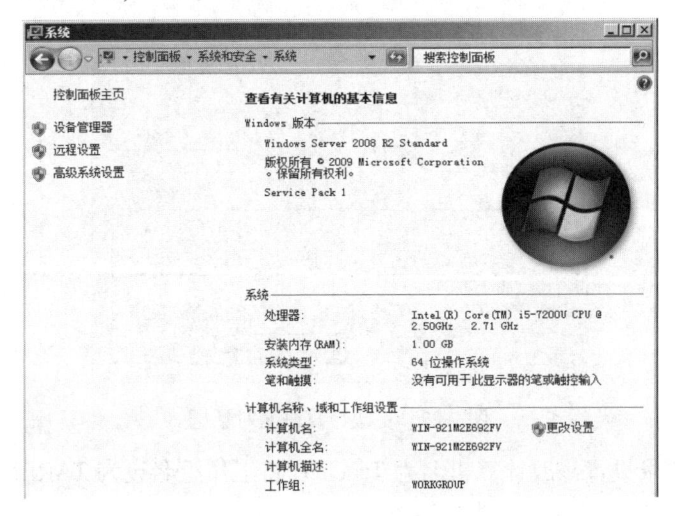

图 7.20　查看系统界面

单击左侧的“高级系统设置”，可以打开“系统属性”设置，如图 7.21 所示，切换到“计算机名”对话框。

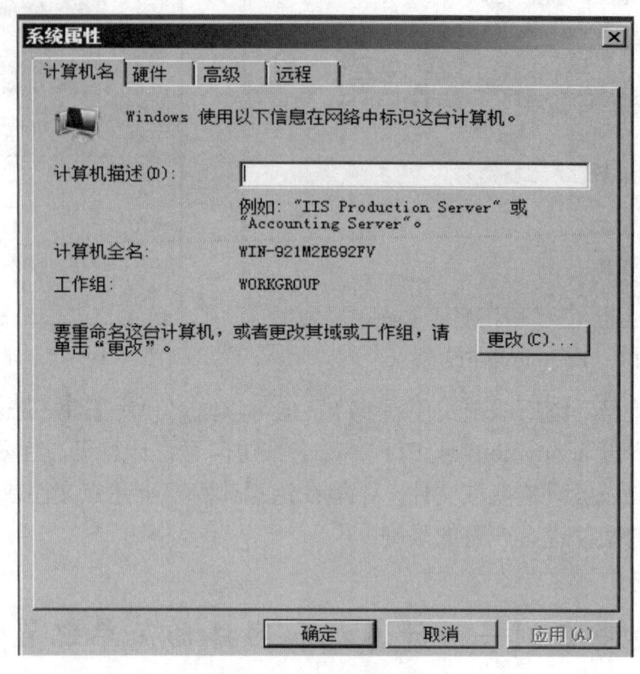

图 7.21　系统属性对话框

(2) 修改计算机名及所属工作组名。在“系统属性”的“计算机名”标签页中，单击“更改”按钮，弹出的对话框中会显示当前设置的计算机名、工作组名信息，如图 7.22 所示。

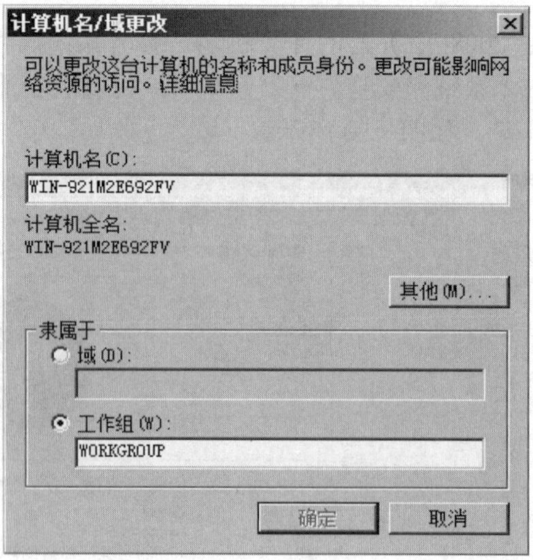

图 7.22　更改计算机名对话框

根据实验要求设置修改计算机名为 Teacher，将工作组名设为 TARENA-NETWORK，如图 7.23 所示，单击“确定”执行修改。

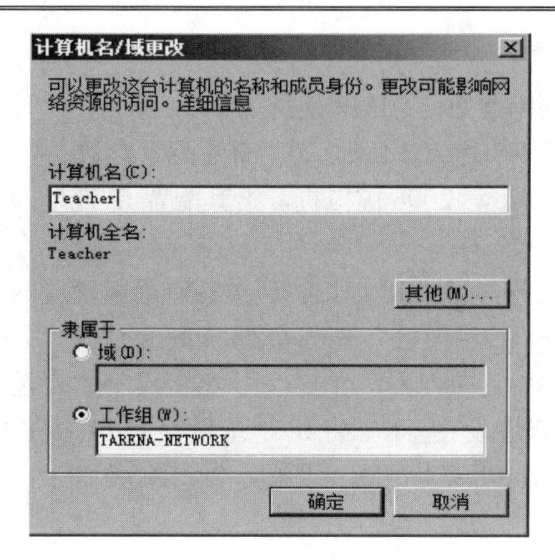

图 7.23　更改计算机名

成功加入后会看到加入工作组欢迎信息(工作组由第一台加入的计算机自动创建)，如图 7.24 所示。

图 7.24　更改计算机名操作成功对话框

确定后，会提示需要重启以完成计算机名、域名的更改。关闭“系统属性”设置，根据提示“立即重新启动”计算机，再次以 Administrator 登录系统，确认计算机名、工作组信息等已经修改，如图 7.25 所示。

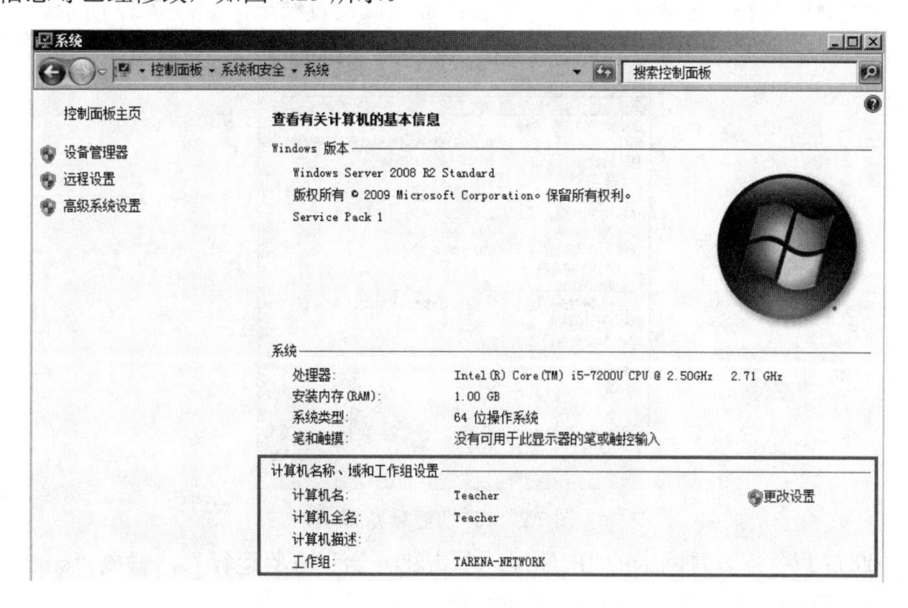

图 7.25　查看系统对话框

2. TCP/IP 地址配置

目标：为主机配置网络参数，其中 IP 地址为 192.168.1.10，子网掩码为 255.255.255.0，网关为 192.168.1.254，DNS 为 202.106.0.20，查看配置参数。

方案：使用 1 台 Windows 2008 虚拟机，给其配置 IP 地址确保其可以正常地通信。

步骤：

为 Windows 2008 服务器配置 IP 地址，通过控制面板设置网卡的 IP 地址。

(1) 通过“开始”→“控制面板”→“网络和 Internet”→“网络和共享中心”→“更改适配器设置”可查看网络连接列表，双击“本地连接”→“属性”→“Internet 协议版本 4(TCP/IPv4)”，可打开属性设置窗口。将 IP 地址设置为 192.168.1.10，子网掩码 255.255.255.0、网关设置为 192.168.1.254、DNS 设置为 202.106.0.20，单击“确定”保存，如图 7.26 所示。

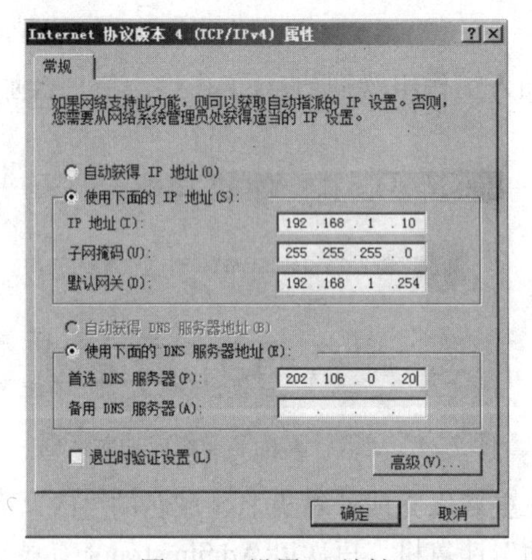

图 7.26　设置 IP 地址

(2) 通过本地连接属性中的“详细信息”可确认设置结果，如图 7.27 所示。

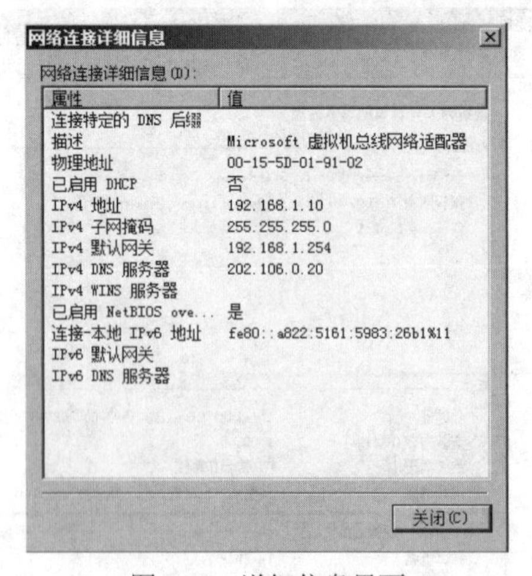

图 7.27　详细信息界面

(3) 通过命令行查看网卡的 IP 地址。单击“开始”→“运行”，输入“cmd”并确定，将会打开 cmd 命令控制台窗口，如图 7.28 所示。

```
管理员: C:\Windows\system32\cmd.exe
Microsoft Windows [版本 6.1.7601]
版权所有 (c) 2009 Microsoft Corporation。保留所有权利。

C:\Users\Administrator>ipconfig/all

Windows IP 配置

   主机名  . . . . . . . . . . . . . : Teacher
   主 DNS 后缀 . . . . . . . . . . . :
   节点类型  . . . . . . . . . . . . : 混合
   IP 路由已启用 . . . . . . . . . . : 否
   WINS 代理已启用 . . . . . . . . . : 否

以太网适配器 本地连接:

   连接特定的 DNS 后缀 . . . . . . . :
   描述. . . . . . . . . . . . . . . : Microsoft 虚拟机总线网络适配器
   物理地址. . . . . . . . . . . . . : 00-15-5D-01-91-02
   DHCP 已启用 . . . . . . . . . . . : 否
   自动配置已启用. . . . . . . . . . : 是
   本地链接 IPv6 地址. . . . . . . . : fe80::a822:5161:5983:26b1%11(首选)
   IPv4 地址 . . . . . . . . . . . . : 192.168.1.10(首选)
   子网掩码  . . . . . . . . . . . . : 255.255.255.0
   默认网关. . . . . . . . . . . . . : 192.168.1.254
   DHCPv6 IAID . . . . . . . . . . . : 234886493
   DHCPv6 客户端 DUID  . . . . . . . : 00-01-00-01-27-A3-3F-3E-00-15-5D-01-91-02

   DNS 服务器  . . . . . . . . . . . : 202.106.0.20
   TCPIP 上的 NetBIOS  . . . . . . . : 已启用

隧道适配器 isatap.{264DD9CE-3B56-4274-A911-4007DD8A443E}:

   媒体状态  . . . . . . . . . . . . : 媒体已断开
   连接特定的 DNS 后缀 . . . . . . . :
   描述. . . . . . . . . . . . . . . : Microsoft ISATAP Adapter
   物理地址. . . . . . . . . . . . . : 00-00-00-00-00-00-00-E0
   DHCP 已启用 . . . . . . . . . . . : 否
   自动配置已启用. . . . . . . . . . : 是

C:\Users\Administrator>
```

图 7.28　查看网卡的 IP 地址

3. 网络连通性测试

目标：为主机设置以下网络参数并测试连通性：

(1) 主机 1 配置 IP 地址为 192.168.1.10，子网掩码为 255.255.255.0。

(2) 主机 2 配置 IP 地址为 192.168.1.20，子网掩码为 255.255.255.0。

(3) 两台主机连接到同一网络。

(4) 用 ping 命令测试网络连通性。

方案：使用 2 台 Windows 2008 虚拟机，通过 Hyper-V 虚拟交换机管理器中“新建虚拟交换机”相连，如图 7.29 和图 7.30 所示。将两个 2008 虚拟机网卡的 IP 地址设置为同一个网段，即可相互通信。

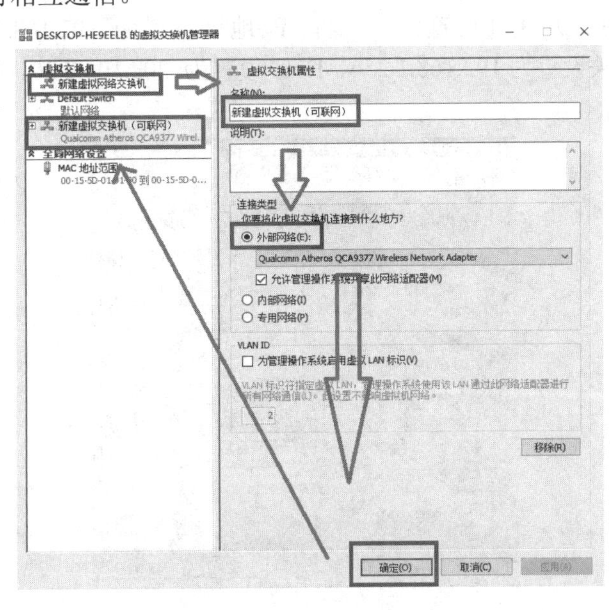

图 7.29　交换机管理器界面

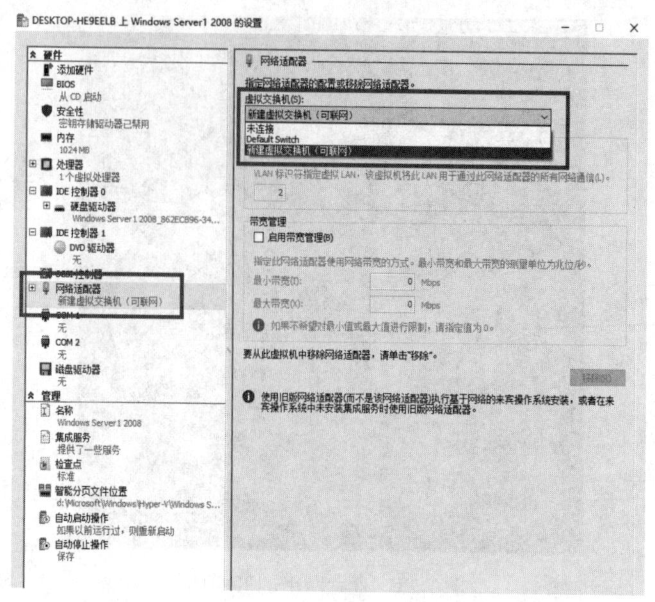

图 7.30　虚拟服务器设置界面

步骤：

1) 修改两台 Windows 2008 虚拟机的网络类及 IP 地址

(1) 在 Hyper-V 虚拟交换机管理器窗口中，调整 Windows 2008 虚拟机的硬件设置，如图 7.29 所示的箭头步骤操作，即可增加“新建虚拟交换机(可联网)”。修改 Server1 和 Server2 两台虚拟机的网卡配置操作如图 7.30。

(2) 为 Windows 2008(Server1)配置 IP 地址，通过控制面板设置网卡的 IP 地址。通过“开始”→“控制面板”→“网络和 Internet”→“网络和共享中心”→“更改适配器设置”可查看网络连接列表，双击“本地连接”→“属性”→“Internet 协议版本 4(TCP/IPv4)”，可打开属性设置窗口。将 IP 地址设置为 192.168.1.10，子网掩码为 255.255.255.0、网关设置为 192.168.1.254、DNS 设置为 202.106.0.20，如图 7.31 所示，单击“确定”保存。

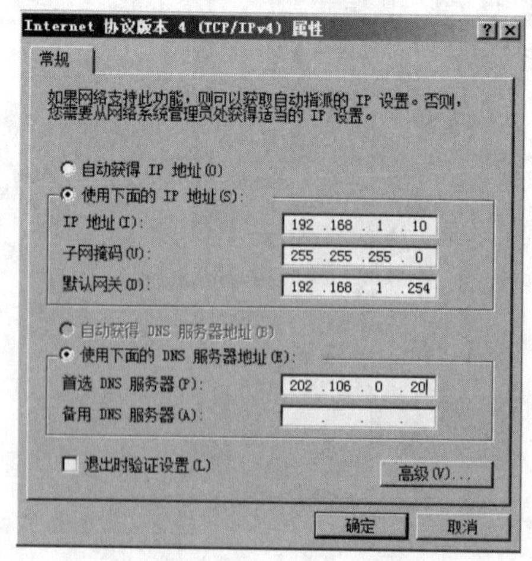

图 7.31　设置 IP 地址界面 1

(3) 为 Windows 2008(Server2)配置 IP 地址，通过控制面板设置网卡的 IP 地址。通过“开始”→“控制面板”→“网络和 Internet”→“网络和共享中心”→“更改适配器设置”可查看网络连接列表，双击“本地连接”→“属性”→“Internet 协议版本 4(TCP/IPv4)”，可打开属性设置窗口。将 IP 地址设置为 192.168.1.20，子网掩码为 255.255.255.0、网关设置为 192.168.1.254、DNS 设置为 202.106.0.20，如图 7.32 所示，单击“确定”保存。

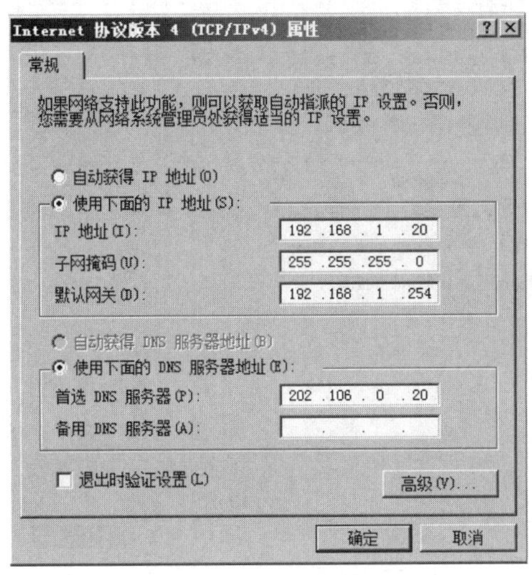

图 7.32　设置 IP 地址界面 2

2) 关闭两台 Windows 2008 系统的防火墙

(1) 通过“控制面板”→“检查防火墙状态”，可以查看防火墙服务的运行状态(默认为绿色的标识，标识已启用)，如图 7.33 所示。

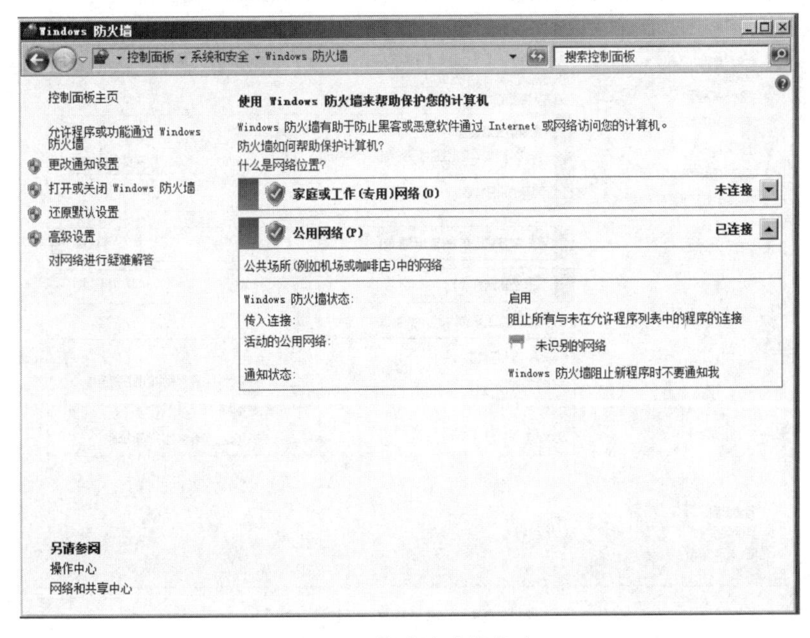

图 7.33　检查防火墙状态

(2) 单击左侧的“打开或关闭 Windows 防火墙”，可自定义是否启用防火墙，对于普通内网服务器建议可将防火墙关闭，如图 7.34 所示，单击确定。

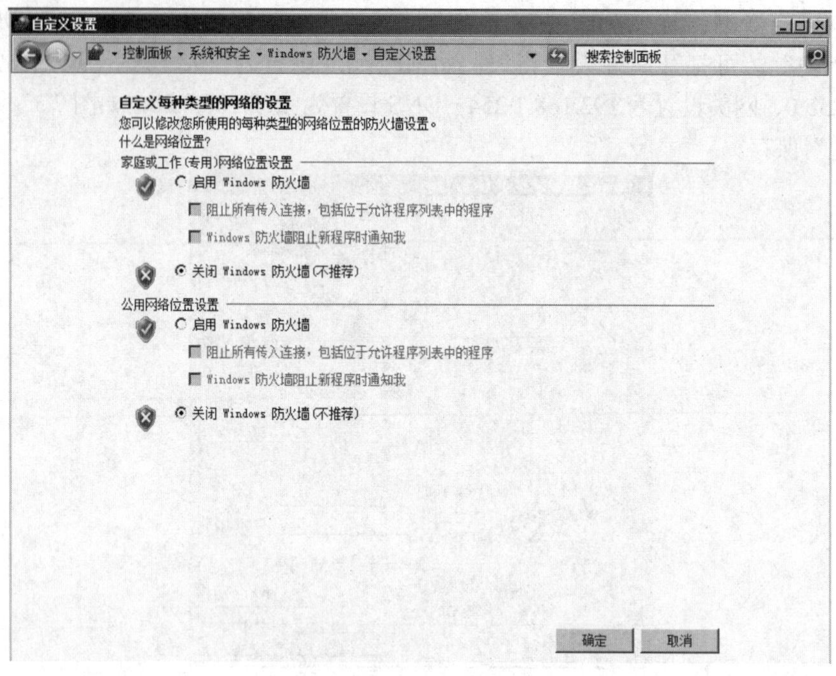

图 7.34　关闭防火墙状态

(3) 再次检查防火墙状态，发现已经变成醒目的红色，表示 Windows 防火墙已停止，如图 7.35 所示。

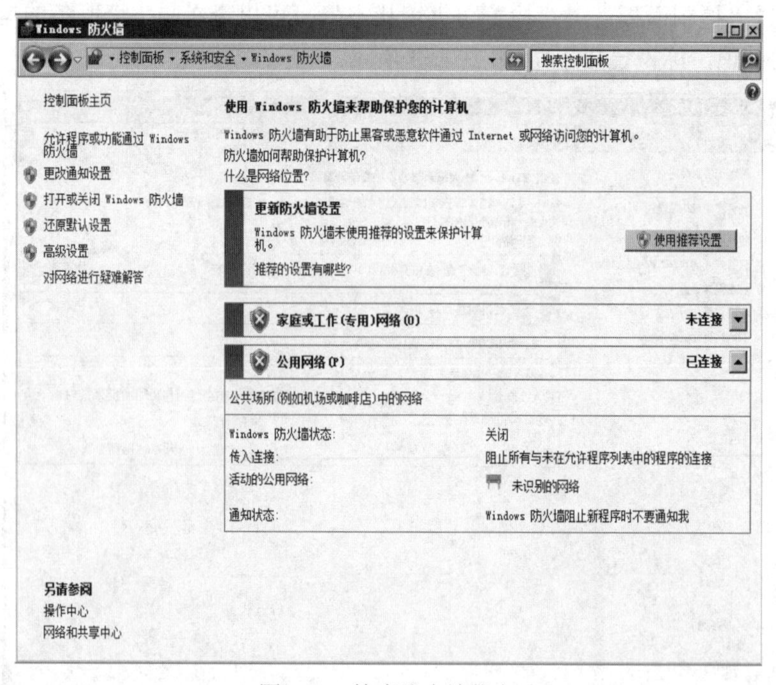

图 7.35　检查防火墙状态

3) 使用 ping 命令测试网络连通性

(1) 使用命令行查看两台设备间是否可以通信。在 Windows 2008(Server1)中单击“开始”→“运行”，输入“cmd”并确定，将会打开 cmd 命令控制台窗口，如图 7.36 所示。

管理员: C:\Windows\system32\cmd.exe
Microsoft Windows [版本 6.1.7601]
版权所有 (c) 2009 Microsoft Corporation。保留所有权利。
C:\Users\Administrator>

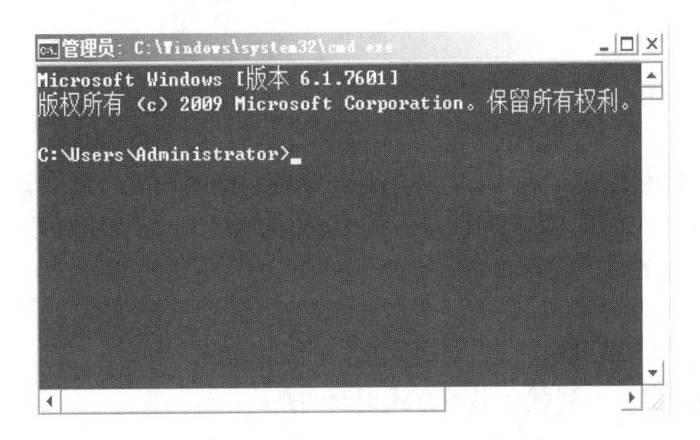

图 7.36　cmd 窗口

(2) 确认可 ping 通本网段内的其他主机 IP 地址(192.168.1.20)。若成功获得“来自 192.168.1.20 的回复”(如图 7.37 所示)，则说明本机可访问本网段内其他主机。

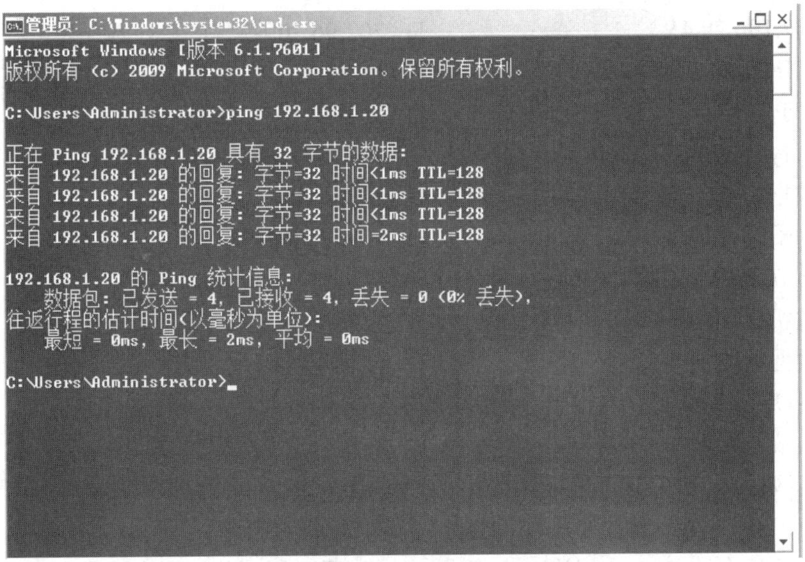

管理员: C:\Windows\system32\cmd.exe
Microsoft Windows [版本 6.1.7601]
版权所有 (c) 2009 Microsoft Corporation。保留所有权利。
C:\Users\Administrator>ping 192.168.1.20
正在 Ping 192.168.1.20 具有 32 字节的数据:
来自 192.168.1.20 的回复: 字节=32 时间<1ms TTL=128
来自 192.168.1.20 的回复: 字节=32 时间<1ms TTL=128
来自 192.168.1.20 的回复: 字节=32 时间<1ms TTL=128
来自 192.168.1.20 的回复: 字节=32 时间=2ms TTL=128
192.168.1.20 的 Ping 统计信息:
数据包: 已发送 = 4，已接收 = 4，丢失 = 0 (0% 丢失)，
往返行程的估计时间(以毫秒为单位):
最短 = 0ms，最长 = 2ms，平均 = 0ms
C:\Users\Administrator>

图 7.37　ping 其他主机信息窗口

本 章 小 结

本章介绍了计算机网络的基本概念和发展，阐述了网络的软件组成、功能和性能指标，重点介绍了计算机网络的体系结构，如 OSI 和 TCP/IP 两种参考模型，然后以 Internet 为例，讲述了相关的理论知识，并对 Internet 的 WWW 服务、文件传输等应用做了具体

介绍，最后以一个具体的案例实施讲解了计算机和网络的配置和测试。

习　题

一、单选题

1. 计算机网络中实现互联的计算机之间是(　　)工作的。

A. 独立　　B. 并行　　C. 相互制约　　D. 串行

2. 在计算机网络发展过程中，(　　)对计算机网络的形成与发展影响最大。

A. ARPANET　　B. OCTOPUS　　C. DATAPAC　　D. NOVELL

3. E-mail 地址的格式是(　　)。

A. 用户名@邮件主机域名　　B. @用户名邮件主机域名

C. 用户名邮件主机域名　　D. 用户名@域名邮件

4. 在 Internet 中，下列域名书写方式正确的是(　　)。

A. ftp->uestc->edu->cn　　B. ftp.uestc.edu.cn

C. ftp-uestc-edu-cn　　D. 以上都不正确

5. (　　)属于 B 类 IP 地址。

A. 127.233.12.59　　B. 152.96.209

C. 192.196.29.45　　D. 202.96.209.5

6. 在 Internet 的基本服务功能中，远程登录所使用的命令是(　　)。

A. FTP　　B. TELNET　　C. MAIL　　D. OPEN

7. Mary@yahoo.com.cn 是一种典型的用户(　　)。

A. 数据　　B. 硬件地址

C. 电子邮件地址　　D. WWW 地址

8. 在 TCP/IP 簇中，TCP 是一种(　　)协议。

A. 主机-网络层　　B. 应用层

C. 数据链路层　　D. 传输层

9. 在 OSI 参考模型中，同一节点内相邻层之间通过(　　)来进行通信。

A. 协议　　B. 接口　　C. 应用程序　　D. 进程

10. 下列关于 TCP/IP 的叙述中，(　　)是错误的。

A. TCP/IP 成功地解决了不同网络之间难以互联的问题。

B. TCP/IP 簇分为 4 个层次：主机-网络层、互联层、传输层和应用层。

C. IP 的基本任务是通过互联网络传输报文分组。

D. Internet 的主机标识是 IP 地址。

二、填空题

1. 计算机网络是________技术和________技术相结合的产物。

2. 网络协议的三要素是________、________和________。

3. 文件传输服务是一种联机服务，使用的是________模式。

4. IP 地址是由________和________两部分组成。其中，________用于区别同一物理子网中不同的主机和网络设备。

5. 在 Internet 上浏览信息时，WWW 浏览器和 WWW 服务器之间传输网页使用的协议是________________。

三、思考题

1. 简述计算机网络的主要功能。

2. 影响计算机网络性能的指标有哪些？

3. 什么是 IP 地址？简述 IP 地址的结构。

4. 简要说明计算机网络体系结构中各层的作用及分层的优点，以现实生活中的实例来说明分层的优点。

5. 什么是计算机网络？它主要涉及哪几个方面的技术？其主要功能是什么？

6. 下一代互联网的研究主要解决什么问题？

7. 常用的 Internet 连接方式是什么？

8. 如何理解 WWW 和 Internet 的联系与区别？

9. 计算机网络中的协议是什么？有什么作用？自己能设计一个协议吗？

10. 计算机网络中为什么要把带传输的数据文件分成数据块后再进行传输，接收方如何把相关的数据块组织成数据文件？

第八章 数据库系统

案例——一条SQL命令引发的事故

某公司T有大量的客户业务需要从互联网发起订单和支付。一天，公司程序员P接到上级的指示，需要将公司某数据库中表A的数据全部迁移到表B中，程序员P为了避免使用网络I/O，计划直接使用一条SQL命令insert into select来依靠数据库I/O完成。考虑到会占用数据库I/O，为了不影响公司的正常业务，程序员P还是比较谨慎的，他提前尝试迁移了部分数据看有没有什么问题，结果一切正常。于是，P就放心了，开始大批量地迁移，但这时，问题却出现了，首先是报告有小部分客户出现支付失败，紧接着就出现了大批的客户支付失败和初始化订单失败的情况。P当机立断，立即停止了迁移，本以为停止迁移就可以一切正常了，可以恢复公司的正常业务，但实际情况是越来越糟。对于这一事故造成的经济损失和对公司形象的影响，P负有直接责任，被公司开除。经过事后分析，出现这一事故的原因是：在操作的执行过程中，由于A表被锁定的数据是随着时间的推移而增加的，直至最后被全表锁定，而A表恰恰又是承接客户业务的表，从而从影响一部分用户无法正常完成订单开始，最终导致了大量客户都无法正常完成订单的严重后果。解决这一问题的一种有效解决方案是给A表的查询条件所在的字段建立适当的索引，从而避免A表被全表锁定，以解决大量客户都无法正常访问A表的问题。

本章导读

(1) 作为基础软件三驾马车之一的数据库(Database，DB)，是一种应用非常广泛的数据管理技术，它是研究如何高效地组织和存储数据、如何高效地检索和获取数据的科学理论和技术方法，是各种计算机系统和应用系统最为核心的基础功能。

(2) 纵观计算机和信息技术的发展历史，数据库技术是计算机科学乃至整个信息技术中发展最快的一个分支，得到了最为广泛的应用，其应用范围非常广阔。在使用各类计算机进行数据处理的领域里，包括政府、企事业单位、国防、日常生活、科学研究等，数据库都起着关键的角色。在现代社会里，数据库和数据库系统(Database System)与人们的生产生活密不可分，人们无时无刻地不在与数据库和数据库系统发生着各种各样的联系。例如存钱或取钱，预定旅店或机票，使用搜索引擎查询资料，网上购物等，所有这些行为都涉及对数据库中数据的查询和更新等。

主要内容

◆ 数据库的发展和概况；
◆ 数据模型；
◆ 关系数据库的术语、关系的性质、关系完整性约束和关系代数；
◆ 关系模式的规范化；
◆ 数据库设计的步骤。

8.1 数据管理技术的发展概况

数据(Data)是对事实、概念或指令的一种表达形式，可由人工或自动化装置进行处理。数据经过解释并赋予一定的意义之后，便成为有一定意义的信息(Information)。例如，要表示学生的性别信息，我们可以用一个汉字“男”表示学生的性别是“男生”，用另一个汉字“女”表示学生的性别是“女生”。此处的汉字“男”或“女”就是数据，其表示的信息“男生”或“女生”则是学生的性别信息，也就是对该学生是男生或女生这一事实的表达。因此，数据和信息是既有联系也有区别的：数据是信息的符号表示，而信息是数据所表示内容的内涵，是对数据的语义解释；信息只有通过数据的形式表示出来才能被人们理解，也才能进一步被计算机高效地处理。另外，信息表示成数据后，需要承载信息的物理载体来进行存储。我们可以将数据记录在纸上，也可以将数据存储在计算机的存储器上，比如计算机的寄存器、内部存储器和外部存储器(如硬盘、光盘、磁带等)上。

综上所述，数据只有转换成信息，对人们才真正具有实际意义。数据处理(Data Processing)就是将数据转换成信息的过程，其目的就是从大量的、可能是杂乱无章的、难以理解的数据中抽取并推导出对于人们来说有价值和有意义的信息。因此，数据处理是对数据的采集、管理、加工、变换和传输等一系列活动的总称。数据处理贯穿于社会生产和社会生活的各个领域。数据处理技术的发展及其应用的广度和深度，极大地影响着人类社会发展的进程。对于一个国家来说，数据处理能力的大小和数据处理量的大小，显示了一个国家信息化水平的高低，也是一个国家综合国力的一种体现。

在数据处理的各个环节中，数据管理(Data Management)是数据处理的中心环节，是数据处理其他环节的核心和基础。它是利用计算机等相关技术，对数据进行有效的收集、存储、检索、应用、维护等的过程，其目的在于充分有效地发挥数据的作用，满足多种复杂应用的需求，提供数据查询和数据统计功能。近几十年来，数据管理技术随着计算机硬件和软件的发展而不断地发展，经历了人工管理(20 世纪 40 年代中期至 20 世纪 50 年代中期)、文件系统管理(20 世纪 50 年代后期至 20 世纪 60 年代中期)和数据库系统管理等 3 个阶段(20 世纪 60 年代末期至今)。

8.1.1 人工管理阶段

自1946年世界上第一台电子数字计算机诞生以来，一直到20世纪50年代中期以前，计算机还没有现代意义上的操作系统，还没有磁盘等直接存取设备，其主要用途是应用于科学计算，数据处理的方式主要是批处理。这一阶段数据管理的任务完全由程序设计人员自负其责，程序员必须自行设计数据的组织方式，因此称为人工管理。这个阶段最基本的特征是完全分散的手工方式，具体表现在：

(1) 系统没有专用的软件对数据进行管理。此时的计算机还没有操作系统，更不要说有管理数据的专门软件了，因此数据管理的所有技术细节都必须要由程序员全部完成，程序员不仅要设计数据的逻辑结构，而且要求每个应用程序都要管理数据的存储结构、存取方法和输入方法等。程序员编写应用程序，不仅要负责程序的逻辑，还要安排程序要使用数据的物理存储，这就加重了程序员的工作负担。

(2) 数据不具有独立性。数据是程序的一个组成部分，数据不能独立，程序又依赖于数据。这样的结果是，如果想要修改数据，则必须修改相应的应用程序，或者如果数据的类型、格式或输入/输出方式等逻辑结构或物理结构发生了变化，则必须对应用程序也做出相应的修改，才能保证程序能够正确访问数据。

(3) 数据不保存。对数据进行处理时，数据随程序一道送入内存，用完后全部撤出计算机，由于没有外存或只有磁带外存，数据和运算结果很少保留。当下次要使用数据或程序的执行结果时，还得重复这一过程。

(4) 数据不共享。数据是面向程序的，一组数据只能对应一个程序。即使多个应用程序使用的数据是相同的，也必须分别定义，程序之间无法互相利用各自的数据。因此，数据之间存在大量冗余，这就容易导致数据的不一致。因此，要保证数据的一致性，就必须由应用程序员负责。

归结为一点就是，人工管理阶段的程序和数据之间是一一对应的关系，其特点如图8.1所示。

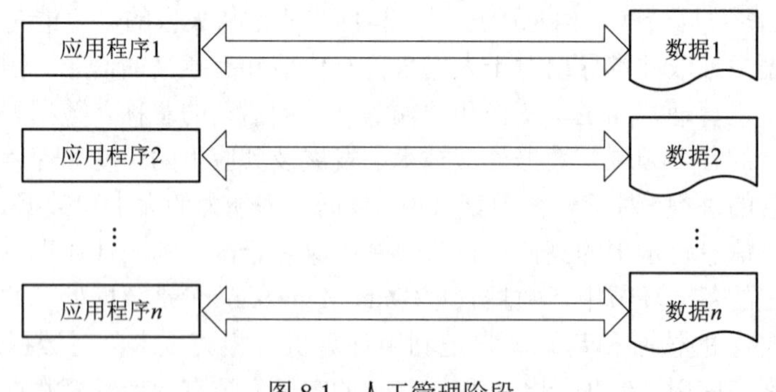

图8.1　人工管理阶段

8.1.2 文件系统管理阶段

20世纪50年代后期至60年代中期，随着计算机硬件的发展，磁鼓、磁盘等直接存取设备开始普及。此外，计算机软件也有了长足的进步，此时的计算机不但有了操作系统，而且还基于操作系统建立了专门管理文件的文件系统。这一时期的数据处理系统是把计算机中的数据组织成相互独立的被命名的数据文件，并可按文件的名字来进行访问，对文件中的记录进行存取。计算机开始大量用于数据管理工作，数据处理方式除了前面人工管理阶段的批处理方式以外，还有联机实时处理方式。这个阶段的基本特征是有了面向应用、具有数据管理功能的文件系统，数据可以长期保存在计算机外存上，可以对数据进行反复处理，并支持文件的查询、修改、插入和删除等操作。具体表现为：

(1) 有了专门的数据管理软件，即文件系统。系统软件方面出现了操作系统、文件管理系统和多用户的分时系统，特别是操作系统中的文件系统是专门为管理外存储器中的数据而建立的。

(2) 数据管理方面，实现了数据对程序的一定的独立性。数据在逻辑上具有一定的结构且被组织到文件内，物理上存储在磁带、磁盘上，可以反复使用和保存。数据不再是程序的组成部分，修改数据不必修改程序，只要数据的逻辑结构不变即可，因为文件逻辑结构向存储结构的转换由软件系统自动完成，系统开发和维护工作得以减轻。

(3) 文件类型多样化。由于有了直接存取设备，就有了索引文件、链接文件、直接存取文件等，对文件的访问既可以是顺序访问，也可以是直接访问。

(4) 以记录为单位进行数据存取。文件系统是以文件、记录和数据项这样的结构组织数据的，基本数据存取单位是记录，即以记录进行文件的读写等操作。也就是说，在文件系统中，只能通过对整条记录的读写操作，才能获得该条记录包含的数据项的信息，而不能直接对记录中的数据项进行读写操作。

在文件系统管理阶段，程序和数据(组织成文件的形式)之间的对应关系，其特点如图 8.2 所示。

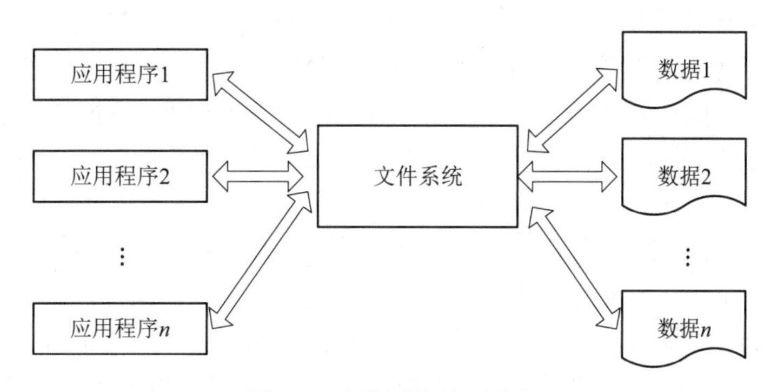

图 8.2　文件系统管理阶段

虽然文件系统实现了文件在记录内的结构化，但从文件的整体来看却还是无结构的。文件系统的数据还是面向特定应用程序的，因此还存在数据冗余，在数据的共享性和独立性方面还有待提高。同时，为了保证数据的一致性，对文件的管理和维护的代价还很大。其不足之处，主要表现在：

(1) 数据冗余度仍然很大。文件系统中的每一个文件基本上对应于某一个应用程序，数据仍是面向应用的。即使存在不同应用程序所需数据有部分相同的情形，仍需对这些应用程序建立各自的数据文件，不能共享那部分相同的数据。因此，数据维护困难，一致性难以保证。

(2) 数据与程序独立性仍然不高。文件是为某一特定应用程序服务的，系统不易扩充。一方面，一旦数据的逻辑结构改变了，就必须修改文件结构的定义及与之相对应的应用程序；另一方面，应用程序的变化也将影响文件的结构。

(3) 数据间的联系弱。文件与文件之间是独立的，文件之间的联系必须通过程序来构造。也就是说，数据整体上还是没有结构的，不能反映现实世界中事物之间的固有联系。

8.1.3　数据库系统管理阶段

自 20 世纪 60 年代后期以来，计算机在管理中的应用更加广泛，数据量急剧增大，对数据共享的要求越来越迫切；同时，大容量磁盘已经出现，联机实时处理业务增多；在整个计算机系统中，硬件的价格大幅下降，而软件价格却日益上升，编制和维护应用软件所需的成本迅速提高。在这种情况下，为了解决多用户、多应用共享数据的需求，使数据为尽可能多的应用程序服务，出现了专门管理数据的软件系统，即数据库管理系统(Database Management System，DBMS)。数据库管理系统很好地解决了文件系统对数据管理的主要缺点，在数据库管理系统中，数据不再只针对某一个特定的应用，而是面向全组织，具有整体的结构性，冗余度小，共享性高，具有较强的程序与数据之间的独立性，并且可对数据进行统一的控制。主要表现在：

(1) 数据是面向全组织的，具有整体结构性。数据库中的数据结构不仅描述了数据自身(内部结构性)，而且描述了整个组织内数据之间的联系(整体结构性)，实现了整个组织数据的完全结构化。

(2) 数据冗余度小，共享性高，易于扩充。由于数据库是从组织的整体视角来看待数据，数据不再是面向某一特定的应用，而是面向整个系统，在物理上往往只存储一次，减少了数据冗余以及因数据冗余导致的数据不一致。基于数据库管理系统，应用程序可以根据不同的应用需求选择相应的数据加以综合使用，数据可被多种应用所共享。当系统需要扩充时，开发的新应用程序可以共享使用现有的数据，保证了系统易于扩充。

(3) 数据库管理系统提供了统一的数据管理和控制功能。这些功能包括数据的安全性控制、完整性控制、并发控制和数据恢复控制功能。其中，安全性控制防止不合法的用户和应用程序使用数据库，造成数据泄漏或破坏；完整性控制保证数据的正确性、有效性和一致性；并发控制允许多个用户或应用程序能够同时使用数据库中的数据而不会相互干扰；数据恢复控制保证在计算机或数据库系统发生软硬件错误时能将数据库系统恢复到某一个正确的一致状态。

(4) 数据与程序具有很高的独立性。数据库管理系统提供了数据的存储结构与逻辑结构之间以及逻辑结构与各局部逻辑结构之间的映像功能，从而使得当数据的存储结构改变时，只需要调整相应的映射，就可以使得逻辑结构保持不变(物理独立性)，或者当逻辑结构改变时，只需要调整相应的映像，就可以使得局部逻辑结构可以保持不变(逻辑独立性)，从而分别实现了数据的物理独立性和逻辑独立性，把数据的定义和描述与应用程序完全分离开来。

(5) 数据的最小存取单位是数据项。与文件系统相比，数据库管理系统可以使用更小的数据存取单位数据项，使得数据库管理系统在进行查询、统计和更新数据时，能够以数据项为单位进行操作，给系统带来更高的灵活性。

在数据库系统管理阶段，程序和数据(组织成文件并存储在数据库中)之间的对应关系，其特点如图 8.3 所示。

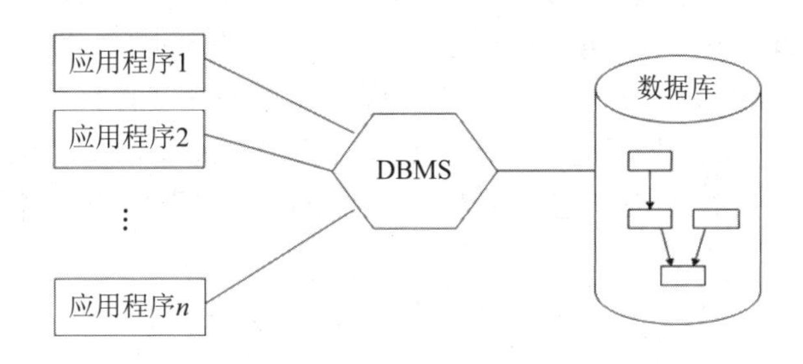

图 8.3　数据库系统管理阶段

数据库管理系统的上述特点，使得信息系统的开发从以程序为中心转移到以数据和业务规则为中心上来，实现了数据的集中统一管理，提高了数据的一致性和利用率，增强了系统的可扩展性，从而能更好地为决策服务。自从数据库管理系统出现以来，数据库技术在各行各业中的信息系统应用中发挥着日益重要的作用，是数据管理技术的一个质的飞跃，大大地提高了数据管理的水平和效率。

表 8-1 给出了数据管理技术在手工管理、文件系统管理和数据库系统管理 3 个不同发展阶段的对比。

表 8-1　数据管理技术 3 个阶段的对比

对　比		3 个阶段		
		人工管理	文件系统	数据库系统
背景	应用背景	科学计算	科学计算、数据管理	大规模数据管理
	硬件背景	无直接存取存储设	磁鼓、磁盘	大容量磁盘等
	软件背景	无操作系统	文件系统	数据库管理系统
特点	数据处理方	批处理	批处理和联机实时处理	批处理、联机实时处理和分布式
	数据面向的	某一应用程序	某一应用程序	整个应用系统
	数据的共享	无共享、冗余度极大	共享性差、冗余度大	共享性高、冗余度小
	数据的独立	不独立、完全依赖于	独立性差	具有高度的物理独立性和逻辑
	数据的结构	无结构	记录内有结构，但整体无	整体结构化
	对数据的控	由应用程序直接控	由应用程序通过文件系统	由数据库管理系统控制

8.2 数据库技术发展概况

从20世纪60年代中期开始的10～20年，大多数数据库系统是部署在价格昂贵的大型中央处理机上。从使用的数据模型来看，这一期间的数据库系统主要是基于层次模型或网状模型的系统。从20世纪70年代以来，关系型数据库(Relational Database，RDB)逐渐成为主流的数据库管理系统并一直持续至今。在20世纪80年代，出现了面向对象的编程语言，满足了复杂的结构化的对象对存储和共享的需求，推动了面向对象数据库(Object Oriented Database，OODB)的发展。在20世纪90年代，电子商务作为Web上的主要应用逐渐流行起来。相应地，为了满足在Web上或应用程序间能够方便地交换数据，出现了许多新的技术，如可扩展标记语言XML(Extensible Markup Language)和JSON(JavaScript Object Notation)已经成为在Web上或不同类型的数据库之间交换数据的主要标准。数据库系统在传统应用上取得的巨大成功，也鼓舞了其他应用的开发者们去积极地使用数据库。而传统上，这些应用使用他们自己的专用文件和数据结构，现在的数据库系统已经能为这些应用的专用需求提供更好的支持。

根据数据库管理系统所使用的逻辑模型，数据库管理系统的发展可分为3个发展阶段：第一代数据库管理系统——网状和层次数据库管理系统；第二代数据库管理系统——关系数据库管理系统；新一代数据库管理系统——面向对象数据库管理系统和XML数据库管理系统等。

8.2.1 网状和层次数据库管理系统

1964年，通用电气公司的查尔斯·巴赫曼(Charles W. Bachman，见图8.4)主持设计和开发了最早的网状数据库管理系统IDS(Integrated Data Store)，奠定了网状数据库的基础，并在当时得到了广泛的应用。它的设计思想和实现技术被后来的许多数据库产品所仿效。网状模型用网状结构表示实体与实体之间的多种复杂联系，包括一对一联系、一对多联系和多对多联系。网状模型中节点间的联系是任意的，且任意两个节点之间都可以有联系，因此网状数据模型可以很自然和直接地描述现实世界中实体与实体之间的错综复杂的联系。网状数据模型使用记录和记录值表示实体集和实体，每个结点表示一个记录，每个记录包含若干个字段。记录之间的联系用结点间的有向线段表示，用来表示两个记录间的一对多的联系。但网状数据模型运算复杂，处理起来非常困难，也不利于用户使用。

图8.4 查尔斯·巴赫曼

这一阶段的另一个标志性事件是1971年提出的数据库标准DBTG报告。DBTG报告是美国数据系统语言委员会(Conference on Data Systems Languages，CODASYL)下属的数据库任务组(Data Base Task Group，DBTG)提出的网状数据库模型以及数据定义语言

(Data Definition Language，DDL)和数据操作语言(Data Manipulation Language，DML)的规范说明，并于1971年推出了第一个正式报告——DBTG报告，这也成为数据库历史上具有里程碑意义的文献。DBTG报告也确立了现在被称为“三层模式方法”的数据库模型。1973年，查尔斯·巴赫曼因“数据库技术方面的杰出贡献”而被授予图灵奖，也被称为“网状数据库之父”。

1969年IBM公司推出了第一个大型商用数据库管理系统(Information Management System，IMS)，用于跟踪土星5号和阿波罗太空探索项目的供应和零部件库存。它引入了一种新的数据管理思想，即应用程序的代码应该与它所操作的数据分离。由此可以支持开发人员在编写程序时，只关注数据的访问和操作，而不用关注与执行这些操作和确保数据安全相关的复杂性和系统开销。这一系统是基于层次模型的。层次模型(Hierarchical Model)用树形结构来表示各类实体以及实体间的联系。实体用记录来表示，实体间的联系用有向边来表示。在层次模型中，有且只有一个结点没有双亲结点，这个结点称为根结点，而根节点以外的其他结点有且只有一个双亲结点。在层次模型中，每个结点表示一个记录型，记录型之间的联系用结点之间的有向边表示，这种联系是父子之间的一对多的联系。每个记录型由若干个字段组成，记录型描述的是实体，字段描述的是实体的属性。由于层次模型是树形结构，所以非常简单直观，处理方便，但是层次模型只能表示结点之间的一对一的联系和一对多的联系，而无法直接表示实体之间的多对多联系。图8.5是一个学校组织的层次模型表示，包括5个记录型，分别是系、教研室、教员、班级和学生，其中记录型系包括3个字段，分别是系编号、系名和办公地点，记录型之间是一对多的联系，如一个系可以包括多个教研室和班级，每个教研室又可以包括多个教员，每个班级又可以包括多个学生。

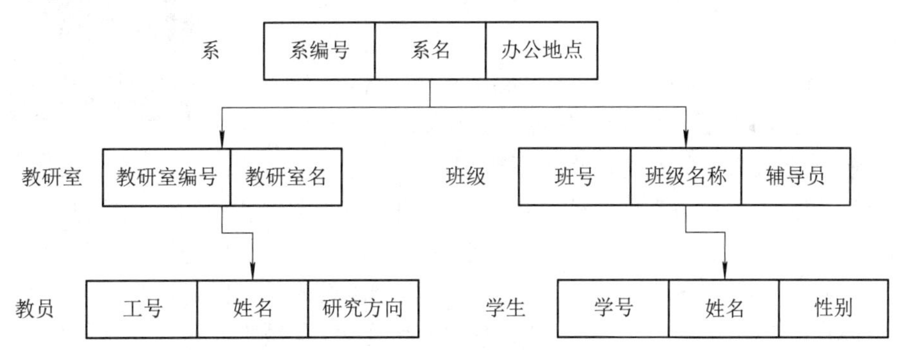

图8.5　学校组织的层次模型

数据库技术在这一阶段的主要成就，是采用存取路径来表示数据之间的联系，提出了独立的数据定义语言(Data Definition Language，DDL)和导航式的数据操纵语言(Data Manipulation Language，DML)，特别是提出了被后来数据库所广泛采用的数据库三级模式的体系结构。数据库的三级模式是指外模式、概念模式和内模式，如图8.6所示。其中，外模式是用户模式，是数据库的局部逻辑结构，概念模式是数据库的总体逻辑结构，内模式是数据库的物理结构。为了能完成数据的访问，在三级模式之间，存在两层映像进行模式的转换，即外模式/模式映像和模式/内模式映像。其中，外模式/模式映像提供了数据的逻辑独立性，内模式/模式映像提供了数据的物理独立性。

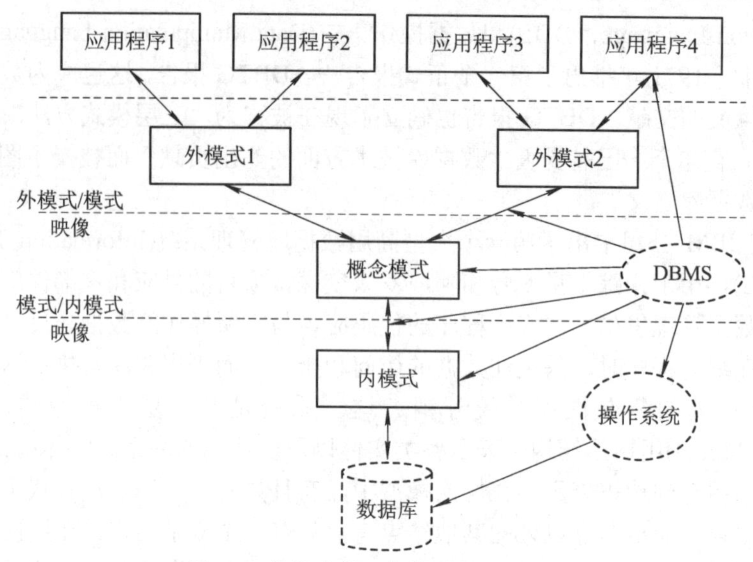

图 8.6　数据库的三级模式和两层映像

8.2.2　关系数据库管理系统

第一代数据库系统存在的主要缺点是，用户在对网状和层次数据库进行存取数据时，仍然需要明确数据的存储结构，指出具体的存取路径。对这一缺点的改进导致了关系数据库管理系统的产生。

图 8.7　埃德加 · 弗兰克 · 科德

1970 年，埃德加 · 弗兰克 · 科德(Edgar Frank Codd，见图 8.7)在美国《计算机学会通讯》(CACM)上发表了题为 *A Relational Model of Data for Large Shared Data Banks* 的论文，提出了数据库的关系模型，这篇论文被普遍认为是数据库系统历史上最重要的论文，为关系数据库技术奠定了理论基础，开创了关系数据库时代。1972 年，他提出了关系代数和关系演算，定义了关系的并、交、差、投影、选择、连接等各种基本运算，为日后成为标准的结构化查询语言奠定了基础。埃德加 · 弗兰克 · 科德因为在数据库管理系统的理论和实践方面的杰出贡献于 1981 年获得图灵奖，被誉为"关系数据库之父"。数据库技术在这一阶段的主要成就是奠定了关系模型的理论基础，给出了人们一致接受的关系模型的规范说明，并研究了关系数据语言，包括关系代数、关系演算、QBE(Query By Example)等，特别是 Donald D. Chamberling 和 Raymond F. Boyce 开发的结构化查询语言 SQL(Structured Query Language)更是影响深远。

同样是在这一阶段，人们研制了大量的关系数据库管理系统的原型系统，攻克了系统实现中查询优化、并发控制、故障恢复、事务处理等一系列关键技术，为数据库日后的长远发展和应用奠定了扎实的理论和技术基础。特别是詹姆士 · 格雷(James Gray，见图 8.8)解决

图 8.8　詹姆士 · 格雷

了多用户共享数据库的情况下，如何保障数据的完整性(Integrity)、安全性(Security)、并行性(Concurrency)，以及一旦出现故障后，数据库如何实现从故障中恢复(Recovery)这些关键问题，使得数据库产品真正达到了实用水平。詹姆士·格雷因在这方面的突出贡献而获得1998年的图灵奖。不幸的是，2007年1月28日，喜欢户外运动的詹姆士·格雷独自驾船在海上消失。很多人付出了很多努力去搜寻詹姆士·格雷，但依然没有找到这位天才。

20世纪70—80年代，几乎所有新开发的数据库系统都是关系型的。关系数据库发展之初的典型代表有IBM San Jose研究室开发的System R、Berkeley研制的INGRES和PostgreSQL。作为PostgreSQL的创始人，Michael Stonebraker(见图8.9)获得2014图灵奖，表彰了他在PostgreSQL数据库上的重大贡献以及对之后多种商业化数据库的重大影响。也就是在这一时期，美国软件业进入了黄金成长阶段，Microsoft(1975)、甲骨文(1977)等软件公司纷纷成立，Oracle(1979)、Informix(1981)、DB2(1983)、Sybase(1988)等数据库产品也陆续诞生。

图8.9　Michael Stonebraker

目前，商业化的数据库管理系统大多是关系型的，如Microsoft的Access和SQL Server，IBM DB2、甲骨文公司的Oracle以及MySQL等数据库管理系统。关系数据库已经成为传统数据库应用的主流数据库系统，现在关系数据库几乎遍布各种类型的计算机，无论是小型的个人计算机还是大型的服务器，主要关系数据库管理系统如表8-2所示。

表8-2　主要关系数据库管理系统

名　称	时间	类型	研发团队	备　　注
System R	1974	关系模型	IBM	DB2，ORCLE原型
INGRES	1974	关系模型	IBM	第一个关系型数据库，PG原型
ORACLE	1979	关系模型	ORACLE	基于System R
Sybase	1988	关系模型	Sybase	Robert Epstein，基于Ingres
SQL Server	1989	关系模型	Microsoft	复制Sybase
INFORMIX	1980	关系模式	INFORMIX	
MySQL	1995	关系模型	MySQL AB	
POSTGRESQL	1995	关系模型	Stonebraker	基于Ingres

8.2.3　数据库管理系统和方法的新进展

随着新技术的涌现和新应用的需要，出现了很多新型的数据库技术。传统关系型数据库主要用于管理结构化数据，面向的是事务处理操作型应用，即联机事务处理(Online Transaction Process，OLTP)，如转账、订单以及库存管理等，需要保证多个事务的高并发、高可用、高性能下的数据正确性和一致性。随着需要管理的半结构化或非结构化数据的大量增加，出现了 NoSQL(Not only SQL)数据库，这类数据库通过牺牲一定程度的数据一致性，以换取系统的水平扩展和吞吐能力的提升。为了兼顾传统关系数据库的 ACID(Atomicity，Consistency，Isolation，Durability)等特性和 NoSQL 数据库对海量数据的存储能力，出现了 NewSQL 数据库，它是一种新的可扩展的高性能数据库的统称。NewSQL 数据库针对 OLTP 工作负载，能够提供和 NoSQL 系统相同的扩展性能，且仍保持传统关系数据库的 ACID 和 SQL 等特性。

下面介绍几种有代表性的新型数据库管理系统。

1. 面向对象数据库系统

面向对象数据库是面向对象的程序设计技术与数据库技术相结合的产物。在面向对象数据模型中，基本结构是对象而不是记录，一切事物、概念都可以看作对象。一个对象不仅包括描述它的数据，而且还包括对其进行操作的方法的定义。面向对象数据库系统的主要特点是具有面向对象技术的封装性和继承性，提高了软件的可重用性。面向对象程序语言操纵的是对象，所以面向对象数据库的一个优势是可直接以对象的形式存储数据。面向对象数据模型有以下特点：

(1) 使用对象数据模型将客观世界按语义组织成由各个相互关联的对象单元组成的复杂系统。一个对象使用属性和行为进行描述，其中属性描述了对象的静态特征，而行为描述了对象的动态特征，即具有的功能。

(2) 语义上相似的对象被组织成类。类是对象的集合，对象只是类的一个实例，通过创建类的实例实现对象的访问和操作。

(3) 对象数据模型具有“封装”“继承”“多态”等面向对象的基本特征。

(4) 方法实现类似于关系数据库中的存储过程，但存储过程并不和特定对象相关联，方法实现是类的一部分。

(5) 在实际应用中，面向对象数据库可以实现一些带有复杂数据描述的应用系统，如时态和空间事务、多媒体数据管理等。

2. 分布式数据库系统

简单来说，分布式数据库系统(Distributed Database System，DDBS)就是“逻辑上集中、物理上分布”的数据库系统。它将一个单体数据库变成若干个异地分布的小型数据库功能节点，对外提供服务。分布式数据库系统是分布式技术、网络通信技术和数据库技术相结合的产物。在分布式数据库中，数据分别在不同的局部数据库中存储、由不同的 DBMS 进行管理、在不同的机器上运行、由不同的操作系统支持、被不同的通信网络连接在一起。但是，从用户的角度看，一个分布式数据库系统在逻辑上和集中式数据库系统没有区别，用户可以在任何一个场地执行全局应用，就好像那些数据是存储在同一台计算机上，由单个数据库管理系统管理一样。这一特性称为分布式数据库系统的透明性。因此，一个分布式数据库在逻辑上仍然是一个统一的整体，只是在物理上分别存储在不同的物理节点上。一个应用程序通过网络的连接可以访问分布在不同地理位置的数据库。分布式数据库系统适合于单位分散的部门，允许各个部门将其常用的数据存储在本地，实施就地存放、本地使用，从而提高响应速度，降低通信费用。图 8.10 所示是集中式数据库与分布式数据库的架构对比。

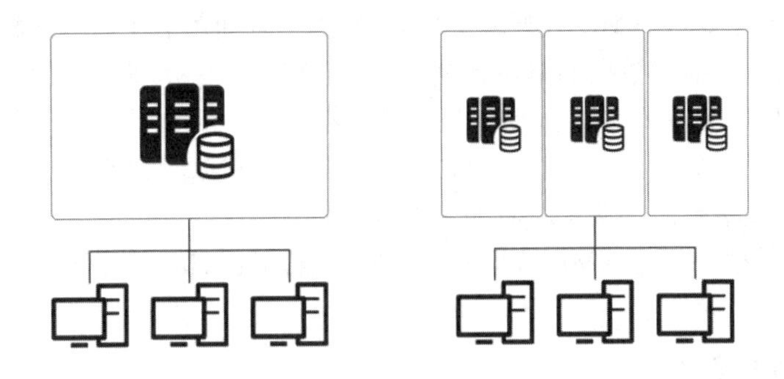

图 8.10　集中式数据库与分布式数据库架构对比

与集中式数据库相比，分布式数据库系统具有以下优势：首先，分布式数据库系统具有更高的可靠性，其主要设计思想是通过增加适当的数据冗余，以提高系统的整体可靠性。具体做法是，在不同的场地存储同一数据的多个副本，当某一场地出现故障时，系统可以对另一场地上的相同副本进行操作，不会因一处故障而造成整个系统的瘫痪，以提高系统的可靠性和可用性。另外，也可以根据距离、成本等选择通信代价最低的数据副本进行操作，以减少通信代价，改善整个系统的性能和响应能力。其次，分布式数据库系统比集中式数据库系统可以更好地均衡交易负载，通过高并发的架构，进行横向扩展，提升交易处理能力和业务承载能力。最后，分布式数据库系统能显著降低成本，包括硬件成本和人力成本等。图 8.11 所示是分布式数据库系统的优势。

图 8.11　分布式数据库系统的优势

3. XML 数据库系统

XML 数据库是 XML 技术和数据库技术结合的产物。1998 年万维网联盟(W3C)发布了可扩展标记语言 XML，作为 Web 平台上数据表示和交换的标准语言。XML 具有自描述、可扩展、内容和表示分离等特点，得到了广泛的应用，已经成为数据表示和交换的事实上的国际标准。XML 数据库的实现有以下几种方式：

(1) 第一种类型是用现有的数据库支持对 XML 数据的管理，称为支持 XML 的数据库。这种数据库采用的数据模型可以是任何一种非 XML 数据模型，只要提供对 XML 数据的管理即可，因此，在支持 XML 的数据库系统中，其核心是 XML 数据和底层数据模型的相互转换。实现这种 XML 数据库系统，就是在原有的数据库系统上，扩充对 XML 数据的处理功能，使之能适应 XML 的数据存储和查询的需要，目前主流的关系数据库管理系统大多支持对 XML 数据的管理。

(2) 第二种类型是纯 XML 数据库。XML 作为一种通用的半结构化标记语言，完全可以用来作为表示和描述数据的基本数据模型。纯 XML 数据库就是以 XML 作为描述数据的基本数据模型，它所存储的数据就是 XML 文档的集合。由于纯 XML 数据库管理系统是直接存储 XML 数据本身，因此在数据库引擎访问 XML 数据时，无须执行任何数据转换工作，所以效率更高，这是二者的主要区别。

(3) 第三种类型是混合 XML 数据库，其实质就是纯 XML 数据库和支持 XML 的数据库的混合类型。

4. 图数据库系统

图数据库是基于图模型并使用图结构进行语义操作的数据库，它使用顶点、边和属性来表示和存储数据，支持数据的 CRUD，即创建(Create)、读取(Retrieve)、更新(Update)和删除(Delete)。图模型(Graph Model)是图数据的一种抽象表达，其中属性图模型(Labeled Property Graph Model，LPG)的使用最为广泛。属性图模型由顶点以及连接顶点的边构成基础的图拓扑。除此之外，每个顶点和每条边均有自己的标签(Label)，该标签定义了该顶点或边拥有的一个或多个属性。另一类图模型是由 W3C 组织于 1999 年提出的 RDF (Resource Description Framework)。RDF 用三元组(Subject，Predicate，Object)来表示实体的连接关系，每个元素有全局唯一的标识。RDF 与属性图模型之间可以等价转换，有代表性的 RDF 数据库是 Apache Jena。21 世纪初，商用图数据库开始崭露头角，比如基于 Java 的 Neo4j，并支持事务的 ACID。2010 年后，图数据库朝着多个不同的方向发展，包括支持大规模分布式图处理、支持多模态、图查询语言的设计、专用硬件的适配等。面对各种海量数据，尤其是对海量非结构化数据的存储，传统的信息存储和组织模式已经无法满足客户需求，图数据库却能够很清晰地揭示各类复杂模式，尤其针对错综复杂的社交、物流和金融风控行业，其优势更为明显，发展潜力巨大。

5. 文档型数据库

文档型数据库是 NoSQL 中非常重要的一个分支，它主要用来存储、索引并管理面向文档的数据或者类似的半结构化数据。文档型数据库使用面向文档的数据组织方式，文档就是文档型数据库的最小单位。每一种文档型数据库的文档都是以某种标准化格式封装并加密数据，并用多种格式进行解码，包括 XML、YAML、JSON 和 BSON，甚至是二进制格式的文档(如 PDF、微软 Office 文档)等。MongoDB 是目前最为流行的文档型数据库，它是一种面向集合的、模式无关的文档型数据库。MongoDB 中的数据以“集合”的方式进行分组，每个集合都有单独的名称并可以包含无限数量的文档。这里的集合同关系型数据库中的表类似，但不像关系数据库中的表具有模式，MongoDB 的集合并没有任何明确的模式。其他文档型数据库的典型代表还有 Apache CouchDB、基于.Net 的数据库 RavenDB、Couchbase 等。

6. 键值(Key-value)数据库系统

键值数据库是 NoSQL 领域中应用范围最广的，也是涉及产品最多的一种模型。键值数据库适用于频繁读写的应用场景，允许通过键来查找对应的值。从最简单的 BerkeleyDB 到功能丰富的分布式数据库 Riak 再到 Amazon 托管的 DynamoDB 都是典型的键值数据库。目前非常热门的一款键值数据库系统是 Apache HBase，它是基于 Apache

Hadoop构建的一个高可用、高性能和多版本的分布式NoSQL数据库，是Google BigTable的开源实现，通过在廉价服务器上搭建大规模结构化存储集群，提供海量数据高性能的随机读写能力。当前，无论是互联网行业还是其他传统IT行业都在大量使用HBase，尤其是近几年随着大数据的应用范围越来越广，HBase凭借其高可靠、易扩展、高性能以及成熟的社区支持，受到越来越多企业的青睐，许多大数据管理系统都将HBase作为底层数据存储服务，例如Kylin、OpenTSDB等。还有的键值数据库是基于内存数据库的实现，如Redis就是一种内存型的键值数据库，其数据可全部读入内存，且在磁盘上是持久的。Redis的键类型是字符串，值类型可以是字符串、Set、Sorted Set、List、Hash等多种类型，主要用于需要频繁访问数据的场合。需要说明的是，上文提到的MongoDB也是以一系列键值对集合的方式存储数据，其中键是字符串，值是任何一种数据类型的集合，如数组和文档，因此也可以认为是一种键值数据库。

7. 列式存储数据库

传统的关系型数据库，其数据在表中是按行存储的。由于查询中的选择规则是通过列来定义的，因此在列式存储数据库中是自动索引的，相比行存储，列存储方式的一个优势是可以大大减少查询时读取的数据量。又由于列的天然凝聚性大大强于行，所以列式储存具有更高的压缩比，数据存储所用的磁盘块更少，这可以进一步减少需要扫描的次数。列式存储数据库是以列相关存储架构进行数据存储的数据库，主要适合于批量数据处理和即时查询。列式存储数据库也是NoSQL数据库中非常重要的一种模式，较有代表性的是Cassandra，它已经由Facebook转交给Apache进行管理。前面提到的HBase从存储架构来看，也是一种列式存储数据库。

8. NewSQL数据库

NewSQL数据库是一种新型关系数据库，目的是整合RDBMS所提供的ACID事务特性，以及前述NoSQL所提供的横向可扩展性。NewSQL数据库的典型代表有：基于H-Store(一种设计用于OLTP工作负载的内存数据库)的内存关系数据库VoltDB，不同于NoSQL的键值存储，VoltDB能使用SQL存取，且支持传统数据库事务的ACID特性；兼容MySQL的混合事务/分析处理(Hybrid Transactional/Analytical Processing，HTAP)的开源数据库TiDB，支持强一致性的多副本数据安全，且分布式可扩展，支持实时OLAP等。

9. 数据仓库和数据挖掘

数据库的操作是操作型处理(事务处理)，而企业需要在大量数据基础上的决策支持(分析型处理)。因此，传统的数据库无法满足企业这方面的需要，数据仓库技术应运而生，用于处理面向大量数据的复杂查询和分析场景。数据仓库(Data Warehouse，DW)最早是由W. H. Inmon于1990年提出，主要目的是将一个组织的在线交易处理(OLTP)所累积的大量数据，以数据仓库所特有的数据存储架构进行管理，以利于在线分析处理(OLAP)，从而构建出各种决策支持系统(Decision Support System，DSS)，辅助决策者能快速有效地从大量数据中分析出有价值的信息。对数据进行提取(Extract)、转换(Transformation)、加载(Loading)(即ETL)或提取、加载、转换(即ELT)是构建数据仓库系统的两种主要方法。

与数据库不同的是，数据仓库是面向主题的、整合的、稳定的，并且时变地收集数据以支持管理决策的一种数据存储形式。它是在数据库等数据源存在的情况下，为了进一步挖掘数据资源、辅助决策而产生的数据存储集合。而操作型数据库的数据组织是面向事务处理任务的，各个业务系统之间各自分离，而数据仓库中的数据是按照一定的主题域进行组织的。主题是一个抽象概念，是与传统数据库的面向应用相对应的，每一个主题对应一个宏观的分析领域，是在较高层次上将企业信息系统中的数据综合、归类并进行分析利用。操作型和分析型数据的对比见表 8-3。

表 8-3 操作型和分析型数据的对比

操 作 型	分 析 型
细节的	综合的，或提炼的
在存取瞬间是准确的	代表过去的数据
可更新	一般不更新，只会追加
操作需求事先可知	操作需求事先未知
生命周期符合系统生命周期	完全不同的生命周期
对性能要求高	对性能要求宽松
事务驱动	分析驱动
面向应用	面向分析
一次操作数据量小	一次操作数据量大
主要支持日常操作	主要支持管理决策需求
冗余小	冗余大

另外，随着物联网、移动互联网等的飞速发展，各行各业产生了大量的数据，使数据库存储的数据量急剧膨胀，因此如何分析并利用这些海量数据，将其转换为有用的信息和知识，以辅助决策管理，既是一个挑战也是一种迫切的需要。这就导致数据挖掘技术的应运而生。数据挖掘也称为数据库中的知识发现，是指从大量数据中挖掘出隐含的、先前未知的、对决策有潜在作用的知识和规则的过程。数据挖掘使用的技术手段主要有数学和统计学、人工智能、机器学习等技术。

10. 数据湖

前面提到的数据仓库是基于数据库构建的数据存储集合。在大数据时代，数据仓库也包括云厂商提供的基于大数据技术的一体化数据服务。与之相类似的一个概念是数据湖，它是基于大数据开源技术体系而设计的数据管理方案，通常是由一系列云产品或开源组件共同构成的大数据管理方案。

根据维基百科的定义，数据湖(Data Lake)是以自然或原始格式存储的数据系统或存储库。数据湖通常是所有企业数据的单一存储，包括源系统数据的原始副本和用于报告、可视化、高级分析和机器学习等任务的转换数据。数据湖可以建立在“内部”(在组织的数据中心内)或“在云中”(使用亚马逊、谷歌和微软等供应商提供的云服务)。

与数据仓库相比，数据湖的设计初衷主要是为了提高数据存储的灵活性，而对存储系统访问和权限管理等方面没有严格的要求。通过开放底层文件存储，数据湖对入湖的数据格式和数据模式都没有特殊的规定。比如，进入数据湖的数据可以是来自关系数据库(行和列)的结构化数据，或者其他文件的半结构化数据(CSV、日志、XML 和 JSON)，甚至是各种非结构化数据(电子邮件、文档和 PDF)和二进制数据(图像、音频和视频)，具有极大的灵活性。这样做的好处是，只需要遵循相当宽松的兼容性约定，上层的各种引擎就可以根据自己特定的使用场景灵活地读写数据湖中存储的数据。但与数据仓库相比，文件系统的直接访问不支持对数据的细粒度的权限管理。

在大数据应用背景下，数据湖和数据仓库作为构建数据管理系统的两种架构设计理念，各有其适用范围和应用环境。随着数据湖对数据访问和权限管理能力以及数据仓库对多种外部数据存储能力的提高，数据湖和数据仓库的边界正在变得模糊。正是在这样的背景下，阿里云提出 MaxCompute 湖仓一体方案，构建数据湖和数据仓库融合的数据管理平台。MaxCompute 打破了数据湖与数据仓库割裂的二元体系，为业界和用户提供了一种数据湖和数据仓库互相补充、协同工作的架构，将数据湖的灵活性、生态丰富与数据仓库的企业级能力进行融合，对下一代大数据平台的演进有一定的启发性。

8.2.4 我国数据库技术发展概况

在我国，数据库的教学和研究可以追溯到 1978 年，当时中国人民大学萨师煊第一次将“数据库”引入课堂。与国外相比，此时国外的数据库技术基本完成了从实验室理论和原型到商用产品的市场化历程，数据库技术经历了从层次型、网状型到关系型的发展，以甲骨文、微软、IBM 为首的一大批数据库公司崛起，推出了 Oracle、DB2、Informix 等主流数据库产品。与此同时，以甲骨文、微软、IBM 为代表的国外数据库公司凭借着雄厚的资金和技术力量，也在中国市场上划分着各自的势力范围。我国数据库研究和教学的先驱者们，囿于条件，多是依托各大高校，培养了一批批数据库人才。早在 1983 年，萨师煊与王珊合作出版了《数据库系统概论》教材。1984 年，王珊建议中国人民大学成立数据与知识工程研究所，“开发真正能与国外竞争的数据库系统、应用生成系统产品”。与国外数据库公司学研产分离不同，早期的国产数据库公司几乎都是从大学的科研实验室孵化出来，再到市场进行打磨。典型代表是国产数据库的“四朵金花”：1999 年，王珊领头成立了国内第一家数据库公司人大金仓，其企业级通用数据库 KingbaseES 入选国家自主创新产品目录；2000 年，原华中理工大学(现华中科技大学)冯玉才成立了武汉达梦，其数据库产品主要应用于我国国防军事、公安、电力、电信、交通、电子政务、税务、国土资源等多个行业；神舟通用是国家“核高基”重大科技项目之数据库产品的核心研制单位；南大通用成立于 2004 年，是南开大学下属天津南开创元信息技术有限公司的控股子公司。以上这 4 家公司也并称为国产数据库的“四小龙”，属于国产数据库领域的“国家队”。

进入新千年以来，以网上交易和支付为代表的互联网公司崛起，为了摆脱国外数据库的高额收费，以及传统数据库产品在支持数据访问高并发和管理大规模数据等方面的先天不足问题，各互联网公司纷纷提出了自己的数据管理解决方案。比如，2010 年，阿里开始了雄心勃勃地去 IOE (IBM-Oracle-EMC)计划。阿里根据开源 MySQL 搭建了 AliSQL，用了两年时间将淘宝及天猫的所有数据库从 Oracle 迁移到了 AliSQL。但天有不测风云，此时开源的 MySQL 又被 Oracle 收购，转型成了半商用数据库。但幸运的是，此时国际上的云计算巨头公司打算在云上发起一次数据库领域的新革命。在这一趋势下，2015 年阿里云决定研发自己的数据库，放弃去模仿 Oracle 的传统思路，而是直接研发基于云的数据库产品。在当今的云计算时代，国内厂商已经拥有了不亚于海外公司的丰富生态，仅阿里生态内，就有了 PolarDB、OceanBase、ADB、NoSQL、图数据库、时序时空数据库等产品。2018 年，在全球权威的 Gartner 数据库魔力象限评选中，阿里云成为国内首个入选的科技公司，这是中国数据库公司第一次跟国外科技巨头同台竞技。2019 年，阿里云再次以唯一中国厂商的身份入选这个权威评选。

据中国信息通信研究院发布的《数据库发展研究报告(2021 年)》显示，2020 年全球数据库市场规模为 671 亿美元，其中中国数据库市场规模为 35 亿美元，占全球 5.2%。预计到 2025 年，全球数据库市场规模达到 798 亿美元，中国的 IT 总支出将占全球 12.3%。中国数据库市场在全球占比将在 2025 年接近中国 IT 总支出在全球的占比，中国数据库市场总规模将达到 688 亿元。

国产数据库的 40 年历史倏忽而过，在这一时期，有成功也有失败。华东师范大学周傲英教授在谈及中国数据库发展时，曾经这样说道：数据库一直都是中国的切肤之痛，从“六五”(第六个五年计划)开始，我们就在立项要做自己的数据库，但我们一直没有弄明白，为什么我们做不出来自己的数据库，后来到了互联网时代，我们一下子醒悟过来了，就是生态。这之中既包含用户生态，更包含技术生态，前者是我们要将国内数据库市场空间做大，后者是我们要形成合力，因为数据库要解决的问题是综合性的，只有一起才能将这个事情做好。回顾数据库的这一发展历史，总的来看，国内数据库发展有以下几种形式：

(1) 以传统开源软件为基础，依赖强大社区构建数据库。例如瀚高和北京海量数据公司基于 PostgresSQL，通过优化开发的数据库可以和 Oracle 等商业数据库比肩；阿里巴巴和腾讯基于 MySQL 开源生态，分别构建了 PolarDB 云原生数据库和 TDSQL(Tencent Distributed MySQL)，其中 PolarDB 实现了“去 IOE”，形成了以开源生态为基础的自主可控数据库体系，而 TDSQL 承担了公司计费平台的数据存储，是腾讯金融云的数据库解决方案。

(2) 基于商业数据库源码进行开发数据库。例如南大通用公司采购 IBM Informix 知识产权，抓住大数据时代客户对大规模分析型数据库的需求，在金融、电信等行业满足客户联机分析处理(OLAP)的需求。

(3) 瞄准新技术，采用开源和自主研发相结合的路线研发数据库。如偶数科技公司抓住传统数据库架构与云计算场景无法很好地相适应的机遇，自主研发新一代云数据库 OushuDB；而腾讯 TGDB (Tencent Graph Database)采用了非关系型模型，使用了不依赖于任何第三方数据存储平台的自主研发的原生图存储，系统采用了去中心化的纯分布式架构和高效的图切割和分布式算法。自 2000 年以来，华为公司开始自研数据库 openGauss，结合企业级场景需求，在企业核心交易系统和海量事务型场景上提供了灵活高效的解决方案。据墨天轮 2021 年 10 月国产数据库排行榜显示，openGauss 位列 Top3，有 70 多家企业签署企业贡献者协议(CLA)，加入 openGauss 社区，12 家企业基于 openGauss 发布商业发行版，openGauss 在政府、金融、运营商、电力等国计民生行业逐渐落地商用。在性能上，openGauss 比 MySQL 和 PostgreSQL 均大幅领先，约有高于 1 倍多的性能优势，是国内首个使用木兰宽松许可证(MulanPSLv2)的数据库，将内核能力全开放给开发者。目前 openGauss 已走进 72 所高校，未来 3 年 openGauss 将扩大到全国 500 所高校，通过开课、联合科研创新等形式，积极为产业界培养 10 万高质量 DBA，50 万专业数据库人才。

(4) 完全自主研发数据库。如百度自主研发的云原生数据库产品 GaiaDB(盖亚)，涵盖云原生数据库 GaiaDB-S、图数据库 GaiaDB-G、分布式数据库 GaiaDB-X，拥有自研高性能内核、软硬一体内核和架构等多项专利技术；阿里巴巴的 OceanBase 数据库，完成了蚂蚁金服的去“IOE”，成为全球首个通过 TPC-C(世界权威的联机事务处理系统的测试基准)测试的分布式数据库。

当前，美国对中国施展了一系列科技遏制手段，且有升级的趋势。在这一特殊的历史时期，我国打造自主可控、安全可靠的数据库系统的重要性和紧迫性进一步提升。以 OceanBase 和 openGauss 等为代表的国产数据库在自主和安全可控研发方面做出了很好的示范，如邮储银行 2021 年全新升级的新核心系统，便是使用 openGauss 数据库做基础支撑。我们相信，国产数据库在进口替代和有望进口替代的领域将拥有更大的市场空间和发展机遇，在未来的数据库研发和应用示范领域，中国科学家和中国公司将发挥越来越重要的影响。

8.3　数据库系统简述

数据库系统是指用数据库管理系统进行数据管理和处理并支持多种应用的信息系统。它包括：计算机硬件系统、系统软件和应用软件、数据库和数据库管理系统以及系统的开发、维护和使用人员等，如图 8.12 所示。其中，计算机硬件包括存储数据和运行数据库系统所需的硬件设备，主要包括 CPU、内存、存储设备、输入设备和输出设备，不同的数据库系统对硬件的需求是不同的，因此，硬件的配置应满足整个数据库系统的需要；系统软件和应用软件主要包括支持数据库系统运行的计算机操作系统、开发各种数据库应用的实用工具和应用软件等。不同的数据库系统需要不同的操作系统支持，对高级程序设计语言、开发工具和应用软件支持也不完全相同。下面，我们分别介绍数据库系统中的主要组成部分：数据库、数据库管理系统，以及系统的开发、维护和使用人员等。

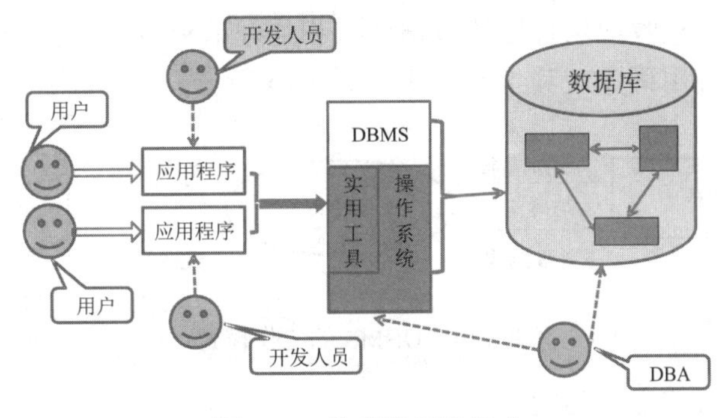

图 8.12　数据库系统组成

8.3.1　数据库

数据库一般指一个长期储存在计算机外存上、数据整体有结构且可共享、面向一个组织或部门、支持多种应用的数据集合。它具有以下特点：

(1) 数据按一定的数据模型组织、描述和储存。如果是关系数据库，那么它使用的数据模型就是关系模型。

(2) 可以为各种用户和应用程序共享。也就是说，一个数据库可以支持多个不同的应用和用户。

(3) 数据冗余度小。数据具有整体的结构，相同的数据一般只在外存中保存一次。

(4) 数据独立性高。数据具有较高的逻辑独立性和物理独立性。

(5) 易扩展。可以随着应用的需求而更新数据。

(6) 具有一定的安全性和可靠性等机制。

8.3.2　数据库管理系统

数据库管理系统(DBMS)是数据库系统中的核心软件，它是基于操作系统、能够让用户创建、定义、维护数据库以及控制对数据库访问的软件系统。数据库管理系统在整个计算机系统中的地位如图 8.13 所示。

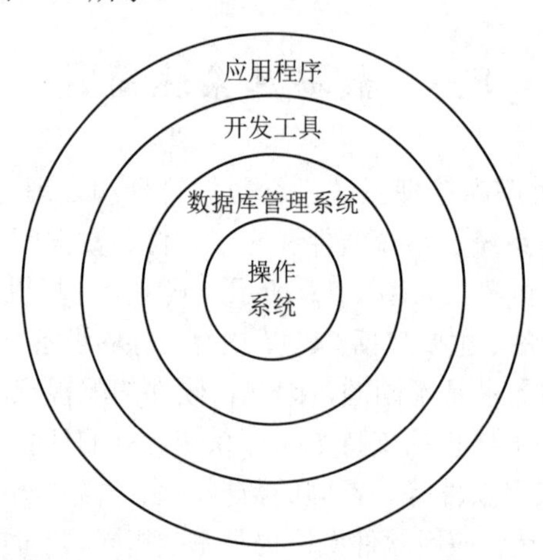

图 8.13　数据库管理系统在计算机系统中的地位

数据库管理系统接收应用程序的数据请求和处理请求，对数据库中的数据进行操作，将操作结果返回给应用程序，其工作模式如图 8.14 所示。

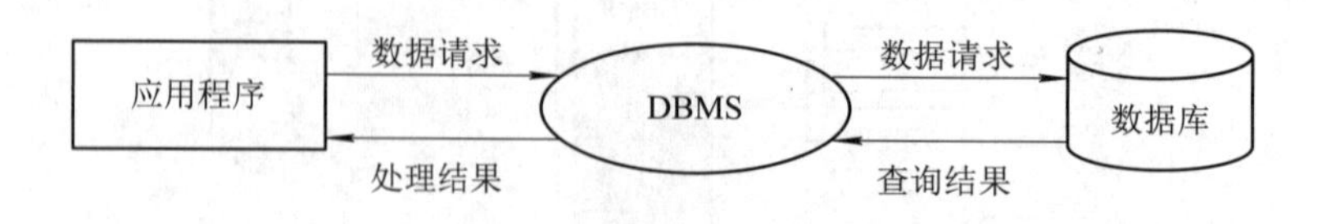

图 8.14　DBMS 的工作模式

数据库管理系统的主要功能：

(1) 数据定义：提供数据定义语言(DDL)，定义数据库的模式、外模式和内模式 3

级模式结构，以及外模式/模式映像和模式/内模式映像两层映像。DDL 主要用于建立和修改数据库的库结构，描述了数据库的框架，其信息被保存在数据字典(Data Dictionary，DD)中。

(2) 数据操纵：提供数据操纵语言(DML)，实现对数据库的操作功能，如查询、更新、修改和删除等。

(3) 数据控制：提供数据控制语言(Data Control Language，DCL)，实现对数据库的完整性、安全性等控制功能。

(4) 数据组织、存储和管理：分类组织、存储和管理各种数据，包括数据字典(元数据)、用户数据和数据的存取路径等。

(5) 事务管理：保证一组操作的原子性、一致性、隔离性和持久性。

(6) 并发控制：保证多用户对数据并发操作时的数据库的正确性和一致性。

(7) 恢复与备份：系统发生故障后保证数据库的正确性和一致性。

目前典型的数据库管理系统有：小型数据库管理系统 Visual FoxPro、Access 等，中型数据库管理系统 Sybase、SQL Server 等，以及大型数据库管理系统 Oracle 等。

8.3.3　系统的开发、维护和使用人员

数据库系统的开发、维护和使用人员主要包括数据库分析和设计人员、应用程序员、终端用户和数据库管理员(Database Administrator，DBA)等。其中数据库分析和设计人员负责应用系统的主要开发和设计过程，这主要包括系统的需求分析和规格说明、数据库系统的概要设计和模式设计，以及确定数据库中需要保存哪些数据；应用程序员负责编写和使用数据库的应用程序以支持多种用户的使用；终端用户利用数据库系统的接口、应用程序或查询语言等使用数据库以完成日常的工作；数据库管理员则负责数据库系统的全面管理和控制，主要职责包括：

(1) 逻辑设计：决定数据库中的数据的内容和结构。

(2) 物理设计：决定数据库的存储结构和存取策略。

(3) 数据库的控制：定义数据的安全性要求和完整性约束条件。

(4) 数据库的运行和维护：监控数据库的使用和运行，保证其正常高效工作，必要的时候对数据库进行重组或重构，以提高运行效率或满足新的应用需要。

8.3.4　管理信息系统

在实际应用中，为了提高信息化水平和工作效率，人们经常会使用管理信息系统(Management Information System，MIS)这样的软件来帮助人们完成原本用手工方式处理的复杂工作，而这样的管理信息系统的核心技术正是我们这里提到的数据库和数据库管理系统。为了提高工作效率和管理水平，管理信息系统大多采用数据库来存储数据，使用数据库管理系统进行系统的设计和软件的开发。尽管不同的管理信息系统所面向的业务和用户各不相同，但所有的管理信息系统所针对的数据管理功能却是高度相似的，一般都具有数据的输入和存储、数据修改、数据查询、数据增加、数据删除、数据汇总、数据的输出和打印等功能。

8.4 数据模型

使用数据库系统管理和使用数据的一个优点就是，数据库系统提供了某些层次上的数据抽象，即通过隐藏数据组织和存储的细节，来突出数据的本质特征以及数据之间的本质联系，以便不同的用户可以在他们更感兴趣的层次上观察数据的细节，从而增进人们对数据及相关业务逻辑的理解。

数据模型(Data Model)就是用于描述数据库结构的概念集合，是数据库管理的形式框架，是数据库系统中用以提供信息表示和操作手段的形式框架。根据数据模型的抽象程度划分，数据模型可以分为 3 种(抽象程度由高到低)：概念模型、逻辑模型和物理模型。

(1) 概念模型提供的数据抽象，与用户感知数据的方式非常接近。

(2) 物理模型描述的是数据如何在计算机存储介质(通常是磁盘)上存储的细节，因此物理模型提供的概念，只对数据库设计人员有意义，而不是最终用户。

(3) 逻辑模型是介于概念模型和物理模型之间，对于最终用户来说虽然不像概念模型那样容易理解，但基本上还是比较容易理解的，而且逻辑模型隐藏了数据在计算机存储的大多数细节信息。

下面分别对这些模型进行介绍。

8.4.1 概念模型

概念模型是按照终端用户的观点或认识对现实世界进行建模，主要用于数据库的规划和设计阶段，它强调的是数据的语义表达，是信息世界中的模型，是对现实世界事物及其联系的第一级抽象。概念模型是数据库设计人员通过与用户的沟通和交流，在明确了数据库系统用户的具体需求以后，确定下来的一个高层数据抽象。因此，概念模型与使用哪种类型的数据库管理系统无关，当然更与具体使用哪一种数据库管理系统产品无关。

常用的概念模型建模方法有实体-联系(E-R)方法和统一建模语言(Unified Modeling Language，UML)。

E-R 模型是 Peter Chen 于 1976 年提出的一种语义模型。该模型认为：世界是由一组称作实体的基本对象及这些对象间的联系所组成。E-R 模型使用的基本概念有实体、属性和联系等，其中，实体表示现实世界中的对象和概念，如数据库中描述的来自所管理系统中的一个学生或一门课程，属性进一步描述了实体的某个感兴趣的特征，如学生的姓名或年龄，而两个或多个实体间的联系则表示实体和实体之间的关系，如学生和课程之间的多对多的选课关系。

在 UML 方法中，它的重要组成部分是类图，这在许多方面都与 E-R 图相似。在类图中除了指定数据库模式结构外，还要指定在对象上的操作，在数据库设计阶段可以用这些操作来指定功能需求，从而实现对数据以及数据之间的交互进行详细的设计。

8.4.2　逻辑模型

逻辑模型是面向数据库全局逻辑结构的描述，属于计算机世界中的模型，是按照计算机的观点对数据建模，是对现实世界事物及其联系的第二级抽象。它包括 3 个部分：数据的结构部分、数据的操作部分和数据上的约束条件。其中，结构部分描述的是数据的静态特征，用于描述数据的语义以及数据与数据之间的联系；操作部分描述的是数据的动态特征，用于表示数据支持的操作类型和功能；约束条件是对数据结构和数据操作的限制，包括数据的一致性和数据的完整性约束等。

逻辑模型的设计是基于概念模型的，一般由数据库设计人员通过手工方式或使用专门的设计工具把最初的概念模型转换成相应的逻辑模型而得到。

逻辑模型的设计与具体使用何种类型的数据库管理系统直接相关。当前，数据库管理系统的常用逻辑模型主要有：层次模型(Hierarchical Model)、网状模型(Network Model)、关系模型(Relational Model)以及面向对象模型(Object Oriented Model)等。其中以层次模型和网状模型为逻辑模型的数据库管理系统称为第一代数据库管理系统，以关系模型为逻辑模型的数据库管理系统称为第二代数据库管理系统，而以面向对象模型、XML 等为逻辑模型的数据库管理系统称为第三代数据库管理系统或新一代数据库管理系统。

8.4.3　物理模型

物理模型用来描述数据的物理存储结构和存取方法，是数据库设计人员通过数据库管理系统实现的。物理模型主要针对的是数据库的设计人员和数据库管理员，而终端用户则不必考虑物理层的实现细节。物理模型是最低层次的数据抽象，是面向具体的计算机系统的，因此，物理模型的设计不但与具体使用何种类型的数据库管理系统有关，如关系型还是非关系型，还与数据库管理系统的具体产品和版本有关，如是 Access 还是 SQL Server，当然与数据库系统的硬件条件也直接有关，如磁盘、内存、CPU 等的性能。

物理模型描述了如何将数据存储为计算机上的文件，它将信息表示为记录格式，记录顺序和存取路径等信息。存取路径是一种结构，它可以有效地查询数据库中的特定记录，索引是存取路径的一个例子，它允许使用索引词或索引关键字直接访问数据。

8.5　关系模型和关系代数

关系模型是在 1970 年由 IBM 公司的埃德加·弗兰克·科德(E. F. Codd)提出的，它首次出现在科德在美国《计算机学会通讯》(CACM)上发表的一篇文章 *A Relational Model of Data for Large Shared Data Banks* 中。随后，他于 1972 年又提出了关系代数和关系演算，这为日后的结构化查询语言奠定了基础。随后又相继提出了关系数据库规范化理论，包括关系模式的 4 种范式：第一范式、第二范式、第三范式和 BC(Boyce-Codd)范式。这些理论的提出，奠定了关系数据库的坚实理论基础。自从关系数据库产生以来，关系数据库在各行各业的应用中取得了辉煌的成就。

关系数据库(RDB)所使用的逻辑数据模型是关系模型，以集合论和一阶谓词逻辑为其理论基础，并借助于关系代数的方法来处理数据库中的数据。直观地看，关系数据库是包含一系列二维表的数据集合，每一个表都是对一种实体类型的结构化描述，其中表头是关系模式，包括一系列字段，每一个字段都是对实体类型的某一特征的描述，称为属性；表体是同一类型实体的对象集合，其中的每一行都是对一个对象的描述，称为记录。下面我们对关系模型和关系数据库常用的术语进行解释。

8.5.1 基本术语

1. 关系(表)

一个关系可以理解成一张规范化了的二维表，通常将一个没有重复行和重复列的二维表看成一个关系，每个关系都有一个关系名(表名)。且在同一关系数据库中，表名不可以重复。

2. 关系模式(表头)

在关系数据库中，关系模式用表头中的字段进行定义，每一个字段表示一个实体的属性，字段的类型、取值范围等描述了相应属性的定义域。

3. 元组(记录)

关系(表)中的每一行就是一条记录，表示实体集中的一个对象。同一个表中的不同对象彼此不同。

4. 属性(字段)

关系(表)中垂直方向的列，称为属性或字段，每一个表中的属性名不可以重复。

5. 域

属性的取值范围称为域，表示一个实体所有对象在这一属性上可能取值的集合。假设表中有属性职业，如果职业只能是教师、工人或公务员之一，而不能是其他取值，那么属性职业的域可以表示为：职业 = ｛教师，工人，公务员｝。

6. 码(键)

码是属性或属性的组合，其值能够唯一标识表中的一个元组(记录)。如果一个码中再无多余的属性，即去掉任何一个属性后不再满足码的条件，则称这样的码为候选码。在设计和实现数据库的时候，必须选定且仅能选定其中的一个候选码作为主码，即一个关系的主码只能有一个。所有候选码包含的属性称为主属性，而其他属性则称为非主属性。

7. 外码(外键)

如果表中字段(或字段组合)的取值必须是另一个表(或本表自身)自己的主码(或候选码或取值唯一的字段或字段组合)的值，则称为外码。

【例 8-1】 考虑下面的关系数据库模式，它包括 3 个关系模式：

Student(SID, SName, Sex, Age)

Course(CID, CName, Credit, *PCID*)

Score(SID, CID, Grade)

其中，加下画线的字段表示主码，如 Student 的主码是学号 SID，表示每一个学生的学号都是唯一的，Course 的主码是课程号 CID，表示每一门课程的课程号是唯一的，Score 的主码是复合主码，包含学号和课程号(SID 和 CID)，表示每一个学生的每一门课程只能有一个成绩(用 grade 表示)；斜体字段表示外码，如 Course 的外码 PCID 表示本课程的先修课程号，在此处是指向本表的 CID 字段，Score 的外码有两个，分别是 SID 和 CID，它们分别指向 Student 的主码 SID 和 Course 的主码 CID。由于以上关系模式均只有一个候选码，所以主码包含的属性就是各自关系模式的主属性，如关系模式 Student 的主属性是 SID，关系模式 Course 的主属性是 CID，关系模式 Score 的主属性是 SID 和 CID。除主属性外的其他属性均为非主属性，如对于关系 Student，非主属性有 SName、Sex 和 Age 3 个属性，对于关系 Course，非主属性有 CName、Credit 和 PCID 3 个属性，而对于关系 Score，非主属性只有一个属性 Grade。

假设 Student 表包含的记录如表 8-4 所示。

表 8-4　Student 表

SID	SName	Sex	Age
S1	Mary	F	18
S2	Kate	F	18
S3	John	M	19
S4	Bill	M	19
S5	Jack	M	20

我们可以看到，本 Student 表包含 5 条记录，表示学号分别是“S1”“S2”“S3”“S4”和“S5”的 5 个学生，每一个学生均用 4 个属性描述，分别是学号(SID)、姓名(SName)、性别(Sex)和年龄(Age)。

8.5.2　关系的性质

关系是一种规范化的二维表格，因此，关系和二维表格是既有联系也有区别的两个概念。关系的性质如下：

(1) 关系中不允许出现相同的元组(记录)，即每一行必须有一个主码。这一性质保证关系中的任意行都可以通过主码来唯一标识。

(2) 关系中元组的顺序(即行序)可任意。根据关系的这一性质，可以改变元组的顺序，使其具有某种排序性质，然后就可以按照这一排序性质进行查询以提高检索效率。

(3) 关系中各个属性必须具有不同的名字，不同的属性可来自同一个域，即它们的分量可以取自同一个域，当然不同的属性也可来自不同的域。假设有以下属性：职业 = {教师，工人，公务员}，兼职 = {教师，工人，公务员}，职称 = {教授，副教授，讲师，助教}，可以看到，属性职业和兼职均取自同一个域{教师，工人，公务员}，而和属性职称来自不同的域。

(4) 同一属性名下的各个属性值必须是来自同一个域的同一类型的数据。假设表中有属性职业 = {教师，工人，公务员}，那么对于表中每一行的属性职业，必须是教师、工人或公务员之一，而不能是其他取值。

(5) 关系中属性的顺序可任意交换。但交换时应连同属性名一起交换。

(6) 关系中每一个属性必须是不可分的数据项，称为属性值的原子性，即属性的取值不能是值的集合，直观地说，表中不能嵌套表。满足这一条件的关系模式称为规范化的关系，否则称为非规范化的关系。

8.5.3 关系完整性约束

为了维护关系数据库中的数据的正确性、一致性和完整性，对关系进行数据操作时，要求必须符合一定的约束条件，称为关系的完整性约束。在关系模型中，关系的完整性主要包括实体完整性、参照完整性和用户自定义完整性。

1. 实体完整性

实体完整性要求组成关系(表)的主码的任意属性均不能取空值(NULL)。如 Score 表里，主码是复合码 SID 和 CID，这两个字段均不能取 NULL。

2. 参照完整性

参照完整性要求参照关系中的每个外码要么为空(NULL)，要么等于被参照关系中某个元组的主码。但对于外码是否可以为空值，要根据具体情况具体分析。比如 Course 表里，有的课程是没有先修课程的，所以 PCID 这个外码可为空值，即某门课程如果没有先修课程，则其外码 PCID 为 NULL，表示本课程无先修课程，但如果这门课程有先修课程，那么 PCID 必须取非空值，其值必须出现在 Course 表里；但对于 Score 表，外码 SID 和 CID 的取值不能为 NULL，其值必须分别在 Student 的主码 SID 和 Course 的主码 CID 里出现，否则无意义。

3. 用户自定义完整性

用户自定义完整性指对关系中每个属性的取值的限制(或称为约束)的具体定义。例如属性性别只能取“男”或“女”，年龄的取值范围为 15～20 等。用户自定义完整性是通过关系数据库管理系统在数据定义时保证的，而不应该由应用程序来实现这一功能。

8.5.4 关系代数

在关系数据库管理系统中，数据是以关系模式组织的，所以对数据的处理就是对关系(表)的处理，称为关系运算。关系运算采用集合的操作方式，即参与操作的对象(关系)和运算的结果都是集合，称为“一次一集合”的操作方式，而传统的非关系的数据模型的操作方式是“一次一记录”的方式。关系运算主要有两种方式：一种是关系代数(通过代数的方式)，一种是关系演算(通过逻辑的方式)，但这两种关系运算方式在表达能力上是等价的。下面我们以关系代数为例讲解关系运算。关系代数运算主要有以下两类：传统的集合运算和专门的关系运算。

1. 传统的集合运算

从集合论的观点来定义关系，将关系看成是若干个具有 K 个属性的元组集合，K 称为关系的目。通过对关系进行集合操作来完成查询请求。传统的集合运算包括并、交、差及笛卡尔积，这些运算均属于二目运算，即参与运算的是两个关系模式。

要使并、差、交运算有意义，必须满足两个条件：一是具有相同个数的属性数目，即参与运算的两个关系具有相同的属性数目；二是相容性，即这两个关系对应的属性均取自同一个域。以下如不经特别说明，均认为参加运算的关系满足这两个条件。

1) 并(Union)

设关系 R 和关系 S 具有相同的目 K，且相应的属性取自同一个域，则关系 R 与 S 的并是由属于 R 或属于 S 的元组构成的集合，并运算的结果仍是 K 目关系，如图 8.15 所示。其形式化定义如下：

$$R \cup S = \{t \mid t \in R \vee t \in S\}$$

其中，t 为元组变量。

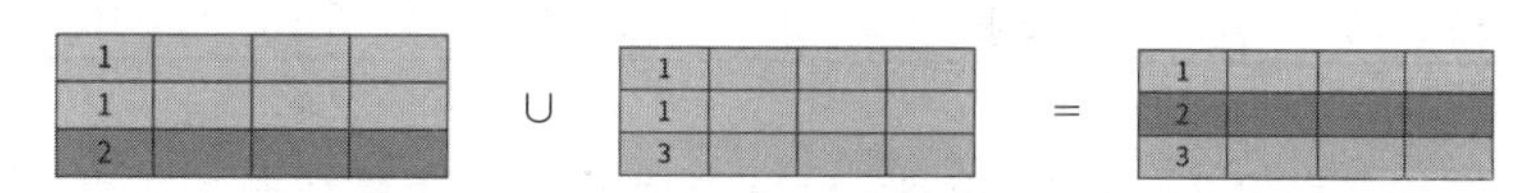

图 8.15 集合操作并运算示意图

2) 交(Intersection)

设关系 R 和关系 S 具有相同的目 K，且相应的属性取自同一个域，则关系 R 与 S 的交是由既属于 R 又属于 S 的元组构成的集合，交运算的结果仍是 K 目关系，如图 8.16 所示。其形式化定义如下：

$$R \cap S = \{t \mid t \in R \wedge t \in S\}$$

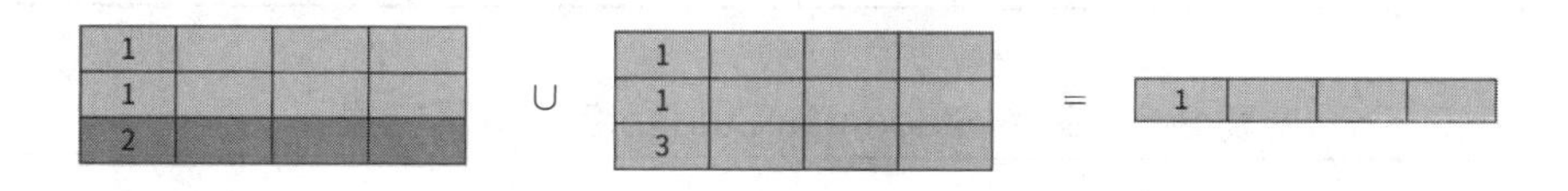

图 8.16 集合操作交运算示意图

3) 差(Difference)

设关系 R 和关系 S 具有相同的目 K，且相应的属性取自同一个域，则关系 R 与 S 的差是由属于 R 但不属于 S 的元组构成的集合，差运算的结果仍是 K 目关系，如图 8.17 所示。其形式化定义如下：

$$R - S = \{t \mid t \in R \wedge t \notin S\}$$

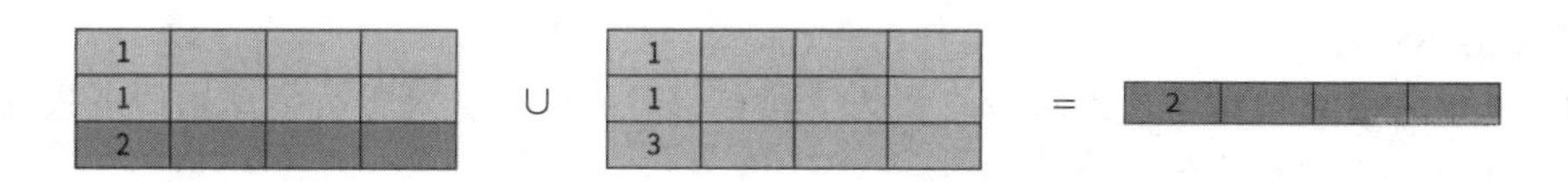

图 8.17 集合操作差运算示意图

【例 8-2】 假设有表 8-5 和表 8-6 所示的两个关系 Student1 和 Student2，这两个关系并、交、差运算的结果分别如表 8-7～表 8-9 所示。

表 8-5　关系 Student1

SID	SName	Sex	Age
S1	Mary	F	18
S2	Kate	F	18
S3	John	M	19

表 8-6　关系 Student2

SID	SName	Sex	Age
S2	Kate	F	18
S3	John	M	19
S4	Bill	M	19
S5	Jack	M	20

表 8-7　关系 Student1∪Student2 的运算结果

SID	SName	Sex	Age
S1	Mary	F	18
S2	Kate	F	18
S3	John	M	19
S4	Bill	M	19
S5	Jack	M	20

表 8-8　关系 Student1∩Student2 的运算结果

SID	SName	Sex	Age
S2	Kate	F	18
S3	John	M	19

表 8-9　关系 Student1-Student2 的运算结果

SID	SName	Sex	Age
S1	Mary	F	18

重要提示：

(1) 进行并、交、差运算的两个关系必须具有相同的结构。对于数据库中的表来说，是指两个表的结构要相同。

(2) 交运算还可以使用差运算来表示，即 $R \cap S = R-(R-S)$或者 $R \cap S = S-(S-R)$。

4) 广义笛卡尔积(Extended Cartesian Product)

设关系 R 的目是 K_1，元组数为 m；关系 S 的目是 K_2，元组数为 n；则 R 和 S 的广义笛卡尔积是一个$(K_1 + K_2)$列的$(m + n)$个元组的集合，记作 $R \times S$，如图 8.18 所示。

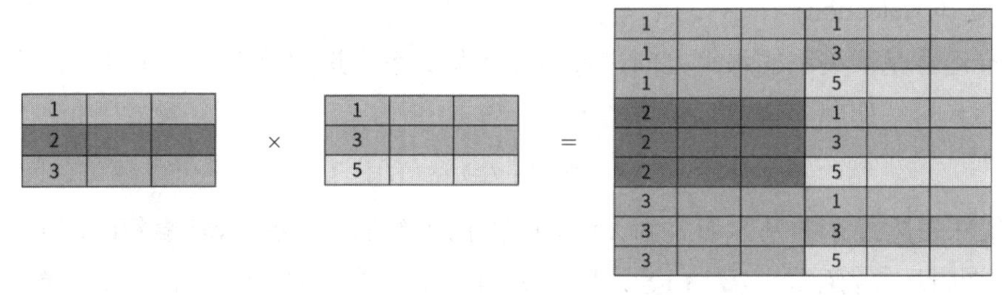

图 8.18　集合操作广义笛卡尔积运算示意图

广义笛卡尔积是一个有序对的集合。有序对的第一个元素是关系 R 中的任何一个元组，有序对的第二个元素是关系 S 中的任何一个元组。如果 R 和 S 中有相同的属性名，可在属性名前加上所属的关系名作为限定以区分属性是来自哪个关系。

【例 8-3】 假设关系 Course 如表 8-10 所示，对关系 Student1 和 Course 做广义笛卡尔积，运算结果如表 8-11 所示。

表 8-10　关系 Course

CID	CName	Credit	PCID
C1	Data Structure	4	NULL
C2	Database	3	C1
C3	Algorithm	2	C1
C4	SQL Server	3	C2

表 8-11　关系 Student1 × Course 的运算结果

SID	SName	Sex	Age	CID	CName	Credit	PCID
S1	Mary	F	18	C1	Data Structure	4	NULL
S1	Mary	F	18	C2	Database	3	C1
S1	Mary	F	18	C3	Algorithm	2	C1
S1	Mary	F	18	C4	SQL Server	3	C2
S2	Kate	F	18	C1	Data Structure	4	NULL
S2	Kate	F	18	C2	Database	3	C1
S2	Kate	F	18	C3	Algorithm	2	C1
S2	Kate	F	18	C4	SQL Server	3	C2
S3	John	M	19	C1	Data Structure	4	NULL
S3	John	M	19	C2	Database	3	C1
S3	John	M	19	C3	Algorithm	2	C1
S3	John	M	19	C4	SQL Server	3	C2

2. 专门的关系运算

专门的关系运算既可以从关系的水平方向进行运算，也可以从关系的垂直方向进行运算，主要包括选择、投影和连接运算。

1) 选择(Selection)

选择运算是从关系的水平方向进行运算，从关系中选取符合给定条件的所有元组，生成新的关系，如图 8.19 所示。记作：

$$\sigma_P(r) = \{t \mid t \in r \wedge P(t)\}$$

其中，条件表达式 P 的基本形式为 $X\theta Y$，θ 表示运算符，包括比较运算符(<，<=，>，>=，=，≠)和逻辑运算符(∧，∨，┐)等。X 和 Y 可以是属性、常量或简单函数。属性名可以用它的序号或者它在关系中列的位置来代替。若条件表达式中存在常量，则必须用英文引号将常量括起来。

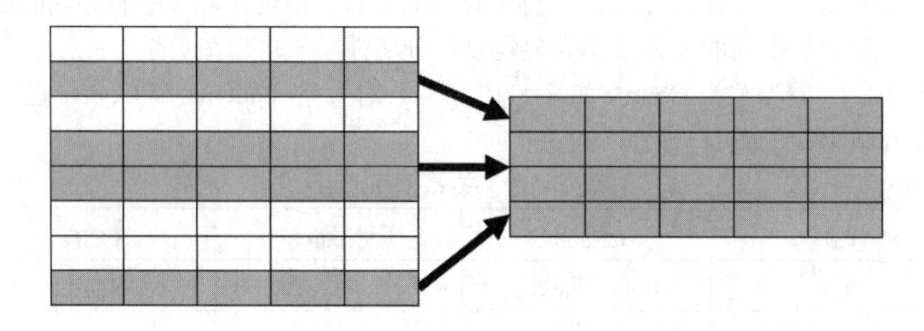

图 8.19　集合操作选择运算示意图

【例 8-4】 对表 8-12 中的 Student1 × Course 做选择运算：$\sigma_{SID='s1'}$(Student1 × Course)。运算结果如表 8-12 所示。

表 8-12　$\sigma_{SID='s1'}$(Student1 × Course)的运算结果

SID	Name	Sex	Age	CID	CName	Credit	PCID
S1	Mary	F	18	C1	Data Structure	4	NULL
S1	Mary	F	18	C2	Database	3	C1
S1	Mary	F	18	C3	Algorithm	2	C1
S1	Mary	F	18	C4	SQL Server	3	C2

2) 投影(Projection)

投影运算是从关系的垂直方向进行运算，在关系 R 中按要求选取指定的若干属性列(用 A 表示指定的属性列的集合)，组成新的关系，记作：

$$\Pi_A(r) = \{t[A] \mid t \in r\}$$

投影操作是从列的角度对关系进行垂直分割，取消某些列并重新安排列的顺序。在取消某些列后，元组或许有重复。该操作会自动取消重复的元组，仅保留一个。因此，投影操作的结果使得关系的属性数目减少，元组数目可能也会减少。图 8.20 给出集合操作投影运算示意图。

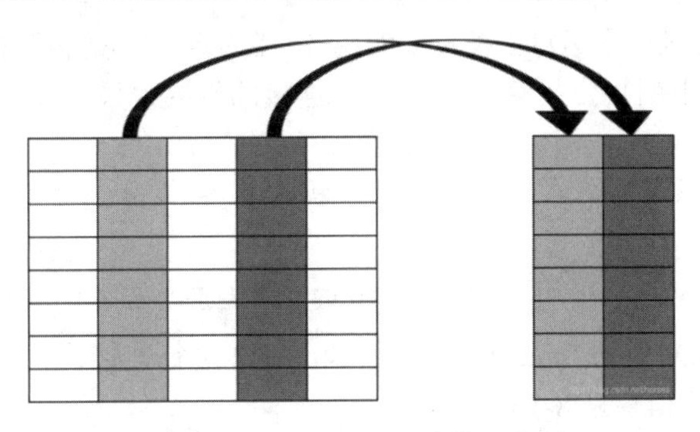

图 8.20　集合操作投影运算示意图

【例 8-5】 对学生关系 Student1，若要查询学生的学号和姓名，则可以通过对学生关系做投影操作实现。相应的投影操作如下：

$$\Pi_{\mathrm{SID,\ Name}}(\mathrm{Student1})$$

投影的结果仍是一个关系，有两个属性、3 个元组，如表 8-13 所示。

表 8-13　$\Pi_{\mathrm{SID,\ Name}}$(Student1)的运算结果

SID	SName
S1	Mary
S2	Kate
S3	John

3) 连接(Join)

连接运算也称 θ 连接。关系 R 和关系 S 的连接运算表示为

$$R \bowtie_{\theta} S = \{t_R \cdot t_S \mid t_r \in R \wedge t_s \in S \wedge (R.A \text{ op } S.B)\}$$

其中，⋈是连接运算符，A、B 分别为关系 R 和 S 中的度数相等且可比的连接属性集，op 为比较运算符。连接运算是从广义笛卡尔积 $R \times S$ 中选取 R 在 A 属性(组)上的值与 S 在 B 属性(组)上的值满足 θ 的元组。因此，连接运算也可以表示为：

$$R \bowtie_{\theta} S = \sigma_P(R \times S)$$

其中 P 为连接条件。

在连接运算中有两种重要的连接：等值连接和自然连接。

(1) 等值连接(Equal Join)：当 θ 为“＝”时的连接操作就称为等值连接。也就是说，等值连接运算是从 $R \times S$ 中选取 A 属性组与 B 属性组的值相等的那些元组(如图 8.21 所示)。

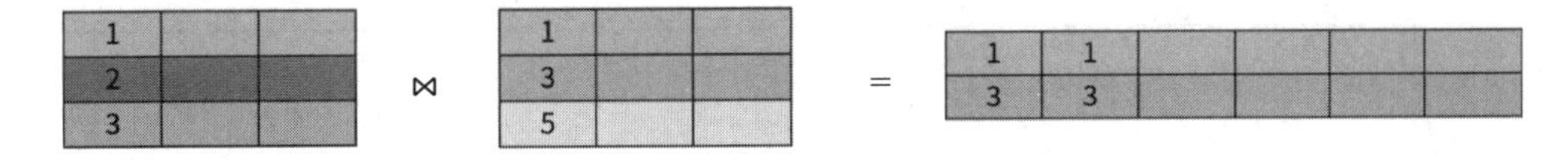

图 8.21　集合操作连接运算示意图

(2) 自然连接(Natural Join)：自然连接是一种特殊的等值连接。关系 R 和关系 S 的自然连接，首先要进行广义笛卡尔积 $R \times S$，然后进行 R 和 S 中所有相同属性的等值比较

的选择运算，最后通过投影运算去掉重复的属性。自然连接与等值连接的主要区别是：对于两个关系中的相同属性(公共属性)，在自然连接的结果中只出现一次。

重要提示：

(1) 自然连接要求将两个关系中所有相同的属性都要一一比较，并通过“与”运算符进行连接。

(2) 当关系 R 和 S 没有公共属性时，R 和 S 的自然连接就是 R 和 S 的广义笛卡尔积 $R \times S$。

【例 8-6】 分别对关系 Student1 和关系 Student2 进行连接、等值连接和自然连接后，运算结果分别如表 8-14～表 8-16 所示。

表 8-14　连接 Student1 $\bowtie_{Student1.Age<Student2.Age}$ Student2 的运算结果

Student1.SID	Student1.SName	Student1.Sex	Student1.Age	Student2.SID	Student2.SName	Student2.Sex	Student2.Age
S1	Mary	F	18	S3	John	M	19
S1	Mary	F	18	S4	Bill	M	19
S1	Mary	F	18	S5	Jack	M	20
S2	Kate	F	18	S3	John	M	19
S2	Kate	F	18	S4	Bill	M	19
S2	Kate	F	18	S5	Jack	M	20
S3	John	M	19	S5	Jack	M	20

表 8-15　等值连接 Student1 $\bowtie_{Student1.Age = Student2.Age}$ Student2 的运算结果

Student1.SID	Student1.SName	Student1.Sex	Student1.Age	Student2.SID	Student2.SName	Student2.Sex	Student2.Age
S1	Mary	F	18	S2	Kate	F	18
S2	Kate	F	18	S2	Kate	F	18
S3	John	M	19	S3	John	M	19
S3	John	M	19	S4	Bill	M	19

表 8-16　自然连接 Student1 $\bowtie$ Student2 的运算结果

SID	SName	Sex	Age
S2	Kate	F	18
S3	John	M	19

8.6　关系模式的规范化

对于由一组关系模式组成的数据库模式，如何判断这一数据库模式是一个“好”的模式？直观地说，一个关系模式不应该有不必要的数据冗余，即同一信息在数据库中存储了多个副本，否则不但会浪费大量存储空间，而且会引起多种操作异常。

(1) 更新异常：当重复信息的一个副本被修改时，要求其所有副本都必须做同样的修改，否则就会造成数据不一致。

(2) 插入异常：当插入数据时，会要求当一些其他数据事先已经存放在数据库中时，才允许进行插入。

(3) 删除异常：删除某些信息时导致其他信息同时被删除，造成其他信息的连带丢失。如果关系模式设计得不好，为了应对这些异常，系统和数据库管理员要付出很大的代价来维护数据库的完整性。

【例 8-7】 考虑下面的关系模式：S_C_G(<u>SID</u>, SName, <u>CID</u>, CName, Grade)，其中 SID 和 SName 分别表示学生的学号和姓名，CID 和 CName 分别表示课程的课程号和课程名，Grade 表示某一个学生在某门课程所取得的成绩，主码为(SID, CID)。

表 8-17 关系 S_C_G(<u>SID</u>, SName, <u>CID</u>, CName, Grade)

SID	SName	CID	CName	Grade
S1	Mary	C1	Data Structure	90
S1	Mary	C3	Algorithm	80
S2	Kate	C1	Data Structure	89
S2	Kate	C2	Database	90

如果要更新 S1 的姓名，如把 Mary 修改为 Jane，则必须把表中的所有 S1 的姓名都更新，否则会造成数据库不一致(更新异常)；如果要新增一门课程(如 C5 课)，由于此时还没有学生选修本课程，而学号 SID 是主码的组成属性，不能为空，因此导致无法增加新的课程(插入异常)；如果要删除一个学生 S1，则会导致与之相关联的课程信息也被删除，在此处，课程 C3 只有学生 S1 选修，C3 课程信息在整个关系模式中也被删除(删除异常)。

更进一步，如何设计出一个“好”数据库模式？这是关系模式的规范化理论研究的问题。关系模式的规范化理论是基于函数依赖、多值依赖和连接依赖等概念，对关系模式进行规范化(通过模式分解)，使设计的关系模式冗余尽可能少，最大程度地保证不发生各种操作异常。而且，还要分解后的模式具有无损连接和保持依赖的特性。所谓无损连接分解(Lossless Join Decomposition)，是指能够通过连接操作将分解后所得到的一些关系完全还原成被分解关系的所有实例。所谓保持依赖(Dependency Preserving)，是指被分解关系模式上的所有依赖关系(语义的体现)在分解后的关系模式上均得以保留。当然，分解后的模式有时无法同时保证无损连接和保持依赖，这时候就需要折中考虑。

8.6.1 函数依赖

函数依赖 FD(Functional Dependency)是关系模式上的一种完整性约束，它是现实世界中，事物各个属性之间的一种语义上的制约关系，反映的是事物的内涵特征。但在设计数据库模式的时候，有时为了实际应用和模式设计的需求，数据库设计人员也可以在关系模式上人为地强加上某种函数依赖。

定义 8.1(函数依赖)　在关系模式 $r(R)$中，$\alpha \subseteq R$，$\beta \subseteq R$。对任意关系 r 及其中任意两个元组 t_i 和 $t_j (i \neq j)$，若存在 $t_i[\alpha] = t_j[\alpha]$，即元组 t_i 和 t_j 在属性(集)α 上取值相等，则一定存在 $t_i[\beta] = t_j[\beta]$成立，即元组 t_i 和 t_j 在属性(集)β 上取值也相等，则称 α 函数确定 β(或 β 函数依赖于 α)，记作 $\alpha \rightarrow \beta$。

【例 8-8】 考虑下面的关系模式：S_D_G(SID, SName, DID, DName, CID, CName, Grade)，其中 SID 表示学号，SName 表示学生姓名，DID 表示系的编号，DName 表示系名，CID 表示课程号，CName 表示课程名，Grade 表示成绩，(SID, CID)是唯一的候选码，也是主码。关系模式 S_D_G 上有以下函数依赖：

SID→SName

SID→DID

DID→DName

CID→CName

{SID, CID}→Grade

当然，由于(SID, CID)是主码，因此也成立以下函数依赖：

{SID, CID}→{SName, DID, DName, CName, Grade}

定义 8.2　(平凡函数依赖与非平凡函数依赖)在关系模式 $r(R)$中，$\alpha \subseteq R$，$\beta \subseteq R$。若 $\beta \subseteq \alpha$，即 β 是 α 的子集(注：不要求一定是真子集，只要是子集就可以)，则称 $\alpha \rightarrow \beta$ 是平凡函数依赖(Trivial FD)，否则称 $\alpha \rightarrow \beta$ 是非平凡函数依赖(NonTrivial FD)。

很显然，对于任一关系模式，所有的平凡函数依赖都是必然成立的，所以它不反映新的语义信息，如图 8.22 所示。因此，关系模式规范化时仅考虑非平凡函数依赖。

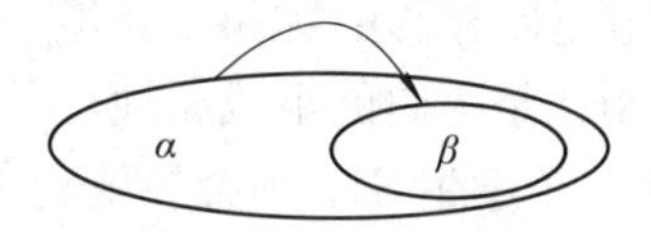

图 8.22　平凡函数依赖

定义 8.3　(部分函数依赖与完全函数依赖)在关系模式 $r(R)$中，$\alpha \subseteq R$，$\beta \subseteq R$。对某一函数依赖 $\alpha \rightarrow \beta$，如果存在 $\gamma \subset \alpha$(注：γ 必须是 α 的真子集)，使得函数依赖 $\gamma \rightarrow \beta$ 也成立，则称函数依赖 $\alpha \rightarrow \beta$ 是部分函数依赖(Partial FD)，否则称函数依赖 $\alpha \rightarrow \beta$ 是完全函数依赖(Full FD)。

部分函数依赖示意图如图 8.23 所示。显然，当 α 是单属性时，如果函数依赖 $\alpha \rightarrow \beta$ 成立，则它一定是完全函数依赖，因为 α 的真子集 γ 只有空集，不可能使得 $\gamma \rightarrow \beta$ 成立。

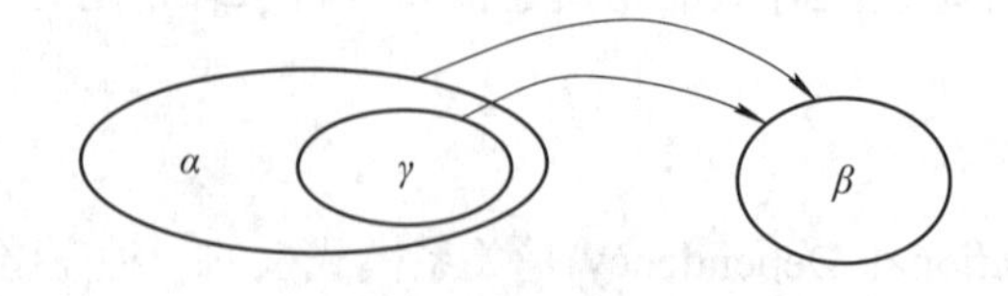

图 8.23　部分函数依赖

【例 8-9】 在关系 S_D_G(SID, SName, DID, DName, CID, CName, Grade)中，以下

均为部分函数依赖：

{SID, CID}→SName，因为成立 SID→SName。

{SID, CID}→DID，因为成立 SID→DID。

{SID, CID}→DName，因为成立 SID→DName。

{SID, CID}→CName，因为成立 CID→CName。

而以下均为完全函数依赖：

SID→SName，因为函数依赖左边是单属性。

SID→SDID，因为函数依赖左边是单属性。

SID→DName，因为函数依赖左边是单属性。

DID→DName，因为函数依赖左边是单属性。

CID→CName，因为函数依赖左边是单属性。

{SID, CID}→Grade，因为函数依赖 SID→Grade 和 CID→Grade 均不成立。

定义 8.4 (传递函数依赖与非传递函数依赖)在关系模式 $r(R)$中，$\alpha\subseteq R$，$\beta\subseteq$R，$\gamma\subseteq R$，如果函数依赖 $\alpha\to\beta$ 和 $\beta\to\gamma$ 成立，那么函数依赖 $\alpha\to\gamma$ 一定成立。如果还满足以下条件：

(1) 函数依赖 $\beta\to\alpha$ 不成立；

(2) $\beta\subseteq\alpha$ 不成立。

则称函数依赖 $\alpha\to\gamma$ 为传递函数依赖(Transitive FD)(如图 8.24 所示)，否则称非传递函数依赖。

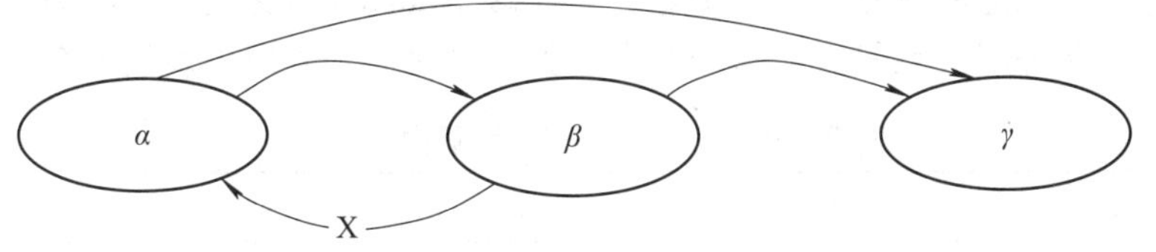

图 8.24 传递函数依赖

【例 8-10】 在关系模式 S_D_G(<u>SID</u>, SName, DID, DName, <u>CID</u>, CName, Grade)中，由于成立函数依赖 SID→DID 和 DID→DName，因此函数依赖 SID→DName 也成立，且是传递函数依赖(因为 DID→SID 不成立，且 DID⊈SID)。

不管是部分函数依赖还是传递函数依赖，都可能引起数据冗余，并导致操作异常，包括更新异常、插入异常及删除异常，因此部分函数依赖和传递函数依赖也称为异常函数依赖。以下的关系模式的范式将基于我们这里定义的部分函数依赖和传递函数依赖的概念，根据引起操作异常的异常函数依赖对关系模式进行分解，从而消除异常。

8.6.2 范式

基于函数依赖理论，关系模式按照规范化程度，依次可以分解成第一范式 1NF(First Normal Form)、第二范式 2NF(Second Normal Form)、第三范式 3NF(Third Normal Form)和 BC 范式 BCNF(Boyce-Codd Normal Form)，并且这几种范式满足关系 BCNF⊂3NF⊂2NF⊂1NF(如图 8.25 所示)，即 1NF 是最低的要求，而 BCNF 是基于函数依赖可以达到的最高范式。

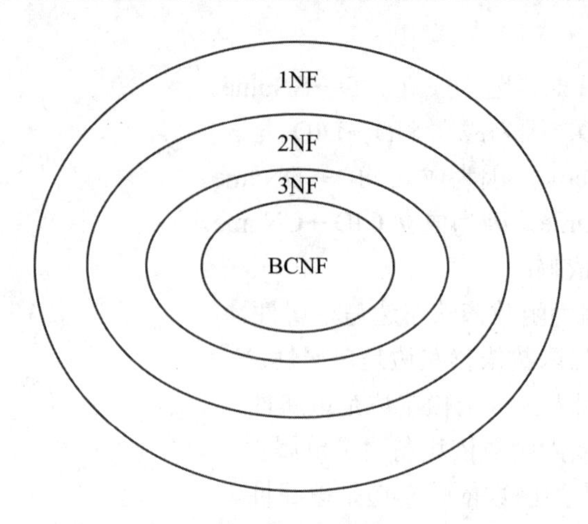

图 8.25　4 种范式之间的关系

从图 8.25 中可以看出，满足 BCNF 范式的关系一定满足 3NF、2NF 和 1NF，满足 3NF 范式的关系一定满足 2NF 和 1NF，满足 2NF 范式的关系一定满足 1NF。

定义 8.5(1NF)　如果关系模式 $r(R)$的每个属性对应的域值都是不可分的，即取值为单值(称为属性的原子性)，则称 $r(R)$属于第一范式，记为 $r(R)\in$1NF。

【例 8-11】 关系 S_D_G(<u>SID</u>, SName, DID, DName, <u>CID</u>, CName, Grade)中的每一个属性都是不可再分的原子值，因此该关系属于 1NF。

【例 8-12】　考虑表 8-18 所示的关系模式，字段 Address 本身又是一个关系模式，因此这一关系模式是外层关系模式嵌套一个内层关系模式，其表现为表的嵌套。

表 8-18　一个嵌套关系模式

SID	Address		
	Province	City	Street
S1	Anhui	Hefei	Rd.Wangjiang 100
S2	Anhui	Huangshan	Rd.Xinanjiang 99
S3	Jiangsu	Nanjing	Rd.Zhongshan 22

可以将字段 Address 分解为 3 个字段，使得以上关系模式变成 1NF(如表 8-19 所示)。

表 8-19　分解后得到的属于 1NF 的关系模式

SID	Province	City	Street
S1	Anhui	Hefei	Wangjiangxi 100
S2	Anhui	Huangshan	Xinanjiang 99
S3	Jiangsu	Nanjing	Xuanwuhu 22

定义 8.6(2NF)　如果关系模式 $r(R)\in$1NF，且所有非主属性都完全函数依赖于 $r(R)$的候选码，则称 $r(R)$属于第二范式，记为 $r(R)\in$2NF。

【例 8-13】 关系 S_D_G(<u>SID</u>, SName, DID, DName, <u>CID</u>, CName, Grade)中，存在以下部分函数依赖：

{SID, CID}→SName

{SID, CID}→DID

{SID, CID}→DName

{SID, CID}→CName

导致非主属性 SName，DID，DName 和 CName 都部分函数依赖于主码(SID, CID)。因此该关系不是 2NF，即 S_D_G∉2NF。

第二范式的目标就是消除非主属性对候选码的部分函数依赖，方法是将只部分依赖于候选码(即依赖于候选码的部分属性)的非主属性另外组成一个新的关系模式，即不允许候选码的一部分对非主属性起决定作用。对于非 2NF 范式的关系模式，可通过分解进行规范化，以消除部分函数依赖及其引起的操作异常。

【例 8-14】 如将关系模式 S_D_G(<u>SID</u>, SName, DID, DName, <u>CID</u>, CName, Grade)分解为以下 3 个关系模式：

S_D(<u>SID</u>, SName, DID, DName)

C(<u>CID</u>, CName)

G(<u>*SID*</u>, <u>*CID*</u>, Grade)

分解后的所有关系模式中，所有非主属性对候选码都是完全函数依赖，因此都属于 2NF 范式。

2NF 范式虽然消除了由于非主属性对候选码的部分依赖所引起的冗余及各种异常，但并没有排除传递函数依赖及其引起的异常。而这正是 3NF 的目标，即去除关系模式中非主属性对候选码的传递依赖。

定义 8.7(3NF) 如果一个关系模式 $r(R)\in$2NF，且所有非主属性都直接函数依赖于 $r(R)$的候选码，则称 $r(R)$属于第三范式，记为 $r(R)\in$3NF。

在 3NF 中，不存在非主属性对候选码的传递依赖，即非主属性不能依赖于另一个非主属性，而只能直接依赖于候选码本身。

【例 8-15】 考虑例 8-14 分解后得到的关系模式：

C(<u>CID</u>, CName)

G(<u>*SID*</u>, <u>*CID*</u>, Grade)

它们都是 3NF，因为对于关系模式 C(<u>CID</u>, CName)来说，唯一的非主属性直接依赖于主码 CID，同理，对于关系模式 G(<u>*SID*</u>, <u>*CID*</u>, Grade)来说，唯一的非主属性 Grade 直接依赖于主码(SIS, CID)。

但对于例 8-14 分解后得到的关系模式 S_D(<u>SID</u>, SName, DID, DName)来说，因为存在函数依赖 SID→DID 和 DID→Dname，所以函数依赖 SID→DName 成立，且是传递函数依赖，即非主属性 DName 传递函数依赖于候选码 SID。因此，S_D 不属于 3NF，可以根据传递函数依赖 SID→DName 进行分解，得到以下两个关系模式：

S(<u>SID</u>, SName, *DID*)，其中 SID 是主码，DID 是外码，参照关系模式 D 中的主码 DID。

D(<u>DID</u>, DName)，其中 DID 是主码，被关系模式 S 中的 DID 所参照。

此时，关系模式 S 和 D 均是 3NF。

定义 8.8(BCNF) 给定满足第 1NF 的关系模式 $r(R)$，如果所有的成立的非平凡函数依赖 $\alpha\to\beta$ 中的 α 是超码，那么称 $r(R)$属于 Boyce-Codd 范式，记为 $r(R)\in$BCNF。

需要注意的是，为确定 $r(R)$是否属于 BCNF 范式，必须考虑所有成立的函数依赖。从函数依赖的角度来看，满足 BCNF 的关系模式必然满足下列条件：

(1) 所有非主属性都完全函数依赖于每个候选码；

(2) 所有主属性都完全函数依赖于每个不包含它的候选码；

(3) 没有任何属性完全函数依赖于非候选码的任何一组属性。因此，BCNF 范式排除了：任何属性(包括主属性和非主属性)对候选码的部分依赖和传递依赖以及主属性之间的传递依赖。

【例 8-16】 对于关系模式 *S*(<u>SID</u>, SName, *DID*)来说，其上成立的非平凡函数依赖只有 SID→SName 和 SID→DID，且左边 SID 都是码，因此，*S* 属于 BCNF。同理，对于关系模式 *D*(<u>DID</u>, DName)，其上成立的非平凡函数依赖只有 DID→Dname，且函数依赖的左边 DID 是码，因此它属于 BCNF。

对于非 BCNF 范式的关系模式，可通过分解进行规范化，以消除部分函数依赖和传递函数依赖。

【例 8-17】 关系模式 S_C_T(SID, CID, TID)，其中 SID 表示学号，CID 表示课程号，TID 表示教师编号。其上成立的函数依赖有：{SID, CID}→TID 和 TID→CID。因此，候选码是(SID, TID)和(SID, CID)。函数依赖 TID→CID 的左边不是码，因此 S_C_T 不属于 BCNF。根据函数依赖 TID→CID 可将 S_C_T 分解为以下 3 种的任意一种：

(1) S_C(<u>SID</u>, <u>CID</u>)和 S_T(<u>SID</u>, <u>TID</u>)

(2) S_C(<u>SID</u>, <u>CID</u>)和 T_C(<u>TID</u>, CID)

(3) S_T(<u>SID</u>, <u>TID</u>)和 T_C(<u>TID</u>, CID)

以上每一种分解方法中得到的模式均是 BCNF。但以上 3 种分解方式都丢失了函数依赖{SID, CID}→TID，因此都不是保持函数依赖的分解。因此，满足 BCNF 范式的模式分解，可能不是保持函数依赖分解的。尽管如此，第(3)种分解方式更加合理，因为相对于其他两种分解来说，它是一种保持无损连接的分解。

综上所述，从函数依赖的角度看，BCNF 是通过函数依赖方法能够得到的最高范式，但可能无法找到一个既保持函数依赖也保持无损连接的 BCNF 的分解；3NF 虽然仍然可能存在数据冗余和异常问题，但总能找到一个既保持函数依赖又保持无损连接的 3NF 的分解。在实际应用中，对关系模式的设计最基本的要求是一定要满足 1NF，也就是说只有满足 1NF 的关系模式，才可以被实际的数据库管理系统所接纳。在 1NF 的基础上，根据实际应用，综合考虑各种操作异常和数据冗余，以及操作的方便程度和所支持的实际应用，可以使用更高级别的范式，如 2NF，3NF 和 BCNF 等。

8.7　数据库设计

数据库系统被设计用来管理大量的信息，这些信息并不是一个个“信息孤岛”，而是企业行为的一部分；企业的终端产品或程序可以从数据库中得到想要的信息或服务，而数据库则起到了支持的作用。

数据库设计就是根据用户和应用的要求，将企业或组织中的数据进行合理组织，构造出好的数据库逻辑模式，选定合适的并符合预算的数据库管理系统(DBMS)，并根据给定的硬件、操作系统的特性等构造好的物理模式，来建立能够有效地存储和管理数据的数据库系统的过程。数据库设计的目标，应该是能正确反映应用的实际情况和用户的需求，即功能需求和性能需求等。

8.7.1　数据库设计的步骤

数据库设计通常包括以下几个阶段：需求分析、概念设计、逻辑结构设计、物理结构设计、数据库实施以及数据库运行与维护等，如图 8.26 所示。

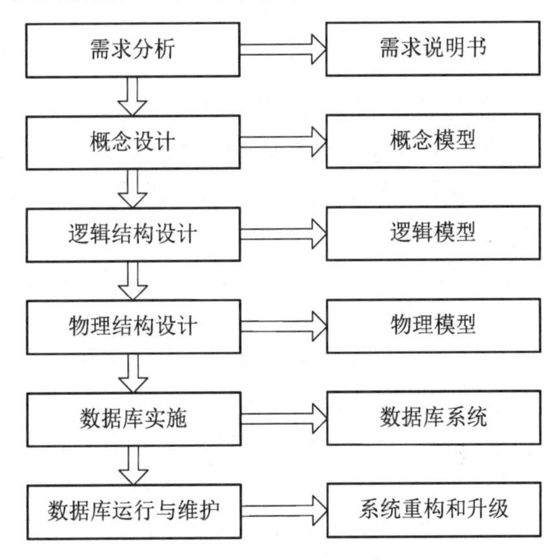

图 8.26　数据库系统的设计过程

具体地说，需求分析是整个数据库设计过程的基础，它从数据库的所有用户那里收集对数据的需求和对数据处理的要求，并形成需求规格说明书；概念设计是根据需求规格说明书形成数据库概念模型的过程；在逻辑结构设计阶段，首先要选择数据库管理系统的类型，然后将数据库的概念设计转化为所选定的数据库管理系统支持的逻辑数据模型；物理结构设计考虑的数据库系统所要支持的负载和应用需求从而为数据库系统选定一个最佳的物理结构；数据库的实施是将前述的设计最终形成实际可使用的数据库系统，并开发相应的应用程序以支持用户的需求；数据库运行与维护是将数据库系统交付给用户使用，并根据运行过程中出现的问题进行系统维护或重构，或者是随着业务的变化，用户产生了新的功能或性能需求，需要对数据库系统的功能进行增加或更新，或者提高系统的性能。

对于实际的数据库系统的设计，正如其他软件设计一样，不可能一帆风顺，一蹴而就，往往是上述步骤的不断反复的过程。

8.7.2　需求分析

需求分析是整个数据库设计过程的基础，对于大型数据库系统来说，需求分析往往也是最困难和最耗时的一步，也是最容易被初学者所忽略的一步。

需求分析就是从数据库的所有用户那里收集对数据和数据处理的需求，并把这些需求写成用户和设计人员都能理解，并能接受的说明书，即需求规格说明书。具体地说，需求分析就是要明确本系统将要提供哪些功能，面向哪些用户，用户对数据是如何使用的，用户对系统的性能要求等。需求分析一般要明确以下事项：系统的边界和功能需求、要存储的数据类型特别是数据之间的联系及约束、关于数据使用的业务规则、系统的性能需求等。需求分析的过程其实就是数据库设计人员同本应用领域的专家和系统的用户进行深入的沟通和交流，以明确以上任务。需求分析的结果应当是以文档形式记录下来的需求规格说明书，以备下面的设计过程使用。

8.7.3　概念设计

概念设计是根据前一阶段需求分析中得到的需求规格说明书，运用适当的工具，如 E-R 模型方法，将需求规格说明书转化为数据库的概念模型。基于 E-R 模型进行数据库概念设计，就是运用 E-R 模型中的基本概念(如实体、联系及属性等)和工具(E-R 图)去描述数据库系统的数据(用实体和属性描述)、数据之间的联系(用联系和属性描述)及约束规则(实体完整性和参照完整性等)。概念设计的结果就是反映系统数据和数据之间联系的一组 E-R 图。

E-R 模型主要包括：实体集、属性集和联系集，其表示方法是：

(1) 实体用矩形框表示，矩形框内写上实体名。

(2) 实体的属性用椭圆形表示，框内写上属性名，并用无向边与其实体相连。

(3) 实体间的联系用菱形框表示，名字写在菱形框中，表示实体和实体之间的联系，用无向连线将参加联系的实体矩形框分别与菱形框相连，并在连线上标明联系的基数约束类型，即参与联系的实体之间的数量关系：1∶1(1 对 1)、1∶M(1 对多)或 N∶M(多对多)。也可以用箭头的连线表示数量关系，即箭头表示“1”，箭尾表示“多”。

除了 E-R 模型方法，在概念模型的设计中，统一建模语言(Unified Modeling Language，UML)等对象建模方法，在软件设计和数据库设计中也越来越流行。

【例 8-18】 对于学籍管理系统，经过分析，我们得到以下的需求说明：学籍管理系统中要存储关于学生、课程和选课的信息。其中，学生的信息要存储学号(唯一)、姓名、性别和年龄；课程的信息要存储课程号(唯一)、课程名、学分和先修课程；一个学生可以选修多门课程，而一门课程也可以被多个学生所选修，即学生和课程是多对多的联系(N∶M)，且每个学生的每门课程都有一个考试成绩。根据以上的需求分析，可以画出如图 8.27～图 8.29 所示的 E-R 图。

在 E-R 图中，实体和其关联的属性用线段相连；主码用下划线标识，如 SID 为 Student 的主码，CID 为 Course 的主码，多对多联系 Score 分别用两条线段和参与联系的实体相连，如 Student 和 Course 的多对多联系 Score；由于多对多联系的主码是由参与联系的实体的主码共同组成的，在 E-R 图中，可以不必画出多对多联系的主码，如多对多联系 Score 的主码是(SID，CID)可直接由 E-R 图得出，没有显式标示在图 8.29 中。进行概念设计的时候，根据单个应用的需求，画出能反映每一应用需求的局部 E-R 图。然后将这些 E-R 图合并起来，消除冗余和可能存在的矛盾，得出系统总体的 E-R 图。

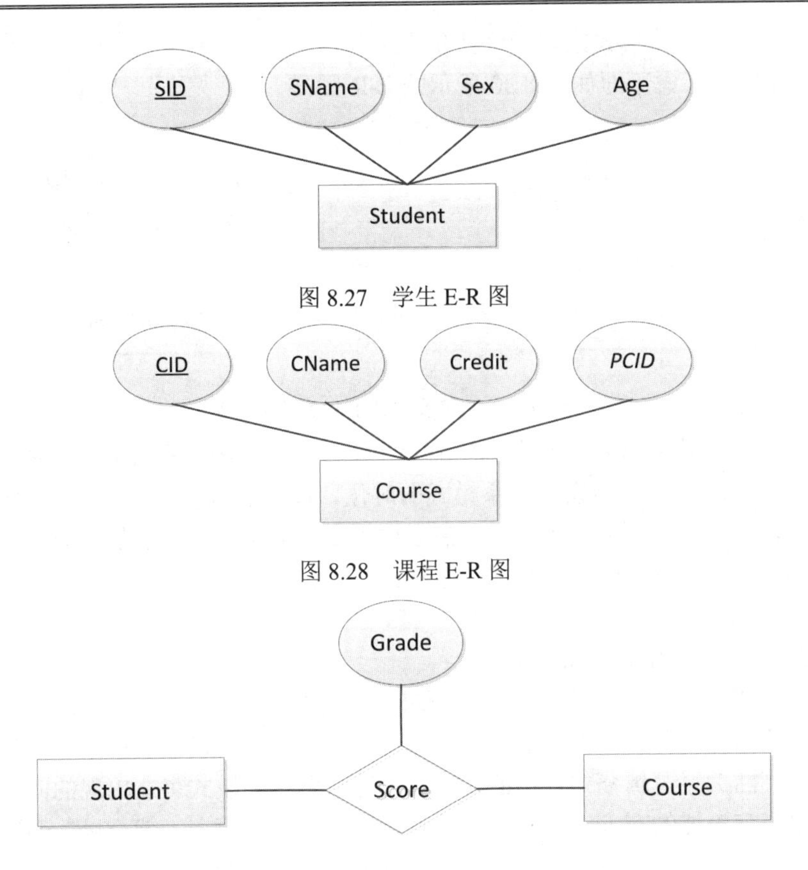

图 8.27　学生 E-R 图

图 8.28　课程 E-R 图

图 8.29　学生和课程的选修联系的 E-R 图

8.7.4　逻辑结构设计

逻辑结构设计是将数据库的概念设计转化为所选择的数据库管理系统支持的逻辑数据模型，即数据库模式。常见的逻辑模型有：层次模型、网状模型、关系模型以及其他新型数据模型，如面向对象模型和 XML 模型等。本书主要讨论的是使用关系模型的逻辑结构设计。

【例 8-19】 根据例 8-15 的 E-R 图，分别生成如下的关系模式：

Student(SID, SName, Sex, Age)

Course(CID, CName, Credit, *PCID*)

Score(*SID*, *CID*, Grade)

需要说明的是，对于关系 Course，属性 PCID 是一个参照自身关系的外码，即 PCID 参照 CID，但由于一门课程最多只有一门先修课，因此它是一个多对一联系，所以在生成关系模式时，不必生成一个新的关系模式；对于联系 Score，由于它是 Student 和 Course 的多对多联系，所以需要生成一个新的关系模式 Score 以表示这种多对多的联系，并且它的主码是由 Student 和 Course 的主码组成的，即(SID, CID)，并且 SID 和 CID 分别参照关系模式 Student 和 Course 的主码 SID 和 CID。

另外，对于一对多(或一对一)联系，如同多对一联系一样，一般情况下也并不需要专门生成一个新的关系模式来表示这种联系。

【例 8-20】 考虑下面如图 8.30 所示的 E-R 图：

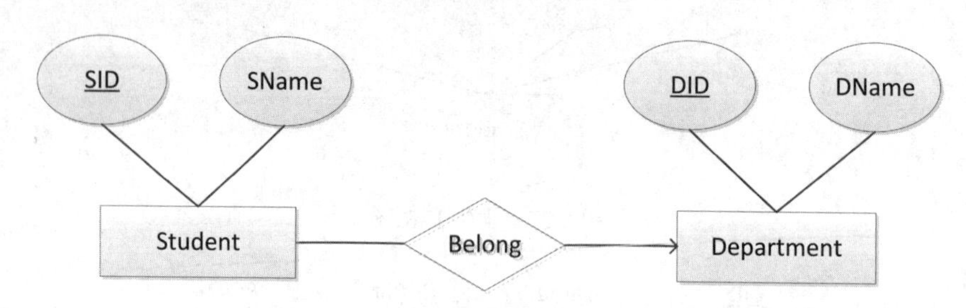

图 8.30　学生和系的属于联系的 E-R 图

如果一个学生只能属于一个系，而一个系可以有多名学生，那么学生和系的“属于”联系就是多对一联系。在转换成关系模式的时候，属于联系(Belong)不必转换成一个新的关系模式，只需要把这种联系整合进属于联系(Belong)中“多”的一端即可(用箭尾标识)，即学生(Student)端。最终生成的关系模式如下：

Student(<u>SID</u>, SName, *DID*)

Department(<u>DID</u>, DName)

其中，关系模式 Student 中的属性 DID 是外码，参照关系模式 Department 的主码 DID。

需要说明的是，关系数据库的规范化理论是数据库逻辑设计的指南和工具。规范化理论提供了判断关系逻辑模式优劣的理论标准，帮助预测模式可能出现的问题，是设计人员进行数据库设计的有力工具。对于关系数据库的设计而言，就是以关系数据理论做指导，对已经得到的关系数据库中的各个关系模式进行分析，找出潜在的问题并加以改进和优化，主要是减少数据冗余，消除更新、插入与删除异常等。需求分析与概念设计是挖掘用户的需要而进行的数据库设计，而模式求精则是基于关系理论特别是规范化理论对相关逻辑模式进行的优化。运用关系数据库规范化理论进行逻辑结构设计的具体步骤如下：

(1) 考察数据库模式中各关系模型的函数依赖关系，对其进行逐一分析，考察是否存在部分函数依赖、传递函数依赖等，以确定各关系模式分别属于第几范式。根据应用需求，确定各关系模式需要达到的范式等级。

(2) 根据各关系模式需要达到的范式等级，对各关系模式进行分解或合并。根据应用要求，考察这些关系模式是否合乎要求，从而确定是否要对这些模式进行合并或分解。例如，对于具有相同主码的关系模式一般可以合并。对于那些需要分解的关系模式，可以用规范化方法进行模式分解。最终的关系模式，一般要考虑达到 3 个目标：关系模式属于 BCNF，保持无损连接和保持函数依赖。但有时不能同时达到这 3 个目标，就需根据实际应用需求在 BCNF 和 3NF 中做出选择。

(3) 对产生的各关系模式进行评价、调整，确定出较合适的一种关系模式。比如，对于非 BCNF 的关系模式，要考察“异常”是否在实际应用中产生影响以及产生多大影响。对于那些只是查询而不执行更新操作，则不必对模式进行规范化(分解)。实际应用中并不是规范化程度越高越好，有时分解带来的消除更新异常的好处与经常查询需要频繁进行连接所引起的效率低下相比可能会得不偿失。

8.7.5　物理结构设计

物理结构设计的目的就是充分考虑数据库所要支持的负载和应用需求，如系统性能和数据存储等，为上一阶段设计的逻辑数据库选定一个最佳的物理结构。其主要任务包括：确定数据库文件、索引、表的聚集、文件的记录格式和物理结构、文件的存取方法、访问路径和外存储器的分配策略等。

关于物理结构的设计，需主要考虑的是：

(1) 确定数据库的文件组和文件的存取策略，如文件的存放位置、是否建立索引，如果建立索引，则索引结构是何种类型等。

(2) 确定文件的记录格式和物理结构，如数据的物理记录格式是变长的还是定长的、数据是否压缩存储等。

(3) 选择何种存储方法，如顺序存储还是随机存储等。

(4) 决定访问路径和外存储器的分配策略等，如是否分区存储，如分区是进行垂直分区还是水平分区。

8.8　应用案例——学籍管理系统的实现

结构化查询语言SQL(Structured Query Language)于1974年由Boyce等提出，并于1975—1979年在IBM的System R数据库管理系统上实现，现已成为国际标准，最新版的SQL是2016年的ISO/IEC 9075:2016(即SQL:2016)。SQL是关系数据库的标准语言，几乎所有的关系型数据库管理系统均采用SQL标准。当然，很多数据库厂商都对SQL语句进行了再开发和扩展。

SQL语言由以下4部分组成：

(1) 数据定义语言(DDL)：定义数据库的逻辑结构，包括数据库、基本表、视图和索引等，扩展DDL还支持存储过程、函数、对象、触发器等的定义。

(2) 数据操纵语言(DML)：对数据库的数据进行检索和更新(包括插入、删除和修改数据等)。

(3) 数据控制语言(DCL)：对数据库的对象进行授权、用户维护(包括创建、修改和删除)、完整性规则定义和事务定义等。

(4) SQL扩展：主要是嵌入式SQL语言和动态SQL语言的定义，规定了SQL语言在宿主语言中使用的规则。扩展SQL还包括数据库数据的重新组织、备份与恢复等功能。

SQL语言是一种高度非过程化的语言，用户只需要用SQL语言向数据库管理系统描述做什么，即想要的结果(what)，而不需要涉及怎么做(how)，也就是将数据处理的过程交由数据库管理系统来完成，这就极大地减轻了用户开发程序的负担。可以说，SQL是一种非常友好的编程语言。同关系代数一样，SQL语言也采用的是一种面向集合的操作方式，其操作对象乃至操作结果都是元组的集合。SQL语言完全支持数据库的三级模式结构，其中外模式对应视图和部分基本表，模式对应全部基本表，内模式对应存储文件。

本节以 Microsoft SQL Server 2008 为例，实现 8.7 节中例 8-19 的学籍管理系统数据库 xuejiguanli。在本系统中，创建 3 张表，即学生表 student、课程表 course 和成绩表 score，并且在各个表中插入一些数据。具体步骤如下：

(1) 在 C 盘根目录下创建一个数据库，名称为 xuejiguanli，其中数据文件名为 xuejiguanli_logic，对应的文件为 C:\xuejiguanli_physical.mdf，日志文件名为 xuejiguanli_log，对应的文件为 C:\xuejiguanli_log_physical.ldf。

```
--创建数据库
CREATE DATABASE xuejiguanli
ON
(
    NAME = ' xuejiguanli_logic',
    FILENAME = 'C:\xuejiguanli_physical.mdf',
    SIZE = 10MB,
    MAXSIZE = 100MB,
    FILEGROWTH = 10%
)
LOG ON
(
    NAME = ' xuejiguanli_log',
    FILENAME = 'C:\xuejiguanli_log_physical.ldf',
    SIZE = 5MB,
    MAXSIZE = 10MB,
    FILEGROWTH = 1MB
)
```

(2) 在刚才创建好的数据库上，创建学生表 student，字段包含学生的学号(sno)、姓名(sname)、性别(sex)、年龄(age)和所在的系(department)，其中学号(sno)为主码，取值为 s00、s01、…、s99，性别(sex)只能取“男”或“女”，默认值为“男”，年龄(age)必须介于 18 到 22 之间，默认值为 18。

```
--创建学生表
create table student(
    sID char(3) check(sID like 's[0-9][0-9]') primary key,
    sname char(8) not null,
    sex char(2) check(sex in ('男', '女')) default '男',
    age tinyint check (age<= 22 and age> = 18) default 18,
)
```

(3) 给刚创建好的学生表 student 插入相应的记录，共 7 个学生，其学号从 s01 到 s07。

```
--学生表插入数据
insert into student values
```

```
    ('s01', 'John', '男', 18),
    ('s02', 'Mary', '女', 18),
    ('s03', 'Kate', '女', 19),
    ('s04', 'John', '男', 18),
    ('s05', 'Mary', '女', 19),
    ('s06', 'Bill', '男', 18)
--插入年龄和性别为默认值的学生记录
insert into student(sID, sname, department) values ('s07', 'Bill')
```

(4) 创建课程表 course，字段包含课程的课程号(cID)、课程名(cname)、学分(credit)和该课程的先修课程号(pCID)，其中课程号(cID)为主码，取值为 c1、c2、…、c9，学分(credit)必须介于 1 到 4 之间，默认值为 2，先修课程号(pCID)为外码，参照本表的课程号(cID)。

```
--创建课程表
create table course(
    cID char(2) check(cID like 'c[1-9]') primary key,
    cname char(20) not null,
    credit tinyint check (credit<= 4 and credit> = 1) default 2,
    pCID char(2)  foreign key references course(cID)
)
```

(5) 给刚创建好的课程表 course 插入相应的记录，共 6 门课程，其课程号从 c1 到 c6。

```
--课程表插入数据
insert into course values
    ('c1', 'database', 1, null),
    ('c2', 'os', 2, 'c1'),
    ('c3', 'network', 3, 'c1'),
    ('c4', 'data', 4, 'c2'),
    ('c5', 'java', 2, 'c2'),
    ('c6', 'python', 2, 'c2')
```

(6) 创建成绩表 score，字段包含学生的学号(sID)、课程的课程号(cID)和该生在本门课程的成绩(grade)，其中学号(sID)和课程号(cID)共同为主码，成绩(grade)介于 0 到 100 之间，学号(sID)为外码，参照学生表 student 中的学号(sID)，课程号(cID)为外码，参照课程表 course 的课程号(cID)。

```
--创建成绩表
create table score(
    sID char(3),
    cID char(2),
    grade tinyint check (grade<= 100 and grade> = 0),
    primary key(sno, cno),
```

```
    foreign key(sID) references student(sID),
    foreign key(cID) references course(cID),
)
```

(7) 最后在刚才创建好的成绩表 score 中插入数据。

```
--成绩表插入数据
insert into score values
    ('s01', 'c1', 98),
    ('s01', 'c2', 88),
    ('s01', 'c3', 78),
    ('s02', 'c1', 58),
    ('s02', 'c2', 68),
    ('s02', 'c3', 78),
    ('s03', 'c1', 48),
    ('s03', 'c2', 28),
    ('s03', 'c3', 58),
    ('s03', 'c4', 48),
    ('s03', 'c5', 28),
    ('s03', 'c6', 18),
    ('s04', 'c6', 100),
    ('s04', 'c5', 0)
```

至此，一个简单的学籍管理系统就创建好了。然后，基于这个数据库，就可以实现对学生、课程和成绩等数据的管理，如查询、修改、增加、删除。下面给出几个查询示例：

(1) 查询没有先修课的课程：

```
SELECT *
FROM Course
WHERE pCID IS NULL
```

(2) 查询所有女生的成绩：

```
select * from score
where '女' = (select sex from student where student.sID = score.sID)
或者也可以写成
select score.* from score，student
where score.sID = student.sID and student.sex = '女'
```

(3) 查询每门课的总分和平均分，并按课程号分组：

```
select cID, SUM(grade) as SumScore, AVG(grade) as avgScore
from score
group by (cID)
```

(4) 查询成绩在 50 分以上的学生的总分和平均分，先按总分降序排列，如总分相同，再按平均分降序排列：

```
select cID, SUM(grade) as SumScore, AVG(grade) as avgScore
from score
where grade > 50
group by (cID)
order by SUM(grade) desc, AVG(grade) desc
```

(5) 在 c2 课程的考试中，查询比 s01 学生考得差的学生：

```
SELECT a.cID, a.sID, a.grade, b.sID, b.grade
from score a, score b
where a.sID = 's01' and a.cID = 'c2' and b.cID = a.cID and b.grade < a.grade
```

当然，也可以基于这个数据库，使用高级开发语言，如 Java、C++等开发一个简单的学籍管理信息系统，实现一些更复杂的功能。

本章小结

本章回顾了数据管理技术和数据库技术的发展概况，介绍了数据库系统的组成和数据库的 3 个数据模型，对于关系数据库重点介绍了关系模型和关系代数，以及关系模式规范化的基本理论，最后介绍了数据库设计的方法，并给出一个学籍管理数据库系统的具体实现。

习 题

一、单选题

1. 数据库系统的核心是(　　)。

A. 数据库　　B. 数据库管理系统

C. 数据模型　　D. 数据库系统

2. 用树形结构表示实体之间联系的模型称为(　　)。

A. 关系模型　　B. 层次模型　　C. 网状模型　　D. 概念模型

3. 下列关于数据库设计的描述中，正确的是(　　)。

A. 在需求分析阶段建立数据字典　　B. 在概念设计阶段建立数据字典

C. 在逻辑设计阶段建立数据字典　　D. 在物理设计阶段建立数据字典

4. 将 E-R 图转换成关系模式时，实体和联系都可以表示为(　　)。

A. 属性　　B. 键　　C. 关系　　D. 域

5. 关系数据库系统能够实现的 3 种基本关系运算是(　　)。

A. 索引、排序、查询　　B. 建库、输入、输出

C. 显示、统计、复制　　D. 选择、投影、连接

6. 下面描述中不属于数据库系统特点的是(　　)。

A. 数据完整性　　B. 数据冗余度高

C. 数据独立性高　　D. 数据共享

7. 数据库技术的根本目标是要解决数据的(　　)。

A. 存储问题　　B. 共享问题　　C. 安全问题　　D. 保护问题

8. 在关系数据库中，用二维表表示关系，其中的行就是关系的(　　)。

A. 实体　　B. 域　　C. 元组　　D. 属性

9. 下列选项中，(　　)不属于专门的关系运算。

A. 选择　　B. 并　　C. 投影　　D. 连接

10. 数据库的基本特点是(　　)。

A. 数据可以共享，数据冗余大，数据独立性高，统一管理和控制

B. 数据可以共享，数据冗余小，数据独立性高，统一管理和控制

C. 数据可以共享，数据冗余小，数据独立性低，统一管理和控制

D. 数据可以共享，数据冗余大，数据独立性低，统一管理和控制

二、填空题

1. 数据库系统中实现各种数据管理功能的核心软件称为________________。

2. 在关系模型中把数据看成一个二维表，每一个二维表称为一个________。

3. 数据模型不仅表示事物本身的数据，而且表示________________。

4. 实体与实体之间的联系有 3 种，它们是________、________和________。

5. 在关系数据库的基本操作中，从表中取出满足条件的元组的操作称为________；从表中抽取属性值满足条件列的操作称为________；把两个关系中相同属性值的元组连接到一起形成新的二维表的操作称为________。

三、思考题

1. 数据管理的 3 个阶段分别是什么？其特点是什么？

2. 数据库技术的发展经历了哪 3 个阶段？其特点是什么？

3. 数据库系统的主要组成部分是什么？

4. 数据模型根据抽象程度不同有哪 3 种？它们分别用在什么情况下建模？

5. 什么是关系？其主要性质是什么？

6. 什么是数据冗余？它是如何引起操作异常的？试举例说明。

7. 什么是码、候选码和主码？说出它们的主要区别和联系。

8. 什么是函数依赖？它和码有什么关系？

9. 基于函数依赖的范式有哪几种？它们分别用来消除哪些异常函数依赖引起的异常？

10. 数据库设计包括哪些步骤？

第九章　大数据与人工智能

案例——“你的女儿怀孕了”

《纽约时报》曾经报道过一则发生在美国零售商塔吉特百货的真实故事：2012 年，一名男子冲进附近的一家塔吉特超市抗议：“我女儿还是个高中生，你们却给她邮寄婴儿尿片和婴儿床的优惠券，这是在鼓励她怀孕么？”超市的经理也懵了，原来，塔吉特百货虽然是一家传统的线下零售商，但其很早就开始接触大数据了，并且搭建了一套专业的顾客数据分析模型，能够根据购买行为分析出顾客的需求，然后精准推销产品。但这次，经理也拿不准了，毕竟预测顾客怀孕，只是通过数据模型“算”出来的，不可能百分百准确，更何况“怀孕的”还只是个高中生，或许真的错了。于是，超市经理当场向这名男子承认错误，并表示会登门致歉。但几天后，该男子主动打来电话，这次不再是抗议，而是道歉，因为他在跟女儿交流之后，才知道自己的女儿的确是怀孕了。而塔吉特超市比这位父亲还要早知道女儿怀孕的事实。现如今，在各行各业，已经衍生出专业的数字化运营服务商，随着大数据和人工智能的逐渐成熟和广泛应用，这样的精准营销将越来越普遍。而这又会给我们的生活和工作带来哪些影响呢？

本章导读

(1) 面对这个以“万物感知、万物互联和万物智能”为特征的智能时代，“数字化转型”已是企业寻求突破和创新的必由之路，数字化带来的海量数据成为企业乃至整个社会最重要的核心资产。比如，2018 年 11 月 11 日，支付宝总交易额达到 2135 亿元，支付宝实时计算处理峰值为 17.18 亿条/秒，2019 年 11 月 11 日天猫物流订单量超过 10 亿。面对如此海量的数据，传统的处理方法已经无力胜任，需要新的数据处理和分析方法，这正是大数据技术的用武之地。

(2) 人工智能的出现，可以帮助我们使用计算机处理数据，通过对数据进行学习，从而打破大数据看似牢不可破的禁锢，并形成我们自己的见解。无论是支持谷歌搜索引擎的超级计算机，还是人们每天使用的智能手机，人工智能在日常生活中起到了不可或缺的作用，而且其影响会越来越大，这既包括正面的影响，也包括负面的影响。

主要内容

- 大数据的特征；
- 数据处理及可视化技术；
- 人工智能发展概述；
- 人工神经网络；
- 卷积神经网络及循环神经网络。

9.1 大 数 据

随着移动通信技术和智能终端设备的飞速发展，全球数据通信总量也逐年激增。一方面，由于数据产生方式发生了从手工生产到自动化生产的改变，人类为了实现对信息的全量化收集，大量使用传感器，这些传感器不间断地产生和收集数据，加快了信息的爆发式增长；另一方面，由于人类活动越来越离不开数据，人类的日常生活已经与数据成为密不可分的整体。随着计算机技术全面和深度地融入社会生活，信息已经积累到了一个开始引发变革的程度，它不仅使世界充斥着比以往更多的信息，而且其增长速度也在加快，信息总量的变化还导致了信息形态的变化。这些由人类创造产生的数据早已经远远超越了目前人力所能处理的范畴。如何管理和使用这些数据，逐渐成为一个新的领域，于是大数据的概念便应运而生。

9.1.1 大数据概述

大数据(Big Data)一词，最早出现于20世纪90年代的美国，当时的数据仓库之父Bill Inmon就经常使用Big Data这一说法。2011年5月，在以“云计算相遇大数据”为主题的EMC World 2011会议上，EMC提出了Big Data的概念。所以，很多人认为2011年是大数据元年。

那么，到底什么是大数据呢？关于大数据，到目前为止还没有一个统一的概念，常见的概念有3个。第一是维基百科给出的定义：无法在可承受的时间范围内用常规软件进行捕捉、管理和处理的数据集合；第二是研究机构Gartner给出的定义：需要新处理模式才能具有更强的决策力、洞察发现力和流程优化能力来适应海量、高增长率和多样化的信息资产；第三是麦肯锡全球研究给出的定义：一种规模大到在获取、存储、管理、分析方面都大大超出传统数据库软件工具能力范围的数据集合。大数据不仅体现在我们字面上理解的数据量巨大上，而且有以下4个方面的主要特征：

第一，数据体量巨大。美国互联网数据中心指出，互联网上的数据每年将增长50%，每两年翻一番。此外，数据并非单指人们在互联网上发布的信息，全世界的工业设备、汽车、电表上有着无数的数码传感器，随时测量和传递着有关位置、运动、振动、温度、湿度乃至空气中化学物质的变化，也产生了海量的数据信息。

第二，数据类型繁多。目前数据的产生呈爆炸式增长，数据的来源和类型多种多样，部分数据是结构化的，如电子商务平台的业务数据，而更多的数据是非结构化的，例如来自网络的网络日志、视频、图片、地理位置信息、网页文字等构成的数据。非结构化数据对数据的存储、挖掘和分析都会造成障碍，这也是大数据应用过程中主要解决的问题。

第三，商业价值高，而价值密度却较低。随着互联网以及物联网的广泛应用，信息感知无处不在，信息海量，但价值密度较低。如监控视频数据，在时长一小时的连续不间断的监控中，有用数据可能只有一两秒，难以进行预测分析、决策支持等运算。如何结合业务逻辑并通过强大的机器算法来挖掘出数据的价值，是大数据时代亟待解决的问题。

第四，数据产生速度快。随着产生数据的基础设施的完善和发展，每分每秒都在产生着新的大量的数据。在 Web 2.0 应用领域，在 1 分钟内，新浪可以产生 2 万条微博，Twitter 可以产生 10 万条推文，苹果商店将下载 4.7 万次应用，淘宝可以卖出 6 万件商品，人人网可以发生 30 万次访问。大型物理实验设备，如大型强子对撞机(LHC)，大约每秒产生 6 亿次的碰撞，每秒生成约 700 MB 的数据，需要成千上万的计算机来分析这些碰撞，对产生的数据进行快速处理，进而创造出价值。数据的快速增长对数据的处理速度也提出了很高的要求。传统技术不能够完成大数据高速存储、管理和使用。因此，应该研究新的方法与技术。如果数据创建和聚合速度非常快，就必须使用快速的方式来揭示其相关的模式和问题。发现问题的速度越快，就越有利于从大数据分析中获得更多的机会与成果。

以上 4 个方面是被广泛认可的大数据的“4V”特征，如图 9.1 所示，即数据体量大(Volume)、数据类型繁多(Variety)、价值密度低(Value)和数据产生速度快(Velocity)。

图 9.1　大数据的 4 个典型特征

9.1.2　数据科学和数据思维

思维是思维主体处理信息及意识的活动，我们现在所热衷谈论的大数据也是一种思维方式，大数据需要数据科学，数据科学要做到的不仅是存储和管理，还有预测式的分析(比如，如果这样做，会发生什么？)。下面我们讨论数据科学以及与之相关的数据思维。

1. 数据科学

数据科学是以数据为中心的科学，是指导数据分析与处理的科学以及相关的系统理论与方法。数据科学通过系统性地研究数据的组织和使用，可以促进发现及改进关键决策过程。

在信息科学领域，数据科学是指利用计算机的运算能力与存储能力对数据进行处理，从数据中提取信息，进而形成知识的相关技术。数据科学主要有两个内涵：一个是数据本身，研究数据的各种类型、状态属性、变化形式和变化规律；另一个是为自然科学和社会科学研究提供一种新的方法，称之为科学研究的数据方法，其目的是揭示自然界和人类行为的现象和规律。数据科学已经影响了计算机视觉、信号处理、自然语言识别等计算机分支，且在IT、金融、医学、交通、销售等领域得到了广泛应用。

数据采集、数据加工、数据管理、数据计算、数据分析和数据产品开发是数据科学应用的流程。其中，数据采集指的是利用一种装置，从系统外部采集数据并将其输入系统内部的一个接口的过程，常用的数据采集工具包括摄像头、麦克风、手机、仪器设备、Web 页面等多种硬件或软件；数据加工是数据处理中的增值活动，即如何将数据科学家的创造性设计、批判性思考和好奇性提问融入数据加工的过程之中；数据管理指的是数据的存储和处理；数据计算指的是数据计算模式的设计；数据分析主要讨论数据挖掘，目的是得到更有价值的数据；数据产品开发是数据科学学科区别于其他科学学科的重要研究任务，数据产品主要是指经过数据整理、数据对齐、数据清洗、数据打磨、数据改写及数据规约等操作后得到的结果。数据科学研究内容包括以下几个方面：

(1) 基础理论。在数据科学中，基础理论主要包括数据的存在性、数据测度、时间、数据代数(矩阵计算)、数据相似性、簇论与数据分类等。

(2) 实验方法与逻辑推理方法。观察和逻辑推理是所有科学的基础，建立数据科学的实验方法，需要提出科学假说和建立理论体系，并通过这些实验方法和理论体系开展探索研究，从而掌握数据的各种类型、状态、属性、变化形式和变化规律，揭示自然界和人类行为现象之间的规律。

(3) 领域数据学。将数据科学的理论和方法广泛应用，开发出专门的理论、技术和方法，从而形成专门领域的数据科学，例如脑数据学、行为数据学、生物数据学、气象数据学、金融数据学、地理数据学等。

(4) 数据资源的开发方法和技术。数据资源是重要的现代战略资源，具有巨大的价值，越来越凸显出其重要性，是继石油、煤炭、矿产之后的最重要的资源之一。这是因为人类社会、政治和经济都将依赖于数据资源，并且石油、煤炭、矿产等资源的勘探、开采、运输、加工、产品销售等无一不是依赖于数据资源的，离开了数据资源，这些工作都将无法高效开展。

2. 数据思维

思维的产生和发展与科学技术的发展、科学技术工具的产生和发展密切相关，计算机的出现催生了计算思维的产生与发展，而现在人们所关注的网络思维、系统思维以及数据思维是计算思维的进一步发展与补充。数据思维是大数据时代的产物，是计算思维的最新的重要发展。数据思维首先要重视数据的全面性，而非数据的随机抽样性。其次是关注数据的复杂性，弱化精确性，要求对一个大的框架进行模糊的准确度趋势的判断。大数据是一种重新评价企业、商业模式的新方法，数据将成为核心的资产，并将深刻影响企业的业务模式，甚至重构企业文化和组织。

对于数据科学来说，只考虑商业分析的数据支持，这还是小数据思维的思想。从金融、运营商、政府等所完成的项目中可以发现，大数据已嵌入到整个行业中。利用新的、全面的数据与新的证据不断修订假设是大数据时代思维的基本理念。

我们以中国的传统医学中医为例说明数据思维的重要作用。中医的产生和发展，可以说就是在数据思维的推动下，经过日积月累，逐渐丰富和完善起来的。据说神农尝百草，日遇 72 毒，九死一生，最终才发明了中药。纵观中医药发展史，哪个名医不是亲自尝药，亲自体会呢？品尝之后，实践之后，经过归纳总结，发明了中药理论，如四气五味理论，以及后来的脏腑阴阳理论、归经理论等。然后再利用这些理论来指导中医的实践。虽然中医饱受科学特性的指责，但从数据思维的角度来看，确实又是合理的。

9.1.3　大数据处理与可视化

本节将讨论大数据的关键技术，包括大数据处理的主要技术，以及如何对处理的结果进行可视化展示，以供人们进行直观地认识。

1. 大数据处理

在大数据时代，人们面对海量数据，有时难免显得无所适从。数据复杂繁多，各种不同类型的数据大量涌来，为了提升数据质量、降低数据计算的复杂度、减少数据计算量以及提升数据处理的准确性，需要对原始数据进行预处理。数据预处理的主要内容包括数据清洗、数据集成、数据变换和数据规约。

1) 数据清洗

数据清洗是在用户确认的前提下，运用过滤规则对数据进行验证、过滤和修正，而不仅仅是要将无用的数据滤除。不同的状况和不同性质的数据问题，所采用的清洗方法也有所不同，下面介绍常见的几种数据清洗方法。

(1) 缺失值处理。如果数据中的某个或某些特征值是不完整的，则这些值称为缺失值。对缺失值处理有以下几种方法：

① 删除法。删除法是指将含有缺失值的特征或者记录删除。删除法分为删除观测记录和删除特征两种，观测记录指行，特征指列，它属于利用减少样本量来换取信息完整度的一种方法，是一种最简单的缺失值处理方法。

② 替换法。替换法是指用一个特定的值替换缺失值。特征可分为数值型和类别型，两者出现缺失值时的处理方法也是不同的。缺失值所在特征为数值型时，通常利用其均值、中位数和众数等统计量来代替缺失值；缺失值所在特征为类别型时，选择使用众数来替换缺失值。

③ 插值法。删除法简单易行，但是会引起数据结构的变动和样本的减少；替换法使用难度较低，但是会影响数据的标准差，导致信息量变动。除了这两种方法之外，还可

以使用插值法来处理缺失值问题。常用的插值法有热平台、冷平台、回归插补、多重插补等。

(2) 冗余属性处理。冗余属性是指同一属性重复出现，同一属性命名不同，其他属性中包含另一属性或者很大程度上可以代表该属性。对冗余属性处理前，需要分析冗余属性产生的原因以及去除这部分属性后可能造成的不良影响。

(3) 异常值处理。常见的异常值是人为输入错误，常见的异常值处理方法有：

① 删除含有异常值的记录：直接将含有异常值的记录删除。

② 视为缺失值：将异常值视为缺失值，利用缺失值的处理方法进行处理。

③ 平均值修正：可用前后两个观测值的平均值修正异常值。

④ 不做处理：直接在含有异常值的数据上进行数据分析、建模等操作。

2) 数据集成

数据集成是指将多个数据源中的数据在逻辑上或物理上有机地集在一起。在数据集成时，首先要考虑如何对多个数据集进行匹配，数据分析者或计算机需要识别出能够连接两个数据库的实体信息。还要考虑冗余属性的问题，两个数据集有两个命名不同但是实际数据相同的属性，那么其中一个属性就是冗余的。若其中一个属性通过一定变换可以得出另一个属性，那么其中一个属性就是冗余的。

3) 数据变换

在数据变换中，数据被变换成适用于算法需求的形式，数据变换策略主要包含以下几种：

(1) 简单函数变换。简单函数变换是对原始数据进行某些数字函数变换，常用的变换函数包括平方、开方、取对数和差分运算等。简单函数变换常用来将不具有正态分布的数据变换成具有正态分布的数据。

(2) 规范化。规范化也称为数据标准化或归一化处理，是数据挖掘的一项基础工作。不同评价指标往往具有不同的量纲(Dimension，指物理量的基本属性)，如果数值间的差别很大，不进行处理则可能影响数据分析的结果。为了消除指标之间的量纲和取值范围差异的影响，需要进行标准化处理，将数据按照比例进行缩放，使之落入一个特定的区域，便于进行综合分析。规范化方法主要有以下几种：

① min-max 标准化。该函数对原始数据进行线性变换，以使它的所有值都落在 0 和 1 之间。将属性值 x 进行 min-max 标准化的公式如下：

$$x' = \frac{x - \min}{\max - \min} \tag{9-1}$$

其中，max 为样本数据的最大值，min 为样本数据的最小值。这种方法的缺陷就是当有新的数据加入时，可能导致 max 和 min 的变化。

② 小数定标标准化。通过移动属性值的小数位数，将属性值 x 映射到−1 和 1 之间，移动的小数位数取决于属性值绝对值的最大值，公式如下：

$$x' = \frac{x}{10^k} \tag{9-2}$$

其中，k 表示移动位数，是指使得 $\max(|x'|<1)$的最小整数。

③ z-score 标准化。将数据处理成均值为 0，标准差为 1 的数据。对特征 x，可以使用下面的公式，先减去特征 x 的均值 $\bar{x}$ 后，再除以 x 的标准差 δ，对特征 x 进行 z-score 标准化：

$$x' = \frac{x - \bar{x}}{\delta} \tag{9-3}$$

4) 数据规约

在大数据集上进行复杂的数据分析和挖掘需要很长的时间，数据规约主要是为了在尽可能保持数据原貌的前提下，最大限度地精简数据量，得到原数据集的规约表示。与非规约数据相比，在规约的数据上进行挖掘，所需的时间和内存资源更少，挖掘更有效。常用的数据规约方法主要包括以下几种：

(1) 维规约。维规约指的是减少所考虑的随机变量或属性的个数。维规约方法包括小波变换和主成分分析，它们把原数据变换或投影到较小的空间。属性子集选择是一种维规约方法，通过删除不相关、弱相关或冗余的属性(或维)以减少数据量。

(2) 数值规约：通过选择替代的、较小的数据形式替换原数据来减少数据量。数值规约技术包括参数方法和无参数方法两种。参数方法是使用一个模型来评估数据，只需存放参数，而不需要存放实际数据(离群点可能也要存放)，如回归和对数线性模型等。无参数方法则需要存放实际数据，包括直方图、聚类、抽样和数据立方体聚集等。

(3) 数据压缩：通过变换以便得到原数据的规约或“压缩”表示。如果原数据能够从压缩后的数据重构而不损失信息，则称该数据规约为无损的。如果只能近似重构原数据，则称该数据规约为有损的。

2. 数据可视化

庞大的数据量已经远远超出了人们的处理能力，在日益紧张的工作中已经不允许人们在阅读和理解数据上花费大量时间；人们大脑无法从堆积如山的数据中快速发现核心问题，必须有一种高效的方式来刻画和呈现数据所反映的本质问题。要解决这个问题就需要数据可视化，它通过丰富的视觉效果，把数据以直观、生动、易理解的方式呈现给用户，可以有效提升数据分析的效率和效果。

数据可视化是将大型数据集中的数据以图形图像表示，并利用数据分析和开发工具发现其中未知信息的处理过程。数据可视化技术的基本思想是将数据集中的每一个数据项作为单个图元素表示，大量的数据集构成数据图像，同时将数据的各个属性值以多维数据的形式表示，可以从不同的维度观察数据，从而对数据进行更深入的观察和分析。

一个典型的可视化分析过程如图 9.2 所示，数据首先被转化为图像呈现给用户，用户通过视觉系统进行观察分析，同时结合自己的领域背景知识，对可视化图形进行认知，从而理解和分析数据的内涵与特征。随后，用户还可以根据分析结果，通过改变可视化程序系统的设置，来交互式地改变输出的可视化图形，从而根据自己的需求从不同角度对数据进行理解。

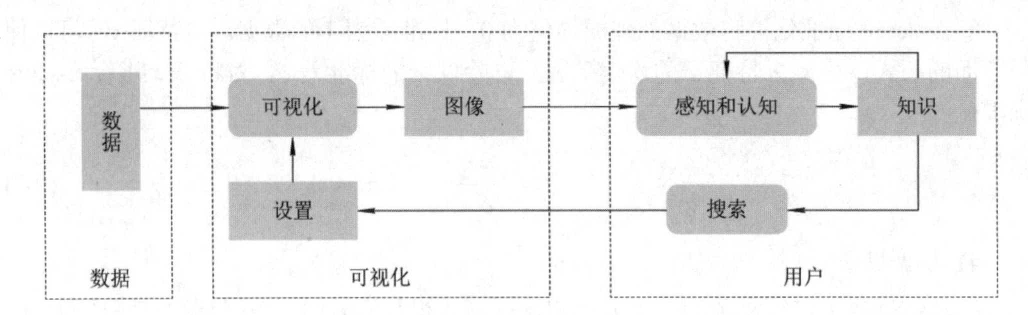

图 9.2　数据可视化分析过程

常用的可视化技术有直方图、条形图、盒状图、茎叶图、饼图、累积分布图、散点图、矩阵图、平行坐标系图等。

1) *直方图*

直方图通常用于展示单变量的数值分布情况。它是一种统计报告图，由一系列宽度相同但高度不等的纵向条纹或线段来表示数据分布的情况。一般用横轴表示数据的间隔或类型，纵轴表示数据分布情况。

直方图的主要作用体现在：显示各种数据出现的相对概率，提示数据的中心位置和散布形状，快速阐明数据的潜在分布。用传统的作图方法来绘制直方图时，需要分别计算以下几个参数：

(1) 数据个数：一般用 N 表示。

(2) 全距：一般用 R 表示，为数据中的最大值 v_{max} 与最小值 v_{min} 之差，即数据的最小到最大跨度区间。

(3) 组数：一般用 k 表示，对所研究的数据所划分的组数，也是直方图的组数。组数的计算可以利用史特吉斯公式 $k = 1 + 3.32\lg N$ 来计算，或者参照经验的分组参考表，见表 9-1。

(4) 组距：一般用 h 表示，为所分组的跨度区间，在直方图中则为条块的宽度，有 $h = R/k$，且所有组距相等。

表 9-1　分 组 参 照 表

数据数量	组　数
小于 50	5～7
50～100	6～10
100～250	7～12
250 以上	10～20

(5) 组界：组界分为上组界和下组界，分别为一个组的起始点和终止点。第 i 组的组界为 $\{v_{min} + (i-1)h，v_{min} + i \cdot h\}$。

(6) 中心点：本组最大值和最小值的平均，即组内最小值到最大值的中心。

根据以上参数，计算出各数据点落在不同组界中的个数 $f(i)$(其中 $i = 1，2，\cdots，k$)，就可以在图纸上绘制坐标轴和直方图条，从而完成直方图的绘制。

【例 9-1】 采用传统方法，根据表 9-2 中的数据绘制数值分布直方图。

表 9-2　绘制直方图的数据

136	125	109	105	129	111	129	99	102	123
98	97	124	123	126	89	99	101	108	119
102	117	87	111	97	110	90	116	117	98
110	113	131	103	100	121	99	97	99	121
99	110	97	105	115	80	121	102	118	101
121	92	102	92	111	120	123	108	106	113
110	102	123	114	106	121	107	101	119	102
96	109	104	108	117	104	111	95	97	103
100	104	104	104	104	108	91	107	126	104
103	112	128	102	109	118	100	101	108	108

计算所需的各个参数，根据组数 k 进行分组，计算出各组的上界和下界，并计算出各组的数据数量，数据个数 $N = 100$，全距 $R = 56$，组数 $k = 7$，组距 $h = 8$，各组对应的上下界及数据个数如表 9-3 所示。

表 9-3　绘制直方图的参数

组　号		1	2	3	4	5	6	7
组界	上界	80	88	96	104	112	120	128
	下界	88	96	104	112	120	128	136
	计数	2	6	30	30	13	14	5

根据这些参数便可绘制如图 9.3 所示的直方图。

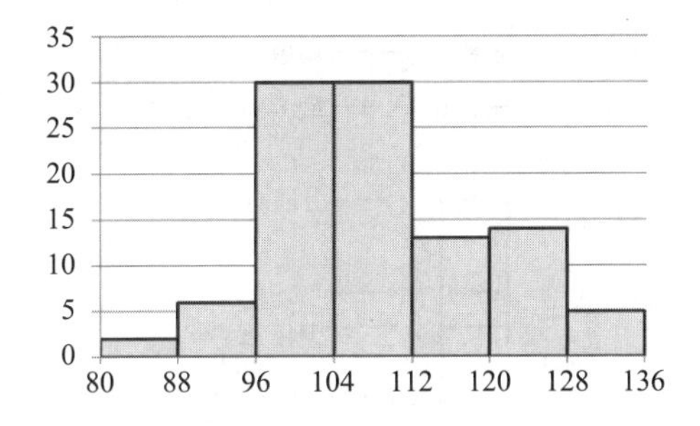

图 9.3　直方图

2) 条形图

条形图是以宽度相等的条形长度的差异来显示统计指标数值大小的一种图形，它通常显示多数项目之间的比较情况。在条形图中，通常沿纵轴标记类别，沿横轴标记数值。条形图适用于维度分类较多而且维度字段名称较长的情景。条形图的横向布局能够完整展示维度名称而又不显得过于拥挤。常见的条形图包括堆积条形图、簇状条形图和百分比堆积条形图。

堆积条形图用于显示单个项目与整体之间的关系。图 9.4 显示了各部门的员工人数，并显示了各部门员工的性别分布。

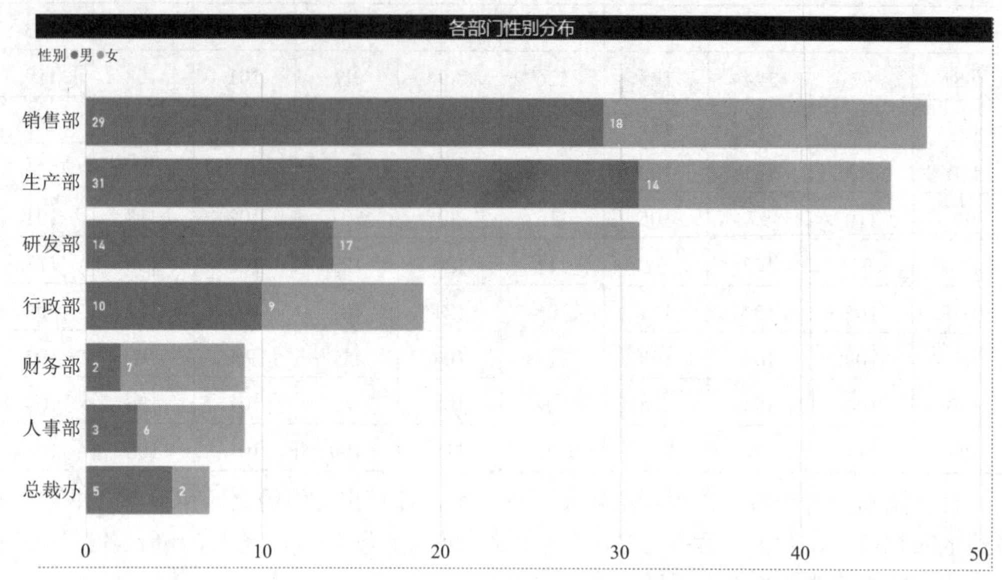

图 9.4　堆积条形图

3) 盒状图

盒状图也称为箱线图，是 1977 年由美国统计学家 John Tukey 发明的。它由 5 个数值点组成：最小值(min)、下四分位数(Q_1)、中位数(median)、上四分位数(Q_3)和最大值(max)。有的盒装图还会包括平均值(mean)。下四分位数、中位数、上四分位数组成一个带有隔间的盒子。上四分位数到最大值之间建立一条延伸线，这个延伸线称为胡须，如图 9.5 所示。

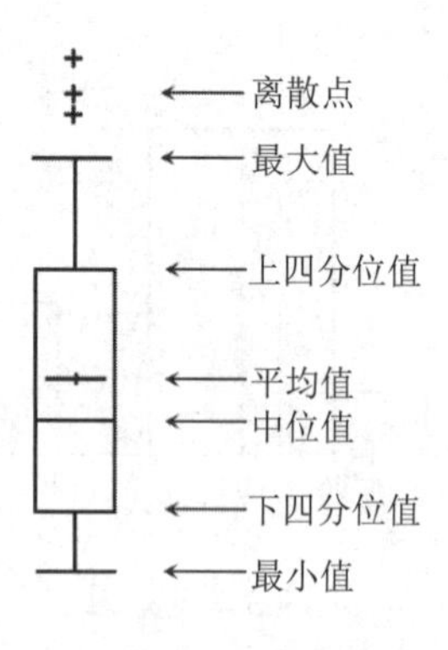

图 9.5　盒状图的组成

盒状图经常用于不同群组或类别数据分布的对比。图 9.6 所示为几个不同国家采集的某数据的分布情况。其中美国的数据较为分散；瑞典的数据的最大值和最小值分别与上四分位值和下四分位值相等，说明其数据只有两个不同的数值(即最大值和最小值)，且中位数平分盒状图，表明这两个值的数据个数相等；意大利的数据非常一致，均为同一值。

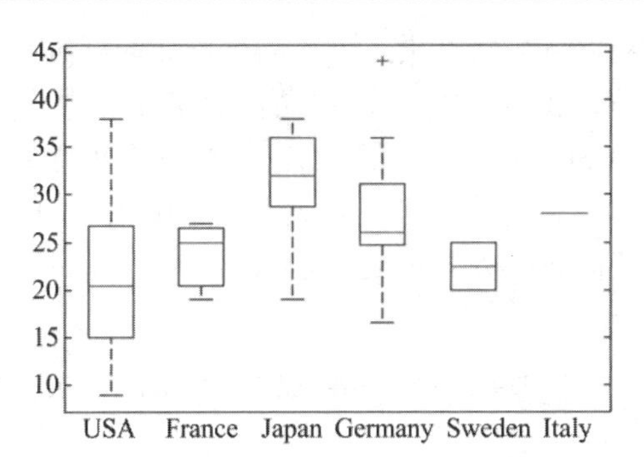

图 9.6 不同国家的数据分布情况

现实数据中总是存在各种各样的脱离正常范围取值的数据项，称为离群点。少量的离群数据就会导致整体特征偏移，需对其进行识别和处理。盒状图可用于表示离群点，当胡须的两极被设为最小观测值与最大观测值时，离群点就会显示在胡须的两端，即可进行甄别。确定最大观测值和最小观测值时，可按照经验，将最大观测值设为与上四分位值间相距 1.5 个 IQR($IQR = Q_3 - Q_1$)，将最小观测值设为与下四分位值间相距 1.5 个 IQR，则最小观测值为 $\min = Q_1 - 1.5IQR$，如果存在离群点小于最小观测值的情况，则胡须下限为最小观测值，离群点单独以点绘出。如果没有比最小观测值小的数，则胡须下限为最小值；最大观测值为 $\max = Q_3 + 1.5IQR$，如果存在离群点大于最大观测值的情况，则胡须上限为最大观测值，离群点单独以点绘出。如果没有比最大观测值大的数，则胡须上限为最大值。在图 9.6 中，Germany(德国)的数据中就有超出最大观测点的离群数据点。

4) 茎叶图

茎叶图又称为枝叶图，是将数据按位数进行比较，将位的大小基本不变或变化不大的位作为一个主干(茎)，将变化大的位的数作为分枝(叶)，列在主干的后面，这样就可以清楚地看到每个主干后面的几个数，每个数具体是多少。

【例 9-2】 从甲、乙两品种的棉花中各抽测了 25 根棉花纤维的长度(单位：mm)。甲品种 25 根棉花纤维的长度为：271 273 280 285 285 287 292 294 295 301 303 303 307 308 310 314 319 323 325 325 328 331 334 337 352；乙品种 25 根棉花纤维的长度为：284 292 295 304 306 307 312 313 315 315 316 318 318 320 322 322 324 327 329 331 333 336 337 343 356。根据以上数据可以得到如图 9.7 所示的茎叶对比图。

甲		乙
3 1	27	
7 5 5 0	28	4
5 4 2	39	2 5
8 7 3 3 1	30	4 6 7
9 4 0	31	2 3 5 5 6 8 8
8 5 5 3	32	0 2 2 4 7 9
7 4 1	33	1 3 6 7
	34	3
2	35	6

图 9.7 甲、乙两品种棉花的茎叶对比图

通过对比图可以得到以下分析结果：① 乙品种棉花的纤维长度普遍大于甲品种棉花纤维的长度；② 乙品种棉花纤维的长度较甲品种棉花纤维的长度更集中；③ 甲品种棉花纤维的长度的中位数为 307 mm，乙品种棉花纤维的长度的中位数为 318 mm；④ 乙品种棉花纤维的长度基本上是对称的，而且大多数集中在中间(均值附近)，甲品种棉花纤维的长度除了一个特殊值 352 外，也大致对称。

5) 饼图

饼图类似于直方图，但通常用于表示分类属性较少的数据。饼图使用圆的相对面积显示不同值的相对频率。

【例 9-3】 对 77 种早餐即食麦片的营养成分中的数据利用饼图分析各厂商所生产的早餐麦片产品的数量分布情况(数据链接为 http://lib.stat.cmu.edu/DASL/Datafiles/Cereals.html)。

在 Excel 中插入数据透视表，选取厂商作为数据透视表的行标签，早餐麦片产品的名称作为数据透视表的列标签，计算出各厂商所生产产品的数量数据，即可生成如图 9.8 所示的饼图。

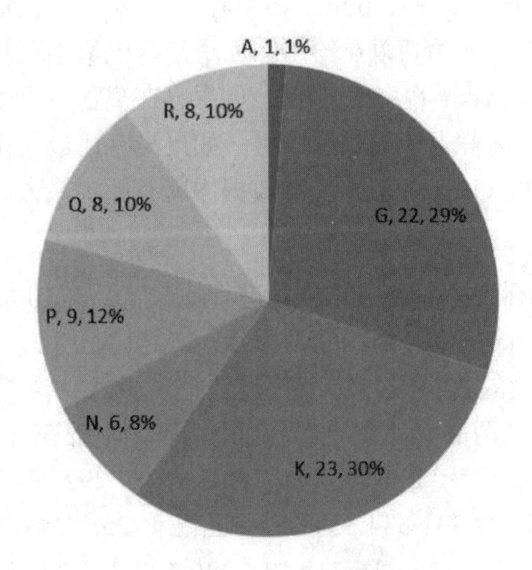

图 9.8　各厂商产品数量情况

从图 9.8 中可以看出，厂商 G 和厂商 K 的产品种类较多，占数据记录的约 30%，而厂商 A 的产品种类则相对较少。

6) 累积分布图

累积分布图是在一组依大小顺序排列的测量值中，当按一定的组距分组时出现测量值小于某个数值的频数的分布图。累积分布图的数学表示是累积分布函数(Cumulative Distribution Function，CDF)，其定义如下：

对于离散函数，定义为随机变量小于或者等于某个数值的概率 $P(X \leqslant x)$，即 $F(x) = P(X \leqslant x)$；

对于连续函数，所有小于等于 α 的值，其出现概率之和 $F(\alpha) = P(x \leqslant \alpha)$。

从累积分布图中可以较为直观地读出小于或等于某一数值的样本数的数量和概率。如从图 9.9 的累积分布图中可以看出，小于或等于数值 126 的样本占总样本数的 84%。

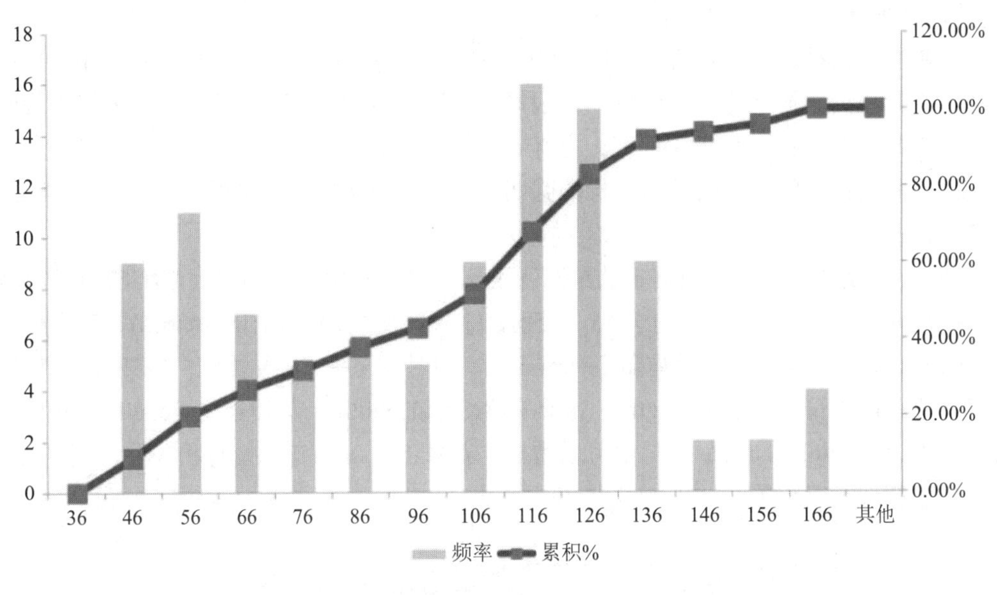

图 9.9 累计分布图

7) 散点图

散点图是描述变量关系的一种直观方法，通常用来表示一个事件的两个(或多个)特性之间的相互关联关系。从散点图的分布特征中，可以直观看出两个变量之间相关关系的强弱和类型。散点图还可用于图形化地显示两个(或多个)属性之间的关系。例如，分类算法中，给出类标号时，将不同类别的数据用不同的颜色或图例在图中进行显示，以考察类别属性，区分类别的显著程度，对比不同类别的数据的分布情况，进而可以用简单曲线将属性平面进行划分，建立分类模型。图 9.10 为 3 个类别的散点图。

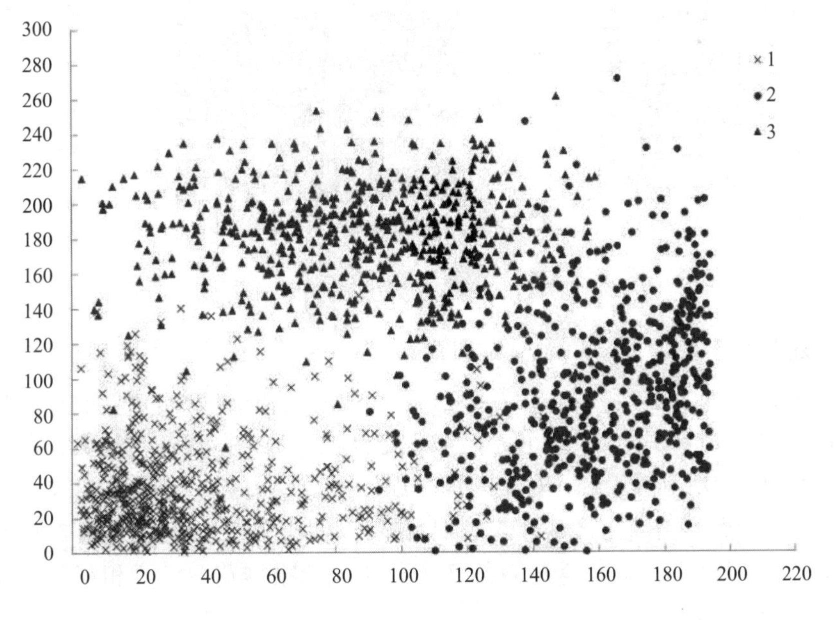

图 9.10 不同类别数据的散点图

8) 矩阵图

矩阵图是一种高维数据可视化的方法，即从多维问题的事件中，找出成对的因素群，分别作为行和列，排列成矩阵图形，并根据图形所展现出的模式和现象来分析相应的问题，确定事项的相关性和相关程度。由行和列决定的矩阵点可以代表某成对因素之间的相关性或相关程度的大小或其他指标的强弱，而且可以用矩阵点的颜色和亮度等可视因素来表征。

图 9.11 是鸢尾花(Iris)数据集的矩阵图表示，该数据集来自加州大学(UCI)机器学习库中的实例数据。该数据集包含 3 类鸢尾花，分别为山尾鸢(Iris-setosa)、变色鸢尾(Iris-versicolour)和维吉尼亚鸢尾(Iris-virginica)，每种花各有 50 条数据，每条数据具有 4 个特征值：花萼长度(Sepal Length)、花萼宽度(Sepal Width)、花瓣长度(Petal Length)、花瓣宽度(Petal Width)。从图 9.11 中可以看出，花萼的长度和宽度没有相关性，而花瓣的长度与宽度却高度相关。

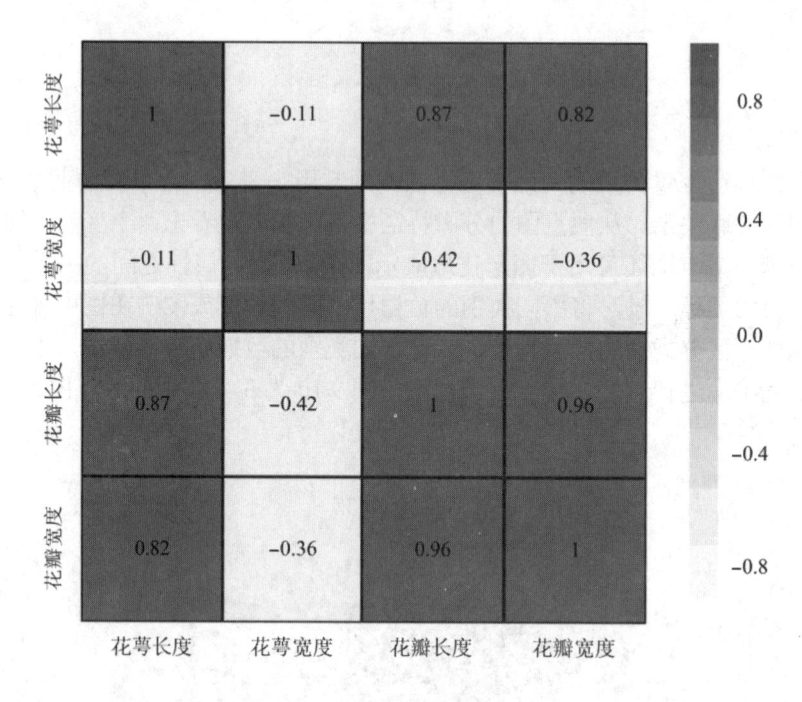

图 9.11　鸢尾花数据集的矩阵图

9) 平行坐标系图

平行坐标系图也是一种将高维数据可视化的表示方法。图形由平行排列的、代表每个属性的一簇坐标轴构成。每个属性一个坐标轴，但坐标轴是平行的，而不是正交的；对象用线而不是用点表示；对象的每个属性的值映射到与该属性相关联的坐标轴上的点，将这些点连接起来形成代表该对象的线。图 9.12 是鸢尾花数据集的平行坐标系表示。从图中可以看出，鸢尾花的 3 个品种可以根据花瓣宽度和花瓣长度很好地进行区分。

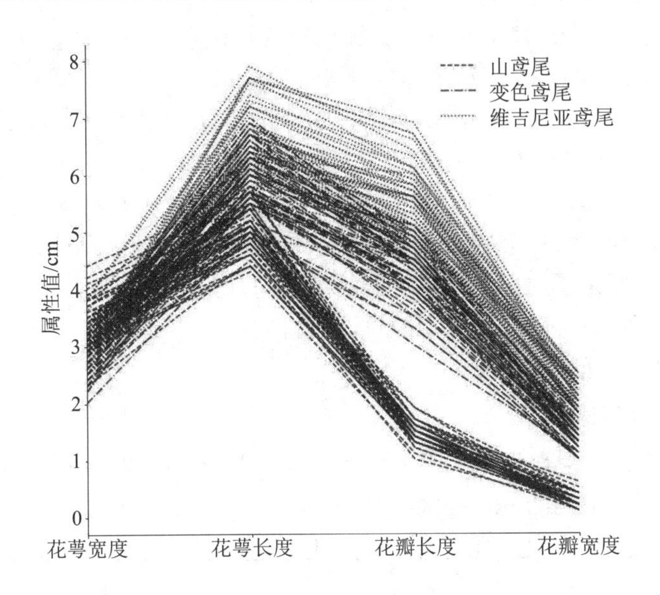

图 9.12　鸢尾花数据集的平行坐标系表示

9.2 人 工 智 能

人工智能(Artificial Intelligence，AI)是计算机科学的一个领域，旨在设法建造自主的机器，无需人为干预就能完成复杂任务。这个目标要求机器能够感知和推理，这两种能力属于一般意义上的活动，虽然对于人脑来说是自然而然的，但历史证明对于机器来说是有难度的。

尽管该领域相对年轻，但它已经产生了一些令人惊讶的结果，例如，2016 年 3 月，阿尔法围棋(AlphaGo)与围棋世界冠军、职业九段棋手李世石进行围棋人机大战，以 4 比 1 的总比分获胜。2017 年 5 月，在中国乌镇围棋峰会上，AlphaGo 与排名世界第一的世界围棋冠军柯洁对战，以 3 比 0 的总比分获胜。围棋界公认 AlphaGo 的棋力已经超过人类职业围棋顶尖水平，在 GoRatings 网站公布的世界职业围棋排名中，其等级分曾超过排名人类第一的棋手柯洁。AlphaGo 是第一个击败人类职业围棋选手、第一个战胜围棋世界冠军的人工智能机器人，由谷歌(Google)旗下 DeepMind 公司戴密斯·哈萨比斯领衔的团队开发，其主要工作原理是“深度学习”。在人工智能领域，今天的科学幻想很可能是明天的现实。

9.2.1　人工智能概述

人工智能是研究如何制造智能机器或智能系统来模拟人类智能活动的能力，以延伸人类智能的科学。人工智能的发展并非一帆风顺，它主要经历了以下几个重要的阶段。

1. 人工智能的诞生

人工智能诞生的一个标志性事件是达特茅斯会议(Dartmouth Conference)。1956 年夏天，以约翰·麦卡锡(John McCarthy，计算机与认知科学家，也被誉为人工智能之父)、马文·明斯基(Marvin Minsky，人工智能与认知学专家)、克劳德·香农(Claude Shannon，信息论的创始人)、艾伦·纽厄尔(Allen Newell，计算机科学家)、赫伯特·西蒙(Herbert Simon，诺贝尔经济学奖得主)、纳撒尼尔·罗切斯特(Nathaniel Rochester，IBM 公司初代通用计算机的设计师)等为首的一批当时科学界的年轻才俊在美国的达特茅斯开会，会议名称为人工智能夏季研讨会(Summer Research Project on Artificial Intelligence)。在会议上，大家一起研究探讨了用机器模拟智能的一系列有关问题，并首次正式提出了“人工智能”这一术语，它标志着“人工智能”这门新兴学科的正式诞生，此后业界普遍认为 1956 年是人工智能的元年。

2. 第一个快速发展期

人工智能诞生后，很快经历了一个快速发展的阶段。1957—1958 年，美国神经学家弗兰克·罗森布拉特(Frank Rosenblatt)成功地实现了一种被他后来正式命名为感知机(Perceptron)的神经网络模型。这种感知机能够对放在它的感应器之前的图像进行一定的判断并做出反馈。罗森布拉特基于麦卡洛可-皮茨神经元模型(MP 模型)，并对其做了一定的改进，提出了两层的感知机模型，建立了第一个真正的人工神经网络，之后又提出了包含隐藏层在内的三层感知机模型。罗森布拉特还给出了一种感知机自行学习的方法，给定一批包括输入和输出实例的训练数据集，感知机依据以下方式进行学习：对比每组输入/输出数据，如果感知机的输出值比训练数据集中的输出值低，则增加它对应的权重，否则减少它的权重。感知机模型的出现，使人类历史上开始了真正意义上的机器学习时代。

1958 年，来自麻省理工学院的人工智能研究先驱约翰·麦卡锡(John McCarthy)发明了第一款面向人工智能的高级计算机语言 LISP(List Processing)。LISP 语言率先实现了多个在当时比较先进的技术，包括树形数据结构、自动存储管理、动态类型、条件表达式、递归运算等。LISP 是一种函数式程序设计语言，即所有运算都能以函数作用于参数的方式来实现。LISP 的这些特点，使得它先天就符合当时人工智能运算的需要，也使它成为长期以来人工智能领域的主要语言之一。

1959 年，美国自适应信号处理和神经网络创始人之一的伯纳德·威德罗(Bernard Widrow)和他的学生马辛·霍夫(Marcian Hoff)提出了自适应线性元件(Adaptive Linear Element，Adaline)。它是感知机的变化形式，也是机器学习的创始模型之一。它与感知机的主要不同之处在于，Adaline 神经元有一个线性激活函数，它允许输出的是任意值，而不仅仅只是像感知机和 MP 模型中那样只能输出 0 或 1 两种结果。

在这个阶段，人们对于人工智能的前景过于乐观，认为用感知机模型构建出的神经网络，可以很快形成和人脑一样的思维来解决问题。因此，世界范围内的很多实验室纷纷投入这方面的研究，并且各国政府和军方也投入大量科研资金进行支持。

3. 人工智能的第一个寒冬

马文·明斯基是达特茅斯会议的组织者之一、是人工智能的创始人之一，对于人工智能的发展作出了卓越的贡献。1970 年，明斯基获得了计算机科学界最高奖项——图灵奖(Turing Award)，同时他也是第一位获此殊荣的人工智能专家。然而，也正是明斯基，被公认为是造成人工智能第一个寒冬的重要人物之一。

1969 年，明斯基和西蒙·派珀特(Seymour Papert)出版了 Perceptron 一书，从数学角度证明了关于单层感知机的计算具有根本的局限性，指出感知机的处理能力有限，只能解决线性问题，无法解决非线性问题，甚至连异或(计算机科学中的一种运算，记作 XOR，其特点是 1 XOR 1 = 1，0 XOR 0 = 0，1 XOR 0 = 1，0 XOR 0 = 0)这种基础的计算问题也无法解决，并在多层感知机的讨论中，认为单层感知机的所有局限性在多层感知机中同样是不可能解决的，因此得出了基于感知机的研究注定将要失败的结论。这很大程度上导致了在 20 世纪 70 年代末开始的很长一段时间内，大多数人工智能研究者们放弃了神经网络这一研究方向。

另外，在当时的计算机能力水平下，无法支持哪怕是极简单的问题用神经网络的方式去解决。因此，在耗费了巨额的投资和很长时间的研究后，由于理论上的缺陷和硬件环境的不足，仍然没有能够带来具有实用价值的人工智能系统的出现。1973 年，著名数学家詹姆斯·莱特希尔(James Lighthill)向英国科学研究委员会提交报告，介绍了人工智能研究的现状，他得出结论称："迄今为止，AI 各领域的发现并没有带来像预期一样的重大影响。"最终各国政府和投资人对 AI 研究的热情急剧下降，美国和英国政府开始停止对 AI 领域的研究提供支持，标志着人工智能的第一个寒冬开始了。

4. 人工智能研究的沉默探索与复苏

其实，在 AI 的第一个寒冬过程中，人们对 AI 的研究并没有完全停止，总有一些信念坚定的人在坚持。但是，这次 AI 所遇到的挫折也给之前对 AI 抱过高期望值的研究者降了温，研究者们更理性地思考 AI 所能够做到的事情，开始收缩 AI 系统的目标和 AI 研究的范围，将其局限在最有可能发挥当时条件下 AI 系统能力的方向上。现在回过头去看，在这个阶段及后面的沉默探索过程中，很多研究成果对后来神经网络的发展是具有相当重要的作用的，有一些甚至是决定性的。

20 世纪 60 年代末，人们开始了关于专家系统的研究。专家系统是汇聚了某个领域内的专家知识和经验，由计算机系统进行推理和推断，帮助和辅助人类进行决策的系统。专家系统至今仍活跃于人工智能领域，是人工智能领域的一个重要分支，被广泛应用于自然语言处理、数学、物理、化学、地质、气象、医疗、农业等行业。1972 年，面向专家系统应用的高级计算机语言 Prolog 面世。Prolog 是一款支持知识获取、知识存储和管理的计算机语言。当时其他的大多数语言还是聚焦于计算与流程的控制上，基本上还是以顺序执行的程序为主；而 Prolog 语言没有所谓的执行顺序，它主要的使用方式是由人来提出问题，机器根据知识库来回答问题。这种形式和现在基于事件产生反馈的非顺序化编程方式非常相似，这在当时，甚至现在也是属于比较先进的一种方式。

专家系统和以 Prolog 为代表的人工智能语言的出现，标志着人们把对知识认知和应用作为人工智能研究的重要方向之一；从此之后，对于知识表达形式的研究，以及如何利用知识进行推理和计划决策等研究，逐步被人们重视起来，并对后来的人工智能领域产生了深远影响。

1972 年，芬兰科学家托伊沃·科霍宁(Teuvo Kohonen)提出了自组织特征映射(Self-organizing Feature Map，SOFM)网络，这是一个支持无监督学习(Unsupervised Learning)

的神经网络模型，能够识别环境特征并自动分类。无监督学习是人们收集数据，而让神经网络自己去发现规律并做出处理的机器学习方法，是现在乃至未来人工智能研究的重要方向之一。

1974 年，保罗·沃波斯(Paul Werbos)第一次提出了后来对神经网络的发展腾飞具有重要意义的反向传播算法(Back-propagation Algorithm，简称 BP 算法)。该算法是根据神经网络的计算结果误差来调整神经网络参数以达到训练神经网络目的的方法。但由于处于 AI 的寒冬期中，该方法在当时并没有得到足够的重视。

1976 年，美国认知学家、神经学家史蒂芬·格罗斯伯格(Stephen Grossberg)和神经学家盖尔·卡彭特(Gail Carpenter)提出了一种自适应共振理论(Adaptive Resonance Theory，ART)。这个理论提出了一些支持有监督和无监督学习的神经网络，来模仿人脑的方式处理模式识别和预测等问题。

1982 年，美国物理学家约翰·约瑟夫·霍普菲尔德(John Joseph Hopfield)提出了一种具有反馈机制的神经网络，被称为霍普菲尔德网络(Hopfield Network)。霍普菲尔德首次引入了能量函数的概念，形成了神经网络一种新的计算方法；用非线性动力学方法研究神经网络的特性，提出了判断神经网络稳定性的依据，并指出了神经网络中信息存储的方式。霍普菲尔德提出了动力方程和学习方程，对神经网络算法提供了重要公式和参数，使神经网络的构造和学习有了理论指导。1984 年，霍普菲尔德用运算放大器模拟神经元，用电子线路模拟神经元之间的连接，成功实现了自己提出的模型，从而重新激发了很多研究者对神经网络的研究热情，有力地推动了神经网络的研究。

1983 年，安德鲁·G.巴托(Andrew G. Barto)、理查德·S.萨顿(Richard S. Sutton)等人发表了关于增强学习(Reinforcement Learning)及其在控制领域的应用文章。增强学习是研究机器如何在不断变化的环境中相应地做出最合适的反应的方法，主要通过让机器不断调整自己的行为以求获得更好的长效回报(Long-term Reward)来实现机器学习。增强学习现在结合深度学习的其他方法，已经成为深度学习领域中非常热门的一个分支，被广泛应用于无人驾驶、电子竞技等方面。

1985 年，大卫·艾克利(David Ackley)、杰弗里·辛顿(Geoffrey Hinton)和特里·塞吉诺斯基(Terry Sejnowski)等人基于霍普菲尔德神经网络并加入了随机机制，提出了玻尔兹曼机(Boltzmann Machine)的模型。这个模型由于引入了随机振动的机制，一定程度上具备了让神经网络摆脱局部最优解的能力。

1986 年，大卫·鲁姆哈特(David Rumelhart)和詹姆斯·麦克莱兰(James McClelland)在《并行分布式处理：对认知微结构的探索》(Parallel Distributed Processing：Explorations in the Microstructure of Cognition)一文中，重新提出了反向传播学习算法(Back-propagation Learning Algorithm，简称 BP 算法)并给出了完整的数学推导过程。BP 算法正式出现的意义在于，对于如何更高效地训练神经网络，让神经网络更有序地进行学习，提供了有效的、可遵循的理论和方法，这在以后神经网络(尤其是深度学习)领域是一个里程碑式的事件，至今 BP 方法仍然是训练多层神经网络的最主要、最有效的方法。在同一时期，杰弗里·辛顿、罗纳德·威廉姆斯(Ronald Williams)、大卫·帕克(David Parker)和杨立昆(Yann LeCun)等人也分别作出了关于 BP 算法的独立研究或类似的贡献。

这一时期的重要成果还包括多层前馈神经网络(Multilayer Feedforward Neural

Network)模型的提出和梯度下降算法等数学和概率论方法被应用于神经网络的学习中。多层前馈神经网络是一个包含输入层、多个隐藏层和输出层在内的神经网络(见图 9.13)，所谓前馈，是指神经网络中的各层均只从上一层接收信号并向下一层输出信号，即每层只向前传递信号而不向后反馈；梯度下降算法则被作为训练神经网络的反向传播算法的基础之一。另一重要的贡献是，基于不同研究人员及多方面对多层神经网络的研究，基本上推翻了明斯基对于多层感知机无法实现解决非线性问题的预测，这给神经网络的研究者们继续按此方向研究下去提供了极大的信心。

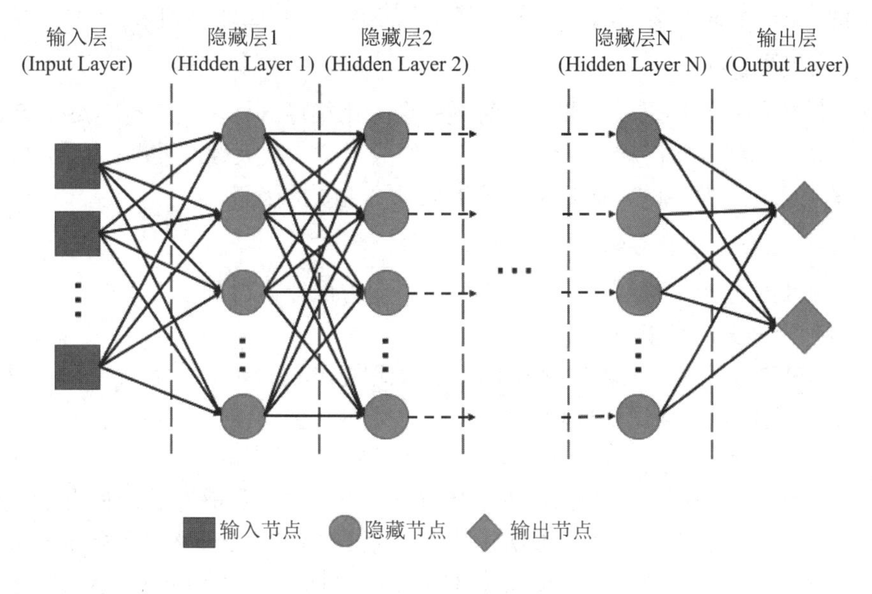

图 9.13　多层前馈神经网络

5. 人工智能的第二个冬天

人工智能的第二个冬天相比第一个来说，没有显得那么突出。这主要是由于下面两个原因：一方面，经过 AI 第一次泡沫的破灭，大多数人都低调了很多，对于 AI 的前景期望值明显降低；另一方面，这一次并没有遭遇类似第一次 AI 寒冬时对于感知机的全盘否定式的理论上的挫折。因此，在 AI 经历再一次低潮的时候，并没有引起人们太大的反应。继续研究的人也还在坚定前行，当然也有很多人去拥抱当时更热门的其他研究领域。AI 的第二个冬天也没有一个明显的时间范围，有观点认为是从 1987 年华尔街金融危机带来的对人工智能投资大幅缩减开始的。AI 的第二个冬天的原因之一是仍然没有能够体现 AI 价值的实际应用出现，或者说人工智能的研究成果与投资方的期待值仍然无法匹配；另一个主要的原因是个人计算机(Personal Computer，PC) 的出现。

1981 年，IBM 公司推出了第一台真正意义上的个人计算机。自此之后，基于个人计算机进行的各种研究及应用软件的发展，使得很多人忘记了人工智能，尤其是神经网络。人们把极大精力投入到利用个人计算机越来越强大的能力，通过编程开发来解决各类问题上。这个时期确实给人类历史特别是信息技术(Information Technology，IT)行业带来了蓬勃发展，促进了各行各业的自动化和信息化，但跟人工智能和神经网络关系并不大。

另外，虽然计算机是深刻影响人类生活方式的划时代发明之一，但在当时，包括最强大的巨型机在内的所有计算机的运算能力仍然与使用神经网络解决问题所需要的能力相差甚远。而且，当时计算机软件的发展水平及人们对计算机软件的驾驭能力，也与人工智能的需求有着不小的差距。

因此，在20世纪八九十年代，人工智能被不断涌现的其他技术和热点所掩盖，鲜有发声的机会，陷入了一个不大不小的低潮期。但就在这个低潮期中，还发生了1997年IBM公司的人工智能系统“深蓝”(DeepBlue)战胜了国际象棋世界冠军卡斯帕罗夫这样的事件。虽然“深蓝”当时采用的技术还是基于类似于优化过的穷举方法，但这种在人类实际生活中获得成功的案例，已经预示着AI的第二次黎明即将到来。

6. 再一次腾飞

就像黑暗中的钻石等到光线照射的时候就会无比绚烂一样，人工智能终于等到了蓬勃发展的历史时机，沉默耕耘了多年的研究者们成了这一次大潮的弄潮儿。AI的这一次腾飞也不是无缘无故发生的，而是依赖于下面几个主要的因素。

1) 计算机综合计算能力的大幅提升

计算机从诞生至今，经过人们的不断努力，各方面能力得到了大幅提升。其中与人工智能发展紧密相关的有以下5个方面：

(1) 计算机进行计算与处理的核心CPU的处理速度以摩尔定律增长，并且多核CPU的出现，进一步提升了CPU的处理能力。

(2) GPU(Graphics Processing Unit，图形处理单元，也就是显卡中的主要功能部件)的出现，大幅提升了计算机的科学运算能力。GPU的产生主要是为了高速处理大量的图形图像，而这需要大量的浮点数(一般所说的小数)运算。CPU处理整数运算速度尚可，但对浮点数的运算能力很一般，而GPU设计时的主要目标之一就是应对浮点数的运算；另外，由于图形处理要求巨量数据超高速地运算，因此GPU一般均采用大量的并发运算单元来进行同时运算以满足其要求。而浮点数运算能力和大量并发运算能力恰恰是人工智能(尤其是神经网络) 运算最需要的能力。因此，GPU的出现和其能力的快速提升大大促进了人工智能发展的速度。

(3) 神经网络的计算需要大量的存储数据，包括训练数据、计算过程中间数据和输出数据等，幸好，计算机的发展超出了人们的期望，计算机的内存从20世纪70年代的几十千字节大小快速发展到现在常见的几十吉字节，访问速度也有了指数级的提升。

(4) 计算机软件发展至今，已经非常成熟，人们对于软件的驾驭能力也越来越成熟。现在人工智能领域最常用的一种计算机语言是Python。Python于1989年发明，到现在已经成为最受欢迎的语言之一。Python由于其免费、开源的特点，受到开发人员的喜爱，许多开发者为其编写了不同用途的第三方代码包和库，使其功能在基本的计算机语言功能基础上迅速扩充；另外，由于Python易于上手、编写方便，许多科学研究者也喜欢使用Python来进行科学计算。因此，Python逐步成为人工智能领域中最热门的语言，而Python语言的越来越成熟也反过来推动了人工智能的发展。

(5) 云计算技术的出现与GPU的出现类似，也大幅提升了计算机系统的计算能力。云计算的本质是调度网络上具备运算能力的计算机，并行协同处理某些计算任务，以求实现人们所能掌控的计算能力不再被计算机所处的地理位置和单台计算机的运算能力所限制。

2) 大数据的出现

大数据(Big Data)概念的出现，无疑也是推动人工智能(尤其是机器学习领域)发展的重要因素。以前的人工智能研究，即使有了理论方法也很难研制出有实际价值的系统，其主要原因之一就是缺少大量的训练数据。尤其是机器学习，更需要用海量的训练数据来进行训练才能够使系统的准确率达到实用要求。

经过 IT 行业几十年的发展，人们对于数据的存储和管理水平不断进步。这期间，大型关系数据库技术为人们积累数据、运用数据提供了重要的支撑。现在数据库技术经过几代发展，已经向多元化、多型态化进一步发展。数据存储与管理技术的进步，促进了大型应用系统的实用化，例如政府部门的政务处理系统、银行的金融管理系统、电信行业的营业系统和计费系统、企业内部的资源管理系统等，都得到了大范围的应用。

人们在大数据技术的发展过程中，并非仅仅得到了数据本身，还成功提升了自己处理数据、从数据中进行发掘/发现、对数据进行分类合并、快速从原始数据中提取有效训练数据的能力。

3) 神经网络研究的成熟化

现代社会某项科技的发展，离不开其研究者和关注者心态的成熟，这一点在人工智能这个领域体现得尤其明显。人工智能经历了两次寒冬，但寒冬对这个领域的发展并非坏事，留下来的人们都谨慎了许多，也务实了许多，把研究定位于更能体现人工智能价值的方向，例如图像识别、自然语言处理等。这期间，对于后来人工智能的腾飞起到重大作用的事件包括以下几个。

(1) 反向传播学习算法研究进一步成熟。在前面所介绍的 1986 年提出的反向传播算法基础上，人们又对其在神经网络中多层、多个不同类型的隐藏层等情况下，进行了大量的实验验证，并改进了其随机性和适应性。如前所述，反向传播算法对于神经网络的训练是具有历史性意义的，因为它大幅缩减了神经网络训练所需要的时间。

(2) 卷积神经网络的提出。在 20 世纪 60 年代就有了卷积神经网络的最初思想，但到 1989 年，Yann LeCun 发明了具有实际研究价值的第一个卷积神经网络(Convolutional Neural Network，CNN)模型 LeNet。卷积神经网络是前馈神经网络中的一种类型，最主要的特点是引入了卷积层、池化层这些新的隐藏层类型。卷积层特别适合对图像这种不同位置的像素点之间存在关联关系的数据进行特征提取，而池化层则用于对图片降低分辨率以便减少计算量。因此，卷积神经网络的发明对于图像识别具有重要意义；由于卷积层具有特征提取和特征抽象能力，它对于后面深度学习的发明也有重要的启发意义。

(3) 循环神经网络的提出。早在 20 世纪 80 年代，已经有了循环神经网络(Recurrent Neural Network，RNN)的思想，这种网络与原来的纯前馈神经网络不同，引入了时序的概念：信号在神经网络中传递时，在下一时刻可以反向往回传递，也就是说，某一时刻某个神经元的输出，在下一时刻可能成为同一神经元的输入，这就是它命名中“循环”两个字的由来。循环神经网络特别适合解决与出现顺序有关的问题，例如自然语言处理中的语音识别，因为一句话中后一个单词是什么往往与之前已出现的词语有很大关系，所以判断人说的某个词往往要根据前面出现的词来辅助。但后来人们又发现，这种关系与单词之间的距离或者说时间顺序的联系并不是固定的，有时候距离很远也有很大影响，有时候距离很近但影响不大。因此，1997 年，赛普·霍克赖特(Sepp Hochreiter) 和于尔根·施米德胡贝(Jürgen Schmidhuber)提出了能够控制时间依赖性长短的新型循环神经网络——长短期记忆网络(Long Short-Term Memory Network，LST M)，成功解决了这一类问题。2000 年，菲力克斯·热尔(Felix Gers)的团队提出了一种改进的方案。

(4) 深度学习的出现。2006 年，辛顿等人提出了深度学习的概念。深度学习并不是一种单一的技术或理论，而是结合了神经网络多项理论和成果的一套综合性方法。深度学习是在多层的神经网络中，从原始数据开始，通过机器自主进行学习并获得解决问题的知识和方法。深度学习最主要的特点是机器自主从原始数据开始逐步将低层次的特征提取、组合成高层次的特征，并在此基础上进行训练学习，获得预测同类问题答案的能力。也就是说，AI 已经具备了自主发现特征的能力，原来必须依靠人类指导来进行学习的机器，终于可以自己去学习了，这是人工智能发展史上一个划时代的进步，是最激动人心的成果之一。现在，深度学习已经成为人工智能领域中最活跃的方向。

(5) 计算机视觉等研究的突破。以卷积网络和深度学习理论的出现为基础，人工智能的研究者们敏锐地找到了最合适的突破点：计算机视觉。计算机视觉是指人工智能系统进行的图像识别与分类、视频中的动作识别、图片中的物体分界、图像视频理解与描述文字生成、图像内容抽取与合成、图画风格替换、网络图片智能搜索等一系列与图形或视频处理等有关的行为。由于计算机视觉需要处理的都是海量数据，人脑难以应付这么大量而又需要高速处理的任务，而这正是卷积神经网络和深度学习理论上最擅长的方向，并且又具备了前面所述的软硬件条件，所以很多人工智能取得的成就都是与计算机视觉紧密相关的。

在上面所说的各种因素的合力推进下，沉寂已久的人工智能在 21 世纪第一个十年前后突然爆发了，这可以说是在大多数人意料之外，但回过头看也在情理之中。

现在，人工智能尤其是深度学习的热潮方兴未艾。在指纹识别、人脸识别、网络图像视频鉴别、疾病诊断、天气预报、无人驾驶、无人机、机器人、机器翻译、客户关怀等方向上，取得了大量成果，并迅速应用于实际生活中。这也是这一次人工智能腾飞与前几次 AI 泡沫相比最大的不同，即出现了真正有价值的系统而不仅仅是实验成果。因此，这一次 AI 的大发展给人以更坚实、更有底气的感觉，它的发展前景一片光明。

9.2.2 人工神经网络和深度学习

如前所述，人工智能的研究领域非常广泛，所使用的理论和技术手段也非常多样。本节将探讨在人工智能中非常有代表性的两个关键理论和技术：人工神经网络和深度学习。

1. 人工神经网络

人工神经网络(ANN)是人工智能的重要研究领域之一，是从生物神经网络的研究成果中获得启发，试图通过模拟生物神经系统的结构及其网络化的处理方法以及信息记忆方式，由大量处理单元互连组成一个非线性的、自适应的动态信息处理系统，实现对信息的处理。人工神经网络在信息处理方面与传统的计算机技术相比有自身独特的优势，主要体现在以下 4 点：

(1) 并行性：传统的计算方法是基于串行处理思想而发展起来的，计算和存储是相对独立的两个部分，计算速度很大程度上取决于存储器和运算器之间的连接能力，这使其受到了很大限制。而神经网络中神经元之间存在着大量的相互连接，信息输入之后可以被很快传递到各个神经元进行处理，在数值传递的过程中可以同时完成计算和存储功能，并将输入/输出映射关系以神经元连接强度(权值)的方式存储下来，因此运行效率极高。

(2) 自学习能力：神经网络系统具有很强的自学习能力，能够通过对大量数据样本的学习，分析数据中的内在模式来构造模型，发现新的知识，并不断完善自己，此外还具有一定的创造性，这也是神经网络应用中最为重要的一个特性。

(3) 记忆功能：神经网络中存在着众多节点的参数和连接权值系数，在进行训练的过程中，能够通过学习来“记忆”输入端给出的数据模式。在应用执行时，如果网络的输入数据含有不完整的数据或噪声数据片段，经过网络处理，仍可根据多数“记忆”得出完整而准确的信息。

(4) 高度的鲁棒性和容错性：在神经网络中，信息的存储是分布在整个网络中相互连接的权值上的，这使得它比传统计算机系统具有更高的抗毁性。少数神经元的损坏或连接缺失，只是有限地降低了系统的性能，还不至于破坏整个网络系统，因此人工神经网络具有较强的鲁棒性和容错性。

1) 人工神经网络的基本结构

神经网络的研究起源于对生物神经元的研究。人的大脑中有很多神经元细胞，每个神经元都伸展出一些短而逐渐变细的分支(树突)和一根长的纤维(轴突)。如图 9.14 所示，一个神经元的树突从其他神经元接收信号并把它们汇集起来，信号足够强、该神经元将会产生一个新的信号并沿着轴突将这一信号传递给其他神经元。正是这上百亿个神经元，构成了高度复杂的、非线性的、能够并行处理的人体神经网络系统。

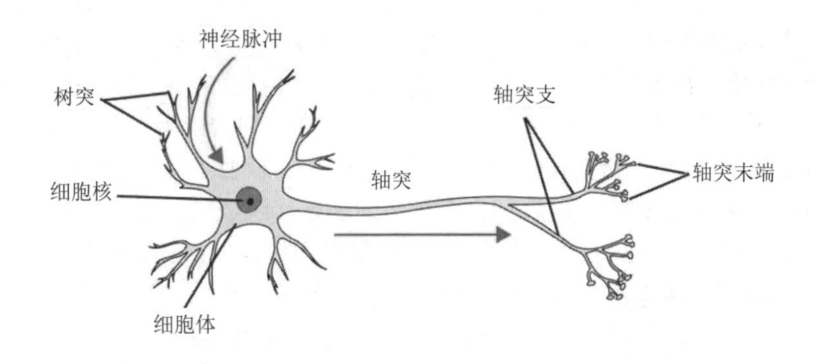

图 9.14 生物神经元

人工神经网络的基本组成如下：

(1) 多层结构。人工神经网络模仿人体神经网络系统进行抽象建模，设计成由相互连接(信号通路)的处理单元(Processing Element)组成的处理系统，如图 9.15 所示。如果把人工神经网络看作一个图，则其中的处理单元称为节点(Node)，处理单元之间的连接称为边(Edge)。边的连接表示各处理单元之间的关联关系，边的权值体现了关联性的强弱，二者相结合，表示信息的传递和处理的方法。因此，可以说人工神经网络是由大量的节点(或称神经元)进行相互连接而构成的多层信息处理系统。这种形态和处理机制与人体神经网络系统较为类似，也是一种模拟人脑思维的计算机建模方式。

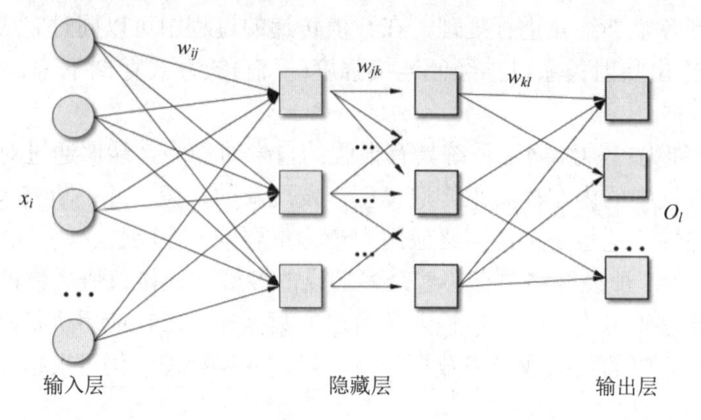

图 9.15　人工神经网络

对于多层人工神经网络，给定一组带监督的训练数据集(x_1，x_2，…，x_i，y)(其中 y 为分类属性)，则可以使用这组数据对如图 9.15 所示的神经网络系统进行训练，不断调整各个节点间的连接权值 w，使系统输出 O_l 逼近分类属性，从而构建出一个符合训练数据集数据特性的分类模型。人工神经网络的复杂程度与网络的层数和每层的处理单元有关。按照层级关系，整个网络拓扑结构可以分为输入层、输出层和隐藏层(有时也可以没有隐藏层)。

① 输入层：位于输入层的节点称为输入节点(或输入单元)，负责接收和处理样本数据集中各输入变量的数值。输入节点的个数由样本数据的属性维度决定。输入的信息称为输入向量。

② 输出层：位于输出层的节点称为输出节点(或输出单元)，负责实现系统处理结果的输出。输出的信息称为输出向量。在进行分类预测应用时，输出节点的个数由样本分类个数决定。如果输出变量为二分类型，则输出节点个数可为 1 或 2，并通过取值 0 或 1 来表示分类结果；如果输出变量为多分类型(n 个类型)，则输出节点个数可为 lb$n$，并且取值为二进制的 0 和 1；如果输出变量为数值型变量，则输出节点数为 1。

③ 隐藏层：输入层和输出层之间众多神经元和连接组成的各个层为隐藏层，它能够实现人工神经网络的计算和非线性特性。隐藏层可以有多层，层数的多少视对网络的非线性要求以及功能和性能的要求而定。位于隐藏层的节点称为隐藏节点(或隐藏单元)，它处在输入和输出单元之间，从系统外部无法观察到。隐藏层的节点(神经元)数目越多，神经网络的非线性就越显著，鲁棒性也越强。习惯上会选择输入节点的 1.2～1.5 倍设立隐藏层节点。

人工神经网络工作时，各个自变量通过输入层的神经元输入到网络，输入层的各个神经元和第一层隐藏层的各个神经元连接，每一层隐藏层的神经元再和下层(可能是隐藏层或输出层)的各个神经元相连接。输入的自变量通过各个隐藏层的神经元进行转换后，在输出层形成输出值作为对应变量的预测值。

人工神经网络中的节点也被称为感知器或人工神经元，可以被赋予不同的处理算法

(函数)，在整个神经网络中发挥着相应的作用。多个人工神经元连接在一起，就构成了人工神经网络。人工神经网络中，神经元处理单元可用来表示不同的对象，例如特征、字母、概念，或者一些有意义的抽象模式。利用人工神经网络，可以对训练数据集进行学习，将学习到的“知识”存储在每个感知器中，从而建立起一个分析与处理的模型。利用这个经过学习的人工神经网络模型，可以对未知数据进行分析、处理和判断，得到有用的信息。

(2) 感知器。人工神经元(感知器)的结构如图 9.16 所示，模拟生物神经元的活动。$I_1, I_2, \cdots, I_S$ 为输入信号，它们按照连接权 $w_{1j}, w_{2j}, \cdots, w_{sj}$ 通过神经元内的组合函数 $\Sigma_j(\cdot)$ 组成 u_j，再通过神经元内的激活函数 $f_{Aj}(\cdot)$得到输出 O_j，沿“轴突”传递给其他神经元。

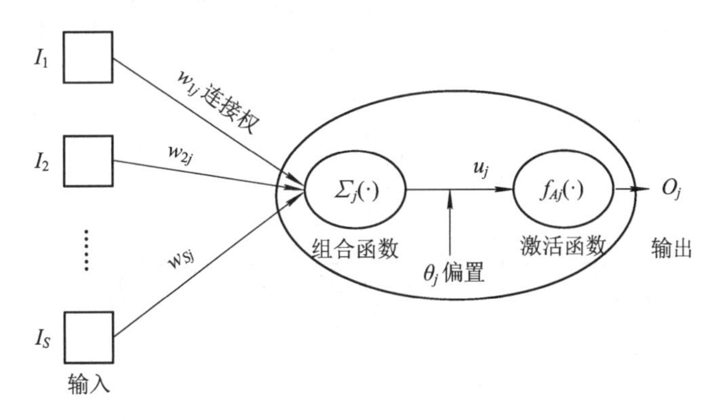

图 9.16　人工神经元

① 组合函数：组合函数简单地将感知器的输入，通过结构上的连接或关联关系，按照各连接的连接权数进行加权求和进行组合。考虑到组合函数的输出范围可能会需要一定的线性调整，以符合激活函数的输入范围，因此，要对组合函数的结果设置一个偏置量(也称为阈值)，组合函数可以用一个线性组合表达式表示：

$$u_j = \Sigma_i w_{ij} \cdot I_i + \theta_j \tag{9-4}$$

② 激活函数：在人体神经网络中，并非每个神经元都全程参与信息的传递和处理，只有那些在某一时刻被“激活”的神经元，才构成那一时刻的动态的信息处理系统。人工神经网络沿用了这一概念和名词，在每个感知器中设置了一个用数学函数来表达的元素，称为激活函数，将其定义为符号函数 sign 或与之相接近的非线性函数，使人工神经网络具有充分的非线性，以处理复杂的应用问题。如果没有非线性性质的激活函数，则人工神经网络的每一层输出都仅仅是上一层输入的线性函数，即便是再复杂的人工神经网络，输出也都将仅仅是输入的线性组合，无法满足复杂的实际应用的需要。激活函数给神经元引入非线性因素后，使神经网络可以任意逼近任何非线性函数，以应用到众多的非线性模型中。对于图 9.16 所示的人工神经元，有

$$O_j = f_{Aj}(u_j) \tag{9-5}$$

常见的激活函数有以下几种：

- sign 函数。sign 函数也称为符号函数，如式(9-6)所示，可析离出函数的正、负符号：当 $x \geqslant 0$ 时，$\mathrm{sign}(x) = 1$；当 $x < 0$ 时，$\mathrm{sign}(x) = -1$。

$$f(x)=\begin{cases}-1, & x<0\\ 1, & x\geqslant 0\end{cases} \tag{9-6}$$

• sigmoid 函数(Logistic 函数)。sigmoid 函数如式(9-7)所示，其输入/输出函数关系如图 9.17 所示。

$$f(x)=\frac{1}{1+\mathrm{e}^{-x}} \tag{9-7}$$

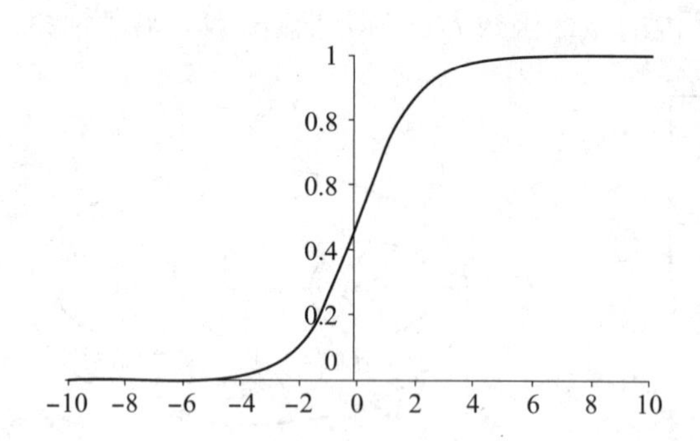

图 9.17　sigmoid 函数图

sigmoid 函数的优点是其输出映射在区间(0, 1)内，输出范围有限，且单调连续，易于求导、优化效果稳定，适合用于输出层感知器的激活函数。其缺点是 sigmoid 函数具有的饱和性容易产生梯度消失，导致训练失效。另外，其输出并不是以 0 为中心。在作为激活函数应用时，需要对该函数求导，求导后的函数为

$$f'(x)=\frac{\mathrm{e}^{-x}}{1+\mathrm{e}^{-x}}=f(x)\cdot(1-f(x)) \tag{9-8}$$

sigmoid 函数的导数关系如图 9.18 所示。可以看出，sigmoid 函数的导数只有在 $x=0$ 附近的时候才会有比较好的激活性，而在正负饱和区的梯度都接近于 0，造成梯度弥散，无法完成深层网络的训练。

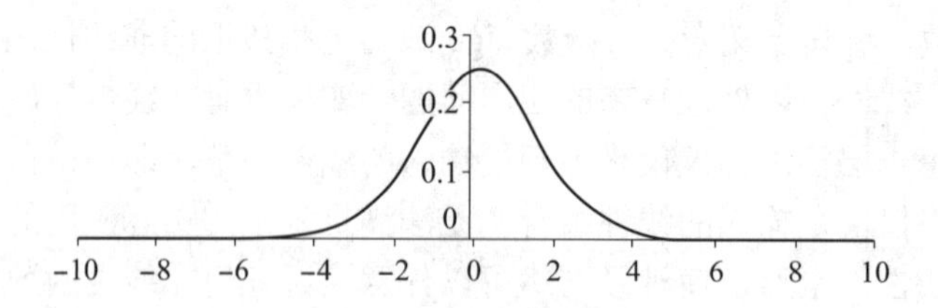

图 9.18　sigmoid 函数的导数关系图

• tanh 函数(双曲正切函数)。tanh 函数如下：

$$f(x)=\tanh(x)=\frac{\mathrm{e}^{x}-\mathrm{e}^{-x}}{\mathrm{e}^{x}+\mathrm{e}^{-x}} \tag{9-9}$$

tanh 函数的图形如图 9.19 所示，其取值范围为[−1, 1]。tanh 函数在特征相差明显时

的应用效果较好，在人工神经网络的循环训练过程中会不断扩大特征效果。与 sigmoid 函数的区别是，tanh 函数是零均值的，因此实际应用中 tanh 函数会比 sigmoid 函数有更强的应用性。tanh 函数同样具有饱和性，也会造成梯度消失。

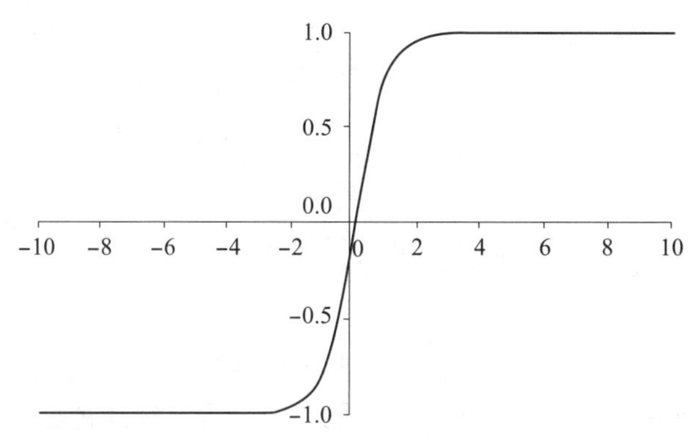

图 9.19　tanh 函数图形

- ReLU 函数。ReLU 函数如下：

$$f(x)=\begin{cases}0, & x<0\\ x, & x\geqslant 0\end{cases} \tag{9-10}$$

ReLU 函数图如图 9.20 所示，其用于某些算法(如随机梯度下降)时，较 sigmoid 函数或 tanh 函数具有较快的收敛速度。当 $x<0$ 时，ReLU 硬饱和，而当 $x>0$ 时，则不存在饱和问题。所以，Re LU 函数能够在 $x>0$ 时保持梯度不衰减，从而缓解梯度消失问题，应用时可以直接以监督的方式训练深度神经网络，而不必依赖无监督的逐层预训练。但是，随着训练的推进，部分输入会落入硬饱和区，导致对应权重无法更新，这种现象被称为神经元死亡。与 sigmoid 函数类似，ReLU 函数的输出均值也大于零，偏移现象和神经元死亡会共同影响网络的收敛性。

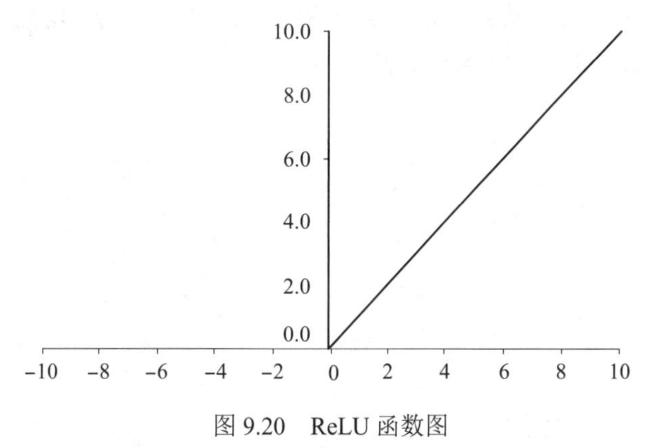

图 9.20　ReLU 函数图

2) 人工神经网络的分类

可以按照不同的分类标准，对人工神经网络进行分类。

按照拓扑结构划分，人工神经网络可以分为两层神经网络、三层神经网络和多层神经网络。

按照节点间的连接方式划分，人工神经网络可分为层间连接和层内连接，连接强度用权值表示。层内连接方式指神经网络同层内部同层节点之间相互连接，如 Kohonen 网络(见图 9.21)。

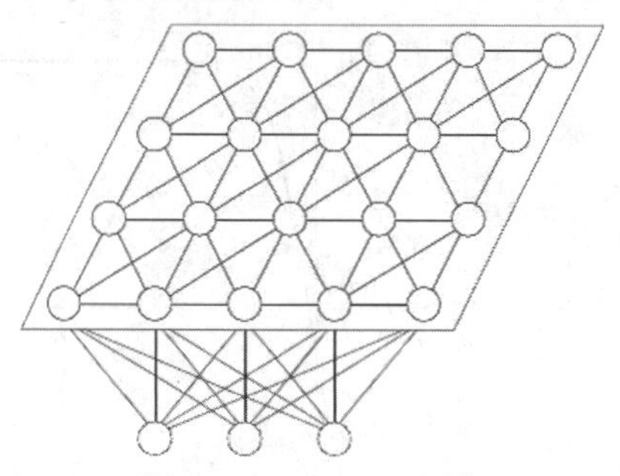

图 9.21　Kohonen 网络

按照节点间的连接方向划分，人工神经网络可分为前馈式神经网络和反馈式神经网络两种。前馈式神经网络的连接是单向的，上层节点的输出是下层节点的输入。目前数据挖掘软件中的神经网络大多为前馈式神经网络，如 1986 年由 Rumelhart 和 McCelland 领导的科学家小组提出的 BP(Back Propagation)网络，就是一种按误差逆传播算法训练的多层前馈网络，也是目前应用最广泛的神经网络模型之一，它能学习和存储大量的输入/输出模式映射关系，而不必事前揭示描述这种映射关系的数学方程。

BP 神经网络的结构如图 9.22 所示。对于由输入层、隐藏层和输出层构成的，而每一层均包含若干个处理单元，且各层之间的处理单元以权值 w_{ij} 进行连接的一个多层人工神经网络系统，给定一组训练数据($x_1, x_2, \cdots, x_m$；$y_1, y_2, \cdots, y_m$)，对系统进行训练，其中，x_i ($i = 1, 2, \cdots, m$)为输入数据，它决定了系统具有 m 个输入单元；希望经过训练后的输出值为 y_l ($l = 1, 2, \cdots, n$)，它决定了系统有 n 个输出神经元。每个处理单元具有输入端和相应的输出，内部包含组合函数、激活函数及用来调节处理单元活性的偏置量(阈值)b_i。输入层的处理单元的输入为 X_i，输出为 O_i；隐藏层的输入为上一层的输出 I_j(对于第一层隐藏层，$I_j = O_j$)，输出为 O_j；输出层的输入为 I_k(I_k 为上一层隐藏层的输出，如 O_j)输出为 O_l。这里，激活函数一般使用 sigmoid 函数。

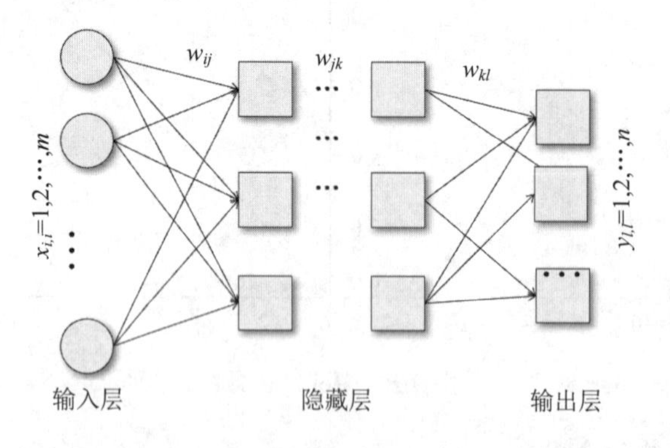

图 9.22　BP 神经网络

反馈式神经网络除单向连接外，输出节点的输出又可作为输入节点的输入，即它是有反馈的连接(见图 9.23)。

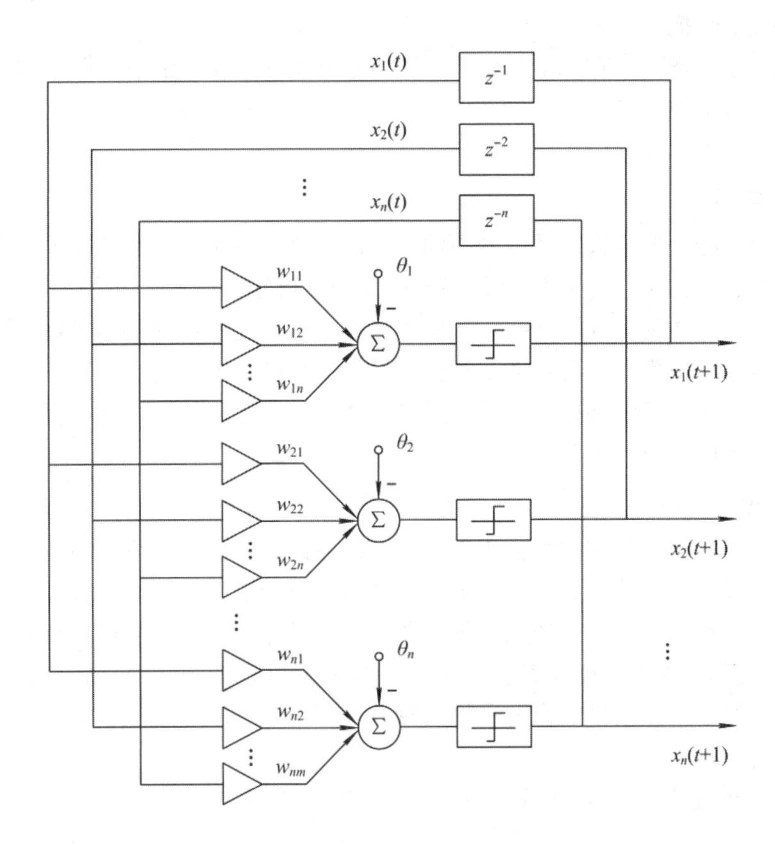

图 9.23　反馈式神经网络

3) 人工神经网络的基本特性

人工神经网络是一种具有自适应性的体现大脑活动风格的非程序化的信息处理系统，其本质是通过网络的变换和动力学行为得到并行分布式的信息处理功能，并在不同程度和层次上模仿人脑神经系统的信息处理功能，是涉及神经科学、思维科学、人工智能、计算机科学等多个领域的交叉学科。

人工神经网络是并行分布式系统，它采用了与传统人工智能和信息处理技术完全不同的机理，克服了传统的基于逻辑符号的人工智能在处理直觉、非结构化信息方面上的缺陷，具有自适应、自组织和实时学习的特点。这些特点，来自人工神经网络具有的 4 个基本特征。

(1) 非线性：非线性关系是自然界的普遍特性。人工神经元中的激活函数由非线性函数(如 sigmoid 函数)构成，可以模拟处于激活或抑制的两种不同状态，在数学上则表现为一种非线性关系。

(2) 非局限性：神经网络由多个神经元广泛连接而成，系统的整体行为不仅取决于单个神经元的特征，也由神经元之间的相互作用、相互连接所决定。通过神经元之间的大量连接来模拟大脑的非局限性。联想记忆就是非局限性的典型例子。

(3) 非常定性：人工神经网络具有自适应、自组织、自学习能力。神经网络处理的信息可以有各种变化，而且在处理信息的同时，非线性动力系统本身也在不断变化。经常采用迭代过程来描述动力系统的演化过程。

(4) 非凸性：一个系统的演化方向，在一定条件下将取决于某个特定的状态函数。非凸性是指这种函数有多个极值，故系统具有多个较稳定的平衡态，这将导致系统演化的多样性。

2. 深度学习

深度学习的概念源于人工神经网络的研究，它是一种利用复杂结构的多个处理层来对数据进行高层次抽象，以发现数据的分布式表示的算法，是机器学习的一个重要分支。传统的 BP 算法往往仅有几层网络，需要手工指定特征且易出现局部最优问题。而深度学习引入了概率生成模型，可自动从训练集里提取特征，解决了手工特征考虑不周的问题；而且初始化了神经网络权重，采用反向传播算法进行训练，与 BP 算法相比取得了很好的效果。下面介绍几种常用的深度学习方法。

1) 卷积神经网络

卷积神经网络是由对猫的视觉皮层的研究发展而来的。视觉皮层的细胞对视觉子空间更敏感，通过子空间的平铺扫描实现对整个视觉空间的感知。卷积神经网络已经成为深度学习领域的热点，特别是在图像识别和模式分类方面，其优势是具有共享权值的网络结构和局部感知(也称为稀疏连接)的特点，能够降低神经网络的运算复杂度，减少了权值的数量，并可以直接将图像编码作为输入进行特征提取，避免了对图像的预处理和显式的特征提取。

卷积神经网络是一种深度的监督式学习的神经网络。由于它是稀疏的网络结构，在层的数量分布、每一层卷积核的数量都会有差异。这一结构决定了模型运算的效率和预测的精确度，理解不同结构的作用和原理有助于设计符合实际的深层网络结构。与其他前馈式神经网络类似，卷积神经网络采用梯度下降的方法，应用最小化损失函数对网络中各节点的权重参数逐层调节，通过反向递推，不断地调整参数使得损失函数的结果逐渐变小，从而提升整个网络的特征描绘能力，使卷积神经网络分类的精确度和准确率不断提高。

卷积神经网络的低层是由卷积层和子采样层交替组成的，这是特征提取功能的核心模块。通过卷积层和子采样层，可以在保持特征不变的情况下减少维度空间和计算时间。卷积神经网络的更高层次是全连接层，其输入是由卷积层和子采样层提取到的特征。卷积神经网络的最后一层是输出层，它可以是一个分类器，采用逻辑回归、Softmax 回归、支持向量机等进行模式分类，也可以直接输出某一结果。

下面我们分别介绍各个组成模块及其功能。

(1) 卷积层。通过卷积层(Convolutional Layer)的运算，可以将输入信号在某一特征上加强，从而实现特征的提取，也可以排除干扰因素，从而降低特征的噪声。

(2) 权重初始化。用小的随机数据来初始化各神经元的权重，以打破对称性。而当使用 sigmoid 激励函数时，如果权重初始化得较大或较小，则训练过程容易出现梯度饱和以及梯度消失的问题。可以采用 Xavier 初始化来解决，它的初始化值是在线性函数上推导得出的，能够保持输出结果在很多层之后依然有良好的分布，在 tanh 激活函数上表现较好。如果要在 ReLU 激活函数上使用，最好使用 He 初始化，或者应用 Batch

Normalization Layer 来初始化，其思想是在线性变化和非线性激活函数之间对数值做一次高斯归一化和线性变化。此外，由于内存管理是在字节级别上进行的，所以把参数值设为 2 的幂比较合适(如 32、64 等)。

(3) 子采样层。子采样层(Sub-sampling Layer)是一种向下采样(Down Sampling)的形式，在神经网络中也称之为池化层(Pooling Layer)。一般使用最大池化(Max Pooling)将特征区域中的最大值作为新的抽象区域的值，减少数据的空间大小。参数数量和运算量也会减少，减少全连接的数量和降低复杂度，一定程度上可以避免过拟合。

池化的结果是特征减少，参数减少，但其目的并不仅在于此。为了保持某种不变性(旋转、平移、伸缩等)，常用的池化方法有平均池化(Mean-pooling)、最大化池化(Max-pooling)和随机池化(Stochastic-pooling)3 种。

在图像特征提取过程中存在误差，例如由于邻域大小受限造成的估计值方差增大，这种情况可采用平均池化方法，通过取平均值的方式减少误差，其特点是尽可能保留背景的信息。另外一种是卷积层参数误差造成估计均值的偏移，可采用最大化池化减小误差，突出纹理等特征。随机池化则介于两者之间，通过对像素点按照数值大小赋予概率，再按照概率进行采样。与最大化池化相比，随机池化并非一定取最大值，可以看作是一种正则化方式。

平均池化和最大化池化的过程分别如图 9.24 和图 9.25 所示，其理论基础是特征的相对位置比具体的实际数值或位置更加重要，所以是否应用池化层需要依照实际的需要进行分析，否则会影响模型的准确度。

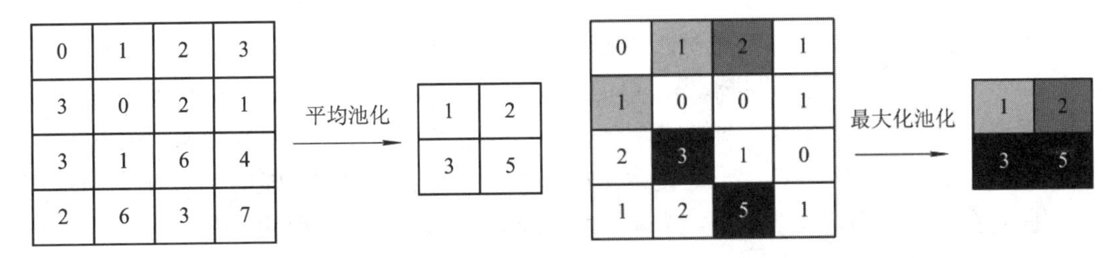

图 9.24　平均池化　　　　图 9.25　最大池化

全局平均池化(Global Average Pooling)是将某一通道的所有特征点求和后取平均值，形成一个新的特征值，如图 9.26 所示。它可用于替代(去除)最后的全连接层，用全局平均池化层(将图片尺寸变为 1 × 1)来取代，可以避免网络层数较深时引起的过拟合问题。

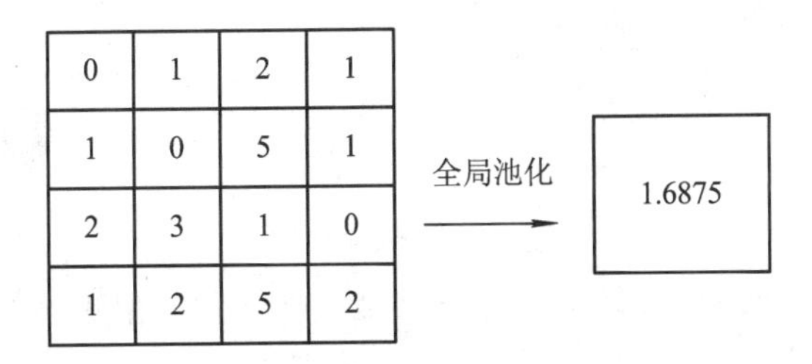

图 9.26　全局平均池化

空间金字塔池化(Spatial Pyramid Pooling，SPP)通过把图像的卷积特征转化成相同维度特征向量，使得 CNN 可以处理任意尺寸的图像，使用模型更加灵活，还能避免对图片进行裁剪和变形，减少了图像特征的丢失。空间金字塔池化的过程是首先对图片进行划分，分别按照 4 × 4、2 × 2、1 × 1 切分为 3 种大小，总共有 21 块区域，然后对这 21 个块进行最大化池化，就得到了一个固定 21 维的特征，不同尺寸的图像都将生成 21 个图片块，从而实现 CNN 灵活处理任意大小的图像。

(4) 全连接层。卷积层得到的每张特征图表示输入信号的一种特征，而它的层数越高表示这一特征越抽象，为了综合低层的各个卷积层特征，用全连接层(Full Connect Layer)将这些特征结合到一起，然后用 Softmax 进行分类或逻辑回归分析。

(5) 输出层。输出层(Output Layer)的一项任务是进行反向传播，依次向后进行梯度传递，计算相应的损失函数，并重新更新权重值。在训练过程中可以采用 Dropout 来避免训练过程产生过拟合。输出层的结构与传统神经网络结构相似，是基于上一全连接层的结果进行类别判定的。

2) *循环神经网络*

循环神经网络是一种对序列数据建模的神经网络。RNN 不同于前向神经网络，它的层内、层与层之间的信息可以双向传递，以更高效地存储信息，利用更复杂的方法来更新规则，通常用于处理信息序列的任务。近年，RNN 开始在自然语言处理、图像识别、语音识别、上下文预测、在线交易预测、实时翻译等领域迅速得到了大量应用。

RNN 主要用来处理序列数据。传统的神经网络模型每层内的节点之间是无连接的。RNN 中一个当前神经元的输出与前面的输出有关，网络会对前面的信息进行记忆并应用于当前神经元的计算中，即隐藏层之间的节点也是有连接的，并且隐藏层的输入不仅包括输入层的输出还包括上一时刻隐藏层的输出。理论上，RNN 能够对任何长度的序列数据进行处理。但是在实践中，为了降低复杂性，往往假设当前的状态只与前面的几个状态相关，图 9.27 所示是一个典型的 RNN 结构。

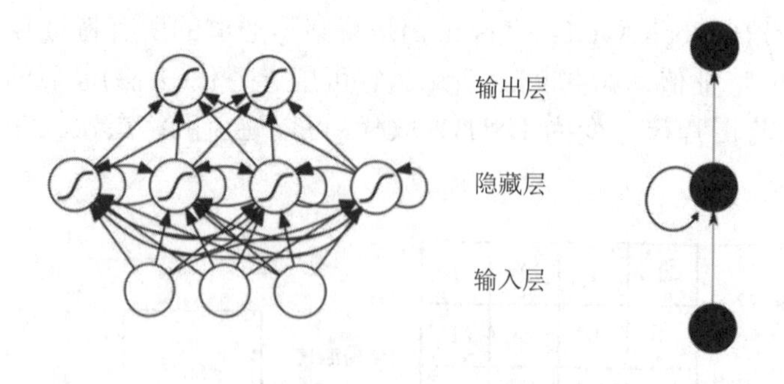

图 9.27　RNN 结构

RNN 包含输入单元，输入集标记为 x_t，输出单元的输出集被标记为 y_t。RNN 还包含隐藏单元，这些隐藏单元完成了主要工作。在某些情况下，RNN 会引导信息从输出单元返回隐藏单元，并且隐藏层内的节点可以自连也可以互连。RNN 的基本结构可以

表示为

$$h_t = f_W(h_{t-1}, x_t) \tag{9-11}$$

其中，h_t表示新的目标状态，而h_{t-1}是前一状态，x_t是当前输入向量，f_W是权重参数函数。目标值的结果与当前的输入、上一状态的结果有关系，以此可以求出各参数的权重值。

(1) RNN 基本原理。图 9.28 是一个简单的 RNN 模型结构图。其中，左图为 RNN 模型结构图的折叠形式，它带有一个指向自身的环，表示当前时刻执行的结果可以传递给下一时刻使用。x_t是输入序列，表示 t 时刻的输入；模块 A 为模型的处理部分；o_t表示 t 时刻的输出。将左图展开后可以得到一个链状的神经网络，如右图所示。

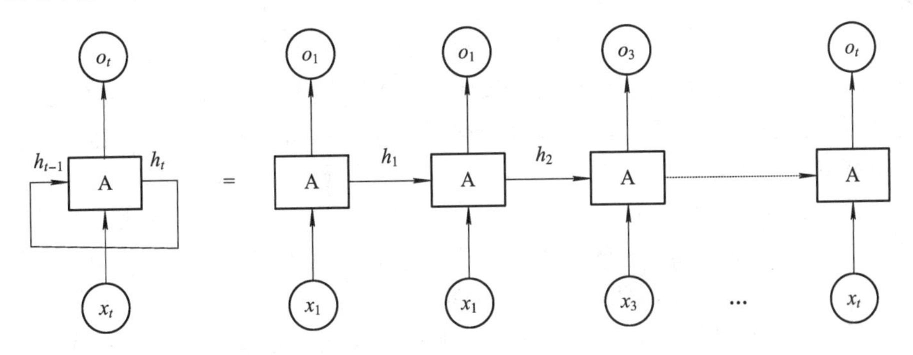

图 9.28　RNN 模型结构图

从图 9.28 中可以看出模块 A 的输入除了来自当前的输入 x_t外，还来自上一时刻隐藏层状态 h_{t-1}。在每一时刻，RNN 的模块 A 在读取了当前时刻的输入 x_t和上一时刻的隐藏层状态 h_{t-1}之后会产生新的隐藏层状态 h_t，同时产生当前时刻的输出 o_t。

(2) 长短期记忆网络。长短期记忆网络(Long Short Term Memory，LSTM)能够学习长期依赖关系，并可保留误差，在沿时间和层进行反向传递时，可以将误差保持在更加恒定的水平，让 RNN 能够进行多个时间步的学习，从而建立远距离因果联系。它在许多问题上应用效果非常好，现在被广泛使用。

LSTM 通过门控单元来实现 RNN 中的信息处理，用门的开关程度来决定对哪些信息进行读写或清除。其中，门的开关信号由激活函数的输出决定，与数字开关不同，LSTM 中的门控为模拟方式，即具有一定的模糊性，并非取值为 0、1 的二值状态。例如 sigmoid 函数输出为 0，表示全部信息不允许通过；1 表示全部信息都允许通过；而 0.5 表示允许一部分信息通过。这样的好处是易于实现微分处理，有利于误差反向传播。

那么，门的开关程度是由什么控制的呢？本质上是由信息的权重决定的。在训练过程中，LSTM 会不断依据输入信息学习样本特征并调节参数及其权重值。与神经网络的误差反向传播相似，LSTM 通过梯度下降来调整权重强度实现有用信息保留、无用信息删除或过滤，并针对不同类型的门采用不同的转换方式。例如，遗忘门采用新旧状态相乘，而输出门采用新旧状态相加，从而使整个模型在反向传播时的误差恒定，最终在不同的时间尺度上同时实现长时和短时记忆的效果。图 9.29 所示为数据在记忆单元中如何流动，以及单元中的门如何控制数据流动。

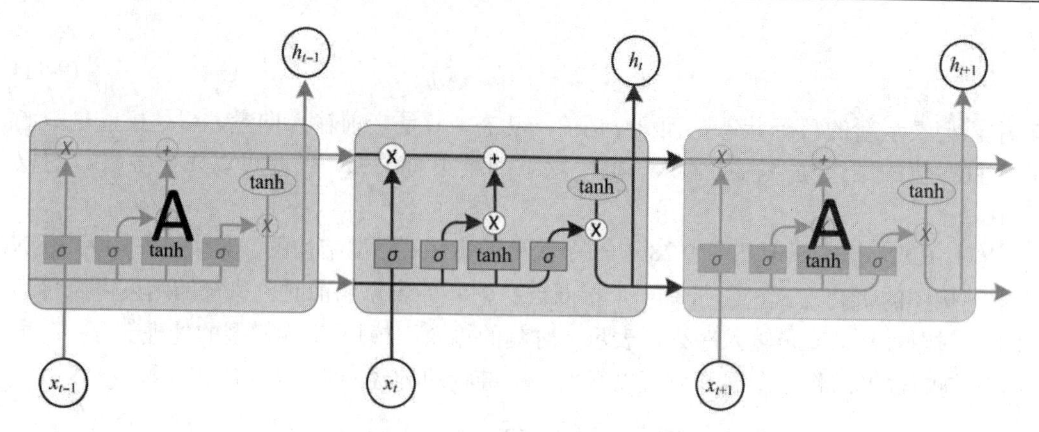

图 9.29　数据在记忆单元中流动示意图

LSTM 核心在于处理元胞状态(Cell State)，元胞状态贯穿不同的时序操作过程，其中状态信息可以很容易地传递，同时经过一些线性交互，对元胞状态中所包含的信息进行添加或移除。其中，线性交互主要通过门结构来实现，例如输入门、遗忘门、输出门等，经过 sigmoid 神经网络层和元素级相乘操作之后，对结果进行判定实现元胞状态的传递控制。sigmoid 层输出范围为 0～1，用其控制信息通过级别，值为 0 表示不允许通过任何信息，值为 1 表示允许通过所有信息。

① LSTM 首先判断对上一状态输出的哪些信息进行过滤即遗忘哪些不重要的信息。它通过一个遗忘门(Forget Gate)的 sigmoid 激活函数实现。遗忘门的输入包括前一状态 h_{t-1} 和当前状态的输入 x_t，即输入序列中的第 t 个元素，将输入向量与权重矩阵相乘加上偏置值之后通过激活函数输出一个 0～1 的值，取值越小越趋向于丢弃。最后将输出结果与上一元胞状态 c_{t-1} 相乘后输出，如图 9.30 所示。

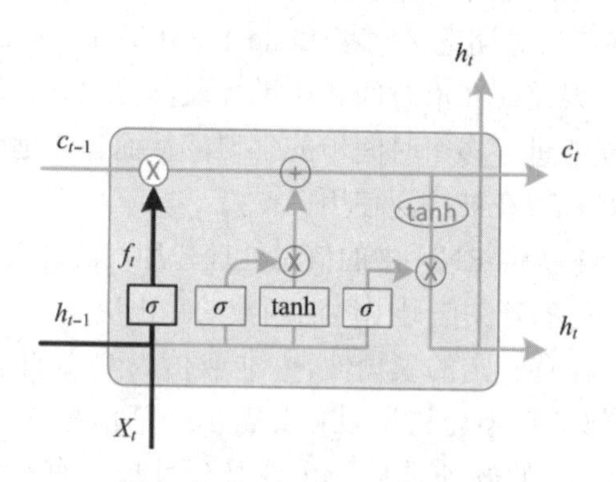

图 9.30　遗忘门——丢弃信息

② 通过输入门将有用的新信息加入元胞状态。首先，将前一状态 h_{t-1} 和当前状态的输入 x_t 输入到 sigmoid 函数中并滤除不重要信息。另外，通过 h_{t-1} 和 x_t 再通过 tanh 函数得到一个 −1～1 之间的输出结果。这将产生一个新的候选值，后续将判断是否将其加入元胞状态中，如图 9.31 所示。

③ 将上一步中 sigmoid 函数和 tanh 函数的输出结果相乘，并加上①中的输出结果，从而实现保留的信息都是重要信息，此时更新状态 c_t 即可忘掉那些不重要的信息，如图 9.32 所示。

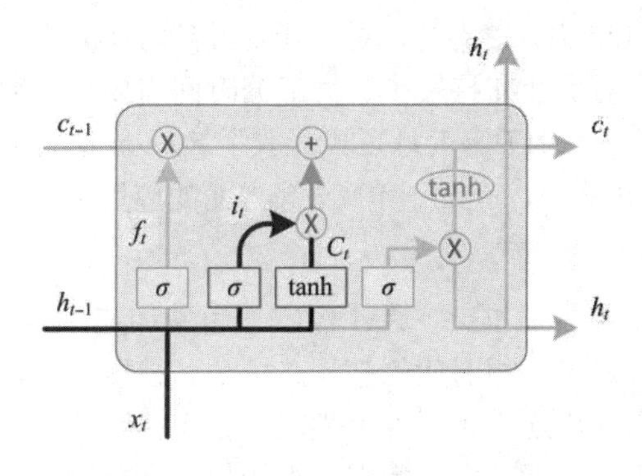

图 9.31　遗忘门——创建新候选值

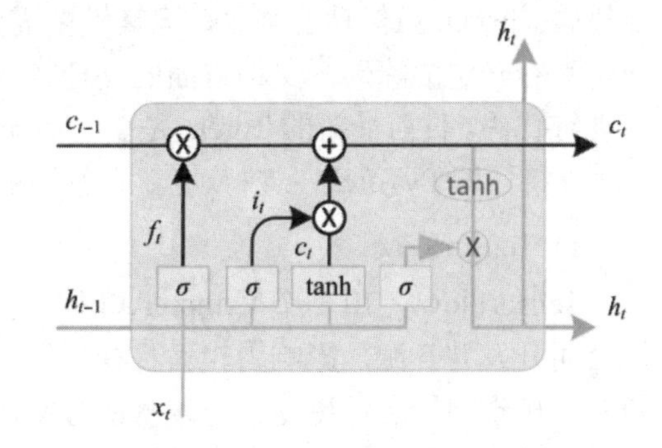

图 9.32　遗忘门——更新

④ 从当前状态中选择重要的信息作为元胞状态的输出。首先，将前一隐状态 h_{t-1} 和当前输入值 x_t 通过 Sigmoid 函数得到一个 0～1 的结果值 o_t。然后对③中输出结果计算 tanh 函数的输出值，并与 o_t 相乘，作为当前元胞隐状态的输出结果 h_t，同时也作为下个隐状态 h_{t+1} 的输入值，如图 9.33 所示。

(2) 门限循环单元。门限循环单元(Gated Recurrent Unit，GRU)是 LSTM 的变种，本质上就是一个没有输出门的 LSTM，因此它在每个时间步都会将记忆单元中的所有内容写入整体网络，该模型比标准的 LSTM 模型更加简化，其结构如图 9.34 所示。

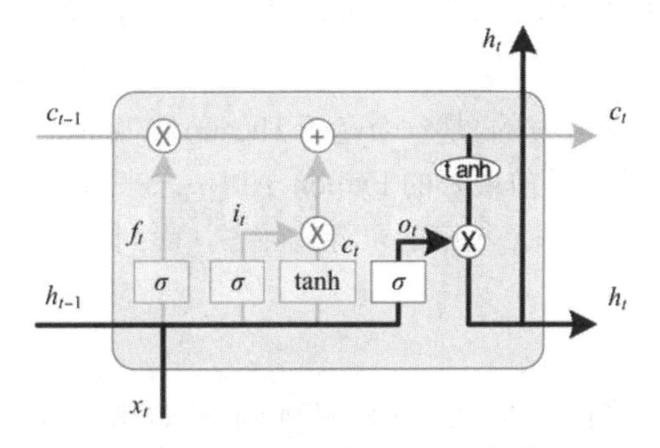

图 9.33　LSTM 输出门——输出

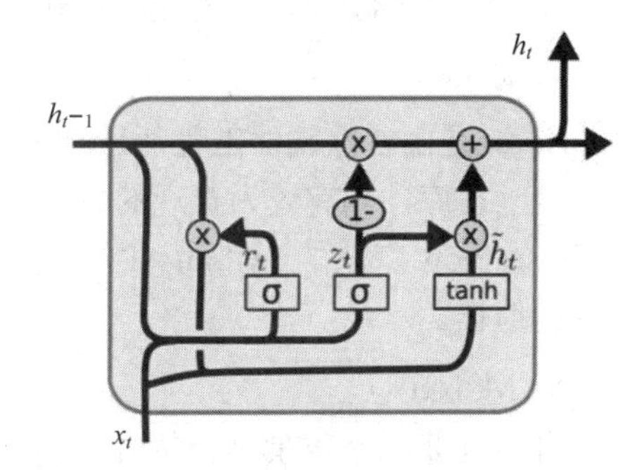

图 9.34　门限循环单元

GRU 模型只有两个门，分别为更新门和重置门。将遗忘门和输入门合并为单一的“更新门(Update Gate)”，将元胞状态(Cell State)和隐状态(Hidden State)合并，即图 9.34 中的 z_t 和 r_t。更新门用于控制前一时刻的状态信息被带入到当前状态中的程度，更新门的值越大说明前一时刻的状态信息带入越多。重置门用于控制忽略前一时刻的状态信息的程度，重置门的值越小说明忽略得越多。

3. 深度学习流行框架

目前深度学习领域中主要的实现框架有 Torch、TensorFlow、Caffe、Keras、MxNet、Deeplearning4j 等，下面详细对比介绍各框架的特点。

1) Torch

Torch 是用 Lua 语言编写的带 API 的深度学习计算框架，支持机器学习算法，其核心是以图层的方式来定义网络，优点是包括了大量模块化的组件，可以快速进行组合，并且具有较多训练好的模型，可以直接应用。此外，Torch 支持 GPU 加速，模型运算性能较强。Torch 虽然功能强大，但其模型需要 Lua JIT 的支持，对于开发者学习和应用集成都具有一定的障碍，文档方面的支持较弱，对商业支持较少，大部分时间需要自己编写训练代码。目前最新的 Torch 是由 Facebook 在 2017 年 1 月正式开放了 Python 语言的 API 支持，即 PyTorch，支持动态可变的输入和输出，有助于 RNN 等方面的应用。

2) TensorFlow

TensorFlow 是用一个 Python API 编写的机器学习框架，通过 C/C++ 引擎加速，由谷歌公司开发并开源，影响力较大且社群用户数量多，相对应的教程、资源、社区贡献也较多，出现问题之后更易于查找解决方案。它的用途不止于深度学习，还支持强化学习和其他算法，与 NumPy 等库进行组合使用可以实现强大的数据分析能力，支持数据和模型的并行运行，在数据展现方面，可以使用 TensorBoard 对训练过程和结果按 Web 方式进行可视化，只要在训练过程中将各项参数值和结果记录于文件中即可。

3) Caffe

Caffe 是较早出现且应用较广的工业级深度学习工具，将 Matlab 实现的快速卷积网络移植到 C 和 C++ 平台上。它不适用于文本、声音或时间序列数据等数据类型的深度学习应用，在 RNN 方面建模能力较差。Caffe 选择了 Python 作为其 API，但是模型定义需要使用 protobuf 实现，如果要支持 GPU 运算，需要自己用 C++/CUDA 来实现，用于像 GoogleNet 或 ResNet 这样的大型网络时比较烦琐。Caffe 代码更新趋慢，可能在未来会停止更新。

4) Keras

Keras 是由谷歌软件工程师 Francois Chollet 开发的，是一个基于 Theano 和 TensorFlow 的深度学习库，具有较为直观的 API。这可能是目前最好的 Python API，未来可能会成为 TensorFlow 默认的 Python API，其更新速度较快，相应的资源也较多，受到了广大开发者的追捧。

5) MxNet

MxNet 是一个提供多种 API 的机器学习框架，主要面向 R、Python 和 Julia 等语言，由华盛顿大学的 Pedro Domingos 及其研究团队管理维护，具有详尽的文档，容易被初学者理解和掌握。它是一个快速灵活的深度学习库，目前已被亚马逊云服务采用。

6) Deeplearning4j

Deeplearning4j 用 Java 编写，所以其可用性较好，在现有 Java 系统中集成使用更加便利。通过 Hadoop、Spark、Hive、Lucene 等开源系统扩展可实现无缝集成，具有良好的生态环境支持。Deeplearning4j 中提供了强大的科学计算库 ND4J，可以分布式运行于 CPU 或 GPU 上，并可通过 Java 或 Scala 进行 API 对接。可以快速应用 CNN、RNN 等模型进行图像分类，支持任意芯片数的 GPU 并行运行，并且提供在多个并行 GPU 集群上运行。DL4J 提供了实时的可视化界面，可以在模型训练过程中查看网络状态和进展情况。

9.2.3 机器人

机器人是从事与人类相似动作的自动机械，代替人类行使某些智能动作，因此，它也是人工智能的研究对象。从电视广告中的机器狗到午夜新闻中的太空探索，再到制造啤酒、汽车或装饰品的装配线，机器人已经成了现代社会的一部分。机器人学是研究机器人的科学，机器人可以被分为两大类——固定机器人和可移动机器人。在工业领域，更多的机器人是机械手型的机器人，依靠转轴和夹持装置工作，这类机器人通常是不可移动的；而在其他领域，如军事、商业、社会工作等领域，可移动机器人的应用更加广泛。由于可移动机器人可以到处移动，因此可以与周围的环境进行交互，对其建模需要用到人工智能的技术。

1. 感知、推理和决策

无论是哪一种机器人，必定需要感应系统以获得感知能力。在可移动机器人中，其感知能力和移动能力是直接关联的。感应系统是接收外界物理、化学、生物等信号或刺激并给出相应的输出或反应的系统。可移动机器人感应系统，是指可移动的机器人上由传感器、主控器、执行器以及其他配件组成的感应系统。可移动机器人是一个集环境感知、动态决策与规划、行为控制与执行等多功能于一体的综合系统，而感知通常是决策的前提和条件，所以感应系统是机器人中十分重要的系统。最基础的感应系统由3部分组成：传感器、控制器和执行器。

(1) 传感器用来完成感知，即对外界环境或刺激进行收集，包括对物理、化学和生物信号的感知。随着传感器技术的发展，各式各样的传感器不断更新和发展，传感器可采集的信号种类和精度都大大提高。另外，有些移动机器人上会加装反馈传感器，用来从内部测量机器人的姿态、速度、加速度等。

(2) 控制器是处理器和一些外设组成的控制电路，用来对传感器采集到的信号进行分析处理，并针对处理的结果输出命令用来控制机器人执行部件的执行。

(3) 执行器是接受控制器命令，具体执行运作的部件，常见的执行器有扬声器、灯泡、显示屏、电机、舵机等。

机器人的决策运用了很多人工智能研究的理论，如知识的表达与推理、专家系统等。但由于很多推理、决策方法需要建立复杂的模型来描述环境，搜索缓慢，所以造成系统的实时性能严重下降。包容式结构、反应式控制结构等控制结构试图通过降低对环境、机器人建模、推理的要求，将感知与行动直接连接，减少决策时间，达到提高系统实时响应能力的目标。这些控制结构在处理避障、搜集等简单任务时可以很好地完成，但当面对复杂的环境和操作任务时，则凸现出其推理、决策能力的不足。所以，现在智能机器人的研究多采用分层式结构，在不同层次采用不同的控制、决策方法，各层之间相互协调工作，从而解决复杂任务求解和实时响应之间产生的矛盾。

2. 机器人的应用

如今机器人在生活中随处可见，它可代替或协助人类完成各种工作，其应用非常广泛。

1) 医疗行业

在医疗行业中，许多疾病都不能只靠口服外敷药物治疗，只有将药物直接作用于病灶上或是切除病灶才能达到治疗的效果，现代医疗手段最常使用的方法就是手术，然而人体生理组织有许多极为复杂精细而又特别脆弱的地方，人的手动操作精度不足以安全地处理这些部位的病变，但是这些部位的疾病都是非常危险的，如果不加以干预，后果是非常致命的。随着科技的进展，这些问题逐渐得到解决，微型机器人的问世为这一问题提供了解决的方法，微型机器人由高密度纳米集成电路芯片为主体，拥有不亚于大型机器人的运算能力和工作能力且可以远程操控，其微小的体积可以进入人的血管，并在不对人体造成损伤的情况下进行治疗和清理病灶。微型机器人还可以实时地向外界反馈人体内部的情况，方便医生及时做出判断和制订医疗计划。有些疾病的检查和治疗手段会给患者造成极大的痛苦，比如胃镜，利用微型机器人就可以在避免增加患者痛苦的前提下完成身体内部的健康检查。目前制约微型机器人发展的关键因素在于成本非常昂贵，稀有金属的替代品的寻找将成为未来发展的重要方向。

2) 军事行业

将机器人最早应用于军事行业始于二战时期的美国，为了减少人员的伤亡，作战任务执行前都会先派出侦察无人机到前方打探敌情。在两军作战的时候，能够先一步了解敌人的动向要比单纯增加兵力有用得多。随着科技的进步，战争机器人在军事领域的应用越来越广泛，从最初的侦察探测逐渐拓展到战斗和拆除行动。利用无人机制敌于千里之外成为军事战略的首选，如拆弹机器人可以精确地拆弹排弹，避免了拆弹兵在战斗中的伤亡。完备的军事机器人系统逐渐成为一个现代化强国必不可少的军事力量。

3) 生产生活

制造业的发展历程十分久远，最初的工厂都是以手工业为主，后来逐渐发展成手工与机床相结合的生产方式。现代社会的供给需求对生产力的要求越来越高，工厂对于人力成本方面的问题也一直难以攻克，尤其对于工作人员的管理和安全保障是最为难办的问题。对于一些会产生有毒有害气体粉尘或是有爆炸和触电风险的工作场合，机械臂凭借着良好的仿生学结构可以代替人手完成几乎全部的动作。为了适应大规模的批量生产，零散的机械臂逐渐发展组合成完整的生产流水线，工人只需要进行简单的操作和分拣包装，其余的工作全部都由生产流水线自动完成。

在日常生活中，随着技术的成熟，机器人和人们的生活关系越来越密切，智能家居成为当下非常热门的话题，扫地机器人就是智能家居推广的先行者。将机器人技术引入住宅可以使生活更加安全舒心，尤其家里有老人和儿童需要陪护，智能家居和家政机器人是一个非常不错的选择。

9.3 大数据与人工智能的关系

随着大数据技术的快速发展，计算能力、数据处理能力和处理速度得到了大幅提升，人工智能的价值得以展现。大数据与人工智能二者相辅相成，随着智能终端和传感器的快速普及，海量数据快速累积，基于大数据的人工智能也因此获得了持续快速发展的动力来源。

大数据和人工智能的关注点并不相同，但却有着密切的联系：一方面，人工智能需要大量的数据作为“思考”和“决策”的基础；另一方面，大数据也需要人工智能技术进行数据价值化操作，如机器学习就是数据分析的常用方式。大数据应用的主要渠道之一就是智能体(人工智能产品)，为智能体提供的数据量越大，智能体的运行效果就会越好，因为智能体通常需要大量的数据进行“训练”和“验证”，从而保障运行的可靠性和稳定性。大数据与人工智能的紧密关系主要体现在以下 3 个方面。

1. 大数据的积累为人工智能的发展提供“燃料”

如果我们把人工智能看成一个拥有无限潜力的婴儿，那么某一领域海量的数据就是奶粉。奶粉的数量决定了婴儿是否能长大，而奶粉的质量则决定了婴儿后续的智力发育水平。以人脸识别所用的训练图像数量为例，百度公司的训练人脸识别系统需要 2 亿幅人脸图像。又如百度公司的无人驾驶，需要采集大量路况信息(包括路口红绿灯、路口人流量、道路车辆等信息)。当无人驾驶汽车行驶到某个红绿灯路口时，需要根据记录的数据分析是停车还是继续驾驶；当路面湿滑时，需要根据数据分析汽车应该减速到多少时速才比较安全；当前方有行人过马路时，无人驾驶系统需要捕获照片，“决策”是否需要暂停行驶等。所以，无人驾驶系统的底层架构一定要基于大数据的逻辑算法，也要能存储海量数据信息，根据底层大数据、用户的需求进行分析，然后编码成逻辑程序。

2. 数据处理技术推进运算能力的提升

人工智能领域蕴藏了海量数据，传统的数据处理技术难以满足高强度、高频次的处理需求。AI 芯片的出现，大大提升了大规模处理大数据的效率。目前，出现了 GPU、NPU(Neural Networks Process Units，神经网络处理单元)、FPGA(Field-Programmable Gate Array，现场可编程门阵列)和各种各样的 AI 专用芯片，比传统的双核 CPU 提升了约 70 倍的运算速度。

3. 人工智能推进大数据应用的深化

在运算能力指数级增长及高价值数据的驱动下，以人工智能为核心的智能化正不断延伸其技术应用广度、拓展其技术突破深度，并不断加快技术落地(商业变现)的速度。例如：在新零售领域，大数据与人工智能技术的结合，商家可以更好地预测每月的销售情况；在交通领域，大数据与人工智能技术结合，基于大量交通数据开发的智能交通流量预测、智能交通疏导等人工智能应用可以实现对整体交通网络进行智能控制；在健康领域，大数据与人工智能技术的结合，能够提供医疗影像分析、辅助诊疗、医疗机器人等更便捷、更智能的医疗服务。

随着人工智能的快速应用及普及、大数据不断累积、深度学习及强化学习等算法不断优化，大数据技术将与人工智能技术更加紧密地结合，提高对数据的理解、分析、发现和决策能力，从而能从数据中获取更准确、更深层次的知识，挖掘背后的价值，催生出新业态、新模式。

9.4　大数据与人工智能的应用及社会问题

大数据时代悄然来临，带来了信息技术发展的巨大变革，并深刻影响着社会生产和人们生活的方方面面。全球范围内，世界各国政府均高度重视大数据技术的研究和产业发展，纷纷把大数据上升为国家战略加以重点推进。人工智能的出现能够帮助人们更好地利用大数据所带来的机遇，大数据与人工智能的结合在生产生活中起到了非常重要的作用。

1. 应用领域

提到大数据与人工智能，大家可能会想到会下棋的计算机或者能够做家务的机器人，不过它们的应用远远不止于此，下面简单列举几个应用领域。

1) 医疗领域

人工智能通过对大量数据的学习可以用于预测患者的诊断结果、制订最佳疗程甚至评估风险等级。此外，还可以减少人为失误。在 2016 年 JAMA 杂志报道的一项研究中，通过学习大量历史病理图片，人工智能在对糖尿病视网膜病变进行诊断方面，其准确度达到了 96%，已经与医生水平相当。此外，对超过 13 万张皮肤癌的临床图片进行深度学习后，机器学习系统在检测皮肤癌方面超过了皮肤科医生。对脑外科医生而言，术中病理分析往往是诊断脑肿瘤的最佳方式之一，而这一过程耗时较长，容易延误正在进行的脑部手术。科学家开发出机器学习系统，能够将未经处理的大脑样本进行“染色”，提供非常精准的信息，效果与病理分析的一样，通过它诊断脑瘤的准确率和使用常规组织切片的准确率几乎相同，对身处手术中的脑瘤患者来说至关重要，因为它极大地缩减了诊断时间。

在临床试验方面，每次临床试验都需要大量的数据，如患者的历史病历信息、卫生日志、APP 数据和医疗检查数据等。机器学习通过汇总挖掘这些数据，从而获得有价值的信息。例如，生物制药公司根据个体患者的生物特征进行建模，并根据患者的药物反应，对试验人群分类，对患者生物体征和反应进行全程监控。一家英国公司利用机器学习技术分析大量图像资料，通过分析建立模型，辨别和预测早期癌症，还为患者提供个性化的治疗过程。研究人员从大量心脏病患者的电子病历库调取了患者的医疗信息，如疾病史、手术史、个人生活习惯等，将这些信息在机器学习算法下进行分析建模，预测患者的心脏病风险因素，在预测心脏病患者人数以及预测是否会患心脏病方面均优于现在的预测模型。

2) 娱乐行业

美国波士顿的 Pilot Movies 公司使用算法来预测票房，把要预测的电影拿来和 1990 年以来的每一部电影进行比较，预测准确度可以超过 80%。另外，把人工智能与大数据应用到分析娱乐行业的其他方面，例如分析观众愿意为哪些内容付费等。

芬兰的一家创业公司 Valossa 研发了一种人工智能平台，可以在视频中检测识别人物、视频上下文、话题、命名实体、主题以及敏感内容，使用计算机视觉、机器学习以及自然语言处理等技术，为每一帧视频都创建元数据。

IRIS.TV 公司通过一个叫作广告计划管理器(Campaign Manager) 的工具使观众在视频内容上的停留时间更长，还可以插播品牌视频广告，而视频浏览留存率平均提升了 70%。其主要原理是在客户观看视频时收集各种相关数据，将其输入到机器学习模块中并向客户推荐更多的相关视频。通过大数据创建的智能视频分发模型，帮助视频平台实现其视频内容精准分发，并且提升内容展现次数。

3) 工业领域

人工智能在工业领域的应用主要在质量管理、灾害预测、缺陷预测、工业分拣、故障感知等方面。通过采用人工智能技术，实现制造和检测的智能化和无人化，利用深度学习算法判断的准确率和人工判断相差无几。

将深度学习算法应用到工业机器人上，可大幅提升作业性能，并实现制造流程的自动化和无人化。例如，在商品或者零件分拣中，使用分类算法对商品进行识别，同时可以采用强化学习(Reinforcement Learning)算法来实现商品的定位和拣起动作。

在机器故障检测和预警方面，应用机器学习对物联网中各传感器提取的数据进行分析，并结合历史故障记录、硬件状态指标等信息建立预测模型，提前预知异常；或者从故障定位的角度，建立决策树等分类模型对故障原因进行判断，快速定位并提供维修建议，减少故障的平均修复时间(MTTR)，从而减少停机带来的损失。

2. 社会问题

人工智能技术正在被广泛应用于各个领域，随着它的进一步发展，会不可避免地对就业造成冲击。很多岗位和职业会逐步消失，例如银行出纳员、客户服务代表、电话销售员、股票和债券交易员等；甚至律师助理和放射科医生这样的工作也会被这类软件所取代。假以时日，人工智能技术还会学会控制如汽车和机器人这类半自主或全自主硬件设施，逐步取代工厂工人、建筑工人、司机、快递及许多其他职业。

与工业革命及信息革命不同，人工智能技术所带来的冲击并非单纯指向某些特定岗位和职业，如传统制造业中的手工艺者被流水线工人所取代；或只会使用纸张和打字机的秘书被精通电脑的个人助理所替代等；人工智能所带来的是对现有职业和工作版图大规模地颠覆。毋庸讳言，其中大部分为低薪工作，但某些高薪岗位也将面临挑战。

值得注意的是，这场变革将会为开发人工智能技术及采用人工智能技术的公司和企业带来巨额利润。试想，如果优步能全面利用无人驾驶车进行运营；苹果公司能够省却大量人力生产其产品；全年满足超过三千万笔贷款请求却不需要任何人工干预的借贷公司；可以想见，这些企业将利用人工智能技术创造何等惊人的利润和收益！而这一切已经是现在进行时。创新工场最近就在国内投资支持了一家利用人工智能技术进行借贷的初创企业。

大数据和人工智能的应用也会产生深刻的社会伦理问题。据NJ Advance Media报道，2019年1月美国新泽西州的Nijeer Parks被错误地认定为罪犯，而之所以发生这样的怪事，原来是调查人员仅通过面部识别软件，通过真正罪犯留下的驾照文件，与警察局、FBI数据库中存档的嫌疑人照片进行比对，锁定了与照片“高度匹配”的人Nijeer Parks。

因此，人类正面临着很难妥善共存的两个发展前景：一方面是仅用少量人力就能创造巨大财富的发展时代，而另一方面，大量人员也将因此而下岗和失业。更为严重的是，大数据与人工智能的滥用或误用可能会给人类社会造成不可估量的损失，产生前所未有的社会伦理问题。

9.5 应用案例——手写数字识别

人工智能和大数据之间的关系是双向的。可以肯定的是：人工智能的成功很大程度上取决于高质量的大数据，同时管理大数据并从中获取价值越来越多地依靠人工智能技术来解决对人类而言难以负担的问题。正如 Anexinet 公司高级数字策略师 Glenn Gruber 所述，这是一个“良性循环”。大数据中的“大”曾经被视为一种挑战而不是机遇，但随着企业开始推广机器学习等人工智能的应用，这种情况正在发生变化。通过机器学习模型输入的数据越多，它们得到的结果就越好。

下面通过一个应用案例，展示大数据和人工智能的应用。

【例9-4】是用 Python 3.6 和基于深度学习框架 Keras 2.0.8 对手写数字进行识别(数据集包括 60 000 张 28 × 28 的训练集和 10 000 张 28 × 28 的测试集及其对应的目标数字)，具体步骤及代码如下：

第一步，导入所需要的网络层、模块及扩展库。

```
from keras.models import Sequential
from keras.layers.core import Dense, Dropout, Activation
from keras.optimizers import SGD
from keras.datasets import mnist
import numpy
```

第二步，搭建网络模型。通过 add()方法一个个地将 layer 加入模型中，模型需要知道输入数据的 shape，因此，Sequential 的第一层需要接受一个关于输入数据 shape 的参数，后面的各个层则可以自动推导出中间数据的 shape，因此不需要为每个层都指定这个参数。这里，通过 input_shape 的关键字参数给第一层指定输入数据的 shape。

```
model = Sequential()
model.add(Dense(400, input_shape = (784, )))
model.add(Activation('tanh'))
model.add(Dropout(0.5))
model.add(Dense(300))
model.add(Activation('tanh'))
model.add(Dropout(0.5))
model.add(Dense(10))
model.add(Activation('softmax'))
```

第三步，编译。通过 compile 来对学习过程进行配置。Compile 接收 3 个参数：优化器 optimizer，该参数可指定为已预定义的优化器名；损失函数 loss，该参数为模型试图最小化的目标函数，它可以为预定义的损失函数名；指标列表 metrics，对分类问题，我们一般将该列表设置为 metrics = ['accuracy']。

```
sgd = SGD(lr = 0.01, decay = 1e-6, momentum = 0.9, nesterov = True)
model.compile(loss = 'categorical_crossentropy', optimizer = sgd, metrics = ['accuracy'])
```

第四步，加载数据及数据转换。

```
# 使用 Keras 自带的 mnist 工具读取数据
(X_train, y_train), (X_test, y_test) = mnist.load_data()
# 由于 mist 的输入数据维度是(num, 28, 28)，这里需要把后面的维度直接拼起来变成 784 维
X_train = X_train.reshape(X_train.shape[0], X_train.shape[1] * X_train.shape[2]
```

```
X_test = X_test.reshape(X_test.shape[0], X_test.shape[1] * X_test.shape[2])
Y_train = (numpy.arange(10) = =  y_train[:, None]).astype(int)
Y_test = (numpy.arange(10) = =  y_test[:, None]).astype(int)
```

第五步，训练模型。batch_size 代表进行梯度下降时每个 batch 包含的样本数，训练时一个 batch 的样本会被计算一次梯度下降，使目标函数优化一步；epochs 表示训练的轮数，训练数据将会被遍历 epochs 次；shuffle 一般为布尔值，表示是否在训练过程中随机打乱输入样本的顺序；verbose 表示日志显示，0 为不在标准输出流输出日志信息，1 为输出进度条记录，2 为每个 epoch 输出一行记录；validation_split 表示 0～1 之间的浮点数，用来指定训练集的一定比例数据作为验证集。验证集将不参与训练，并在每个 epoch 结束后测试模型的指标，如损失函数、精确度等。

```
model.fit(X_train, Y_train, batch_size = 200, epochs = 30, shuffle = True, verbose = 0,
        validation_split = 0.2)
```

第六步，输出模型的测试结果。

```
print("------------test-----------")
scores = model.evaluate(X_test, Y_test, batch_size = 100, verbose = 0)
print(" ")
print("The test loss is %f" % scores)
result = model.predict(X_test, batch_size = 100, verbose = 0)
result_label = numpy.argmax(result, axis = 1)
true_label = numpy.argmax(Y_test, axis = 1)
result_bool = numpy.equal(result_label, true_label)
true_num = numpy.sum(result_bool)
print(" ")
print("The test accuracy of the model is %f " % (true_num/len(result_bool)))
```

本 章 小 结

大数据是人类在不断追求文明的过程中一定会经历的必然阶段，随着大数据的发展和计算机运算能力的不断提升，人工智能在最近几年取得了令人瞩目的成绩。

本章宏观地讲述了大数据与人工智能的相关知识。针对大数据，首先介绍了大数据的 4V 特征：数据体量巨大、数据类型繁多、商业价值高而价值密度却较低以及数据产生速度快。然后简单介绍了数据科学和数据思维，接着讲述了大数据处理与可视化技术。针对人工智能，首先概述了人工智能的发展过程，重点讲解了人工神经网络和深度学习的相关知识，接着简单描述了机器人的感知、推理和决策。除此之外，还分析了大数据与人工智能的应用及社会问题。最后，本章通过一个识别手写数字的案例讲述了大数据和人工智能的应用。

习　　题

一、选择题

1. 连续特征数据离散化的处理方法不包括(　　)。

A. 等宽法　　B. 等频法

C. 使用聚类算法　　D. 使用 Apriori 算法

2. 下列说法正确的是(　　)。

A. 在条形图中，通常沿横轴组织类别，沿纵轴组织数值

B. 折线图可以用于查看特征间的趋势关系

C. 雷达图适用于表达数个特定数值之间的数量变化关系

D. 箱线图可以用于查看特征间的相关关系

3. 下列不属于箱线图显示的统计量的是(　　)。

A. 最大值　　B. 中位数　　C. 标准差　　D. 平均值

4. 被誉为“人工智能之父”的科学家是(　　)。

A. 明斯基　　B. 图灵　　C. 麦卡锡　　D. 冯·诺依曼

5. 下列不属于人工智能研究的基本内容是(　　)。

A. 机器感知　　B. 机器学习　　C. 自动化　　D. 机器思维

6. 人工智能是知识与智力的综合，下列不具有智能特征的是(　　)。

A. 具有自我推理能力　　B. 具有感知能力

C. 具有记忆与思维能力　　D. 具有学习能力以及自适应能力

二、填空题

1. 大数据的“4V”特征指的是________、________、________、________。

2. 将大型数据集中的数据以图形图像表示的过程被称为________。

3. 数据预处理的主要内容包括________、________、________、________。

4. 常见的缺失值处理方法有________、________、________。

5. AI 的英文全拼是________。

三、思考题

1. 简述什么是大数据。

2. 谈谈你对大数据现状及趋势的认识。

3. 在对数据进行处理时，需要对数据充分了解并且能够理解，试分析原因。

4. 什么是数据可视化？数据可视化技术的发展方向是什么？

5. 列举几个数据可视化的有趣案例。

6. 查阅资料，简述人工智能的研究目标及研究途径。

7. 人工智能有哪些分支领域和研究方向？

第十章　实　　验

本章内容请扫码阅读

参考文献

[1] 袁方，王兵，等. 计算机导论[M]. 4版. 北京：清华大学出版社，2020.
[2] 张凯. 大数据导论[M]. 北京：清华大学出版社，2020.
[3] 常晋义，高燕. 计算机科学导论[M]. 3版. 北京：清华大学出版社，2018.
[4] 贝赫鲁兹·佛罗赞(Behrouz Forouzan). 计算机科学导论[M]. 6版. 刘艺，刘哲雨，等译. 北京：机械工业出版社，2018.
[5] 董荣胜. 计算机科学导论：思想与方法[M]. 3版. 北京：高等教育出版社，2015.
[6] 吕云翔，李沛伦. 计算机导论[M]. 北京：电子工业出版社，2016.
[7] 党跃武，谭祥金. 信息管理导论[M]. 高等教育出版社，2015.
[8] 万家华，程家兴. 计算机应用基础教程[M]. 北京：人民邮电出版社，2020.
[9] 孙家启，万家华. C语言程序设计教程[M]. 合肥：安徽大学出版社，2018.
[10] 谭浩强. C程序设计[M]. 5版. 北京：清华大学出版社，2017.
[11] 吕云翔. 实用软件工程[M]. 北京：人民邮电出版社，2020.
[12] 许家珆. 软件工程：方法与实践[M]. 3版. 北京：电子工业出版社，2019.
[13] 张海藩，牟永敏. 软件工程导论[M]. 6版. 北京：清华大学出版社，2013.
[14] 朴勇，周勇. 软件工程[M]. 北京：电子工业出版社，2019.
[15] 汤小丹，梁红兵，哲凤屏，等. 计算机操作系统[M]. 4版. 西安：西安电子科技大学出版社，2014.
[16] 葛东旭. 数据挖掘原理与应用[M]. 北京：机械工业出版社，2020.
[17] 何玉洁. 数据库原理与应用[M]. 4版. 北京：机械工业出版社，2017.
[18] 朱烨，张敏辉. 数据库技术：原理与设计[M]. 北京：高等教育出版社，2017.
[19] 余建国. 数据库原理与应用[M]. 成都：电子科技大学出版社，2014.
[20] 杨力. Hadoop大数据开发实战[M]. 北京：人民邮电出版社，2019.
[21] 谢琼. 深度学习：基于Python语言和TensorFlow平台[M]. 北京：人民邮电出版社. 2018.